中国轻工业"十三五"规划教材

# 食品微生物学
## （第二版）

杨玉红　主编

中国轻工业出版社

图书在版编目(CIP)数据

食品微生物学/杨玉红主编. —2 版. —北京:中国轻工业出版社,2022.9
中国轻工业"十三五"规划立项教材
ISBN 978-7-5184-1773-5

Ⅰ.①食… Ⅱ.①杨… Ⅲ.①食品微生物—微生物学—高等职业教育—教材 Ⅳ.①TS201.3

中国版本图书馆 CIP 数据核字(2017)第 323341 号

责任编辑:张　靓　秦　功　　责任终审:劳国强　　整体设计:锋尚设计
策划编辑:张　靓　　　　　　责任校对:吴大鹏　　责任监印:张　可

出版发行:中国轻工业出版社(北京东长安街 6 号,邮编:100740)
印　　刷:北京君升印刷有限公司
经　　销:各地新华书店
版　　次:2022 年 9 月第 2 版第 6 次印刷
开　　本:720×1000　1/16　印张:19
字　　数:380 千字
书　　号:ISBN 978-7-5184-1773-5　　定价:42.00 元
邮购电话:010 - 65241695
发行电话:010 - 85119835　　传真:85113293
网　　址:http://www.chlip.com.cn
Email:club@ chlip.com.cn
如发现图书残缺请与我社邮购联系调换
221258J2C206ZBW

# 本书编写人员

**主　编**　杨玉红（鹤壁职业技术学院）
　　　　　魏晓华（威海职业学院）

**副主编**　肖付才（许昌职业技术学院）
　　　　　裴保河（鹤壁市疾控中心）
　　　　　王杨（鹤壁市食品药品检验检测中心）

**参　编**　刘　凯（许昌职业技术学院）
　　　　　张继英（信阳农林学院）
　　　　　吴俊琢（濮阳职业技术学院）
　　　　　张晓璐（鹤壁市食品药品检验检测中心）

# 第二版前言

高等职业教育食品类专业规划教材《食品微生物学》第一版一经出版就得到了广大读者的认可与好评,并获中国轻工业出版社优秀教材奖,入选中国轻工业出版社"十三五"规划教材,应广大读者的要求,在对原版教材进行改进和修订的基础上,推出了《食品微生物学》的第二版。

第二版以《高等职业学校专业教学标准》为依据,按照高等职业教育食品类专业规定的职业培养目标要求,在保留原有教材特色的基础上,结合多所高职高专院校本课程的教学及实践发现的问题,对原教材存在的疏漏及不当之处加以修正;删除了与现行食品标准不吻合的内容,加大了食品微生物检验相关内容的比重,增加了微生物的代谢及致病微生物的限量范围等内容,更新了培养基的配制方法、菌落总数检验方法、大肠菌群检验方法等内容,同时新增及更新了部分实训。修订后的教材实用性更强,内容更新。

《食品微生物学(第二版)》可作为高职高专食品加工技术专业、食品营养与检测专业、食品生物技术专业、食品药品监督管理专业、粮食工程专业等教学用书,同时也可供食品企业、质量管理部门等人员参考。

本书由杨玉红、魏晓华担任主编,肖付才、裴保河、王杨任副主编。具体编写分工为:第一、二、三、四章由肖付才、刘凯编写,第五章由张继英、张晓璐编写,第七章由裴保河、王杨编写,第八章由魏晓华编写,第九章由吴俊琢编写,第六、十、十一、十二章由杨玉红编写。

在编写过程中,得到国内各有关高等院校、企业领导、多位食品专家的热情帮助和中国轻工业出版社的大力支持,在此谨致以诚挚的谢意。编写过程中,编者参考了许多国内同行的论著及部分网上资料,材料来源未能一一注明,在此向原作者表示诚挚的感谢。

由于编者知识水平和条件有限,书中错误在所难免,恳请同仁和读者批评指正,以便进一步修改、完善。

编 者

# 第一版前言

近年来,伴随着我国食品工业快速发展和高等职业技术教育的兴起,众多院校设置了相关的食品专业。食品微生物学是食品科学领域的一门重要学科,也是有关食品专业的一门必修课程。因此本书按照食品类专业对食品微生物学课程教学的基本要求,并充分考虑高等职业技术教育培养高技能人才的目标规格编写。

食品微生物学是一门系统的学科,本书既注重微生物学的基础,又突出微生物与食品的关系。在微生物学基础方面,系统介绍了原核微生物、真核微生物、非细胞型微生物的形态结构、营养、生长繁殖、遗传变异和菌种选育,力求简洁明了、深入浅出。在微生物与食品的关系方面,突出微生物在食品生产中的应用,系统介绍了微生物与食品变质的关系,并按照最新国家相关标准介绍了食品卫生内容。

本教材注重理论与实践的结合。本书共分十一章,前十章为微生物理论与应用内容,每章以知识目标、技能目标开篇,以本章小结、复习思考题结束。力求使学生明白学习重点,能力培养重点,同时拓展学生的学习视野。第十一章为实验实训内容,共十二个实验。实验实训配合理论知识的递增规律进行内容安排,对学生进行微生物实验基本技能、微生物检测能力、微生物在食品生产中应用能力的培养。

本教材共分十一章,由杨玉红任主编并统稿,肖付才任副主编。编写分工:第一、二、三、四章由肖付才(许昌职业技术学院)编写,第五、六章由张继英(信阳农业专科学校)编写,第七章由魏晓华(威海职业学院)编写,第八章由吴俊琢(濮阳职业技术学院)编写,第九、十、十一章由杨玉红(鹤壁职业技术学院)编写。

本教材可作为高职高专食品类专业的教材及食品卫生与检验的培训教材,也可作为食品企业从业人员的参考资料。

由于编者水平和经验有限,教材中难免存在不妥之处,敬请同行专家和广大读者批评指正。

杨玉红

# 目 录 CONTENTS

## 第一章 绪论 ········ 1
第一节 微生物及其生物学特点 ········ 1
第二节 微生物学及其发展 ········ 4
第三节 食品微生物学及其任务 ········ 6

## 第二章 原核微生物 ········ 9
第一节 细菌 ········ 10
第二节 放线菌 ········ 25
第三节 其他原核微生物 ········ 27

## 第三章 真核微生物 ········ 31
第一节 酵母菌 ········ 32
第二节 霉菌 ········ 38

## 第四章 非细胞型微生物 ········ 49
第一节 病毒 ········ 50
第二节 噬菌体 ········ 53
第三节 亚病毒 ········ 58

## 第五章 微生物的营养 ········ 61
第一节 微生物的营养需求 ········ 62
第二节 微生物对营养物质的吸收 ········ 70
第三节 微生物的营养类型 ········ 73
第四节 培养基 ········ 76

## 第六章 微生物的代谢 ········ 89

  第一节 微生物的能量代谢 ········································· 89
  第二节 微生物的物质代谢 ········································· 95
  第三节 微生物独特的合成代谢 ····································· 98
  第四节 微生物代谢调控与发酵生产 ································· 100

第七章 微生物的生长与控制 ············································· 104
  第一节 微生物的生长 ············································· 104
  第二节 微生物的生长规律 ········································· 107
  第三节 环境条件对微生物生长的影响 ······························· 113
  第四节 工业上常用的微生物连续培养技术 ··························· 118

第八章 微生物的遗传变异与菌种选育 ··································· 122
  第一节 微生物遗传变异的物质基础 ································· 122
  第二节 微生物的基因突变 ········································· 127
  第三节 微生物的基因重组 ········································· 132
  第四节 微生物的菌种选育 ········································· 138
  第五节 微生物的菌种保藏及复壮 ··································· 151

第九章 微生物在食品工业中的应用 ····································· 157
  第一节 食品工业中常用的细菌及其应用 ····························· 157
  第二节 食品工业中常用的酵母菌及其应用 ··························· 170
  第三节 食品工业中常用的霉菌及其应用 ····························· 178
  第四节 微生物酶制剂及其在食品工业中的应用 ······················· 186

第十章 微生物与食品变质 ··············································· 193
  第一节 食品的微生物污染及其控制 ································· 194
  第二节 微生物引起食品腐败变质的原理 ····························· 197
  第三节 微生物引起食品腐败变质的环境条件 ························· 198
  第四节 食品腐败变质的症状、判断及引起变质的微生物类群 ··········· 203
  第五节 食品保藏中的防腐与杀菌措施 ······························· 219

第十一章 微生物与食品安全 ············································· 224

第一节 食物中毒性微生物及其引起的食物中毒⋯⋯⋯⋯⋯⋯⋯⋯⋯⋯⋯⋯⋯⋯ 224
第二节 常见致病微生物⋯⋯⋯⋯⋯⋯⋯⋯⋯⋯⋯⋯⋯⋯⋯⋯⋯⋯⋯⋯⋯⋯⋯⋯⋯ 234
第三节 食品卫生标准中的微生物指标⋯⋯⋯⋯⋯⋯⋯⋯⋯⋯⋯⋯⋯⋯⋯⋯⋯⋯ 237

## 第十二章 食品微生物实验实训⋯⋯⋯⋯⋯⋯⋯⋯⋯⋯⋯⋯⋯⋯⋯⋯⋯⋯⋯⋯⋯⋯⋯⋯ 242

实验实训一 常用玻璃器皿的清洗及包扎技术⋯⋯⋯⋯⋯⋯⋯⋯⋯⋯⋯⋯⋯⋯ 242
实验实训二 普通光学显微镜的使用技术⋯⋯⋯⋯⋯⋯⋯⋯⋯⋯⋯⋯⋯⋯⋯⋯ 247
实验实训三 细菌的简单染色技术⋯⋯⋯⋯⋯⋯⋯⋯⋯⋯⋯⋯⋯⋯⋯⋯⋯⋯⋯ 251
实验实训四 细菌的革兰氏染色技术⋯⋯⋯⋯⋯⋯⋯⋯⋯⋯⋯⋯⋯⋯⋯⋯⋯⋯ 255
实验实训五 细菌的芽孢染色技术⋯⋯⋯⋯⋯⋯⋯⋯⋯⋯⋯⋯⋯⋯⋯⋯⋯⋯⋯ 257
实验实训六 细菌的鞭毛染色技术⋯⋯⋯⋯⋯⋯⋯⋯⋯⋯⋯⋯⋯⋯⋯⋯⋯⋯⋯ 259
实验实训七 细菌的荚膜染色技术⋯⋯⋯⋯⋯⋯⋯⋯⋯⋯⋯⋯⋯⋯⋯⋯⋯⋯⋯ 263
实验实训八 放线菌、霉菌插片培养技术及其形态观察⋯⋯⋯⋯⋯⋯⋯⋯⋯⋯ 265
实验实训九 酵母菌的形态观察及大小测定技术⋯⋯⋯⋯⋯⋯⋯⋯⋯⋯⋯⋯⋯ 267
实验实训十 酵母菌死、活细胞的鉴别及镜检计数⋯⋯⋯⋯⋯⋯⋯⋯⋯⋯⋯⋯ 268
实验实训十一 培养基的制备与灭菌技术⋯⋯⋯⋯⋯⋯⋯⋯⋯⋯⋯⋯⋯⋯⋯⋯ 270
实验实训十二 微生物的分离与纯化和接种技术⋯⋯⋯⋯⋯⋯⋯⋯⋯⋯⋯⋯⋯ 273
实验实训十三 菌种保藏技术⋯⋯⋯⋯⋯⋯⋯⋯⋯⋯⋯⋯⋯⋯⋯⋯⋯⋯⋯⋯⋯ 276
实验实训十四 食品中菌落总数的测定⋯⋯⋯⋯⋯⋯⋯⋯⋯⋯⋯⋯⋯⋯⋯⋯⋯ 280
实验实训十五 食品中大肠菌群的测定⋯⋯⋯⋯⋯⋯⋯⋯⋯⋯⋯⋯⋯⋯⋯⋯⋯ 282
实验实训十六 发酵乳实验⋯⋯⋯⋯⋯⋯⋯⋯⋯⋯⋯⋯⋯⋯⋯⋯⋯⋯⋯⋯⋯⋯ 285
实验实训十七 甜酒曲中根霉的分离技术⋯⋯⋯⋯⋯⋯⋯⋯⋯⋯⋯⋯⋯⋯⋯⋯ 286
实验实训十八 毛霉分离与豆腐乳制作技术⋯⋯⋯⋯⋯⋯⋯⋯⋯⋯⋯⋯⋯⋯⋯ 288

**参考文献**⋯⋯⋯⋯⋯⋯⋯⋯⋯⋯⋯⋯⋯⋯⋯⋯⋯⋯⋯⋯⋯⋯⋯⋯⋯⋯⋯⋯⋯⋯⋯⋯⋯⋯⋯⋯ 291

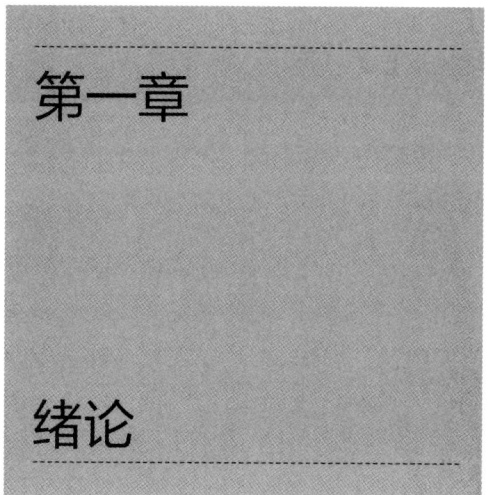

# 第一章 绪论

**知识目标**

1. 掌握微生物的基本概念以及微生物的生物学特点及作用。
2. 了解微生物学的主要分支学科与发展史。
3. 熟悉食品微生物学的研究内容与任务。

**技能目标**

能从宏观角度把握课程的章节内容与脉络。

微生物是一类独具特色的生物群,它与人类的生活、生产活动关系十分密切。

## 第一节 微生物及其生物学特点

### 一、微生物及其生物学分类地位

**1. 微生物的概念**

微生物(microorganism,microbe)不是生物分类学中的名词,而是一类个体微小、结构简单,肉眼不可见或看不清楚,必须借助于显微镜才能看清其外形的微小生物的统称。它既包括属于原核微生物的细菌、放线菌、蓝细菌、衣原体、支原体、立克次氏体,又包括属于真核微生物的酵母菌、霉菌、大型真菌、低等藻类和原生动物,还包括不具备细胞结构的病毒、亚病毒(类病毒、拟病毒、朊病毒）。虽然微小生物包括了众多的生物类群，形态和大小各异，但是，由于它们都是比较简单的、低等的生物，其生物学特性比较接近，所以人们赋予其一个共同的名称——微生物。

食品生产中经常遇到的微生物是细菌、放线菌、酵母菌、霉菌和噬菌体等，将在以后的章节中分别介绍。

**2. 微生物的生物学分类地位**

对于生物的分类，早在 18 世纪中叶，人们把所有生物分成两界，即动物界（animalia）和植物界（Plantae），后来发现把自然界中存在的形体微小、结构简单的低等生物笼统地归入动物界和植物界是不妥当的。到 1866 年海克尔（Haeckel）提出了原生生物界（protistae），其中包括藻类（alga）、原生动物（protozoa）、真菌（fungi）和细菌。到 20 世纪 50 年代，随着电子显微镜的应用和细胞超微结构研究的进展，提出了原核与真核的概念，因此把属于原核结构的细菌和具有真核结构的真菌等统归原生生物界显然是不可能的。1957 年科普兰（Copeland）提出四界分类系统：即原核生物界（Procaryotae，细菌、蓝细菌等）、原生生物界（原生动物、真菌、黏菌和藻类等）、动物界和植物界。

1969 年，惠特克（Whittaker）提出把真菌单独列为一界，即形成了生物五界分类系统：原核生物界、真核原生生物界、真菌界、动物界和植物界。

随着对病毒研究的深入，于 1977 年，我国微生物学家王大耜提出把病毒列为一界，即病毒界（virus）。因此在五界分类系统的基础上形成了六界分类系统。根据微生物的定义，我们可以看出，在生物六界分类系统中，微生物横跨四界。

1978 年，R. H. Whittaker 和 L. Margulis 提出了三原界（urkingdom）分类系统。认为，在生物进化的早期，存在一类各生物的共同祖先，然后分成三条进化路线，形成了三个原界：古细菌原界（包括产甲烷细菌、极端嗜盐细菌、嗜热嗜酸细菌）、真细菌原界（包括除古细菌以外的其他原核生物）、真核生物原界（包括原生动物、真菌、动物和植物）。这是由于 20 世纪 70 年代发现了被称为"第三型生物"的古细菌（archaebacteria）。

近年来，我国学者又提出了菌物界（myceteae）的概念，菌物界是与动植物界并行的一大类真核生物，除指一般真菌外，还包括一些既不宜归入动物界，也不宜归入植物界，又不同于一般真菌的真核生物。

由此可见，自然界生物系统的划分，与微生物的不断发现和对微生物研究的不断深入密切相关，充分显示了微生物在生物领域中的重要地位。

## 二、微生物的生物学特点与作用

微生物除具有生物的共性外，也有其独特的特点，正因为具有这些特点，才使得这样微不可见的生物类群引起人们的高度重视。微生物由于其体形极其微小，因而带来了以下的三个共性。

**1. 分布广泛，种类繁多**

微生物因其体积小、重量轻，因此可以到处传播，可以说达到"无孔不入"的地步。微生物只怕明火，地球上除了火山的中心区域外，从土壤圈、水圈、大气圈甚至岩石圈，到处都有微生物的踪迹。在动植物体内外、植物表面、土壤、河流、空气、平原、高山、深海、冰川、盐湖、沙漠中，都有大量与其相适应的微生物在活动。可以说凡是有高等生物生存的地方，都有微生物存在，甚至某些没有其他生物生存的地方，也有微生物存在。由于食品主要以植物果实或动物的组织器官为原料，所以动植物携带的微生物是食品变质的主要影响因素。

微生物的种类极其繁多，我们所知道的动物约有150万种，植物约有50万种。据估计，微生物的总数在50万至600万种之间，其中已记载的仅约20万种（1995年），包括原核生物3500种，病毒4000种，真菌9万种，原生动物和藻类10万种。随着人类对微生物的不断开发、研究和利用，这些数字还在急剧增长。

**2. 生长繁殖快，代谢能力强**

微生物具有极高的生长和繁殖速度，一种至今被人们研究得最透彻的微生物——*Escherichia coli.*（大肠埃希氏菌，简称大肠杆菌）在适宜的条件下，1h即繁殖三代，24h即可繁殖72代，由一个菌细胞可繁殖到$47 \times 10^{22}$个，重4700多t，如果将这些新生菌体排列起来，可绕地球一周有余。48h繁殖后的重量约等于4000个地球之重。微生物这一特性在发酵工业上具有重要的实践意义。例如，500kg食用公牛，每昼夜只能从食物中"浓缩"0.5kg的蛋白质，使用500kg的酵母菌，以废糖液和氨水为养料，在1d内即可合成50000kg的蛋白质。

由于微生物个体微小，单位体积的表面积相对很大，有利于细胞内外的物质交换，细胞内的代谢反应快，代谢能力强。如此强的代谢能力，加速了微生物生长繁殖。微生物之所以能够成为发酵工业的产业大军，正是因为其具有生长快、代谢能力强的特点，才使得其在工、农、医等领域发挥巨大作用。加之微生物的种类繁多，代谢类型多种多样，在地球的物质转化中起到了重要作用。如果没有微生物，动植物尸体以及生活生产中的垃圾将不能腐烂分解，早已是堆积如山，布满全球。但事物总是一分为二的，也正是由于上述特点，微生物也曾经或随时都有可能给人类带来疫病的灾难。

**3. 遗传稳定性差，容易发生变异**

微生物体微小，一般是单细胞、简单多细胞或非细胞的，它们通常是单倍体，加之它们具有繁殖速度快、数量多和与外界环境直接接触等原因，很容易受到各种不良外界环境的影响。即使微生物变异频率十分低（一般为$10^{-8} \sim 10^{-10}$），也可在短时间内产生大量的变异后代。

微生物的遗传稳定性差，给菌种保藏工作带来一定不便，一般在能满足生产需要的情况下，尽量减少菌种的传代次数，并且经常检测菌种的纯度和活力，一旦出现菌种因突变而退化的现象，就必须对菌种进行复壮工作。另一方面，正因为微生物的遗传稳定性差，其遗传的保守性低，使得微生物菌种培育相对容易得多。通过育种工作，可以大幅度地提高菌种的生产性能。目前在发酵工业上，所用的生产菌种大多是经过突变培育的，其生产性能比原始菌株提高几倍、几十倍甚至几百倍。例如，生产青霉素的产黄青霉菌，1943年每1mL青霉素发酵液只生产20单位的青霉素，经过多年来的育种工作，目前青霉素发酵水平已提高几百倍、几千倍。

## 第二节 微生物学及其发展

### 一、微生物学及其分支学科

**1. 微生物学及其研究内容**

微生物学（Microbiology）是研究微生物及其生命活动规律的科学。包括微生物在一定条件下的形态结构、生理生化、遗传变异；微生物的进化、分类、生态等生命活动规律；与其他微生物之间、动植物之间的相互关系、外界环境理化因素之间的相互关系；微生物在生物地球化学循环中的作用；微生物在工业、农业、医疗卫生、环境保护、食品生产等各个领域中的应用；等等。实际上，微生物学除相应的理论体系外，还包括微生物学研究技术，是一门既有独特的理论体系，又有很强实践性的学科。

**2. 微生物学的分支学科**

微生物学已形成了基础微生物学和应用微生物学，又可根据研究的侧重面和层次不同而分为许多不同的分支学科，并且还在不断地形成新的学科和研究领域。按研究对象分，可分为细菌学、放线菌学、真菌学、病毒学、原生动物学、藻类学等；按过程与功能分，可分为微生物生理学、微生物分类学、微生物遗传学、微生物生态学、微生物分子生物学、微生物基因组学、细胞微生物学等；按生态环境分，可分为土壤微生物学、环境微生物学、水域微生物学、海洋微生物学、宇宙微生物学等；按技术与工艺分，可分为发酵微生物学、分析微生物学、遗传工程学、微生物技术学等；按应用范围分，可分为工业微生物学、农业微生物学、医学微生物学、兽医微生物学、食品微生物学、预防微生物学等；按与人类疾病关系分，可分为流行病学、医学微生物学、免疫学等。

微生物学已成为当今的发展最为活跃、最为迅速、最为辉煌、影响最大的生命科学之一。

## 二、微生物学发展史

**1. 史前时期人类对微生物的认识与利用**

17 世纪下半叶,荷兰学者吕文虎克(Antony van Leeuwenhook)用自制的简易显微镜亲眼观察到了细菌个体。此事件之前的时期称为微生物学史前时期。

在这个时期,人们在生产与日常生活中积累了不少关于微生物作用的经验规律,并且应用这些规律,创造财富,减少和消灭病害。如民间早已广泛应用的酿酒、制醋、发面、腌制酸菜泡菜、盐渍、蜜饯等。古埃及人也早已掌握制作面包和配制果酒技术。这些都是人类在食品工艺中控制和应用微生物活动规律的典型例子。积肥、沤粪、翻土压青、豆类作物与其他作物的间作轮作,是人类在农业生产实践中控制、应用微生物生命活动规律的生产技术。种痘预防天花是人类控制和应用微生物生命活动规律在预防疾病保护健康方面的宝贵实践。尽管这些还没有上升为理论,但都是控制和应用微生物生命活动规律的实践活动。

**2. 微生物形态学发展阶段**

自吕文虎克观察到细菌个体后,其他研究者凭借显微镜对其他微生物类群进行的观察和记载,充实和扩大了人类对微生物类群形态观察和研究的视野。但在其后相当长的时间内,对于微生物作用的规律仍一无所知。这个时期也称为微生物学的创始时期。

**3. 微生物生理学发展阶段**

19 世纪 60 年代初,法国的巴斯德(Louis Pasteur)和德国的柯赫(Robert Koch)等一批杰出的科学家建立了一套独特的微生物研究方法,对微生物的生命活动及其对人类实践和自然界的作用作了初步研究,同时还建立起许多微生物学分支学科,尤其是建立了解决当时实际问题的几门重要的应用微生物学科,如医用细菌学、植物病理学、酿造学、土壤微生物学等。

**4. 微生物分子生物学发展阶段**

20 世纪初至 40 年代末微生物学开始进入了酶学和生物化学研究时期,许多酶、辅酶、抗生素以及许多反应的生物化学和生物遗传学都是在这一时期发现和创立的,并形成了一门研究微生物基本生命活动规律的综合学科 —— 普通微生物学。

20 世纪 50 年代初,随着电镜技术和其他高技术的出现,微生物的研究进入到分子生物学水平。1953 年沃森(J. D. Watson)和克里克(F. H. Crick)发现了脱氧核糖核酸长链的双螺旋构造。1961 年加古勃(F. Jacab)和莫诺德(J. Monod)提出了操纵子学说,阐明了遗传信息的传递与表达的关系。1977 年,沃斯(C. Weose)等在分析原核生物 16S rRNA 和真核生物 18S rRNA 序列的基础上,提出了可将自然界的生命分为细菌、古菌和真核生物 3 域(domain),揭示了各生物之间的系统发育关系,使微生物学进入到成熟时期。在这个成熟时期，从基础研究来讲，从3大方面深入到分子水平来研究微生物的生命活动规律：①研究微生物大分子的结构和功能，即研究核酸、蛋白质、生物合成、信息传递、膜结构与功能等。②在基因和分子水平上研究不同生理类型微生物的各种代谢途径和调控、能量产生和转换，以及严格厌氧和其他极端条件下的代谢活动等。③在分子水平上研究微生物的形态构建和分化、病毒的装配以及微生物的进化、分类和鉴定等，在基因和分子水平上揭示微生物的系统发育关系。尤其是近年来，应用现代分子生物技术手段，将具有某种特殊功能的基因作出了组成序列图谱，以大肠杆菌等细菌细胞为工具和对象进行了各种各样的基因转移、克隆等开拓性研究。在应用方面，开发菌种资源、发酵原料和代谢产物，利用代谢调控机制和固定化细胞、固定化酶发展发酵生产和提高发酵经济的效益，应用遗传工程组建具有特殊功能的"工程菌"，把研究微生物的各种方法和手段应用于动、植物和人类研究的某些领域。这些研究使微生物学研究进入一个崭新的时期。

**5. 我国微生物学的发展与贡献**

我国是认识和利用微生物历史最为悠久、应用成果获得最为优秀的国家之一。酒、酱油、醋等微生物饮料和调味品的制作，豆科植物与非豆科植物的轮作间作，种痘预防天花等方面都有卓越的实践与记载。现在，我国的微生物学事业得到了长足发展。现代化的发酵工业、抗生素工业、生物农药和菌肥的研究和应用以及微生物学基础研究逐步形成一定规模。应用现代微生物学分子生物学手段在基因水平、分子水平和后基因组水平上的研究也已广泛展开。在世界上有影响的研究成果正不断出现，在某些领域进入了国际先进水平。我国微生物学的发展进入了一个新的时期，然而差距仍十分明显。

## 第三节

# 食品微生物学及其任务

### 一、食品微生物学的研究内容

微生物在自然界广泛存在，在食品原料和大多数食品上都存在微生物。食品微生物学就是研究与食品有关的微生物的种类、特点，微生物与食品的相互关系的科学。食品微生物学研究的内容主要包括两个方面。

**1. 食品工业中的有益微生物及其应用**

在食品工业中的有益微生物主要是霉菌、细菌和酵母菌类群中的部分菌种，它们在食品中的应用主要有三种方式：①微生物菌体的应用，食用菌就是受人欢迎的食品，而且早在古代人们就采食野生菌类；乳酸菌可以引起蔬菜（泡菜）和酸奶的发酵，如今成为人们的餐桌食品；单细胞蛋白越来越多地在人们的生产生活中发挥重要作用。②微生物代谢产物的应用，它们是微生物通过产生有益的次级代谢产物应用于发酵工业（如柠檬酸、味精、氨基酸、维生素等的发酵生产）。③微生物酶的应用，如豆腐乳、酱油、酱类是利用微生物产生的酶将原料中的成分分解而制成的食品。

**2. 食品工业中的有害微生物及其控制**

微生物引起的食品腐败变质是微生物的污染、食品的性质和环境条件综合作用的结果。由于食品原料主要来源于动植物原料，一般情况下本身就带有大量微生物，一旦环境条件适宜，这些微生物则以食品为自己的养分，不断生长繁殖。微生物不但可以影响食品的营养成分和感官质量，有的还产生有害物质，从而引起食品的变质。

引起食品腐败变质的很多微生物是人类的致病菌，有的微生物还产生毒素，人们食用含有大量致病菌和毒素的食物，则会引起疾病或食物中毒。研究这些食品中有害微生物的目的在于减少或避免有害微生物对食品的污染，保证食品的质量，从而保证人类的健康。

## 二、 食品微生物学的研究任务

我国幅员辽阔，微生物资源丰富，充分利用有益的微生物，可为消费者生产出更好更多的食物。同时，微生物引起食品的腐败变质不仅可以使食品的营养价值损失和降低，而且一旦人们食用了含有大量病原菌、毒素的食品，则会引起食物中毒、疾病，甚至危及生命。所以食品微生物学的任务是：研究有益微生物在食品中的应用，为人类提供营养丰富、有益健康的食品。同时，避免在食品生产、保藏、流通中有害微生物的污染，防止食品腐败变质和食物中毒，保证食品的安全性。

因此，为学好这门课程，必须较好地掌握微生物的基本理论和实验操作技能，熟悉微生物与食品原料、加工、环境的关系以及掌握控制有害微生物的方法和技能。

### 本章小结

微生物是一切微小生物的统称。它主要包括细菌、放线菌、酵母菌、霉菌、病毒等，在生物分类学上占有重要地位，生物六界分类系统中，微生物占四界。微生物具有分布广泛，种类繁多；生长繁殖快，代谢能力强；遗传稳定性差，容易发生变异的特点，与人类的实践有着重大关系。食品微生物学研究的内容主要包括：有益微生物及其应用，有害微生物及其控制。

微生物学是研究微生物及其生命活动规律的科学，经历了史前时期、形态学发展阶段、分子生物学发展阶段。微生物学已形成了基础微生物学和应用微生物学，又可根据研究的侧重面和层次不同而分为许多不同的分支学科，食品微生物学是研究微生物与食品关系的应用学科。

**复习思考题**

1. 什么是微生物？它包括哪些类群？微生物在生物不同分类系统中的地位如何？
2. 举例阐述微生物的生物学特点以及与人类实践的关系。
3. 简述食品微生物学的研究内容和任务。
4. 怎样才能学好食品微生物学？

# 第二章 原核微生物

### 知识目标

1. 熟悉并掌握细菌细胞的形态结构、化学组成和生理功能以及繁殖方式和菌落特征。
2. 熟悉放线菌的形态结构、繁殖特点和菌落特征,了解放线菌的主要类群以及与人类的关系。
3. 了解蓝细菌、支原体、衣原体、立克次氏体和古细菌的形态结构和生理特点以及与人类的关系。

### 技能目标

能正确进行显微镜使用、细菌染色和形态观察、放线菌培养与形态观察、细菌和放线菌菌落识别和描述。

微生物类群庞杂、种类繁多,包括细胞型和非细胞型两类。在细胞型微生物中,按其细胞尤其是细胞核的构造和进化水平上的差别,可把它们分为原核微生物和真核微生物两个大类。原核微生物中的常见类群有细菌、放线菌、蓝细菌、支原体、衣原体、立克次氏体等,真核微生物中的常见类群有酵母菌、霉菌、蕈(xun)菌和真核原生动物。非细胞型微生物则主要包括(真)病毒、类病毒、拟病毒、朊病毒。近年来正在越来越深入研究的古细菌,尽管其在进化谱系上与细菌和真核生物相互并列,但其在细胞构造上却与细菌较为接近,同属于原核微生物。

由于生物科学的不断深入和技术手段的不断改善,尤其是电子显微镜的应用和细胞超微结构的研究,发现细胞生物的细胞核存在着两种类型,分为真核与原核。原核微生物是指一大类细胞核无核膜包裹,只有一条被称作核区(nuclear region)的裸露的双螺旋结构的DNA的原始单细胞生物。本章将以最常见的细菌作主要代表详细阐述原核生物细胞的各部分构造和功能。

## 第一节 细菌

细菌是一类个体微小、形态简单,具有细胞壁,靠二分裂繁殖的单细胞原核微生物。它是食品微生物理论、发酵工业研究的主要对象,也是导致食品腐败的主要类群。在自然界中细菌是分布最广、数量最多的一类生物,而且与食品关系极为密切。凡在温暖、潮湿和富含有机质的地方,都有细菌的存在和活动。在滋生大量细菌的食物表面,会观察到水珠状、鼻涕状、浆糊状、颜色多样的菌落或菌苔,用手抚摸会有黏、滑的感觉,常会散发特有的难闻的臭味和酸败味。

### 一、细菌的基本形态和空间排列

在显微镜下不同细菌的形态可以说是千差万别、丰富多彩,但就单个细胞而言,其基本形态可分为球状、杆状与螺旋状三种,分别称为球菌、杆菌和螺旋菌(见图2-1)。

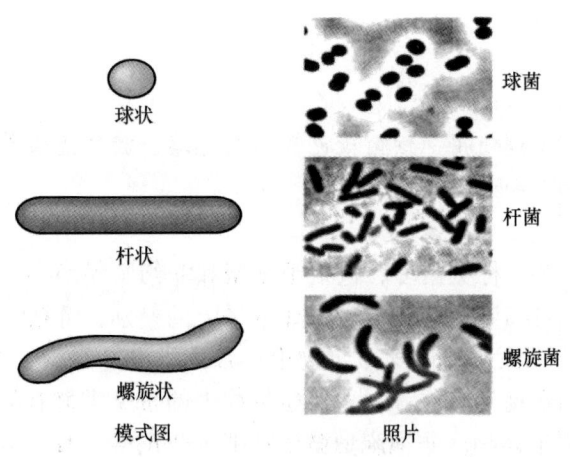

图2-1 细菌的三种基本形态

**1. 球菌**

球菌是一类菌体呈球形或近似球形的细菌。根据繁殖时细胞分裂面的方向不同以及分裂后菌体间相互粘附的松紧程度和组合状态不同，可分为6种不同的排列方式（见图2-2）。

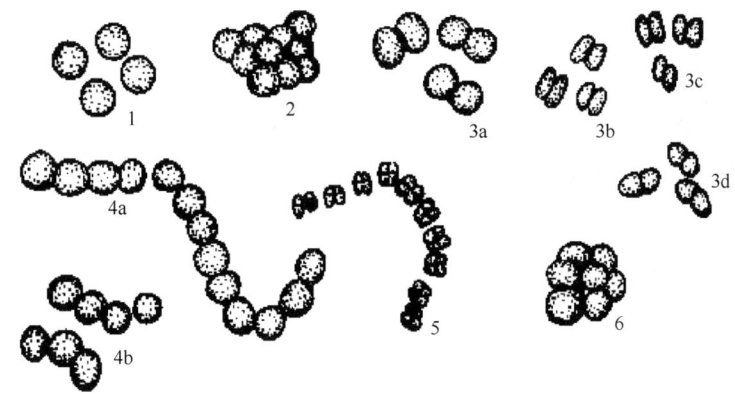

图2-2 球菌的各种形态

1—单球菌 2—葡萄球菌 3a、3b、3c、3d—双球菌 4a、4b—链球菌 5—四联球菌 6—八叠球菌

（1）单球菌 细菌在一个平面上分裂，且分裂后的细胞分散而单独存在的球菌称为单球菌，如尿素微球菌。

（2）双球菌 细菌在一个平面上分裂，且分裂后2个菌体成对排列的称为双球菌，如肺炎球菌。

（3）链球菌 细菌在一个平面上分裂，且分裂后多个菌体相互连接成链状的称为链球菌，如乳链球菌。

（4）四联球菌 细菌在两个相互垂直的平面上分裂，分裂后每4个菌体排列成田形的称为四联球菌，如四联微球菌。

（5）八叠球菌 细菌在3个相互垂直的平面上分裂，且分裂后每8个菌体呈立方形排列的称为八叠球菌，如尿素八叠球菌。

（6）葡萄球菌 细菌在多个不规则的平面上分裂，且分裂后的菌体无规则地堆积在一起呈葡萄串状的称为葡萄球菌，如金黄色葡萄球菌。

**2. 杆菌**

菌细胞呈杆状的细菌称为杆菌。杆菌是细菌中种类最多的类型，杆菌细胞是长形，其长度大于宽度，由于比例不同，往往杆菌的长短差别很大。根据菌体长和宽的比例不同，有长杆菌、杆菌和短杆菌，长杆菌：（长：宽＞2），杆菌：（长：宽＝2），短杆菌：（长：宽＜2）。杆菌的形状会根据菌种的不同而有所差异，有的杆菌菌体很直，有时会出现多种形状，如弯曲、弧状、纺锤状和分枝等。杆菌的两端也常呈现各种不同的形状，如半圆、钝圆、平截和略尖等。此外菌体排列的形式也有不同，大多数杆菌菌体分散存在，但有的杆菌呈长短不同的链状排列，有的一个挨一个呈栅状或八字形。还有些杆菌可以产生芽孢称为芽孢杆菌。而不产生芽孢的也称无芽孢杆菌（见图2-3）。

 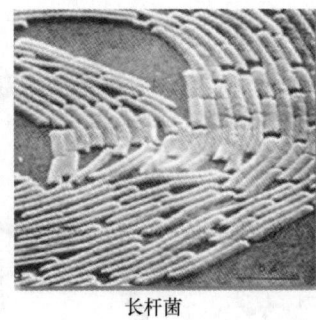 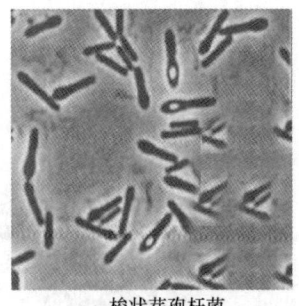

短杆菌　　　　　　　长杆菌　　　　　　　梭状芽孢杆菌

图2-3　杆菌的各种形态

工农业中用到的细菌大多数是杆菌。如用来生产淀粉酶与蛋白酶的枯草芽孢杆菌，生产谷氨酸的北京棒状杆菌，在农业上用作杀虫剂的苏云金杆菌，以及作细菌肥料的根瘤菌等都是杆菌。杆菌中也有不少致病菌如伤寒沙门氏菌、痢疾志贺氏菌等。

**3. 螺旋菌**

细胞弯曲的杆菌称为螺旋菌。按照其弯曲的程度不同，可分为弧菌和螺旋菌两种（见图2-4）。

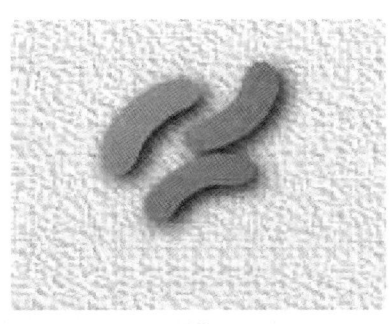 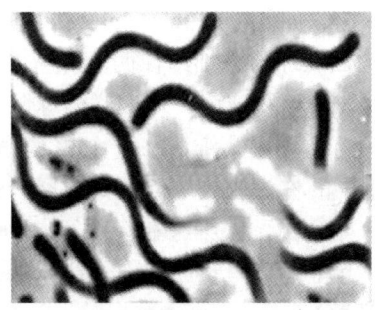

弧菌　　　　　　　　　　　　螺旋菌

图2-4　螺旋菌的各种形态

（1）弧菌　菌体仅一个弯曲，呈弧形或逗号形，如霍乱弧菌。
（2）螺旋菌　菌体有多个弯曲，回转成螺旋状，如小螺菌。

细菌的形态明显地受环境条件的影响，如培养时间、培养温度、培养基的组成与浓度等发生改变，均能引起细菌形态的改变。一般处于幼龄阶段和生长条件适宜时，细菌形态正常、整齐，表现出特定的形态。在较陈旧的培养物中或不正常的条件下，细胞常出现不正常形态，尤其是杆菌，有的细胞膨大，有的出现梨形，有的产生分枝，有时菌体显著伸长以至呈丝状等。这些不规则的形态统称为异常形态，若将它们转移到新鲜培养基中或适宜的培养条件下又可恢复原来的形态。

## 二、细菌的大小及其测定方法

细菌的个体很小，必须借助光学显微镜才能观察到，因此细菌的大小通常要使用显微镜中的显微测微尺来测量。显微测微尺包括放入目镜中的目镜测微尺和放在镜台上的物镜测微尺。物镜测微尺有 1mm 长的刻度线，刻有 100 个小格，即每格代表 10μm。目镜测微尺也刻有 100 小格，其每格所代表的长度在测量前必须使用物镜测微尺标定，标定之后方可在显微镜下对细菌细胞进行测量（详见第十二章实验中实训九）。细菌的长度单位为微米（μm）。如用电子显微镜观察细胞构造或更小的微生物时，要用更小的单位纳米（nm）来表示，它们之间的关系是：$1mm = 10^3 \mu m = 10^6 nm$。

球菌的大小以其直径表示，杆菌、螺旋菌的大小以宽度×长度来表示。螺旋菌的长度是以其两端的空间距离来表示。细菌的大小随种类不同而有差异。大多数球菌直径在 0.5～1.0μm；杆菌一般长 1～5μm；弧菌宽 0.3～0.5μm，长 1～5μm；螺旋菌宽 0.3～1μm，长 1～50μm。一般细菌细胞大小见表 2-1。

表 2-1　　　　　　　　　细菌的大小

| 菌　种 | 大小/μm |
| --- | --- |
| 乳链球菌（*Streptococcus lactis*） | 0.8～1 |
| 金黄色葡萄球菌（*Staphylococcus aureus*） | 1.0～1.5 |
| 尿素微球菌（*Micrococcus ureae*） | 0.5～0.8 |
| 大肠杆菌（*Escherichia coli*） | (1.2～3.0)×(0.8～1.2) |
| 枯草芽孢杆菌（*Bacillus subtilis*） | (4～6)×(0.8～1.2) |
| 肉毒梭菌（*Clostridium botulinium*） | (1～3)×(0.3～0.6) |
| 霍乱弧菌（*Vibrio cholerae*） | (1～3.2)×(1.0～1.5) |
| 红色螺旋菌（*Spirillum rubrum*） | (1～2)×0.5 |

## 三、细菌的细胞结构及其功能

细菌细胞的模式构造见图 2-5。其中把一般细菌都有的构造称一般构造或基本构造，一般构造主要包括细胞壁、细胞膜、细胞质和核区等。仅部分细菌才有的或一般细菌在特殊环境条件下才有的构造称为特殊构造，主要包括鞭毛、菌毛、性菌毛、糖被和芽孢等。

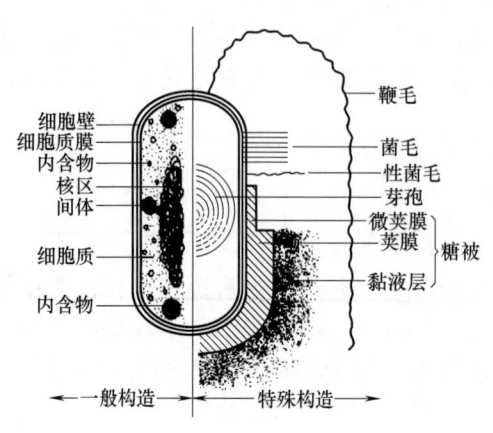

图2-5 细菌细胞结构模式图

### (一)细菌细胞的一般构造

**1. 细胞壁**

(1) 细胞壁生理功能　细胞壁是位于细胞最外层的一层坚韧而略具弹性的结构。占细胞干重的10%~25%，厚度一般在10~80nm之间。在一般光学显微镜下不易观察到，通过染色、质壁分离或制成原生质体后可在光学显微镜下观察到细胞壁的存在。细胞壁的主要功能有：①固定细胞外形和提高机械强度，无论细胞原来是什么形状，除掉细胞壁后都将呈球形。同时细胞壁的坚韧结构使细胞能承受内外的渗透压差而不至发生渗透裂解，从而使其免受渗透压等外力的损伤。②为细胞的生长、分裂和鞭毛运动所必需。③阻拦酶蛋白和某些抗生素等大分子物质（相对分子质量大于800）进入细胞，保护细胞免受溶菌酶、消化酶和青霉素等有害物质的损伤。④赋予细菌具有特定的抗原性、致病性以及对抗生素和噬菌体的敏感性。

(2) 细胞壁的结构与组成　由于细胞壁结构和组成的不同，通过革兰氏染色法染色后的结果也不同。可把细菌分成革兰氏阳性（$G^+$）细菌和革兰氏阴性（$G^-$）细菌（见图2-6）。表2-2列出了$G^+$细菌与$G^-$细菌细胞壁成分的差别。

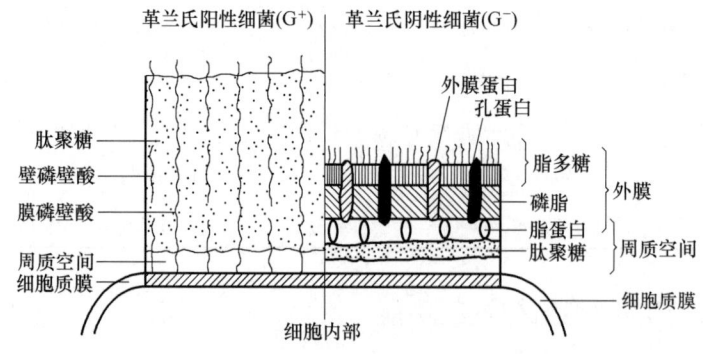

图2-6　$G^+$细菌与$G^-$细菌细胞壁的比较

表 2-2　　　　　　　　　　$G^+$细菌与$G^-$细菌细胞壁成分的比较

| 成分 | 占细胞壁干重的百分比/% | |
|---|---|---|
|  | $G^+$细菌 | $G^-$细菌 |
| 肽聚糖 | 含量很高（50～90） | 含量很低（5～10） |
| 磷壁酸 | 含量较高（<50） | 无 |
| 类脂质 | 一般无（<2） | 含量较高（~20） |
| 蛋白质 | 无 | 含量较高 |

① $G^+$细菌的细胞壁：构成$G^+$、$G^-$细胞壁的基本骨架是肽聚糖层，$G^+$细菌细胞壁具有较厚（20～80nm）而致密的肽聚糖层，多达 20 层，占细胞壁成分的60%～90%，它同细胞膜的外层紧密相连。肽聚糖是由$N$-乙酰葡萄糖胺（NAG）、$N$-乙酰胞壁酸（NAM）和短肽聚合而成的多层网状结构的大分子化合物。$G^+$细菌细胞壁的肽聚糖单体由双糖单位、四肽尾（或四肽侧链）、肽桥三部分组成（见图 2-7），其中双糖单位是由一个$N$-乙酰葡萄糖胺通过$\beta$-1,4 糖苷键与另一个$N$-乙酰胞壁酸相连，这一双糖单位中的$\beta$-1,4-糖苷键很容易被一种广泛分布于卵清、人的泪液和鼻涕以及部分细菌和噬菌体中的溶菌酶所水解，从而引起细菌因肽聚糖细胞壁的"散架"而死亡。四肽尾是由 4 个氨基酸分子按 L 型与 D 型交替方式连接而成。在金黄色葡萄球菌中，接在$N$-乙酰胞壁酸上的四肽尾为 L-Ala→D-Glu→L-Lys→D-Ala，其中两种 D 型氨基酸在细菌细胞壁之外很少出现。在金黄色葡萄球菌中，肽桥为甘氨酸五肽，它起着连接前后两个四肽尾分子的"桥梁"作用。

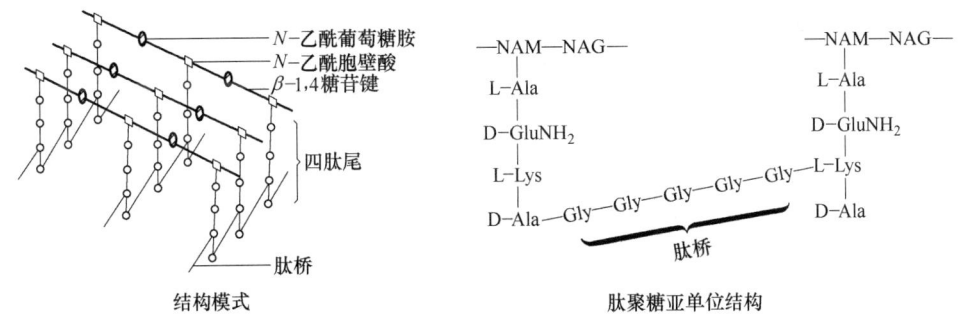

图 2-7　$G^+$细菌肽聚糖的立体结构

磷壁酸是结合在$G^+$细菌细胞壁上的一种酸性多糖，主要成分为甘油磷酸或核糖醇磷酸。磷壁酸可分为两类，其一为壁磷壁酸，它与肽聚糖分子间进行共价结合，含量会随培养基成分而改变，一般占细胞壁重量的 10%。用稀酸或稀碱可以提取。其二为跨越肽聚糖层并与细胞膜相交联的膜磷壁酸（又称脂磷壁酸），由甘油磷酸链分子与细胞膜上的磷脂进行共价结合后形成。其含量与培养条件关系不大。

② G⁻细菌的细胞壁：G⁻细菌细胞壁比G⁺细菌细胞壁薄而且结构较复杂，分两层，厚约10nm，外层为脂蛋白和脂多糖层，内层为肽聚糖层。G⁻细菌的肽聚糖以大肠杆菌为代表，它的肽聚糖层埋藏在外膜层之内，是仅由1~2层肽聚糖网状分子组成的薄层（2~3nm）。G⁻细菌肽聚糖单体结构与G⁻细菌基本相同，差别在于：四肽尾的第3个氨基酸不是L-lys，而是被内消旋二氨基庚二酸（m-Dap）所代替；没有特殊的肽桥，其前后两个单体间的连接仅通过甲四肽尾的第4个氨基酸——D-Ala的羧基与乙四肽尾的第3个氨基酸——m-Dap的氨基直接相连，因而只形成较为稀疏、机械强度较差的肽聚糖网套（见图2-8）。

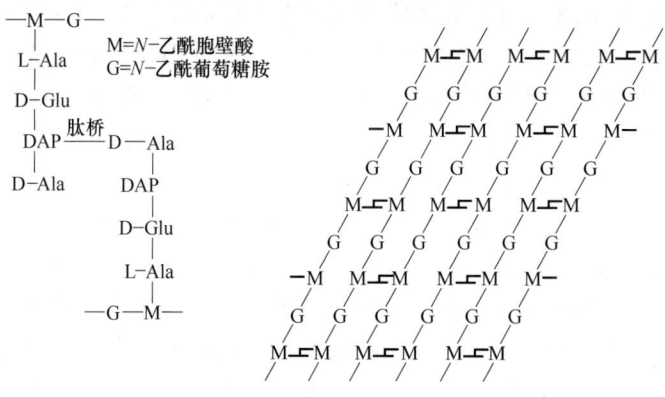

图2-8　G⁻细菌的肽聚糖结构（大肠杆菌）

外膜是G⁻细菌细胞壁所特有的结构，由脂多糖、磷脂和外膜蛋白组成。周质空间又称为壁膜间隙，是G⁻细菌细胞壁的外膜与细胞质膜之间存在的壁膜间隙，一层薄的肽聚糖处于其间，肽聚糖层和细胞质膜之间的间隙较宽，肽聚糖层至外膜之间的间隙较窄。

③ 革兰氏染色法及其基本原理：革兰氏染色法是丹麦医生革兰（C. Gram）于1884年发明的微生物学中一种重要的常用的染色方法。染色过程为：先用结晶紫进行初染1min，再加碘液媒染1min，继而用95%乙醇处理30s，进行脱色，最后用番红复染2min。如此染色后镜检会出现两种情况：染上蓝紫色的为革兰氏阳性菌，染上红色为革兰氏阴性菌。

关于革兰氏染色的原理，目前一般认为与细胞壁的化学组成与结构、细胞壁的渗透性有关。首先碱性染料结晶紫将细胞质染上颜色，碘能与结晶紫形成结晶紫-碘复合物，不易被抽提出来。当用95%的乙醇做脱色处理时，G⁺菌的肽聚糖含量多，交联致密，引起细胞壁脱水而使网孔缩小；同时G⁺菌脂类含量少，所以乙醇处理不会使结晶紫-碘复合物溶出缝隙，因此能把结晶紫-碘复合物牢牢地留在壁内，因而保持初染液的蓝紫色颜色。G⁻菌脂类含量高，以脂类为主的外膜被乙醇抽提后引起细胞壁各层结构松弛,而肽聚糖含量少,引起的脱水作用小,薄而松散的肽聚糖层不能阻挡结晶紫-碘复合物的溶出,因此乙醇脱色后细胞退成无色。这时再经沙黄等红色染料进行复染,使 $G^-$ 菌呈红色。

**2. 细胞膜**

细胞膜又称质膜、细胞质膜或内膜,是紧贴在细胞壁内侧、包围着细胞质的一层柔软、脆弱、富有弹性的半透性薄膜,厚 7~8nm,由磷脂(占 20%~30%)和蛋白质(占 50%~70%)组成。细胞膜是具有高度选择性的半透膜,含有丰富的酶系,具有重要的生理功能,主要表现在:①细胞膜对细胞内外物质交换起选择性屏障作用,在细胞膜上,镶嵌有大量的渗透蛋白(渗透酶)控制营养物质和代谢产物的进出;②参与细胞壁的生物合成,例如:在细菌细胞膜上存在着载体脂类,这种脂类与细胞壁中肽聚糖的合成有关;③参与能量的产生,在细菌细胞膜上存在电子传递系统,在这方面细菌的细胞膜相当于真核生物线粒体的内膜;④是鞭毛基体的着生部位和鞭毛旋转的供能部位。

与细胞膜结构相关的还有间体,又称中间体或中体。它是由细胞膜折皱陷入到细胞质内,形成一些管状或囊状的构造,其中酶系发达,是能量代谢的场所,所以人们又称间体为拟线粒体。对于间体的形成与功能有待进一步研究。

**3. 细胞质和内含物**

细胞质是细胞膜包围的除核区外的一切半透明、胶体状、颗粒状物质的总称。其含水量约80%。基本成分是水、核糖体、蛋白质、核酸和脂类,也含有少量的糖和无机盐类。细胞质内形状较大的颗粒状构造称为内含物,包括各种贮藏物和羧酶体、气泡等。

(1)核糖体 核糖体是分散在细胞质中的沉降系数\*为 70S(由 50S 大亚基和 30S 小亚基组成)的亚显微颗粒,是蛋白质合成场所。

(2)贮藏物 贮藏物是一类由不同化学成分累积而成的不溶性沉淀颗粒,主要功能是贮存营养物。聚 $\beta$-羟丁酸是一种脂类物质,是存在于许多细菌细胞质内的碳源类贮藏物,能被苏丹黑染色,具有贮藏能量、碳源和降低细胞内渗透压的作用。异染颗粒最早是在迂回螺旋菌(*Spirillum volutans*)中发现的,由于用美蓝或甲苯胺蓝可染成红紫色而得名,具有贮藏磷元素和能量、降低细胞的渗透压的功能。

(3)气泡 气泡是在许多光能营养型、无鞭毛运动的水生细菌中存在的充满气体的泡囊状内含物,其内充满水分和盐类或一些不溶性颗粒。其功能是调节细胞相对密度以使其漂浮在最适水层中获取光能、$O_2$ 和营养物质。主要存在于多种蓝细菌中。

(4)羧酶体 又称羧化体,是主要存在于化能自养细菌和蓝细菌中的多角形

---

\* 沉降系数是用离心法时,大分子沉降速度的量度。

或六角形内含物。内含 1,5-二磷酸核酮糖羧化酶,在自养细菌中起着固定 $CO_2$ 作用。

**4. 核区**

细菌细胞无真正的细胞核,只在菌体中央有一个大量遗传物质(DNA)所在的核区。核区内仅有一条闭合环状双链 DNA 大分子,形成高度折叠缠绕的超螺旋结构,无核膜包裹,无固定形态,也不与组蛋白结合,而是与 $Mg^{2+}$ 等阳离子和胺类等有机碱结合,以中和磷酸基团所带的负电荷,形成细菌染色体。每个细胞所含的核区数目一般为 1~4 个,与细菌的生长速度有关,在生长迅速的细菌细胞中有两个或四个核,生长速度低时只有一个或两个核。核区是细菌负载遗传信息的主要物质基础。

在很多细菌细胞中尚存有染色体外的遗传因子,为环状 DNA 分子,分散在细胞质中能自我复制,称为质粒。许多次生代谢产物(如抗生素、色素和芽孢)的合成一般受质粒控制。由于质粒携带着决定细菌某些遗传特性的基因,是基因工程研究的重要基因载体工具之一。

### (二)细菌细胞的特殊构造

鞭毛、菌毛、糖被、芽孢等是某些细菌特有的结构,它们在细菌分类鉴定上具有重要意义。

**1. 鞭毛**

生长在某些细菌体表的长丝状、波曲的蛋白质附属物,称为鞭毛,其数目为一至数十条,具有运动功能。鞭毛的化学组成主要为蛋白质,并含有少量的糖和脂肪。鞭毛的长度一般为 15~20μm,直径为 0.01~0.02μm,通过菌落特征或半固体穿刺法培养技术可看到或判断鞭毛的存在,经过特殊染色技术可在光学显微镜下观察到鞭毛的有无。

大多数球菌不生鞭毛,部分杆菌生有鞭毛,弧菌与螺旋菌都生鞭毛。鞭毛着生的位置、数目和排列方式是细菌种的特征,可分为偏端单生、两端单生、偏端丛生、两端丛生和周生几种类型(见图 2-9)。

生理功能:鞭毛是负责细菌运动的结构,在有鞭毛细菌的幼龄时期和有水的适温环境中能进行活跃的运动。细菌的运动具有趋避性,总是向着有利于其生长或避开不利环境方向运动。另外,鞭毛与病原微生物的致病性有关。

**2. 菌毛**

菌毛又称纤毛,是长在某些 $G^-$ 细菌和少数 $G^+$ 细菌体表的纤细、中空、短直、数量较多的蛋白质类附属物,具有使菌体附着于物体表面的功能。菌毛多数存在于 $G^-$ 致病菌中,例如导致淋病的淋病奈氏球菌长有大量菌毛,它们可把菌体牢牢黏附在患者的泌尿生殖道的上皮细胞上,以致尿液很难冲掉它们,大量生长繁殖后就会引起严重的性病。

**3. 性菌毛**

性菌毛又称性毛或性纤毛,构造和成分与菌毛相同,但比菌毛长,数量仅一

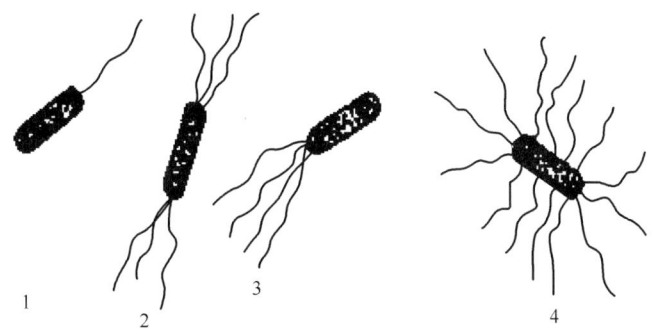

图 2-9 细菌鞭毛的几种类型
1—偏端单生 2—两端丛生 3—偏端丛生 4—周生

至少数几根。是细菌接合作用时传递遗传物质的通道或某些噬菌体吸附于寄主细胞的受体。

**4. 糖被**

糖被有时称荚膜,是某些细菌分泌到细胞壁外的疏松透明的胶状物质。糖被按其固定层次与层次厚薄可分为大荚膜(或荚膜)、微荚膜、黏液层和菌胶团。

荚膜含水量较高,折光率较低,不易着色,通过特殊的荚膜负染色法(背景染色法)使背景和菌体着色,而荚膜不着色,可使荚膜衬托出来,在光学显微镜下可观察到(见图2-10)。

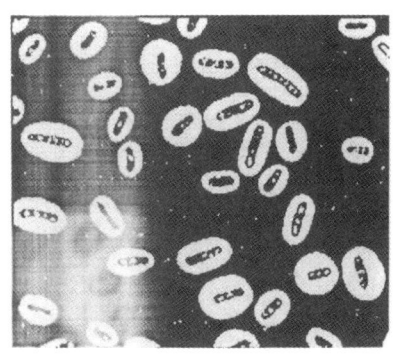

图 2-10 细菌的荚膜形态

糖被的主要生理功能为:①保护作用:糖被的大量极性基团保护菌体免受干旱损伤,防止噬菌体的吸附、裂解或吞噬。同时作为透性屏障,可保护细菌免受重金属离子的毒害。②贮藏养料,以备营养缺乏时重新利用。③表面附着作用,例如引起龋齿的唾液链球菌和变异链球菌就会分泌一种己糖基转移酶,使蔗糖转变成果聚糖,它可使细菌牢牢黏附于牙齿表面,由细菌发酵糖类产生的乳酸在局部累积后,可引起龋齿。④堆积代谢废物。

糖被在人类的科学研究和生产实践中都有较多的应用。糖被可用于菌种鉴定,也可用于制备药物和生化试剂。人们可以从肠膜状明串珠菌的糖被中提取葡聚糖以制备"代血浆"或葡萄糖生化试剂;利用野油菜黄单胞菌的黏液层可制取黄原胶;产生菌胶团的细菌在污水处理方面具有重要作用,能够分解、吸附和沉降水中的有害物质。细菌的糖被有时也对发酵工业产生不利的影响。若发酵液被产糖被的细菌所污染,就会阻碍发酵过程的正常进行和影响产物的提取;"黏性面包"、"黏性牛奶"是因为污染了产荚膜菌引起的;制糖工业中产荚膜的肠膜明串珠菌的繁殖,产生的黏液影响糖液的过滤;某些致病菌分泌的糖被会对该病的防治造成严重障碍。

**5. 芽孢**

芽孢是某些细菌在其生长发育后期,在细胞内形成的一个圆形或椭圆形、厚壁、含水量极低、抗逆性极强的休眠体。因为细菌芽孢的形成都在细胞内,所以又称为内生孢子。能产生芽孢的细菌主要属于芽孢杆菌属、梭状芽孢杆菌属、芽孢八叠球菌属。

能否形成芽孢是细菌种的特征。各种细菌芽孢形成的位置、形状与大小是一定的,大多数厌氧性芽孢杆菌的芽孢形成于营养细胞的中央,且其直径大于细胞的宽度,有的形成两头尖、中间大的梭状(厌氧性芽孢杆菌,也称作梭状芽孢杆菌),有的呈椭圆形。产芽孢的细菌如枯草芽孢杆菌、巨大芽孢杆菌、蜡状芽孢杆菌、炭疽芽孢杆菌等。

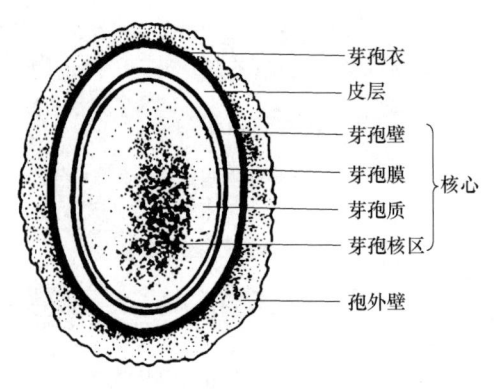

图 2 – 11 细菌芽孢构造模式图

成熟的芽孢具有复杂的多层结构(见图 2 – 11)。芽孢囊是产生芽孢的营养细胞外壳。孢外壁主要成分是脂蛋白,通透性较差,有的芽孢没有孢外壁。芽孢衣主要含疏水性蛋白,具有抗酶解、抵抗药物进入等作用。皮层在芽孢中占有很大体积(36% ~ 60%),含有相当于芽孢干重7% ~ 10%的一种高度抗热性的物质——吡啶二羧酸钙盐(DPA – Ca)。芽孢的核心又称芽孢原生质体,由芽孢壁、芽孢质膜、芽孢质和核区四部分组成,它的含水量极低(10% ~ 25%),因而特别有利于抗热、抗化学药物,并可避免酶的失活。因此芽孢的高度耐热性主要与它的含水量低,含有吡啶二羧酸钙盐以及致密的芽孢壁有关。

细菌能否形成芽孢不仅与种类有关,还与营养缺乏、有害代谢产物积累过多等环境因素密切相关。在适宜的环境条件下,芽孢可以进行萌发,一个细胞内只形成一个芽孢,同时一个芽孢萌发也只产生一个营养体。所以芽孢只是休眠体而非繁殖体。

研究芽孢具有重要的意义,是细菌分类、鉴定中的重要形态学指标。由于芽孢具有休眠特性,对产芽孢的细菌的菌种保藏带来了极大的方便。一般的芽孢在普通的条件下可保持几年至几十年的生命力。同时由于芽孢具有高度耐热性和抗逆性，微生物实验室或工业发酵中常以能否杀死芽孢作为杀菌指标。例如，肉毒梭菌的芽孢在100℃沸水中要经过5.0~9.5h才被杀死，在121℃时，平均也要10min才能被杀死；嗜热脂肪芽孢杆菌在121℃、12min才能被杀死，由此就规定了工业培养基和发酵设备的灭菌至少要在121℃下保证维持15min以上。

四、细菌的繁殖

细菌的繁殖方式主要为裂殖，只有少数种类进行芽殖。芽殖是指在母细胞表面的一端先形成一个小突起，待小突起长大到与母细胞相似后再相互分离并独立生活的一种繁殖方式。下面简单介绍裂殖过程。

裂殖是指一个细胞通过分裂而形成两个子细胞的过程。裂殖有横分裂和纵分裂两种方式，横分裂指分裂时细胞形成的隔膜与细胞长轴呈垂直状态，后者指呈平行状态。绝大部分细菌是横分裂方式，少部分杆菌采用横分裂和纵分裂两种裂解方式。细菌分裂过程可以简单分成三个阶段：①核质分裂，细菌的分裂由细胞核的分裂开始，DNA复制形成两个细胞核，随着细菌的生长，细胞核彼此分开，与此同时，细胞膜向细胞质延伸，然后闭合，形成细胞质隔膜，使细胞质和细胞核分开，即完成核质分裂。②形成横隔壁，随着细胞膜向内延伸，细胞壁同时由四周向内逐渐延伸闭合形成横隔壁，此时，两个子细胞具备了完整的细胞壁。③子细胞分离，当上述两过程完成后，两个子细胞即开始分离，形成两个完全独立的新生细胞。不同菌种，子细胞表现出不同的分离情况。球菌依分裂方向及分裂后子细胞的状态可以形成各种形态的群体，如单球菌、双球菌、四联球菌、八叠球菌、葡萄球菌等。有的细菌在横隔壁形成后暂时不分开，随着时间的延长，表现为短链状、长链状排列。

五、细菌菌落特征

将单个微生物细胞或少数同种细胞接种到适合的固体培养基上，在适合的环境条件下细胞就能迅速生长繁殖，形成一个肉眼可见的细胞群体，即称为菌落（colony）。不同菌种其菌落特征不同，同一菌种因不同生活条件其菌落形态也不尽相同，但是同一菌种在相同培养条件下所形成的菌落形态是一致的，所以菌落形态特征对菌种的鉴定有一定的意义。如果将大量的分散的同种细胞密集地接种在固体培养基上，会长出大量的相互连成一片的菌苔。

由于细菌是单细胞生物，没有形态和功能上的分化，同时细胞间充满着水分，形成的菌落的一般特征为湿润、较光滑、较透明、较黏稠、易挑取、质地均匀以及菌落正反面或边缘与中央部位颜色一致。

菌落特征也受其他方面的影响，无鞭毛、不能运动的细菌尤其是球菌通常都形成较小、较厚、边缘整齐的半球状菌落；长有鞭毛的细菌由于能够运动，形成的菌落往往大而平坦、边缘不整齐（多缺刻、树根状）；能分泌糖被的细菌，菌落往往较大、透明。

菌落在微生物学上有着重要的意义，可用于微生物的分离、纯化、鉴定、计数、选种、育种等一系列工作中。

### 六、食品中常见的细菌

在日常生活中食品经常受到细菌的污染，从而使食品变质；但也有些对人类有益的细菌，人们常常利用它们制造一些食品或药品。现将常见的几个细菌属分述如下。

**1. 假单胞杆菌属（*Pseudomonas*）**

菌体呈直的或弯曲状（1.5~4）μm×（0.5~1）μm，革兰氏阴性菌，端生鞭毛，可运动、不形成芽孢。化能异养型，需氧，在自然分布很广。某些菌株具有很强的分解脂肪和蛋白质的能力。它们污染食品后如环境条件适宜，可在食品表面迅速生长，一般产生水溶性色素、氧化产物和黏液，引起食品产生异味及变质，很多菌在低温下能很好的生长，所以在冷藏食品的腐败变质中起主要作用。例如：荧光假单胞菌（*Ps. fluorescens*）在低温下可使肉、牛乳及乳制品腐败。腐败假单胞菌（*Ps. putrefacicus*），可使鱼、牛乳及乳制品腐败变质。可使奶油的表面出现污点。菠萝假单胞菌（*Ps. ananas*）可使菠萝果实腐烂，被侵害的组织变黑并枯萎。

**2. 醋酸杆菌属（*Acetobacter*）**

醋酸杆菌分布也很普遍，一般从腐败的水果、蔬菜及变酸的酒类、果汁等食品中都能分离出醋酸杆菌。细菌细胞呈椭圆形杆状、单生或成链状，不产生芽孢，需氧，运动或不运动。本属菌有很强的氧化能力，可将乙醇氧化成醋酸。醋酸菌有两种类型的鞭毛，一群为周生鞭毛，它们可以把生成的醋酸进一步氧化成 $CO_2$ 和水；另一群为极生鞭毛，它们不能进一步氧化醋酸。醋酸杆菌是制醋的生产菌株，在日常生活中常常危害水果与蔬菜，使酒、果汁变酸。

**3. 无色杆菌属（*Achromobacter*）**

无色杆菌属为革兰氏阴性杆菌，分布在水和土壤中，有鞭毛，能运动。多数能分解葡萄糖和其他糖类产酸而不产氧，能使禽、肉和海产品变质发黏。

**4. 产碱杆菌属（*Aicaligenes*）**

产碱杆菌属为革兰氏阴性菌，这个属细菌不能分解糖类而产酸，能产生灰黄色、棕黄色或黄色色素。分布极广，存在于水、土壤、饲料和人畜的肠道内。能使乳制品及其他动物性食品产生黏性而变质，能在培养基上产碱。

**5. 黄色杆菌属（*Flavobacterium*）**

黄色杆菌属细胞呈直杆或弯曲状（0.5~6.0）μm×（0.2~2.0）μm，通常极生鞭毛，可运动，革兰氏染色阴性。好氧或兼性厌氧，有机营养型。中温或嗜冷，大多来源于水和土壤。菌落可产生黄色、橘红、红色或褐色非水溶性色素，有很强的分解蛋白质的能力，可产生热稳定的胞外酶，故可在低温下使牛乳及乳制品酸败。有的黄色杆菌在4℃引起牛乳变黏等。对其他食品如禽、鱼、蛋等食品同样引起腐败变质。

### 6. 埃希氏杆菌属（*Escherichia*）

细胞呈杆状（1.0~4.0）μm×（0.4~0.7）μm通常单个出现，周生鞭毛，可运动或不运动，革兰氏阴性菌，好氧或兼性厌氧，化能异养型。是食品中重要的腐生菌。存在于人类及牲畜的肠道中，在水、土壤中也极为常见。大肠杆菌（*E. coli*）在合适条件下使牛乳及乳制品腐败产生一种不洁净或粪便气味。

### 7. 沙门氏菌（*Salmonella*）

沙门氏菌为无芽孢杆菌，不产荚膜，通常可运动，具有周生鞭毛，也有无动力的变种，革兰氏阴性。该属菌常常污染鱼、肉、禽、蛋、乳等食品，特别是肉类。是人类重要的肠道致病菌。误食由此菌污染的食品，可引起肠道传染病或食物中毒。

### 8. 变形杆菌（*Proteus*）

变形杆菌为无芽孢的革兰氏阴性菌（1~3）μm×（0.4~0.6）μm，卵圆形。幼龄时常常变成丝状或弯曲状，周生鞭毛，运动性强。广泛分布于土壤、水及粪便之中。有较强分解蛋白质的能力，是食品的腐败菌，可引起食物中毒。

### 9. 李斯特氏菌属（*Listeria*）

李斯特氏菌属为无芽孢的短杆菌，革兰氏染色阳性，周生鞭毛，在低温下可以生长。所以，在冷藏食品中可以发现，是人畜共患李氏菌病的病原菌，可引起人的脑膜炎、败血症、肺炎等。食品中常见的是单核细胞增生性李斯特氏菌（*L. monocytogenes*）。

### 10. 乳杆菌属（*Lactobacillus*）

乳杆菌属菌体单个或呈链状。不运动或极少能运动，厌氧或兼性厌氧，革兰氏染色阳性，分解糖的能力很强。从牛乳、乳制品和植物产品中能分离出来。常常被用作生产乳酸饮料、干酪、酸乳等乳制品的发酵菌剂。

### 11. 明串珠菌属（*Leuconostoc*）

明串珠菌属菌体呈圆形或卵圆形，呈链状排列，革兰氏染色阳性，分布较广，常常在牛乳、蔬菜、水果上发现。肠膜明串珠菌（*Leuconostoc mesenteroide*）能利用蔗糖合成大量荚膜物质——葡萄糖。已被用来生产右旋糖酐，作为代血浆的主要成分。明串珠菌常给食品的污染带来麻烦，如牛乳的变黏以及制糖工业中增加了糖液黏度，影响过滤而延长了时间，降低了产量。

### 12. 双歧杆菌属（*Bifidobacterium*）

双歧杆菌属为革兰氏染色阳性多形态杆菌，呈Y字形、V字形、弯曲状、棒状、勺状等。菌种不同其形态不同。专性厌氧，目前市场上保健饮品风行，其中发酵乳制品及一些保健饮料常常加入双歧杆菌，以提高产品保健效果。

### 13. 芽孢杆菌属（*Bacillus*）

芽孢杆菌属细胞呈杆状，有些很大如（1.2~7.0）μm×（0.3~2.2）μm。能出现单个、成对或短链状。端生或周生鞭毛，运动或不运动，革兰氏阳性菌，好氧或兼性厌氧，可产生芽孢，在自然界中广泛分布，在土壤、水中尤为常见。此菌产生芽孢具有一定对热的抵抗性。因此，在食品工业中是经常遇到的污染菌。蜡样芽孢杆菌（*Bacillus cereus*）污染食品引起食物变质，尚可引起食物中毒。枯草芽孢杆菌（*Bacillus subtilis*）常常引起面包腐败，但它们产生蛋白酶的能力强，常用作蛋白酶生产菌。该属中也有如炭疽芽孢杆菌（*Bacillus anthracis*）能引起人、畜共患的烈性传染病——炭疽病。

### 14. 梭状芽孢杆菌（*Clostridium*）

梭状芽孢杆菌为厌氧性革兰氏阳性杆菌，罐装食品中引起腐败的主要菌种，解糖嗜热梭状芽孢杆菌（*Cl. thermosaccharolyticum*）可分解糖类引起罐装水果、蔬菜等食品的产气性变质。腐败梭状芽孢杆菌（*Cl. putrefaciens*）可以引起蛋白质食物的变质。肉类罐装食品中最重要的是肉毒梭状芽孢杆菌（*Cl. botulinum*），其芽孢产生在菌体的中央或极端，芽孢耐热性极强，能产生毒性很强的毒素——肉毒毒素。

### 15. 微球菌属（*Micrococcus*）

微球菌属的细菌呈小球状的革兰氏阳性菌，需氧或兼性厌氧。在自然界分布很广，如土壤、水及人、动物体表面都可以分离出来。非致病性，菌落呈黄色、淡黄色、绿色或橘红色。污染食品可使食品变色。微球菌有耐热性和有较高的耐盐性，有些菌并且可在低温下生长，故可引起冷藏食品的腐败变质。

### 16. 链球菌（*Streptococcus*）

链球菌细胞为球形、卵形。呈短链或长链排列。革兰氏阳性，很少运动，化能异养型，好氧或兼性厌氧。其中有些是人类或动物的病原菌。例如：化脓性链球菌（*Streptococcus pyogenes*）可以从人类的口腔、喉、呼吸道、血液等有炎症的地方或渗出物中分离出来。引起机体发红发烧的原因，是溶血性的链球菌。乳房链球菌（*Sc. uberis*）、无乳链球菌（Sc. agalactiae）常常是引起牛乳房炎的病原菌，有些也是引起食品变质的细菌。

### 17. 葡萄球菌（*Staphylococcus*）

菌体呈球形，多呈葡萄串状排列，革兰氏染色阳性，需氧兼性厌氧菌。如金黄色葡萄球菌（*Staphylococcus aureus*）主要在鼻黏膜、人及动物的体表上发现，可引起感染。污染食品产生肠毒素，使人发生食物中毒。

## 第二节

# 放 线 菌

放线菌是一类主要呈菌丝状生长和以孢子繁殖的陆生性较强的原核微生物。绝大部分放线菌呈革兰氏阳性，呈丝状生长，以孢子进行繁殖。由于首先发现的放线菌菌落中的菌丝常从一个中心向四周辐射状生长而得名。

放线菌广泛分布于自然界中，尤以中性偏碱性土壤和有机质丰富的土壤中较多。土壤中特有的泥腥味主要是放线菌所生成的代谢物——土腥味素引起的。

放线菌与人类关系极为密切，对人类的突出贡献是产生抗生素。目前已知的近万种抗生素中约70%是由放线菌产生的，如链霉素、土霉素、金霉素、卡那霉素、庆大霉素、庆丰霉素、井岗霉素等。放线菌有的还用于生产维生素与酶类。此外，放线菌在甾体转化、石油脱蜡、烃类发酵、污水处理等方面有着重要应用。由于放线菌具有极强的分解纤维素、石蜡、角蛋白、琼脂和橡胶等物质的能力，在环境保护、提高土壤肥力和自然界物质循环方面起着重大作用。

## 一、放线菌的形态特征

放线菌菌丝大多是由无隔膜分支状菌丝组成，菌丝粗约1μm，与细菌大小相似。菌丝内无隔膜，一般呈多核的单细胞状态。根据形态与功能的不同，放线菌菌丝分为营养菌丝、气生菌丝和孢子丝三部分（见图2-12）。当放线菌孢子落在固体基质表面并发芽后，不断生长，分枝向基质表面和内部扩展，形成大量的色浅、较细的营养菌丝，同时又不断向空中方向分化出颜色较深、直径较粗的气生菌丝。随着气生菌丝的生长成熟，分化成孢子丝，并通过横隔分裂方式产生成串的分生孢子。

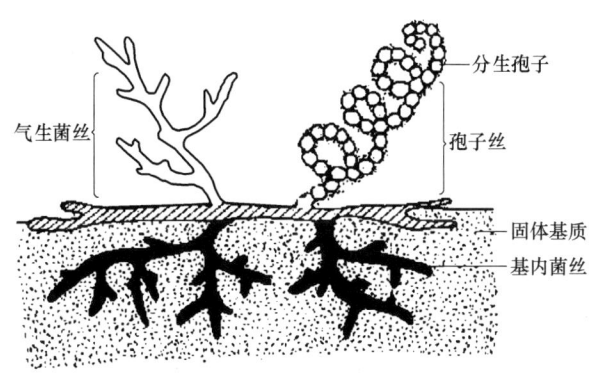

图2-12 放线菌的形态、构造模式图

基内菌丝主要功能是吸收培养基内的营养和水分，也称营养菌丝。由于长在培养基内部或紧贴培养基表面，不易被接种环挑取，可产生各种不同的色素。气生菌丝能盖满整个菌落表面，呈绒毛状、粉状或颗粒状。孢子丝的形状、排列方式随菌种而异。分生孢子起着繁殖作用，是放线菌分类鉴定的重要依据。

二、 放线菌的繁殖

在自然条件下，多数放线菌以产生无性的分生孢子方式进行繁殖，仅少数以产生孢囊孢子的方式进行繁殖。在液体通气培养中，很少形成孢子，主要采取菌丝断裂的繁殖方式。这一特性在实验室进行摇瓶培养和工厂中的深层液体搅拌培养上有着广泛的用途。

关于放线菌的孢子的形成，以前人们认为放线菌产生的分生孢子还有一种凝聚分裂的方式。通过电镜观察表明，孢子丝的分裂只有横隔分裂的方式。横隔分裂通过两种途径进行：一是细胞膜内陷，再由外向内逐渐收缩，形成横隔膜，把孢子丝分割成许多分生孢子；二是细胞壁和细胞膜同时内陷，逐步向内缢缩将孢子丝缢裂成一串分生孢子。

少数放线菌如游动放线菌属和孢囊链霉菌属可以在气生菌丝或基内菌丝上形成孢子囊，在囊内产生游动或不游动的孢囊孢子，成熟后释放。

三、 放线菌的菌落特征

放线菌的菌落由菌丝体组成。放线菌的气生菌丝较细，生长缓慢。菌丝分枝相互交错缠绕，所以形成的菌落质地致密，表面呈较紧密的绒状或紧实、干燥、多皱。菌落较小而不致广泛延伸。放线菌基内菌丝长在培养基内，所以菌落与培养基结合较紧，不易被挑起或整个菌落被挑起而不致破碎。幼龄菌丝因气生菌丝尚未分化成孢子丝则菌落表面与细菌菌落相似而不易区分。若形成大量分生孢子布满菌落表面，会形成表面呈絮状、粉末状或颗粒状的典型的放线菌菌落。此外，由于放线菌的菌丝及孢子常具色素，也使菌落的正面背面呈现不同色泽。（水溶性色素可扩散至培养基中，脂溶性色素则不能扩散）。用放大镜仔细观察，可见菌落周围有放射状菌丝。

四、 放线菌常见类群

**1. 链霉菌属**（*Streptomyces*）

本属的主要特点是产生抗生素。是工业化发酵生产抗生素的主要菌种资源。现有抗生素类中50%以上是放线菌产生的，其中由链霉菌产生的高达90%以上，如链霉素、土霉素、红霉素等。链霉菌属有3000多种，能产生抗生素的就有600多个菌种。

本属菌丝无横隔，有较发达的基质菌丝和气生菌丝，形成颜色多样的分生孢子。

**2. 诺卡氏菌属（*Nocardia*）**

本属营养菌丝发达、分枝状、有隔膜，一般不产生气生菌丝，以横隔分裂方式产生分生孢子。多为好气性腐生菌，主要分布于土壤中，有些种也产生抗生素，如利福霉素等。另外，一些种类能分解烃类物质，在石油脱蜡、烃类发酵和污水处理中都有应用。

**3. 小单胞菌属（*Micromonspora*）**

本属多分布于土壤或湖底泥土中，圈肥堆肥中也较多。菌丝较细，无横隔膜，不形成气生菌丝，在基内菌丝上长出孢子梗，梗顶端产生一个球形或卵圆形分生孢子，一些种能产生抗生素，如庆大霉素、利福霉素。

**4. 放线菌属（*Actinomyces*）**

本属菌丝较细、有横隔，无气生菌丝，不产生分生孢子，一般为厌氧或兼性厌氧。致病菌多，如引起牛的颚肿瘤的牛型放线菌是这属的典型代表。寄生于人体的有衣氏放线菌，可引起颚骨肿瘤病及肺部感染。

**5. 弗兰克氏菌属（*Frankia*）**

本属菌丝体有分枝和横隔。为专性共生菌，能在多种非豆科木本植物根上形成根瘤，固定空气中氮气。

## 第三节

# 其他原核微生物

### 一、蓝细菌

蓝细菌是一类进化历史悠久、革兰氏染色阴性、无鞭毛、含叶绿素 a（但不形成叶绿体）、能进行产氧性光合作用的大型原核微生物。蓝细菌是能进行固氮作用的光合自养细菌，因而能在极端贫瘠和恶劣的条件下生存，有"先锋生物"之美称。蓝细菌形态为单细胞球状、杆状或多细胞丝状。细胞体积一般比细菌大，直径 $0.5 \sim 60 \mu m$，这是已知原核生物中较大的细胞。

蓝细菌在过去曾一直被称为蓝藻或蓝绿藻。原因是它的细胞内含叶绿素 a，同植物、藻类一样进行放氧型光合作用。但自从发现这类微生物的细胞核是典型的原核而不是像其他藻类的核是真核之后，已改属于原核生物界，称为蓝细菌。多数水生的蓝细菌细胞壁外还有黏质糖被，可以进行滑行运动。

蓝细菌是一类较古老的原核生物，广泛分布于自然界中，在人类的生活中有着很高的经济价值：发菜念珠蓝细菌（*Nostoc flagelliforme*）、普通木耳念珠蓝细菌（*N. commune*）可以食用，盘状螺旋蓝细菌（*Spirulina platensis*）、最大螺旋蓝细菌

（*S. maxima*）已开发成"螺旋藻"产品，具有固氮能力的满江红鱼腥蓝细菌（*Anabaena azollae*）与水生蕨类满江红共生能够生产绿肥。但是有的蓝细菌会引起海水的"赤潮"、湖泊或水库的"水华"现象，给渔业、养殖业带来严重危害。

## 二、支原体

支原体、立克次氏体和衣原体是同属 $G^-$、代谢能力差，主要营细胞内寄生的小型原核微生物，其寄生性逐步增强，是介于细菌与病毒间的一类原核微生物。

支原体是一类无细胞壁、介于独立生活和细胞内寄生生活间的最小型原核生物。它广泛分布在土壤、污水、昆虫、脊椎动物及人体中，除可引起胸膜肺炎病外，还可引起猪气喘病、鸡呼吸道慢性病，现已发现人、畜、禽、植物的支原体多种，大多数为致病性的，少数为腐生性的。

支原体细胞很小，直径一般为 150～300nm，能通过细菌过滤器，在光学显微镜下勉强可见。无细胞壁，形态柔软多形、易变。对青霉素等抗生素和溶菌酶不敏感。在含血清的营养丰富的培养基上长出一种典型的"油煎蛋"形小菌落，直径 0.1～1.0mm。细胞膜含固醇，使膜较坚韧，这是其他生物罕有的。一般以二分裂方式繁殖，有时也出芽繁殖。

## 三、衣原体

1956 年，我国微生物学家汤飞凡等应用鸡胚卵黄囊接种法，在国际上首先成功地分离培养出沙眼衣原体。沙眼衣原体是人类沙眼的病原体，甚至引起结膜炎、角膜炎、角膜血管翳等临床症状，成为致盲的重要原因。

衣原体是一种能通过细菌过滤器、$G^-$、仅能在脊椎动物细胞质内繁殖并致病、具特殊生长周期的原核微生物。曾有一段时间认为衣原体是"大型病毒"。形状球形或椭圆形，直径 0.2～0.3μm，细胞内同时含 DNA 和 RNA 两种核酸，核糖体的沉降系数为 70S，二分裂繁殖，对青霉素等抗生素敏感等。

衣原体严格在细胞内寄生，体内缺乏完整的酶系，是一类"能量寄生物"，离开寄主细胞则不表现生命活力。所以只能用鸡胚等活体进行人工培养。不经过节肢动物而是在脊椎动物间直接传染，引起疾病，如沙眼衣原体、性病淋病肉芽肿衣原体等。它们在动物体内还可引起肺炎、多发性关节炎、胎盘炎、肠炎等疾病。

衣原体具有独特的生活史。原体是具有感染力的细胞，衣原体感染始自原体，原体经空气传播，被易感宿主细胞表面的特异性受体吸附后，通过吞噬作用进入宿主细胞，在宿主体内生长，转化为无感染力的始体，以二分裂方式反复繁殖，形成大量子细胞，每个始体细胞又转化成原体，并通过宿主细胞破裂而释放，再感染新的宿主。整个周期约 48h。与立克次氏体不同，衣原体不需媒介，它直接感染宿主。

## 四、立克次氏体

美国医生 H. T. Ricketts 于 1909 年研究洛基山斑疹热，首次发现落基山斑疹伤寒的独特病原体。次年他不幸感染斑疹伤寒而丧命。为纪念他，把这类病原体命名为立克次氏体。

立克次氏体是一类专性寄生于真核细胞内的 $G^-$ 原核微生物。它与支原体的区别是有细胞壁和不能独立生活；与衣原体的区别是不能通过细菌过滤器和存在产能代谢系统。立克次氏体细胞较大，直径 $(0.3 \sim 0.6)\mu m \times (0.8 \sim 2.0)\mu m$；二分裂繁殖；存在不完整的产能代谢途径；对热敏感；对四环素和青霉素敏感。致病性强，如引起斑疹热病和落基山斑疹伤寒病的两种立克次氏体往往通过节肢动物（虱子、跳蚤）传染给人类或其他哺乳动物，使其致病。

## 五、古细菌

古细菌（Archaebacteria）是近年来发现的一类特殊的细菌。它们大多生活在生存条件十分恶劣的极端环境中，例如高温、高盐、高酸等。1977 年，沃斯（Woese）和沃夫（Wolfe）对产甲烷菌（methanogens）、极端嗜盐菌（extreme halophiles）、嗜热嗜酸菌（thermoacidophiles）类群中的 16S rRNA 核苷酸顺序的同源性进行分析测定后发现，它们与其他细菌（真细菌，eubacteria）有明显的区别。由于这三类细菌是在厌氧、高温、强酸条件下生活，与地球生命出现的初期环境相似，故命名为古细菌。其特点与细菌和真核生物性状的比较见表 2-3。

表 2-3　　　　　古细菌与细菌和真核生物的性状比较

| 项目 | 细菌 | 古细菌 | 真核生物 |
| --- | --- | --- | --- |
| 细胞结构 | 原核 | 原核 | 真核 |
| 细胞壁 | 一般有，均含肽聚糖 | 无，或含蛋白质或假肽聚糖，无肽聚糖 | 无，或含纤维素、几丁质等，无肽聚糖 |
| 细胞膜中类脂 | 脂肪酸甘油酯，胆固醇少见 | 聚异戊烯或植烷甘油醚，胆固醇不清楚 | 脂肪酸甘油酯，多有胆固醇 |
| 基因组 | 一条环状染色体 DNA 和质粒 | 同细菌 | 多条与组蛋白结合的线状染色体 |
| RNA 聚合酶结构 | 4 个蛋白质亚单位 | 多个蛋白质亚单位 | 多个蛋白质亚单位 |
| 核糖体小亚基 | 30S | 30S | 40S |
| 对利福平敏感性 | + | - | - |
| 对氯霉素敏感性 | + | - | - |
| 对白喉毒素敏感性 | - | + | + |

注："+"为敏感，"-"为不敏感。

根据上述性状特点，可以认为，古细菌是一类 16S rRNA 及其他细胞成分在分子水平上与原核生物和真核生物均有所不同的特殊生物类群。因此，有人指出，古细菌属于"第三型生物"。

## 本章小结

原核微生物的共同特征是形体微小、细胞壁含有肽聚糖独特成分，细胞内无细胞器分化，无真正细胞核（只称作拟核或原核）。通过革兰氏染色把原核微生物分为 $G^+$、$G^-$ 两大类。原核细胞的共同结构有细胞壁、细胞膜、细胞质及其内含物和核区，部分种类的细胞壁外还具有鞭毛、菌毛、性菌毛、糖被和芽孢等特殊结构。芽孢的耐热性和抗逆性，在理论和实践上有着重要意义。

食品中常见的细菌主要有假单胞杆菌属、醋酸杆菌属、无色杆菌属、产碱杆菌属、黄色杆菌属、埃希氏杆菌属、沙门氏菌、变形杆菌、李斯特氏菌属、乳杆菌属、明串珠菌属、双歧杆菌属、芽孢杆菌属、葡萄球菌等。

## 复习思考题

1. 细菌的基本形态有哪几种？其中球菌的空间排列方式有几种？
2. 绘出细菌细胞的结构模式图，注明其基本结构和特殊结构并简述各部分的生理功能。
3. 列表比较 $G^+$ 细菌与 $G^-$ 细菌细胞壁在结构和成分组成上的区别。
4. 简述革兰氏染色技术的原理。
5. 什么是糖被，其化学组成如何？有何生理功能？与人类实践有何关系？
6. 芽孢的概念、结构是什么？有何理论与实践意义？
7. 简述细菌的繁殖过程。
8. 什么是菌落？讨论细菌的细胞形态与菌落形态之间的关系。
9. 什么是放线菌的基内菌丝、气生菌丝和孢子丝？
10. 放线菌的菌落和繁殖有何特点？
11. 蓝细菌、支原体、衣原体和立克次氏体的形态结构、化学组成和生理功能有哪些特点？
12. 为什么说古细菌被称为"第三型生物"？

# 第三章

# 真核微生物

### 知识目标

1. 掌握原核微生物与真核微生物的主要区别。
2. 熟悉酵母菌的一般特点，了解酵母菌与人类之间的关系。
3. 掌握酵母菌的形态结构、繁殖特点、菌落特征和生活史类型。
4. 掌握霉菌细胞的形态结构、繁殖方式、菌落特征和生活史。了解霉菌与食品工业的关系。

### 技能目标

能正确进行酵母菌形态观察、镜检计数、大小测定，霉菌插片培养与形态观察，细菌、放线菌、酵母菌和霉菌菌落区分鉴别。

凡是细胞核具有核膜、能进行有丝分裂、细胞质中存在线粒体或同时存在叶绿体等细胞器的微小生物，称为真核微生物。真核微生物包括真菌、单细胞藻类和原生动物等。其中，真菌是一类低等的真核微生物的统称，又分为酵母菌、霉菌和大型真菌（蕈菌）三类。

真核细胞与原核细胞相比，其形态更大、结构更为复杂、细胞器的功能更为专一。真核生物已发展出许多由膜包围着的内质网、高尔基体、溶酶体、微体、线粒体和叶绿体等细胞器，它们已进化出有核膜包裹着的完整的细胞核，其中存在着构造精巧的染色体，它的双链 DNA 长链已与组蛋白和其他蛋白密切结合，以更完善地执行生物的遗传功能。原核微生物与真核微生物在结构上有着显著的差别，比较如表 3-1 所示。

**表 3-1**  原核微生物与真核微生物的主要区别

| 结构 | 原核微生物 | 真核微生物 |
|---|---|---|
| 细胞大小 | 较小（通常直径 <2μm） | 较大（通常直径 >2μm） |
| 细胞壁 | 除少数外都含有肽聚糖 | 多聚糖、几丁质，无肽聚糖 |
| 细胞膜 | 一般没有甾醇（除支原体外） | 常有甾醇 |
| 内膜 | 简单，有间体 | 复杂，有内质网等 |
| 细胞器 | 无 | 有线粒体、液泡、溶酶体、微体、高尔基体等 |
| 核糖体 | 70S | 细胞质中的为80S，线粒体和叶绿体里面的为70S |
| 细胞核 | 无核膜、核仁，单个染色体，DNA不与组蛋白结合，没有有丝分裂 | 有核膜、核仁，多条染色体，DNA与组蛋白结合。分裂通过有丝分裂 |
| 鞭毛结构 | 如有，则细而简单 | 如有，则粗而复杂（9+2型） |
| 繁殖方式 | 有性、无性等多种 | 一般为无性（二分裂） |

目前在真菌界分类上仍有许多不同看法，大多数人采用安斯沃思（Ainsworth）的分类系统，把真菌界（Kingdom Fungi）大体可分为真菌门（Eumycota）和黏菌门（Myxomycota）。而真菌门依据其形成有性孢子的情况又分为鞭毛菌亚门、接合菌亚门、子囊菌亚门、担子菌亚门和半知菌亚门。为了研究的方便通常区分为：酵母菌、霉菌和蕈菌。

# 第一节

## 酵 母 菌

酵母菌是一部分真菌的总称，不是分类学上的名称，它是一群圆形、椭圆形或柠檬形单细胞的个体，是以出芽或分裂为主要繁殖方式的真菌。在真菌分类系统中分布于子囊菌亚门、担子菌亚门和半知菌亚门。大多数酵母菌具有发酵糖类产生酒精和二氧化碳的能力。酵母菌很难下定义，一般包括5个特点：①个体一般单细胞状态存在；②能发酵糖类；③多数出芽繁殖；④细胞壁中常含甘露聚糖；⑤常生活在含糖量较高、酸度较大的水生环境中。如水果、蔬菜、花蜜以及植物的叶片上，特别是果园的土壤中较多。

酵母菌的用途非常广泛，可用于酿酒、发面、石油发酵、脱蜡及生产蛋白质、有机酸、酶、核苷酸、辅酶、细胞色素C、凝血质、核黄素等各个方面；酵母菌在解决未来粮食短缺危机中有着远大前景，酵母菌细胞蛋白质含量高达细胞干重的50%以上，并含有人体必需的氨基酸。以造纸厂、糖厂、淀粉厂、木材水解厂的废液为原料，便可进行工业化的大批量生产。据估计，如果每天生产450万kg酵母菌体，其蛋白质含量相当于10000头牛。但也有少数菌是有害的，一些发酵工业的污染菌可消耗酒精和产生不良气味，一些耐高渗酵母可使果酱、蜂蜜及蜜饯变质，少数寄生性酵母菌具有致病作用。

## 一、酵母菌的形态特征

酵母菌细胞形态通常有圆形、椭圆形、卵圆形、柠檬形或尖形；有些酵母菌如热带假丝酵母，在无性繁殖过程中子细胞不与母细胞脱离，连成丝状。由于这种丝状结构与霉菌的菌丝不同，因而称为假菌丝。酵母菌的细胞直径约为细菌的10倍，一般为 $(1\sim5)\mu m\times(5\sim30)\mu m$。酵母菌的大小表示方法同细菌的表示方法，球形的酵母用其直径表示，对于椭圆形、卵圆形或长椭圆形的用其长和宽表示。

## 二、酵母菌的细胞结构与功能

酵母菌是单细胞真核微生物，具有典型的细胞结构，其细胞结构如图3-1所示。

### （一）细胞壁

细胞壁厚约25nm，约占细胞干重的25%，是一种坚韧的结构。其结构是典型的"三明治"状：外层为甘露聚糖，内层为葡聚糖，其间夹有一层蛋白质（包括葡聚糖酶、甘露聚糖酶）。葡聚糖是赋予细胞壁以机械强度的主要成分，蛋白质约占细胞壁干重的10%。此外，细胞壁上还含有少量类脂，几丁质在酵母细胞壁中的含量很低，仅在其形成芽体时合成，然后分布于芽痕的周围。

### （二）细胞膜

酵母菌细胞膜的结构和功能与其他真核生物细胞相同，细胞膜是由上下两层磷脂分子以及嵌杂在其间的甾醇和蛋白质分子所组成的。磷脂的亲水部分排在膜的外侧，疏水部分则排在膜的内侧。其成分中主要是蛋白质（约占干重的50%）、类脂（甘油酯、磷脂、甾醇等，约占40%）和少量的糖类（甘露聚糖等）。在酵母细胞膜上所含的各种甾醇中，尤以麦角甾醇居多。它经紫外线照射后，可形成一种维生素（$D_2$），可以作为维生素D的来源。

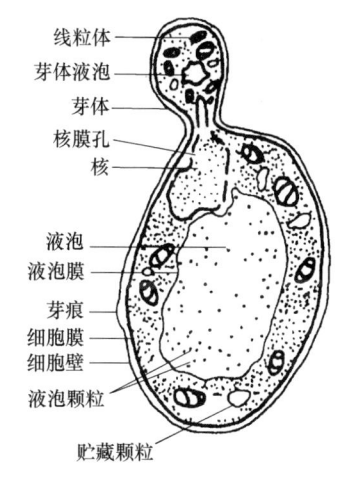

图3-1 酵母菌细胞的模式构造

## （三）细胞质

细胞质是细胞进行新陈代谢的场所，是一种无色透明的黏稠的胶状液体。在幼小细胞内黏稠而均匀，主要成分为蛋白质、类脂、多糖、无机盐和水分，老熟细胞内出现液泡和各种贮藏物（异染颗粒、脂类颗粒、肝糖等）。液泡的功能可能是起着营养物和水解酶类的贮藏库的作用，同时还有调节渗透压的功能。细胞质内还含有大量的核糖体，沉降系数为80S，由60S和40S两个亚基组成，大多数核糖体形成多聚核糖体，积极地进行多肽合成。在细胞质内有了由生物膜分化出来的独立的细胞器，如线粒体、内质网和高尔基体。

## （四）细胞核

酵母菌具有多孔核膜包起来的定形细胞核——真核，具备真核的特征。核膜孔是细胞核和细胞质交换物质的通道，能让核内制造的核糖核酸转移到细胞质内，为蛋白质合成提供模板。

## 三、酵母菌的繁殖和生活史

酵母菌的繁殖方式有多种类型。繁殖方式对酵母菌的鉴定极为重要。酵母菌具有有性繁殖和无性繁殖两种繁殖方式，一般以无性繁殖为主，方式有出芽繁殖（芽殖）、分裂繁殖（裂殖）和产无性孢子。有性繁殖的主要方式是产生子囊孢子。通常把凡具有有性繁殖产生子囊孢子的酵母菌称为真酵母，凡未发现有性繁殖的酵母菌称为假酵母或拟酵母。

### （一）酵母菌的无性繁殖

**1. 出芽繁殖（又称芽殖）**

芽殖是酵母菌最常见的繁殖方式。在良好的营养和生长条件下，酵母生长迅速，这时，可以看到所有细胞上都长有芽体，而且在芽体上还可形成新的芽体，于是就形成了人们经常见到的呈簇状的细胞团。

芽体的形成过程：在细胞形成芽体的部位，通过水解酶对细胞壁多糖的分解，使细胞壁变薄，大量新细胞物质——核物质（染色体）和细胞质等在芽体起始部位堆积，使芽体逐步长大后，它与母细胞相连部位形成了一块隔壁。隔壁的成分是由葡聚糖、甘露聚糖和几丁质构成的复合物。最后，母细胞与子细胞在隔壁处分离，于是，在母细胞上就留下一个芽痕，而在子细胞上就相应地留下一个蒂痕。

**2. 分裂繁殖（又称裂殖）**

裂殖酵母属（*Schizosaccharomyces*）的种类可通过类似细菌的二等分方式进行裂殖。其过程是细胞伸长，核分裂为二，然后细胞中央出现隔膜，将细胞横分为两个相等大小的、各具有一个核的子细胞。

**3. 产生无性孢子**

少数酵母菌如掷孢酵母属（*Sporobolomyces*）在卵圆形的营养细胞上生出小梗，其上产生肾形的掷孢子。通过一种特有的喷射机制将孢子射出。此外，有的酵母如白假丝酵母等还能在假菌丝的顶端产生具有厚壁的厚垣孢子（chlamydospore）。

### （二）酵母菌的有性繁殖

酵母菌是以形成子囊（ascus）和子囊孢子（ascospore）的方式进行有性繁殖的。其基本过程包括：质配、核配和减数分裂三个基本过程。一般通过邻近的两个性别不同的细胞各自伸出一根管状的原生质突起相互接触、局部融合并形成一个通道，两细胞质融合，称为质配。接着两个单倍体的核移到融合管道中并形成双倍体的核，称为核配，此二倍体细胞称为合子。并随即进行减数分裂，形成4个或8个子核，每一子核与其附近的原生质一起，在其表面形成一层孢子壁后，就形成了一个子囊孢子，而原有的营养细胞就成了子囊。

### （三）酵母菌的生活史

生活史指上一代生物个体经一系列生长、发育进而产生下一代个体的全部过程，又称生命周期。典型的酵母菌生活史中，既可进行无性生殖，也可进行有性繁殖，根据两种营养阶段的长短，将酵母菌的生活史分为三种类型（见图3-2）。

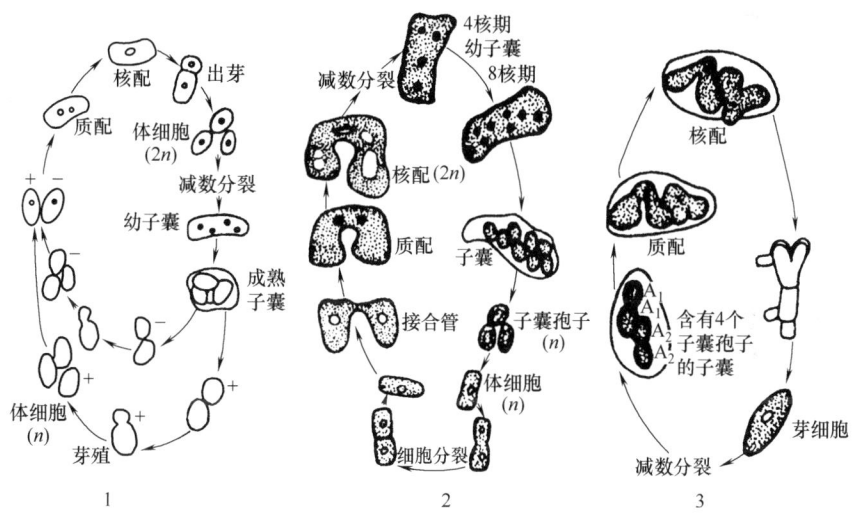

图3-2 酵母菌的三种生活史
1—啤酒酵母 2—八孢裂殖酵母 3—路氏酵母

**1. 单倍体型**

营养体只能以单倍体形式存在。八孢裂殖酵母（*Schizosaccharomyces octosporus*）可作为这一类型的代表。其生活史的主要特点是：①营养细胞为单倍体；②无性繁殖以裂殖方式进行；③二倍体细胞不能独立生活，故此阶段很短。

生活史具体过程为：①单倍体营养细胞借裂殖进行无性繁殖；②两个营养细胞接触后形成接合管，发生质配后即行核配，于是两个细胞连成一体；③二倍体的核分裂3次，第一次为减数分裂；④形成8个单倍体的子囊孢子；⑤子囊破裂，释放子囊孢子。

**2. 双倍体型**

营养体只能以二倍体形式存在。路氏酵母（*Saccharomycodes ludwigii*）是这一类型的典型代表。其生活史的主要特点为：①营养体为二倍体，不断进行芽殖，此阶段较长；②单倍体的子囊孢子在子囊内发生接合；③单倍体阶段仅以子囊孢子形式存在，故不能进行独立生活。

生活史的具体过程：①单倍体子囊孢子在孢子囊内成对接合，并发生质配和核配；②接合后的二倍体细胞萌发，穿破子囊壁；③二倍体的营养细胞可独立生活，通过芽殖方式进行无性繁殖；④在二倍体营养细胞内的核发生减数分裂，营养细胞成为子囊，其中形成 4 个单倍体子囊孢子。

**3. 单双倍体型**

营养体以单倍体也能以二倍体形式存在。啤酒酵母（*Saccharomyces cerevisiae*）是这类生活史的代表。其生活史的主要特点为：①一般情况下都以营养体状态进行出芽繁殖；②营养体既可以单倍体形式存在，也能以二倍体形式存在；③在特定条件下进行有性繁殖。

生活史的全过程：①子囊孢子在合适的条件下发芽产生单倍体营养细胞；②单倍体营养细胞不断进行出芽繁殖；③两个性别不同的营养细胞彼此接合，在质配后即发生核配，形成二倍体营养细胞；④二倍体营养细胞并不立即进行核分裂，而是不断进行出芽繁殖；⑤在特定条件下，二倍体营养细胞转变成子囊，细胞核进行减数分裂，并形成 4 个子囊孢子；⑥子囊经自然破壁或人为破壁（如加蜗牛消化酶溶壁，或加硅藻土和石蜡油研磨破壁等）后，释放出单倍体子囊孢子。啤酒酵母的二倍体营养细胞因其体积大、生活力强，故广泛地应用于工业生产、科学研究或是遗传工程实践中。

## 四、酵母菌菌落特征

酵母菌一般都是单细胞微生物，细胞间没有分化，都是粗短的形状，在细胞间充满着毛细管水，所以在固体培养基表面形成的酵母菌落与细菌相仿，一般呈现湿润、黏稠、较光滑、有一定的透明度、容易挑起、菌落质地均匀以及正反面和边缘、中央部位的颜色都很均一等特点。

但由于酵母的细胞比细菌的大，细胞内颗粒较明显、细胞间隙含水量相对较少以及不能运动等特点，故反映在宏观上就产生了较大、较厚、外观较稠和较不透明的菌落。酵母菌菌落的颜色比较单调，多数都呈乳白色或矿烛色，少数为红色，个别为黑色。另外，能产大量假菌丝的酵母其菌落较平坦，表面和边缘较粗糙。同时，由于酵母菌能够发酵糖类产生酒精，菌落一般还会散发出一股悦人的酒香味。

在液体培养基中酵母菌可形成菌膜、沉淀或浑浊。菌膜的形成与特征是分类的特征之一。

## 五、食品中常见的酵母菌

**1. 酵母菌属**

细胞呈圆形、椭圆形、腊肠形。发酵力强，能发酵葡萄糖、麦芽糖、蔗糖和半乳糖，主要产物为乙醇及二氧化碳。典型菌种有啤酒酵母，也称面包酵母，为酿造酒及酒精生产的主要菌种，还用于制造面包及医药工业；葡萄汁酵母，细胞椭圆形或长形，与啤酒酵母的最大区别是能将棉子糖全部发酵。可供啤酒酿造底部发酵，还可作饲料和药用。

**2. 汉逊酵母属**

细胞呈圆形、椭圆形、腊肠形。营养细胞为多边芽殖，有单倍体或二倍体。此属酵母大多可产生乙酸乙酯，并可自葡萄糖产生磷酸甘露聚糖。此菌能利用酒精为碳源在饮料表面形成菌醭，为酒类酿造的有害菌。代表种为异常汉逊酵母，因能产生乙酸乙酯，有时可用于食品的增香。

**3. 毕赤酵母属**

细胞形状多样，多边出芽，能形成假菌丝，常有油滴，表面光滑，发酵或不发酵，不同化硝酸盐。此属菌对正癸烷、十六烷的氧化能力强，可用石油、农副产品和工业废料培养毕赤酵母来生产蛋白质。在酿酒业中为有害菌，代表种为粉状毕赤酵母。

**4. 假丝酵母属**

细胞呈圆形、卵形或长形。多边芽殖，可生成厚垣孢子。有些种有发酵能力，有些种能利用农副产品和碳氢化合物生产单细胞蛋白，供食用或作饲料。少数菌能致病。代表种有热带假丝酵母，能利用石油生产饲料酵母。

**5. 球拟酵母属**

细胞呈球形、卵形或长圆形。无假菌丝，多边芽殖，有发酵力，能将葡萄糖转化为多元醇，为生产甘油的重要菌种，利用石油生产饲料酵母。代表种为白色球拟酵母

**6. 红酵母属**

细胞呈圆形、卵形或长形。多边芽殖，少数形成假菌丝。无酒精发酵能力，但能同化某些糖类，产脂能力强，可从菌体提取大量脂肪，对烃类有弱氧化力。在牛乳及稀奶油中有时形成污染，形成红色乳。少数为致病菌。代表种为黏红酵母，在发酵剂活性降低的高酸度发酵乳制品中较常见，在表面形成红色菌落。

## 第二节 霉菌

### 一、霉菌的概念及其与食品工业的关系

霉菌不是一个分类学上的名词，而是一类丝状真菌的统称，意即"会引起物品发霉的真菌"。通常指那些菌丝体比较发达而又不产生大型子实体的真菌。在潮湿的气候下，它们往往在基质上长成绒毛状、棉絮状或蜘蛛网状，能够引起食物、工农业产品的霉变。

霉菌在自然界广泛分布，种类繁多，与人类的关系极为密切，是人类在生产实践活动中最早利用的一类微生物。①工业上的柠檬酸、葡萄糖酸、L-乳酸等有机酸，淀粉酶、蛋白酶等酶制剂，青霉素、头孢霉素、灰黄霉素等抗生素，核黄素等维生素，真菌多糖等产物即是用霉菌发酵生产；利用犁头霉（*Absidia*）等霉菌对甾体化合物的生物转化可生产甾体激素类药物。②在基础理论研究方面，粗糙脉孢菌（*Neurospora crassa*）、构巢曲霉（*Aspergillus nidulans*）等一些霉菌为微生物遗传学研究提供了良好的实验材料。③在食品发酵工业上，霉菌广泛应用于酿酒、腐乳、酱油及酱类的生产。④霉菌分解一些复杂有机物（如纤维素、木质素、几丁质、蛋白质等）的能力较强，在自然界物质循环中起着很大的作用。

但是，真菌也对人类生活造成很大的危害。霉菌是植物最主要的病原菌，引起许多植物病害，如马铃薯晚疫病、稻瘟病和小麦锈病等；还会引起农产品、纺织品、纸张、光学仪器等工业产品的发霉变质；能够引起动物和人体传染病，如皮肤癣症等。另有部分霉菌可产生毒性很强的毒素，如黄曲霉毒素等，能给人类带来危害甚至灾难。

### 二、霉菌的菌丝构成及其特点

霉菌营养体的基本单位是菌丝，直径一般为 $4\sim6\mu m$，与酵母菌直径相似。根据菌丝中是否存在隔膜，把菌丝分为两类：一类中无隔膜，是长管状的分枝，整个菌丝体就是一个单细胞，含有许多核，称为无隔菌丝，如毛霉、根霉、犁头霉的菌丝就是无隔菌丝；另一类菌丝有隔膜，整个菌丝由分枝成串的多细胞组成，每一段就是一个细胞，每个细胞内含一个或多个核，称为有隔菌丝，但是隔膜中间有小孔，使其细胞质和养料相互沟通，如曲霉属、青霉属等大多数霉菌的菌丝中就有隔膜。

当霉菌孢子落在适宜的固体营养基质上后，就发芽生长，产生菌丝，菌丝无限伸长和产生分枝，许多分枝菌丝相互交织而成的一个菌丝集团称为菌丝体（mycelium）。霉菌的菌丝在功能上有一定程度的分化，长入基质中执行吸收营养

物质功能的菌丝体称为基内菌丝体或营养菌丝体,而伸出基质外的菌丝体称为气生菌丝体。营养菌丝体和气生菌丝体对不同的真菌来说,在它们的长期进化过程中,对于相应的环境条件已有了高度的适应性,已明显地发展出各种特性化的构造。

### 三、霉菌的菌丝细胞结构

在形态上,霉菌差异较大。但是它们的细胞结构基本是相同的,且与酵母菌细胞十分相似。基本构造有细胞壁、细胞膜、细胞质、细胞核等。霉菌的细胞壁中不含肽聚糖。构成细胞壁成分的物质分为两大类:一类是纤维素、几丁质等纤维状物质,赋予细胞壁坚韧的机械性能,绝大多数霉菌的细胞壁以几丁质为主,少数霉菌细胞壁中含有纤维素;另一类为如蛋白、葡聚糖和甘露聚糖等无定形物质,混填在纤维状物质构成的网内或网外,充实细胞壁的结构。细胞壁的功能与细菌的细胞壁相同。

霉菌的细胞膜是典型的单位膜结构,膜内充满细胞质。细胞核、线粒体、核糖体、内质网、液泡等与酵母菌相同。此外,在细胞壁与细胞膜之间还有一种由单层膜包围而成,形状为管状、囊状、球状、卵圆状或为多层折叠状的特殊结构,分布于细胞周围,有点类似于细菌中的间体。其功能还不够清楚,可能与壁形成有关。

### 四、霉菌的繁殖和生活史

霉菌有着极强的繁殖能力,而且方式多样,如菌丝截段即可发育成新的个体,称为断裂繁殖。然而在自然界,霉菌是以产生各种无性孢子或有性孢子进行繁殖的,无性繁殖是主要方式。到目前为止有些霉菌尚未发现有性繁殖过程。

**(一) 霉菌的无性繁殖**

不经过两性细胞的结合,而是通过营养菌丝分裂或分化形成无性孢子的过程称为霉菌的无性繁殖。无性孢子的类型主要有:孢囊孢子(sporangiospore)、分生孢子(conidiospora)、厚垣孢子(chlamydospore)、节孢子(arthrospore)、芽孢子(budding spore)等。

**1. 孢囊孢子**

孢囊孢子是一种内生孢子。生在孢子囊内的孢子称为孢囊孢子,为毛霉、根霉、犁头霉等一些低等霉菌所具有(见图3-3)。霉菌菌丝发育到一定阶段,气生菌丝的顶端细胞膨大,形成圆形、椭圆形或梨形的"囊状结构"——孢子囊。然后膨大部分与菌丝间形成隔膜,囊内原生质形成许多原生质团,每小团原生质中都包含一个细胞核,在其周围形成一层壁,将原生质包围起来,最终形成大量的孢囊孢子。膨大的细胞称为孢子囊,原来膨大的囊状结构的细胞壁发育成孢子囊壁,顶端形成孢子囊的菌丝称为孢囊梗,孢子囊与孢囊梗之间的隔膜突起称为囊轴。

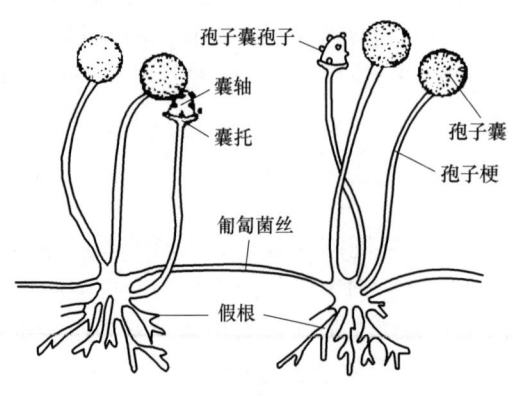

图3-3 根霉形态和构造

孢子囊成熟后破裂,释放出孢囊孢子。该孢子遇到适宜的环境就会发芽、生长、形成菌丝体。

**2. 分生孢子**

分生孢子是霉菌中普遍存在的一类无性孢子。霉菌发育到一定阶段,在菌丝顶端细胞或菌丝分化而来的分生孢子梗的顶端细胞出芽或缢缩而形成的孢子称为分生孢子,其形状、大小、颜色、结构以及着生情况多样。如红曲霉(Monascus)和交链孢霉(Alternaria)的分生孢子,着生在菌丝或其分枝的顶端,单生、成链或成簇,具有无明显分化的分生孢子梗;曲霉(Aspergillus)和青霉(Penicillium)具有明显分化的分生孢子梗,分生孢子着生情况两者也不相同。曲霉的分生孢子梗顶端膨大形成顶囊,在顶囊的四周或上半部着生一排或两排小梗,小梗末端形成分生孢子链。青霉的分生孢子梗顶端多次分枝,形成扫帚状。分枝顶端着生小梗,小梗顶端上形成成串生的分生孢子(见图3-4)。

**3. 厚垣孢子**

厚垣孢子又称厚壁孢子,为外生孢子。由菌丝顶端或中间的个别细胞膨大,原生质收缩变圆、外壁变厚而形成的圆形、纺锤形或长方形的无性休眠体称为厚垣孢子,如总状毛霉(Mucor racemosus)、白地霉(Geotrichum candidum)(见图3-5)。

**4. 节孢子**

节孢子也称粉孢子,为外生孢子。菌丝生长到一定

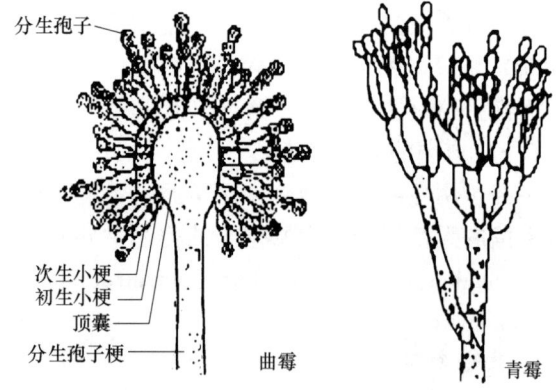

图3-4 青霉和曲霉的分生孢子头

阶段,出现许多横隔膜,然后从横隔膜处断裂,产生许多成串、短柱状的单个孢子称为节孢子。如白地霉的衰老菌丝即可断裂形成节孢子(见图3-5)。

**5. 芽孢子**

芽孢子为外生孢子。由菌丝细胞如同发芽一样产生小突起,经细胞壁缢缩,

最后脱离母细胞而形成圆形或椭圆形的孢子称为芽孢子。如根霉和毛霉在液体培养基中可形成芽孢子。

### （二）霉菌的有性繁殖

两个性细胞同宗或异宗结合后，经过质配（plasmogamy）、核配（karyogamy）和减数分裂（meiosis）形成有性孢子的过程，称为霉菌的有性繁殖。同宗结合是指由同一孢子萌发形成的两条菌丝或性器官发生质配，进行有性生殖的过程；异宗结合是指不同性的两个孢子分别萌发形成的两条菌丝或性器官发生质配，进行

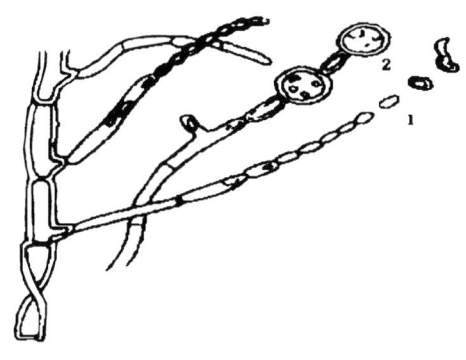

图 3-5 白地霉的节孢子与厚垣孢子
1—节孢子 2—厚垣孢子

有性生殖的过程。霉菌的性细胞结合方式多样，多数霉菌通过菌丝体分化的两性器官进行交配，少数霉菌直接通过两菌丝间发生交配。霉菌的有性孢子主要有：卵孢子（oospore）、接合孢子（zygospore）、子囊孢子（ascospore）、担孢子（basidospore）。

**1. 卵孢子**

卵孢子是由形状不同的异形配子囊（藏卵器和雄器）结合而产生的有性孢子。形成过程：菌丝侧生短柄，柄顶端膨大成圆形藏卵器，雄器则产生在藏卵器的柄上、同一菌丝上或另一菌体上。在藏卵器、雄器内，细胞核进行减数分裂，在藏卵器形成一至数个单倍体卵球，在雄器内形成相应的单倍体配子核。雄器中的配子核通过受精管进入藏卵器，经过质配、核配、发育等过程，形成二倍体的卵孢子。如水霉（*Saprolegnia*）和绵霉（*Achlya*）形成的有性孢子为卵孢子。卵孢子的成熟过程长达数周或数月，故刚形成的卵孢子无萌发能力，需要经过一个休眠期才能萌发（见图 3-6）。

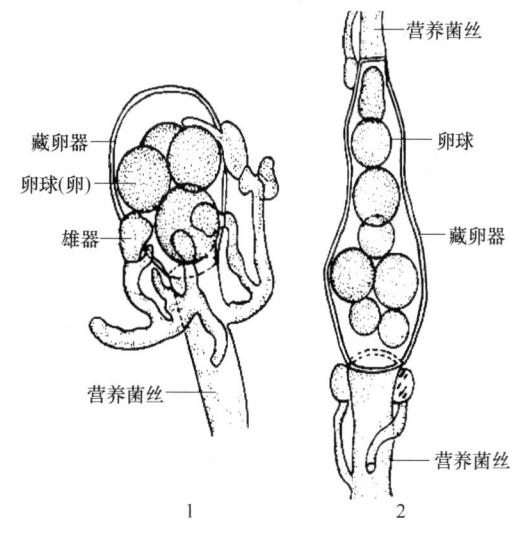

图 3-6 卵孢子的形成
1—具雄器的顶生藏卵器 2—间生藏卵器

**2. 接合孢子**

接合孢子由菌丝生出的两个形态结构相同或相似的配子囊通过同宗或异宗结合而成，大多为异宗结合，少数同宗结合。当两个相邻的菌丝相遇时，两个相邻的菌丝各向对方伸出极短的侧枝称为接合子梗，两个接合子梗之间相互吸引，每个小梗产生一个横隔，前段一个细胞为配子囊，基部的细胞为配囊柄。两个接触的配子囊在其顶部形成融合膜。随着两个配子囊融合膜的消失，两个配子囊发生质配、核配最后形成接合孢子。接合孢子主要分布于接合菌类（见图3-7）。

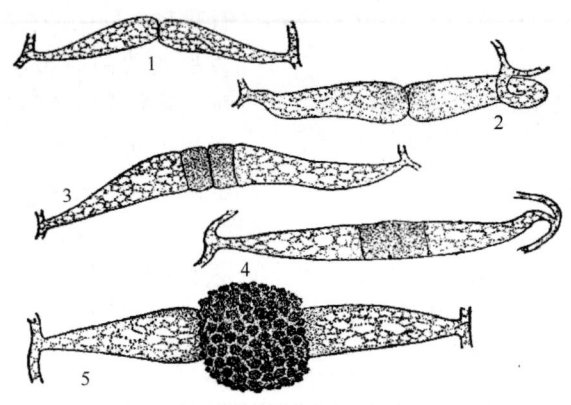

图3-7 接合孢子的形成
1、2—接合子梗 3—配子囊 4—接合子囊 5—接合孢子

**3. 子囊孢子**

子囊孢子产生于子囊中，在子囊中形成的有性孢子就称为子囊孢子。同一或相邻的两个菌丝细胞分别分化出雌性产囊体（ascogonium）和雄性的雄器，均含有多个核；当两个性细胞接触后雄核及其细胞质转入产囊体中；在产囊体上生出众多的产囊丝，并有多对核进入到产囊丝内，产囊丝经过进一步发育后形成子囊，在子囊中两个核进行核配形成二倍体的核，二倍体的核经过一次减数分裂和一次有丝分裂，最终形成8个子囊孢子。形成子囊孢子是子囊菌的主要特征。

许多的子囊丛生在一起，被许多菌丝细胞所包围，形成具有不同形态的结构，称为子囊果。子囊果主要有三种类型（见图3-8）。

（1）闭囊壳 为完全封闭式的，呈球形状，子囊产生于其内。子囊孢子成熟后需要靠子囊吸水增加膨压，从而将子囊和子囊果破裂，释放出子囊孢子。

（2）子囊壳 子囊由几层菌丝细胞组成的特殊的壁包围，子囊果成熟时出现一个小孔，通过孔口放出子囊孢子。

（3）子囊盘 仅在子囊基部有多层菌丝组成盘状，子囊平行排列于其上，犹如一个果盘，故称为子囊盘。

子囊孢子、子囊及子囊果的形态、大小、质地和颜色等随菌种而异，在分类学上有重要意义。

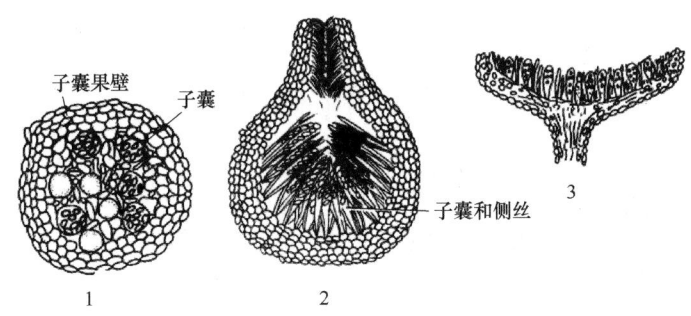

图3-8　子囊果的三种类型
1—闭囊壳　2—子囊壳　3—子囊盘

**4. 担孢子**

担孢子为外生孢子。菌丝经过特殊的分化和有性结合形成担子，在担子细胞外壁形成的有性孢子称为担孢子。担孢子是担子菌所特有的有性孢子。

担子菌有两种菌丝，一种为单倍的初生菌丝，另一种为两条单核菌丝直接通过异宗结合形成的双核菌丝。双核菌丝中含有两个不同性别的核，它们只发生了质配，而尚未发生核配。双核菌丝可以维持很久，可以起到营养与蔓延的作用。双核菌丝通过锁状联合构造保证每个菌丝细胞内都含有两个不同性别的核。

锁状联合过程：①当双核菌丝尖端细胞分裂时，在两核之间部位菌丝侧生一个钩状短枝。②其中一个核进入短枝内，后一个核仍留在菌丝中。③两核同时进行一次有丝分裂，形成4个核。④分裂后短枝中的一个核进入菌丝尖端，另一个进入短枝尖端，同时菌丝内的一个核也进入到菌丝尖端；钩状短枝向下弯曲生长接触原来的菌丝壁，形成拱桥形，并在钩状短枝基部形成横隔。⑤短枝尖端与菌丝接触部位的细胞壁溶解，短枝中的另一核回到菌丝生长尖端后面的菌丝中，并生出另一横隔，将菌丝尖端的一对核与后面的菌丝隔开。⑥当发育担子时，菌丝顶端双核细胞膨大，细胞质变浓厚，基部出现一个大液胞。担子内两个核配合成双倍体，不久进行减数分裂形成4个核，担子上部随即突出4个梗，每个核进入一个小梗内，小梗顶端膨胀生成担孢子，每个担孢子含1个单倍体核。担孢子靠弹射或其他机制自行脱落（见图3-9）。担子和担孢子的大小、形状、颜色和表面装饰等随菌种而异，可以作为担子菌分类的依据。

**（三）霉菌的生活史**

霉菌的整个生活史一般由无性繁殖和有性繁殖两个阶段组成，二者交替进行。

无性繁殖阶段指无性孢子生成后立即萌发，形成新的菌丝体，菌丝体上又分化出无性孢子的过程。通常当冬季来临或具备发育有性孢子的条件时，则在菌丝

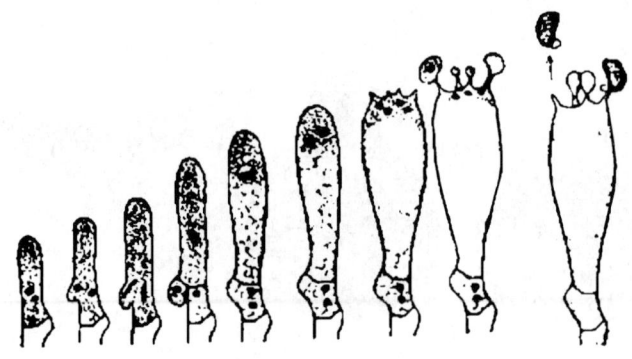

图3-9 担孢子形成过程

体上分化雌性和雄性细胞而进入有性繁殖阶段。有许多霉菌在其生活史中至今只发现它们的无性繁殖阶段。它们不形成有性孢子或很少形成，通常把只发现无性繁殖阶段的归为半知菌类。

有性繁殖阶段指有性孢子萌发产生菌丝体，菌丝体分化出特殊的性器官，两个性器官经过质配、核配、减数分裂形成有性孢子的过程。根据核配和减数分裂的差异，将霉菌的有性繁殖阶段分为3种类型。

（1）单倍体型 雌雄性细胞接触后细胞融合、核配和减数分裂在短时间内连续完成。生活中的大部分时间是单倍体的。子囊菌和毛霉目中的某些菌种属于此种类型。

（2）双倍体型 两个性别不同的核配合后并不立即进行减数分裂。双倍体核可以保持一定时间，或者双倍体核发生有丝分裂和繁殖双倍体营养体。许多鞭毛菌属于这种方式。

（3）双核型 两性细胞融合后并不发生核配，两个核同时存在并进行有丝分裂，在生活周期中有较长的双核阶段。它们发育到一定阶段进行核配，并立即进行减数分裂。大多数担子菌属于这种类型。

五、霉菌的菌落特征

由于霉菌的细胞呈丝状，在固体培养基上有营养菌丝和气生菌丝的分化，气生菌丝间没有毛细管水，故它们的菌落与细菌和酵母的不同，而与放线菌的接近。

霉菌的菌落有明显的特征，外观上很容易辨认。霉菌的菌落形态较大，质地一般比放线菌疏松，外观干燥，不透明，呈现或紧或松的蜘蛛网状、绒毛状或棉絮状；菌落与培养基连接紧密，不易挑取，菌落正反面的颜色和边缘与中心的颜色常不一致等。

菌落正反面颜色呈现明显差别的原因是，气生菌丝尤其是由它所分化出来的子实体和孢子的颜色往往比分散在固体基质内的营养菌丝的颜色深；菌落中心与边缘颜色及结构不同的原因，则是越接近中心的气生菌丝其生理年龄越大，发育分化和成熟也越早，颜色一般也越深，这样，它与菌落边缘尚未分化的气生菌丝比起来，自然会有明显的颜色和结构上的差异。

毛霉、根霉在固体培养基上能呈扩散性的蔓延，以致菌落没有规则或没有固定大小。多数霉菌的菌落是有局限性的，最初往往是浅色或白色的，当菌落长出各种颜色的孢子后，菌落便相应地呈黄、绿、青、黑、橙等各色。有的霉菌由于能产生色素，使菌落背面也带有颜色，或进一步扩散到培养基中，使培养基变色。

菌落的特征是微生物鉴定的重要形态指标。现将细菌、放线菌、酵母菌和霉菌的菌落和细胞的基本特征作一比较，如表3-2所示。

表 3-2　　　　　　　　四大类微生物的细胞形态和菌落特征的比较

| 比较项目 | | | 单细胞微生物 | | 丝状微生物 | |
|---|---|---|---|---|---|---|
| | | | 细菌 | 酵母菌 | 放线菌 | 霉菌 |
| 主要特征 | 细胞 | 相互关系 | 单个分散或有一定排列方式 | 单个分散或假丝状 | 丝状交织 | 丝状交织 |
| | | 形态特征 | 小而均匀*，个别有芽孢 | 大而分化 | 细而均匀 | 粗而分化 |
| | 菌落 | 含水状态 | 很湿或较湿 | 较湿 | 干燥或较干燥 | 干燥 |
| | | 外观形态 | 小而突起或大而平坦 | 大而突起 | 小而紧密 | 大而疏松或大而致密 |
| 参考特征 | | 菌落透明度 | 透明或稍透明 | 稍透明 | 不透明 | 不透明 |
| | | 菌落与培养基结合程度 | 不结合 | 不结合 | 牢固 | 较牢固 |
| | | 菌落颜色 | 多样 | 单调，一般呈乳白色，少数红或黑色 | 十分多样 | 十分多样 |
| | | 菌落正反面颜色差别 | 相同 | 相同 | 一般不同 | 一般不同 |
| | | 菌落边缘** | 一般看不到细胞 | 可见球状、卵圆状或假丝状细胞 | 有时可见细丝状细胞 | 可见粗丝状细胞 |
| | | 细胞生长速度 | 很快 | 较快 | 慢 | 较快 |
| | | 气味 | 一般有臭味 | 多带酒香味 | 常有泥腥味 | 往往有霉味 |

＊"均匀"指在高倍镜下看到的细胞只是均匀一团，而"分化"指可看到细胞内部的一些模糊结构。
＊＊用低倍镜观察。

## 六、 食品中常见的霉菌

**1. 曲霉属**

曲霉菌丝有横隔，多细胞，菌落呈圆形。以分生孢子方式进行无性繁殖，通常分生孢子梗生于足细胞上，并通过足细胞与营养菌丝相连，分生孢子梗大多无隔膜，不分支，顶端膨大成球状或棍棒状的顶囊，再在顶囊上长满一至二层呈辐射状的小梗（初生小梗与此生小梗），上层小梗瓶状，顶端着生成串的球形分生孢子。分生孢子呈绿、黄、橙、褐、黑等各种颜色，故菌落颜色多种多样，是分类的主要特征之一。

曲霉广泛分布于土壤、空气、谷物和各类有机物品中，是发酵工业和食品加工业的重要菌种，也会引起皮革、布匹和工业品发霉及食品霉变，有些菌种可产生真菌毒素，危害人类健康。如黑曲霉是化工生产中应用最广的菌种之一，用于柠檬酸、抗坏血酸、葡萄糖酸、没食子酸、淀粉酶和酒类的生产；黄曲霉使食品和粮食污染带毒，有致癌、致畸作用，有些菌株具有很强的淀粉糖化和分解蛋白质的能力，因而被广泛用于白酒、酱油和酱类的生产；米曲霉分解蛋白质能力强，用于制酱；白曲霉可产生甘露醇；灰绿曲霉和杂色曲霉是使粮食和食品霉变的主要菌种。

**2. 根霉属**

根霉菌丝无隔膜，单细胞，生长迅速，有发达的菌丝体。根霉气生性强，故大部分菌丝匍匐生长在营养基质的表面，称为匍匐菌丝。匍匐菌丝生节后从节向下呈分枝状生长，形成假根状的基内菌丝，称为假根。假根起着固定和吸收养料的作用，这是根霉的重要特征。由假根着生处向上长出直立的 2~4 根孢囊梗，孢囊梗不分支，梗的顶端膨大形成孢囊，同时产生横隔，囊内形成大量孢囊孢子。成熟后，囊壁破裂，孢子释放。孢囊孢子呈球形或卵形。同时随着孢子囊的破裂，自然露出囊轴。

根霉在自然界分布广泛，在生长过程中能产生大量的淀粉酶，故常引起粮食、果蔬等淀粉质食品腐败，但也可用作酿酒和制醋业的糖化菌，有些根霉还用于甾体激素、延胡索酸和酶制剂的生产。如黑根霉能产生果胶酶，常引起果实的腐烂和甘薯的软腐；米根霉有淀粉糖化和蔗糖转化性能，能产生乳酸、反丁烯二酸及微量的酒精；华根霉淀粉液化力强，有溶胶性，能产生酒精、芳香脂类、左旋乳酸及反丁烯二酸，能转化甾族化合物。

**3. 毛霉属**

毛霉和根霉同属毛霉目，许多特征相似，最大区别是毛霉无假根。菌丝无隔膜，单细胞。气生菌丝发育到一定阶段，即产生垂直向上的孢囊梗，梗顶端膨大形成孢子囊，囊成熟后，囊壁破裂释放出孢囊孢子，囊轴呈椭圆形或圆柱形，孢囊孢子为球形、椭圆形或其他形状。菌落絮状，初为白色或灰白色，后变为灰褐色，菌丛高度可由几毫米至十几厘米，有的具有光泽。

毛霉属在自然界分布很广，空气、土壤和各种物体上都有。毛霉喜高湿，孢子萌发的最低水活度为 0.88~0.94，故在水活度较高的食品和原料上易分离到。该菌有很强的分解蛋白质和淀粉糖化的能力，常被用于发酵和食品加工等工业。如总状毛霉能产生 3-羟基丁酮，并对甾族化合物有转化作用；高大毛霉孢子囊壁有草酸钙结晶，此菌能产生 3-羟基丁酮、脂肪酶，还能产生大量的琥珀酸，对甾族化合物有转化作用；鲁氏毛霉产蛋白酶能力较强，有分解大豆蛋白质的能力，我国多用它来做豆腐乳。

**4. 青霉属**

青霉菌丝有隔膜，分生孢子梗也有横隔。顶端不形成膨大的顶囊，而是形成扫帚状的分枝。青霉有无性和有性生殖两种生殖方式。无性生殖时，从菌丝体上产生很多扫帚状的分生孢子梗，最末级的瓶状小枝上生出成串的青绿色的分生孢子。由于分生孢子的数量很大，所以此时青霉的颜色则由白色变成青绿色。分生孢子散落后，在适宜的条件下萌发成新的菌丝体。青霉的有性生殖极少见，有性过程产生子囊孢子。子囊孢子散出后，在适宜的条件下萌发成新的青霉菌丝体。

青霉在自然界分布很广，常生长在腐烂的柑橘皮上，呈青绿色，不少种类引起食品变质，但也可用来生产青霉素和有机酸等。黄绿青霉和橘青霉侵染大米后，可形成有毒的"黄变米"；产黄青霉工业上用于生产葡萄糖氧化酶或葡萄糖酸，该菌也是青霉素的生产菌；灰黄青霉可提取灰黄霉素，部分菌种能用于干酪生产。

## 本章小结

真核微生物主要包括真菌、单细胞藻类和原生动物等。其中，真菌按其外观可分为酵母菌、霉菌和大型真菌（蕈菌）三类。真核细胞与原核细胞相比，其形态更大、结构更为复杂，分化出许多功能更为专一的细胞器，具有真核。酵母菌与人类关系密切，芽殖是其最常见的繁殖方式，典型的酵母菌进行有性繁殖。霉菌的细胞结构与酵母菌细胞十分相似，以菌丝体形式存在。菌丝体分为营养菌丝体和气生菌丝体，其中气生菌丝体可分化出各种类型的子实体，产生大量的无性孢子和有性孢子，无性孢子主要有：孢囊孢子、分生孢子、厚垣孢子、节孢子、芽孢子等，有性孢子主要有：卵孢子、接合孢子、子囊孢子、担孢子。孢子具有小、轻、干、多以及形态色泽各异、休眠期长和抗逆性强等特点，在科学研究和生产实践中有着重要应用。

食品中常见的酵母菌主要有酵母菌属、汉逊酵母属、毕赤酵母属、假丝酵母属、红酵母属等。常见的霉菌主要有曲霉属、根霉属、毛霉属、青霉属等。

> **复习思考题**
>
> 1. 原核微生物与真核微生物的主要区别有哪些?
> 2. 简述酵母菌的一般特点。
> 3. 酵母菌的无性繁殖和有性繁殖有哪些特点?
> 4. 简述酵母菌形态结构和菌落特征。
> 5. 举例说明酵母菌的三种生活史类型。
> 6. 简述霉菌菌丝细胞的形态结构和菌落特征。
> 7. 霉菌的无性及有性孢子各有哪些类型?简述它们的形成过程。
> 8. 霉菌的生活史分为哪两个阶段?
> 9. 比较细菌、放线菌、酵母菌和霉菌四大类微生物的菌落有何不同?为什么?
> 10. 试论酵母菌、霉菌与食品工业的关系。

# 第四章

# 非细胞型微生物

### 知识目标

1. 熟悉病毒的生物学特性和形态结构，掌握病毒的增殖特点。
2. 了解噬菌体的形态结构特点，熟悉烈性噬菌体和温和噬菌体的繁殖特点，了解噬菌体的监测方法。
3. 熟悉噬菌体与发酵工业的关系，掌握防止噬菌体污染的措施。

### 技能目标

会描述发酵过程中遭受噬菌体污染的现象，能根据生产过程合理制定防止和解决噬菌体污染的措施。

病毒广泛分布于自然界中，无论动物、植物和人类都可受到病毒的危害。例如：由微生物引起的人类传染性疾病，就有80%是由病毒所引起。病毒不仅是病毒学研究的对象，而且也成为分子生物学和分子遗传学的主要研究对象，研究病毒对这两门学科的发展产生了重大的影响。人们利用噬菌体对细菌作用的专一性，进行细菌分型鉴定或细菌病治疗；在分子生物学研究中，它作为载体应用于遗传工程上；在食品工业发酵生产中，病毒作为噬菌体对发酵工业具有极其重要的危害。

## 第一节

# 病　毒

### 一、病毒的生物学特性

病毒是一类比细菌更小，能通过细菌过滤器，仅含一种类型核酸［或 DNA（脱氧核糖核酸）或 RNA］，只能在活细胞内生长繁殖的非细胞形态的微生物。

与细胞生物相比，病毒与其他的生物相比，其突出特点（特征）如下。

（1）形体极其微小　一般都可通过细菌过滤器。病毒的大小常用纳米（nm）表示，只有通过电子显微镜放大数千倍甚至几万倍才能看见。

（2）无细胞结构　病毒是由核酸和蛋白质组成的有生命特征的核蛋白颗粒，且只含一种核酸，不是 RNA 就是 DNA。至今还没有发现一种病毒同时兼有两类核酸。大多数植物病毒的核酸为 RNA，少数为 DNA；动物病毒包括昆虫病毒，则部分是 RNA，部分为 DNA；噬菌体核酸大多数为 DNA。

（3）专性活体寄生　无产能酶系，也无蛋白质和核酸合成酶系，只能利用宿主活细胞内代谢系统合成自身的核酸和蛋白质组分。所以病毒是严格的专性活细胞寄生生物。

（4）在宿主细胞协助下，通过核酸的复制和核酸蛋白装配的形式进行增殖，不存在个体的生长和二均分裂等细胞繁殖方式。

（5）在离开活体寄主细胞条件下，能以无生命的化学大分子状态存在，并可形成结晶。

（6）抵抗力　一般情况下，病毒对自然环境的抵抗力是很小的，对阳光、紫外线、干燥和温度都很敏感。绝大多数病毒不同程度对干扰素敏感，而对一般抗生素不敏感。

由于病毒是活细胞内的寄生物，因此，如果它的宿主是人或对人类有益的动植物和微生物，就会给人类带来巨大损害。反之，如它们所寄生的对象是对人类有害的动植物或微生物，则会给人类带来巨大的利益。

### 二、病毒的基本形态和大小

**1. 病毒的形态和大小**

病毒外形多呈球状或似球状，少数病毒呈杆状、丝状、弹状或砖块状，人、动物和真菌的病毒大多呈球状（如腺病毒、蘑菇病毒），少数为弹状或砖状（如弹状病毒、痘病毒）。植物病毒和昆虫病毒则多数为线状和杆状（如烟草花叶病毒、家蚕核型多角体病毒），少数为球状（如花椰菜花叶病毒）。噬菌体则多呈蝌蚪状。绝大多数的病毒都是能通过细菌过滤器的微小颗粒，病毒大小不一，一般为 100

nm（10～250nm 之间）。因此，可粗略地记住病毒、细菌和真菌这 3 类微生物个体直径比约为 1∶10∶100。大病毒可长达 300nm，最小病毒的直径仅为 10nm。

**2. 病毒的群体形态**

当病毒大量聚集并使宿主细胞发生病变时，会形成具有一定形态、构造并能在光镜下进行观察和识别的特殊"群体"。例如动植物细胞中的病毒包涵体（inclusion body），包涵体为蛋白质性质，多为圆形、卵圆形或不定型，它们多数位于细胞质内，具嗜酸性；少数位于细胞核内，具嗜碱性；也有在细胞质和细胞核内都存在的类型。有的还可用肉眼观察到噬菌斑（plaque）。将少量噬菌体与大量宿主细胞混合后，将此混合液与 45℃ 左右的琼脂培养基在培养皿中充分混匀，铺平后培养。经数小时至 10 余小时后，在平板表面布满宿主细胞的菌苔上，可以用肉眼看到一个个透亮不长菌的小圆斑，这就是噬菌斑，又称负菌落。病毒的这类"群体"形态在对病毒的分离、纯化、鉴别和计数等方面有着重要作用。

### 三、病毒的基本结构

结构完整、功能齐全和有感染性的单个成熟病毒，称为病毒颗粒或病毒颗粒子（virus particle）。这是因为病毒是非细胞生物，单个病毒个体不能称作"单细胞"。病毒颗粒的基本成分是核酸和蛋白质。病毒的中心为核酸，是病毒的核心，它含有病毒的基因组，能为病毒的增殖、遗传、变异等功能提供遗传信息。核酸的外周包被的蛋白质外壳，称为衣壳体（capsid）。衣壳体是由衣壳粒（capsomere）规则排列组成。衣壳粒是由单个或多个多肽分子构成。衣壳体是病毒粒子的主要支架结构和抗原成分，对核酸有保护作用，免受环境中核酸酶等其他破坏因素破坏。衣壳粒的排列有的在核酸外面整齐排列呈二十面立体对称型，有的紧绕核酸呈螺旋对称型，也有衣壳粒排列不规律的复合对称型（见图 4-1）。

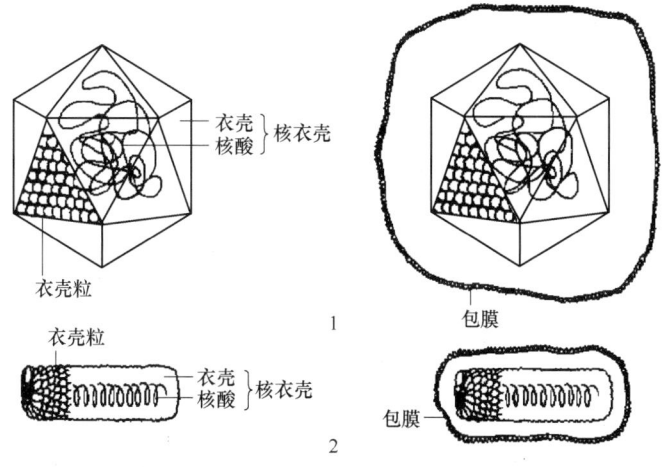

图 4-1 病毒粒子的模式构造

1—二十面体对称病毒　2—螺旋对称病毒

核心和衣壳体合在一起称为核衣壳（nucleocapsid），它是任何真病毒的基本结构。有些较复杂的病毒，在其核衣壳外还包裹着一层由类脂或脂蛋白组成的包膜（envelope）。有时，包膜上还长有刺突（spike）等附属物。包膜实际上是核衣壳在细胞内装配完成后，通过细胞膜时获得的一层脂蛋白性的膜，还有可能是细胞质内的核膜、空泡膜。包膜的有无及其性质与该病毒的宿主专一性和侵入等功能有关。

### 四、病毒的增殖

病毒的增殖方式与细胞型微生物不同。病毒是专性活细胞内寄生物，缺乏生活细胞所具备的细胞器（如核糖体、线粒体等）以及代谢必需的酶系统和能量。增殖所需的原料、能量和生物合成的场所均由宿主细胞提供，在原代病毒核酸的控制下合成病毒的核酸和蛋白质等成分，并装配成成熟的子代病毒，释放出细胞外，或接着感染其他易感活细胞，这种增殖方式称为复制。从病毒靠近宿主细胞，并进入细胞，到复制后子代病毒释放出来的全过程，称为复制周期，也称感染周期。无论是动物病毒、植物病毒或细菌病毒，其繁殖过程虽不完全相同，但基本相似，概括起来可分为吸附、侵入与脱壳、生物合成、装配与释放四个连续阶段。

**1. 吸附**

病毒感染细胞先要吸附在易感染细胞上，这一过程又分两步：第一步是随机吸附，第二步为特异性结合。病毒由于随机碰撞或布朗运动，通过静电引力而与敏感细胞表面接触。这种吸附作用往往是暂时的。在通常情况下，敏感细胞表面具有特异性表面化学组分作为接受部位，病毒也含有与其"互补"的特异性化学组分作为吸附部位，这种吸附作用是牢固的，不可逆的。

研究病毒的吸附过程对了解受体组成、功能、致病机理以及探讨抗病毒治疗有重要意义。

**2. 侵入与脱壳**

侵入是指病毒核酸或感染性核衣壳穿过细胞进入胞浆的过程。病毒可通过多种方式进入细胞内，有的病毒是通过细胞膜吞入，称为病毒胞饮，形成含病毒的吞饮泡，是病毒侵入的常见方式；有的病毒可直接穿过宿主细胞膜，进入胞浆，不过这种进入的方式较为少见；某些有囊膜的病毒，其囊膜与宿主细胞膜发生融合，囊膜留在细胞外面，病毒核衣壳进入细胞质中。病毒进入细胞后，其蛋白质衣壳会迅速被溶酶体蛋白质水解酶分解而脱掉，并释放出核酸。

**3. 生物合成**

从脱壳到出现新的感染病毒之间称为"隐蔽期"，此期不能从细胞中检验出感染性病毒颗粒。生物合成包括病毒核酸的复制和蛋白质的合成。病毒侵入敏感细胞后，将核酸释放于细胞中，宿主细胞内的生物合成不再由细胞本身支配，而受病毒核酸携带的遗传信息控制。病毒利用宿主细胞的合成机构，如核糖体、tRNA，以及酶与 ATP 等，使病毒核酸复制，并合成大量病毒蛋白质。

多数 DNA 病毒在细胞核内合成核酸，多数 RNA 病毒在细胞质中合成。病毒蛋白质在细胞质中合成。

病毒的生物合成基本上按下列步骤进行。

（1）按亲代病毒的样板转录 mRNA。

（2）由 mRNA 转录"早期蛋白"。这些早期蛋白一般为非结构蛋白，如合成核酸时所需要的 RNA 或 DNA 多聚酶，控制宿主蛋白质和核酸合成的调控蛋白等。

（3）复制核酸，以亲代病毒核酸为模板。

（4）合成"晚期蛋白"，主要由子代核酸转录 mRNA，再转译为"晚期蛋白"。晚期蛋白主要为子代病毒的衣壳蛋白以及在病毒形成阶段起作用的非结构蛋白等。

**4. 装配与释放**

新合成的病毒核酸和病毒结构蛋白在感染细胞内组合成病毒颗粒的过程称为装配（assembly），而从细胞内转移到细胞外的过程称为释放（release）。

病毒核酸与蛋白质合成完毕后，根据病毒种类不同，或在细胞核内或在细胞浆内进行装配，形成核衣壳。有囊膜的病毒形成核衣壳之后，其囊膜是通过细胞核膜或细胞膜时获得，并以与吞饮病毒相反的过程——"出芽"的方式释放。无囊膜的病毒在宿主细胞装配成核衣壳后，即为成熟的病毒粒子，它或以细胞溶解或局部破裂的方式释放出来。还有的病毒能在宿主细胞间以转移的方式进行扩散和感染。

## 第二节

## 噬 菌 体

一、 噬菌体的概念及其主要类型

专门侵害细菌和放线菌等原核生物的病毒称为噬菌体（phage），包括噬细菌体、噬放线菌体、噬蓝细菌体等，它广泛分布于自然界。1915 年英国人 Twort（陶尔特）在培养葡萄球菌时，发现菌落上出现了透明斑。用接种针接触透明斑后再接触另一菌落，被接触的部分不久又出现了透明斑。1917 年法国人 d'Herelle（第赫兰尔）在巴斯德研究所也观察到，向痢疾杆菌的新鲜液体培养物中加入某种污水的无细菌滤液，混浊的培养物变清了。将此澄清液再行过滤并加到另一敏感菌株的新鲜培养物中，混浊的培养物同样变清。以上现象，被称为陶尔特 - 第赫兰尔现象。后来证实，这种现象由噬菌体所引起。

噬菌体除其有特异性宿主外，与其他病毒并无显著区别。病毒粒子外壳有不同形状和大小，基本形态为蝌蚪形、微球形和线状 3 种。从结构看又可以分为 6 群不同的类型（见图4-2），图中，1、2、3群，蝌蚪状，都有尾部，1群具有收缩性的尾鞘，2群有长的非收缩性的尾部，3群的尾部很短，且具非收缩性。4、5两群，微球形，没有尾部，两者的区别是4群外壳顶端蛋白质衣壳粒较大，5群的衣壳粒则较小。6群为纤线形。

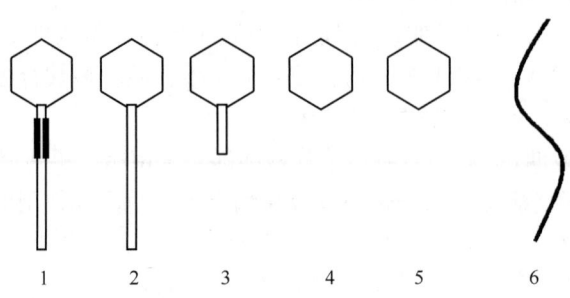

图4-2 噬菌体的类型

## 二、噬菌体的结构特点

噬菌体的化学成分主要是核酸和蛋白质，占病毒粒子重量的90%以上，其中核酸占40%~50%。噬菌体按核酸类型分有DNA噬菌体、RNA噬菌体。一般多为DNA型。核酸以单链或双链分子组成环状或线状，1、2、3三群由双链DNA组成，4、6群为DNA单链，5群为RNA单链（见图4-2）。

噬菌体的结构研究得较清楚的为T4噬菌体，T4由头部、颈部和尾部三个部分构成（见图4-3）。由于头部呈二十面体对称而尾部呈螺旋对称，所以是一种复合对称结构。头部内含核酸，头尾相接处呈现收隘部分，称为颈部或颈环。尾部由一个中空的管状体尾髓（或称尾管）和可收缩的蛋白质尾鞘所组成。尾端具有六角形的基板，上长有六个刺突，并缠绕着六根细长的尾丝。这是图4-2中1、2、3群所具有的特点。4、5两群头部呈微球形，现六角晶柱形，经过染色处理和高度放大，可观察到头部呈二十面体的结构，由蛋白质组成其外壳，内含核酸。

## 三、烈性噬菌体和温和噬菌体

噬菌体感染细菌后可产生两种后果：一种是噬菌体增殖而引起细菌裂解；另一种是噬菌体不增殖而使细菌建立带噬菌体基因的状态，此现象称为溶源现象或溶源性。因此，根据与宿主细胞的关系将噬菌体分为烈性噬菌体（virulent phage）和温和噬菌体（temperate phage）两类。

**1. 烈性噬菌体**

大部分噬菌体侵入寄主细胞后，引起寄主细胞的代谢改变，在寄主细胞内复制其核酸、蛋白质，装配成新的噬菌体，最终使寄主细胞破裂而释放大量子代噬

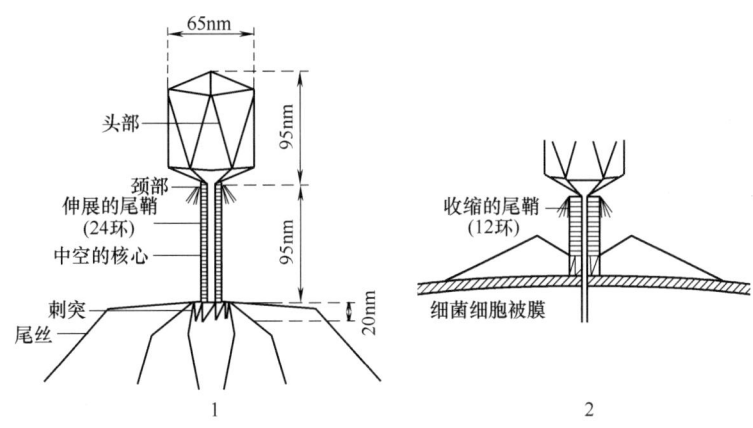

图4-3 大肠杆菌T4噬菌体的模式图
1—游离的噬菌体 2—噬菌体的尾鞘收缩和尾管穿入细菌细胞

菌体,这类噬菌体称为烈性噬菌体。噬菌体的繁殖一般分为五个阶段,即吸附、侵入、增殖(复制与生物合成)、成熟(装配)、裂解(释放)。烈性噬菌体凡在短时间内能连续完成这五个阶段而实现其繁殖,其增殖过程与一般病毒相似。

大部分噬菌体利用其尾端的尾丝吸附在宿主细胞壁的特异受体上。吸附作用受噬菌体数量、环境温度、pH、某些离子的存在等因素的影响。由于每一宿主细胞表面的特异受体有限,因此所能吸附噬菌体的数目也有一个限量。$Ca^{2+}$、$Mg^{2+}$和$Ba^{2+}$等阳离子对吸附有促进作用,而$Al^{3+}$、$Fe^{3+}$和$Cr^{3+}$等阳离子则可引起失活。另外在pH中性、生长最适温度范围内时有利于吸附。利用某些理化因子对吸附的促进作用和抑制作用,在发酵工业中对防止噬菌体的污染有一定的意义。

噬菌体的增殖过程很快,例如,*E. coli* T系噬菌体在合适的温度等条件下仅为15~20min。平均每一宿主细胞裂解后产生的子代噬菌体数称作裂解量(burst size),不同的噬菌体有所不同,例如T2为150左右,T4约为100。

**2. 温和性噬菌体**

自然界还存在另一种噬菌体,吸附并侵入细胞后,噬菌体的DNA只整合在宿主的核染色体组上,并可长期随宿主DNA的复制而进行同步复制,因而在一般情况下不进行增殖和引起宿主细胞裂解的噬菌体,称温和噬菌体(temperate phage)或溶源噬菌体(lysogenic phage)。

带有噬菌体基因组的细菌称为溶源性细菌(Lysogenic bacterium),整合在细胞核上的噬菌体核酸称为原噬菌体(Prophage)。原噬菌体在细菌DNA上好像染色体的标记,能随细菌分裂而一代一代传下去。但这种噬菌体的溶源状态有时能自发地终止,结果导致噬菌体增殖而引起细菌裂解。用紫外线照射或烷化剂处理溶源性细菌,能显著提高原噬菌体转变为噬菌体增殖和细菌细胞裂解的发生频率。已经带有噬菌体基因的溶源细菌,可以抵抗相应的烈性噬菌体的感染。

检验溶源菌的方法是将少量溶源菌与大量的敏感性指示菌(遇溶源菌裂解后所释放的温和噬菌体会发生裂解性循环者)相混合,然后加至琼脂培养基中倒一平板。过一段时间后溶源菌就长成菌落。由于在溶源菌分裂过程中有极少数个体会发生自发裂解,其释放的噬菌体可不断侵染溶源菌菌落周围的指示菌菌苔,所以会产生一个个中央有溶源菌小菌落、四周有透明圈的特殊噬菌斑。

### 四、噬菌体的检测方法

噬菌体是形体极其微小的微生物,通常在光学显微镜下不能看见,在人工培养基上又不能生长。所以,对噬菌体的检测只能采用间接的方法进行。这些方法主要是根据噬菌体的生物学特性而设计的。第一,噬菌体对寄主具有高度的特异性,可利用敏感菌株对其进行培养;第二,噬菌体侵染宿主细胞后可引起裂解,通过观察在含有敏感菌株的琼脂平板上接种噬菌体培养后是否出现噬菌斑,或是观察在含敏感菌的液体培养基中培养物是否变清来进行判断。常用的方法有载片快速检测法、单层琼脂法和双层琼脂法。

### 五、噬菌体与发酵工业的关系

噬菌体对发酵工业许多领域有重大危害,需要严格防止,但可应用于细菌鉴定和分类、诊断和治疗疾病、基因载体等多个方面。

**(一)噬菌体污染与防止**

1923年美国采用丙丁梭状杆菌(*Clostridium acetobutylicum*)进行丙酮、丁醇发酵时曾遭受噬菌体污染,导致工厂生产减半;1947年曾发生噬菌体感染灰色链霉菌(*Streptomyces griseus*),影响了链霉素的发酵。采用乳酸菌、醋酸菌、棒状杆菌等进行发酵的食品工业,生产过程中都有可能受到相应的噬菌体感染,并导致企业严重损失。

噬菌体对发酵工业的危害较大。深层液体发酵的大罐更增加了被噬菌体侵染的机会,若受噬菌体严重污染时,轻则延长发酵周期、发酵液变清和发酵产物难以形成,重则造成倒灌、停产甚至危及企业命运,这种情况在谷氨酸发酵、细菌淀粉酶或蛋白酶发酵、丙酮丁醇发酵以及各种抗生素发酵中司空见惯。

当发酵液受噬菌体严重污染时,会出现以下现象:发酵周期明显延长;碳源消耗缓慢;发酵液变清,常规镜检时,有大量异常菌体出现,用电子显微镜可观察到有无数噬菌体粒子;发酵产物的形成缓慢或根本不形成;用敏感菌做平板检测时,出现大量噬菌斑。

要防止噬菌体的危害,必须确立防重于治的观念。预防噬菌体污染的措施主要有:绝不使用可疑菌种,严格保持环境卫生,绝不任意排放和丢弃有生产菌种的菌液,注意通气质量(选用30~40m高空的空气再经严格过滤),加强发酵罐和管道的灭菌，不断筛选抗噬菌体菌种，经常轮换生产菌种以及严格会客制度等。

如果预防不成功，遭受噬菌体污染时，应及时采取合理措施。如果发现污染时发酵液中的代谢产物含量已较高，应及时提取或补加营养并接种抗噬菌体菌种后继续发酵后尽快提取产品；目前抑制噬菌体污染的药物很有限，在谷氨酸发酵中，加入草酸盐、柠檬酸铵等金属螯合剂可抑制噬菌体的吸附和侵入，加入金霉素、四环素或氯霉素等抗生素或吐温60、吐温20或聚氧乙烯烷基醚等表面活性剂可抑制噬菌体的增殖或吸附；并在以后的发酵过程中应及时改用抗噬菌体生产菌株并轮换使用菌种。

### （二）噬菌体的应用

**1. 用于细菌鉴定和分型**

在生物学上，有些病原菌用其他方法很难鉴别。由于噬菌体的作用具有高度特异性，即一种噬菌体只能裂解和它相应的细菌，因此可用于细菌的鉴定。而且噬菌体的这种作用除具有种的特异性外，还具有型的特异性。一种噬菌体只能作用于该种细菌的某一型。于是可利用某一特定的噬菌体对细菌进行分型鉴定。

**2. 用于诊断和治疗疾病**

噬菌体感染相应细菌后，在适宜培养条件下，迅速繁殖并产生大量子代噬菌体。利用这一特性可将已知噬菌体加入被检材料中共同培养，如果出现噬菌体效价增长，就证实材料中有相应的细菌存在。在疾病治疗中可以使用噬菌体来裂解细菌，特别是在治疗某些创伤感染时，由于多数细菌对多种抗生素都产生了耐药性，在药物治疗效果不佳的情况下，最有效的办法就是采用相应噬菌体来治疗。现利用葡萄球菌、链球菌，尤其是绿脓杆菌的噬菌体用于治疗已取得了良好的效果。

**3. 用作分子生物学研究的实验工具**

噬菌体的基因数目少，噬菌体变异或遗传性缺陷株容易辨认、选择和进行遗传性分析，因此，可以通过物理或化学的方法诱变使其产生多种噬菌体的突变株，然后利用这些突变株进行基因重新组合试验，研究噬菌体基因的排列顺序和功能。

在基因工程研究方面，噬菌体可作为载体，例如，感染大肠杆菌（$E.\ coli$）的 λ 噬菌体，在其基因组中，约有一半是对自身生命活动十分必要的"必要基因"，另一半则是对其自身生命活动无重大影响的"非必要基因"，因此，可以被外源基因取代而建成良好的基因工程载体，将目的基因传递到另一细胞中，改变细胞的遗传特性。

## 第三节 亚病毒

凡在核酸和蛋白质两种成分中，只含其中一种的分子病原体，称为亚病毒。也可以说，亚病毒是一类不具有完整病毒结构的侵染性因子，主要包括类病毒、拟病毒、朊病毒三类。

### 一、类病毒

类病毒是一类只含 RNA 一种成分、专性寄生在活细胞内的分子病原体。目前只在植物体中发现，其所含核酸为裸露的环状 ssRNA，但形成的二级结构却像一段末端封闭的短 dsRNA 分子，通常由 246～375 个核苷酸分子组成，相对分子质量很小（$0.5 \times 10^5 \sim 1.2 \times 10^5$），还不足以编码一个蛋白质分子。

类病毒自 20 世纪 70 年代在马铃薯纺锤形块茎病中发现以来，已在许多植物病害中找到踪迹，例如番茄簇顶病、柑橘裂皮病、菊花矮化病、黄瓜白果病、椰子死亡病和酒花矮化病等，并使它们减产。

典型的类病毒是马铃薯纺锤形块茎病类病毒（简称 PSTV），形状呈棒形，是一裸露的闭合环状 ssRNA 分子，其相对分子质量是 $1.2 \times 10^5$。整个环由两个互补的半体组成，其一含 179 个核苷酸，另一含 180 个核苷酸，两者间有 70% 的碱基以氢键结合，共形成 122 个碱基对，整个结构中形成了 27 个内环（图 4-4）。

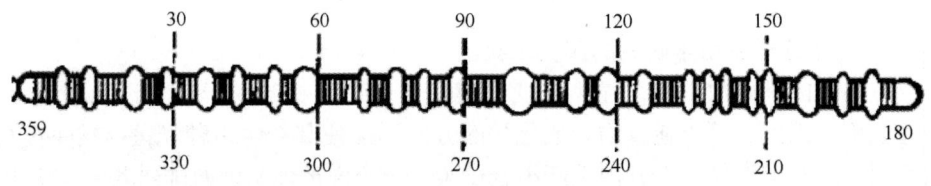

图 4-4　PSTV 的模式结构

类病毒的发现是生命科学中的一个重大事件，因为它可为生物学家探索生命起源提供一个新的低层次上的好对象，可为分子生物学家研究功能生物大分子提供一个绝好的材料，可为病理学家揭开人类和动、植物各种传染性疑难杂症的病因带来一个新的视角，也可为哲学家对生命本质问题的认识提供一个新的革命性的例证。

### 二、拟病毒

拟病毒又称为类类病毒、壳内病毒或病毒卫星，是指一类包裹在病毒粒中的有缺陷的类病毒。拟病毒极其微小，一般仅由裸露的 RNA（300~400 个核苷酸）或 DNA 组成。被拟病毒"寄生"的病毒又称辅助病毒，拟病毒则成了它的"卫星"。拟病毒的复制必须依赖辅助病毒的协助，同时，拟病毒也可干扰辅助病毒的复制和减轻其对宿主的病害。因此，可用于生物防治中。

拟病毒首次是在绒毛烟的斑驳病毒（简称 VTMoV）中分离到的。VTMoV 是一种直径为 30nm 的二十面体病毒，在其核心中除含有大分子线状 ssRNA（RNA-1）外，还含有环状 ssRNA（RNA-2）及线状形式（RNA-3），后两者即为拟病毒。实验证明，只有当 RNA-1（辅助病毒）与 RNA-2 或 RNA-3（拟病毒）合在一起时才能感染宿主。

目前已在许多植物病毒中发现了拟病毒，例如苜蓿暂时性条斑驳病毒等。近年来，在动物病毒中也发现了拟病毒，例如丁型肝炎病毒，其实就是一种拟病毒，即辅助病毒是乙型肝炎病毒。

### 三、朊病毒

朊病毒又称普利昂或蛋白侵染子，是一类不含核酸的传染性蛋白质分子，因能引起宿主体内现成的同类蛋白质分子发生与其相似的构象变化，从而可使宿主致病。由于朊病毒与以往任何病毒有完全不同的成分和致病机制，故它的发现是 20 世纪生命科学包括生物化学、病原学、病理学和医学中的一件大事。

朊病毒是由美国学者普鲁西纳（S. B. Prusiner）于 1982 年在研究羊瘙痒病时发现的。这一发现在生物学界引起震惊，因为它与目前公认的"中心法则"即生物遗传信息流的方向——"DNA↔RNA→蛋白质"的传统观念发生抵触，有可能为分子生物学的发展带来革命性的影响，还可能为弄清一系列疑难传染性疾病的病原带来新的希望。由于其意义重大，故他于 1997 年获得了诺贝尔奖。至今已发现与哺乳动物胸部相关的 10 余种疾病都是由朊病毒所引起的，例如羊瘙痒病的病原体为羊瘙痒病朊病毒蛋白（$PrP^{SC}$），牛海绵状脑炎（俗称"疯牛病"），其病原体为牛海绵状脑炎朊病毒蛋白（$PrP^{BSE}$），还有人的克雅氏病，库鲁病和 G-S 综合征等。这类疾病的共同特征是潜伏期长，对中枢神经的功能有严重影响。近年来，在酵母菌等真核微生物细胞中，也找到了朊病毒的踪迹。

朊病毒是一类小型蛋白质颗粒，约有 250 个氨基酸组成，大小仅为最小病毒的 1%，例如的 $PrP^{SC}$ 相对分子质量仅为 $3.3 \times 10^4 \sim 3.5 \times 10^4$。朊病毒的毒性很强，据报道，1g 含朊病毒的鼠脑浆可感染一亿只小鼠。朊病毒与一般病毒的主要区别为：①呈淀粉样颗粒状；②无免疫原性；③无核酸成分；④由宿主细胞内的基因编码；⑤抗逆性强，能耐杀菌剂和高温。经 120~130℃处理 4h 仍具有感染性。

初步研究表明，朊病毒侵入人体大脑的过程为：借食物进入消化道，再经淋巴系统侵入大脑。由此可以说明为何患者的扁桃体中总可找到朊病毒颗粒。

## 本章小结

病毒通常分为真病毒和亚病毒两大类。病毒是一类能通过细菌过滤器，仅含一种类型核酸，只能在活细胞内生长繁殖的非细胞形态的微生物。单个有侵染力的病毒称为病毒颗粒，其基本成分是核酸和蛋白质。病毒具有特殊的增殖方式，其过程可分为吸附、侵入与脱壳、生物合成、装配与释放四个连续阶段。噬菌体的研究与人类实践关系密切，可以应用于细菌鉴定和分型、诊断和治疗疾病、基因载体等多个方面。同时，噬菌体可引起发酵工业重大危害，需要严格防止。

凡在核酸和蛋白质两种成分中，只含其中一种的分子病原体，称为亚病毒。也可以说，亚病毒是一类不具有完整病毒结构的侵染性因子，主要包括类病毒、拟病毒、朊病毒三类。

## 复习思考题

1. 什么是病毒？病毒与其他生物相比其突出特点有哪些？
2. 病毒的大小一般如何？试图示病毒的典型构造。
3. 简述病毒的增殖过程。
4. 什么是噬菌体、烈性噬菌体、温和噬菌体、溶源性细菌和原噬菌体？
5. 如何检测出溶源性细菌？
6. 试述噬菌体与人类实践的关系。
7. 举例说明噬菌体给发酵工业带来的危害，如何防止？

# 第五章 微生物的营养

### 知识目标

1. 了解微生物细胞的化学组成及所需的营养物质及其生理功能;
2. 熟悉微生物的营养类型及其对营养物质的吸收方式;
3. 掌握培养基配制原则、方法及培养基的类型。

### 技能目标

1. 会描述微生物营养物质的功能、微生物的营养类型、吸收营养物质的方式。
2. 会根据微生物的营养特点配制不同的培养基,会配制实验室中常用培养基。

微生物同其他生物一样,需要不断地从它的外部环境中吸收所需要的各种物质,来合成本身的细胞物质和提供机体进行各种生理活动所需的能量,使机体能进行正常的生长与繁殖,保持生命的连续性。那些能够满足机体生长、繁殖和完成各种生理活动所需要的物质通常称为营养物质。微生物获得与利用营养物质的过程通常称为营养。微生物的营养是微生物生理学的重要研究领域,阐明营养物质在微生物生命活动过程中的生理功能以及微生物细胞从外界环境摄取营养物质的具体机制是微生物营养的主要研究内容。了解微生物所需要的营养原理,是研究和利用微生物的必要基础,对合理选择和设计符合微生物生理要求并有利于生产应用的培养基有重要意义。

# 第一节

# 微生物的营养需求

营养物质是微生物构成菌体细胞的基本原料，也是获得能量以及维持其他代谢机能必需的物质基础。微生物吸收何种营养物质取决于微生物细胞的化学组成。

## 一、微生物细胞的化学组成

**1. 化学元素**

构成微生物细胞的物质基础是各种化学元素。根据微生物生长时对各类化学元素需要量的大小，可将它们分为主要元素和微量元素，主要元素包括碳、氢、氧、氮、磷、硫、钾、镁、钙、铁等，碳、氢、氧、氮、磷、硫这六种主要元素可占细菌细胞干重的97%（见表5-1）。微量元素包括锌、锰、钠、氯、钼、硒、钴、铜、钨、镍、硼等。

表5-1　　　　　微生物细胞中几种主要元素的含量（以干重计）　　　　　单位:%

| | 碳 | 氮 | 氢 | 氧 | 磷 | 硫 |
|---|---|---|---|---|---|---|
| 细菌 | ~50 | ~15 | ~8 | ~20 | ~3 | ~1 |
| 酵母菌 | ~50 | ~12 | ~7 | ~31 | — | — |
| 真菌 | ~48 | ~5 | ~7 | ~40 | — | — |

组成微生物细胞的各类化学元素的比例常因微生物种类的不同而不同，例如细菌、酵母菌和真菌的碳、氢、氧、氮、磷、硫六种元素的含量就有差别，而硫细菌、铁细菌和海洋细菌相对于其他细菌则含有较多的硫、铁和钠、氯等元素，硅藻需要硅酸来构建富含（$SiO_2$）$_n$的细胞壁。不仅如此，微生物细胞的化学元素组成也常随菌龄及培养条件的不同而在一定范围内发生变化，幼龄的或在氮源丰富的培养基上生长的细胞与老龄的或在氮源相对贫乏的培养基上生长的细胞相比，前者含氮量高，后者含氮量低。

**2. 化学成分及其分析**

各种化学元素主要以有机物、无机物和水的形式存在于细胞中。有机物主要包括蛋白质、糖、脂、核酸、维生素以及它们的降解产物和一些代谢产物等物质。细胞有机物成分的分析通常采取两种方式：一种是用化学方法直接抽提细胞内的各种有机成分，然后加以定性和定量分析；另一种是先将细胞破碎，然后获得不同的亚显微结构，再分析这些结构的化学成分。无机物是指与有机物相结合或单独存在于细胞中的无机盐等物质。分析细胞无机成分时一般将干细胞在高温炉（550℃）中焚烧成灰，所得到的灰分物质是各种无机元素的氧化物，称为灰分。

采用无机化学常规分析法可定性定量分析出灰分中各种无机元素的含量。

水是细胞维持正常生命活动所必不可少的，一般可占细胞质量的70%~90%。细胞湿重与干重之差为细胞含水量。将细胞外表面所吸附的水分除去后称量所得质量即为湿重，一般以单位培养液中所含细胞质量表示（g/L或mg/mL）。但在具体测量过程中，常由于细胞表面吸附水分除去程度的不同而导致测量结果有误差，聚集在一起的单细胞微生物表面吸附的水分难以除去，这些吸附的水分可占湿重的10%。采用高温（105℃）烘干、低温真空干燥和红外线快速烘干等方法将细胞干燥至恒重即为干重。值得注意的是，采用高温烘干法会导致细胞物质分解，而利用后两种方法所得结果较为可靠。

根据对各类微生物细胞物质成分的分析，发现微生物细胞的化学组成和其他生物相比较，没有本质上的差别。微生物细胞平均含水分80%左右，其余20%左右为干物质，在干物质中有蛋白质、核酸、碳水化合物、脂类和矿物质等。

二、微生物生长的营养物质及其生理功能

微生物所需的营养物质，主要包括碳源、氮源、无机盐、生长因子和水五大类。这些物质对微生物的生命活动主要有三方面的作用：供给微生物合成细胞物质的原料，合成代谢和生命活动所需的能量，调节新陈代谢。

**1. 碳源**

凡是可以被微生物用来构成细胞物质或代谢产物中碳素来源的物质统称为碳源。碳源通过机体内一系列复杂的化学变化被用来构成细胞物质或提供机体完成整个生理活动所需要的能量。因此，碳源通常也是机体生长的能源。碳源是合成菌体成分的原料，也是微生物获取能量的主要来源。整体上看来，微生物可以利用的碳源范围极广，从大类上说，可以分为有机碳源和无机碳源两大类，凡必须利用有机碳源的微生物就是异养微生物，凡能利用无机碳源的微生物就是自养微生物。糖类是最广泛利用的碳源。能作为微生物生长的碳源的种类极其广泛，既有简单的无机含碳化合物$CO_2$和碳酸盐等，也有复杂的天然的有机含碳化合物，它们是糖和糖的衍生物、脂类、醇类、有机酸、烃类、芳香族化合物以及各种含碳的化合物（见表5-2）。但是微生物不同，利用这些含碳化合物的能力也不相同。

微生物利用碳源物质具有选择性，糖类是一般微生物较容易利用的良好碳源和能源物质，但微生物对不同糖类物质的利用也有差别，例如在以葡萄糖和半乳糖为碳源的培养基中，大肠杆菌首先利用葡萄糖，然后利用半乳糖，前者称为大肠杆菌的速效碳源，后者称为迟效碳源。但不同种类的微生物对碳源的需要情况却差别很大。例如，假单胞菌属中的某些种可以利用多达90种以上的碳源物质，而一些甲基营养型微生物只能利用甲醇或甲烷等一碳化合物作为碳源物质。碳源物质在细胞内经过一系列复杂的化学变化后成为微生物自身的细胞物质（如碳水化合物、脂、蛋白质等）和代谢产物，碳可占一般细菌细胞干重的一半。同时，绝大部分碳源物质在细胞内生化反应过程中还能为机体提供维持生命活动所需的能源，因此碳源物质通常也是能源物质。但是有些以 $CO_2$ 作为唯一或主要碳源的微生物生长所需的能源则并非来自碳源物质。

表5-2　　　　　　　　　　微生物利用的碳源物质

| 种类 | 碳源物质 | 备注 |
| --- | --- | --- |
| 糖 | 葡萄糖、果糖、麦芽糖、蔗糖、淀粉、半乳糖、乳糖、甘露糖、纤维二糖、纤维素、半纤维素、甲壳素、木质素等 | 单糖优于双糖，己糖优于戊糖，淀粉优于纤维素，纯多糖优于杂多糖 |
| 有机酸 | 乳酸、柠檬酸、延胡索酸、低级脂肪酸、高级脂肪酸、氨基酸等 | 与糖类相比效果较差，有机酸较难进入细胞，进入细胞后会导致pH下降。当环境中缺乏碳源物质时，氨基酸可被微生物作为碳源利用 |
| 醇 | 乙醇 | 在低浓度条件下被某些酵母菌和醋酸菌利用 |
| 脂 | 脂肪、磷脂 | 主要利用脂肪，在特定条件下将磷脂分解为甘油和脂肪酸而加以利用 |
| 烃 | 天然气、石油、石油馏分、石蜡油等 | 利用烃的微生物细胞表面有一种由糖脂组成的特殊吸收系统，可将难溶的烃充分乳化后吸收利用 $CO_2$，$CO_2$ 为自养微生物所利用 |
| 碳酸盐及其他 | $NaHCO_3$、$CaCO_3$、白垩、芳香族化合物等 | 为自养微生物所利用。利用这些物质的微生物在环境保护方面有重要作用 |
| | 蛋白质、肽、核酸等 | 当环境中缺乏碳源物质时，可被微生物作为碳源而降解利用 |

目前在微生物工业发酵中用于微生物生长的碳源主要是糖类物质，即单糖、饴糖、淀粉（玉米粉、甘薯粉、野生植物淀粉等）、麸皮、各种米糠等，为了解决工业发酵用粮与人们日常食用粮、动物饲料用粮的矛盾，广泛开展了以纤维素、石油、$CO_2$ 和 $H_2$ 等作为碳源与能源来培养微生物的代粮发酵的科学研究。目前已能利用石油或石油产品作为碳源来生产氨基酸、维生素、辅酶、有机酸、核苷酸、抗生素与酶制剂等各种有用产品。

**2. 氮源**

氮源物质为微生物提供氮素来源，这类物质主要用来合成细胞中的含氮物质，一般不作为能源，只有少数自养微生物能利用铵盐、硝酸盐同时作为氮源与能源。微生物细胞中含氮5%~15%，它是微生物细胞蛋白质和核酸的主要成分。因此，氮素对微生物的生长发育有着重要的意义。对于异养微生物来说，含C、H、O、N

的化合物既是碳源又是氮源。在碳源物质缺乏的情况下，某些厌氧微生物在厌氧条件下可以利用某些氨基酸作为能源物质。能够被微生物利用的氮源物质包括蛋白质及其不同程度的降解产物（胨、肽、氨基酸等）、铵盐、硝酸盐、分子氮、嘌呤、嘧啶、脲、胺、酰胺、氰化物等（见表5-3）。

表5-3　　　　　　　　　　微生物利用的氮源物质

| 种类 | 氮源物质 | 备注 |
| --- | --- | --- |
| 蛋白质类 | 蛋白质及其不同程度降解产物（胨、肽、氨基酸等） | 大分子蛋白质难进入细胞，一些真菌和少数细菌能分泌胞外蛋白酶，将大分子蛋白质降解利用，而多数细菌只能利用相对分子质量较小的降解产物 |
| 氨及铵盐 | $NH_3$、$(NH_4)_2SO_4$ 等 | 容易被微生物吸收利用 |
| 硝酸盐 | $KNO_3$ 等 | 容易被微生物吸收利用 |
| 分子氮 | $N_2$ | 固氮微生物可利用，但当环境中有化合态氮源时，固氮微生物就失去固氮能力 |
| 其他 | 嘌呤、嘧啶、脲、胺、酰胺、氰化物 | 大肠杆菌不能以嘧啶作为唯一氮源，在氮限量的葡萄糖培养基上生长时，可通过诱导作用先合成分解嘧啶的酶，然后再分解并利用嘧啶。这些物质可不同程度地被微生物作为氮源加以利用 |

实验室常用的无机氮源有碳酸铵、硝酸盐、硫酸铵、尿素、蛋白胨、牛肉膏、酵母膏等。生产上常用的氮源有硝酸盐、铵盐、尿素、氨以及蛋白含量较高的鱼粉、蚕蛹粉、黄豆饼粉、花生饼粉、玉米浆等，蛋白氮必须通过水解之后降解成胨、肽、氨基酸等才能被利用，这种氮源称为迟效氮源。无机氮源或以蛋白质降解产物形式存在的有机氮源可以直接被菌体吸收利用，这种氮源称为速效氮源。速效氮源通常有利于生长，迟效氮源有利于代谢产物的形成。多数微生物可以利用无机含氮化合物作为氮源，也可以利用有机含氮化合物作为氮源。但有些微生物没有将无机氮合成为有机氮的能力，它们不能把尿素、铵盐等这些无机氮源自行合成为它们生长所需的氨基酸，而需要从外界吸收现成的氨基酸作为氮源才能生长，这类微生物称为氨基酸异养型微生物，也称营养缺陷型。

许多腐生型细菌、肠道菌、动植物致病菌等可利用铵盐或硝酸盐作为氮源，例如大肠杆菌、产气肠杆菌、枯草芽孢杆菌、铜绿假单胞菌等均可利用硫酸铵和硝酸铵作为氮源，放线菌可以利用硝酸钾作为氮源，霉菌可以利用硝酸钠作为氮源。以 $(NH_4)_2SO_4$ 等铵盐为氮源培养微生物时，由于 $NH_4^+$ 被吸收，会导致培养基pH下降，因而将其称为生理酸性盐；以硝酸盐（如$KNO_3$）为氮源培养微生物时，由于 $NO_3^-$ 被吸收，会导致培养基pH升高，因而将其称为生理碱性盐。为避免培养基pH变化对微生物生长造成不利影响，需要在培养基中加入缓冲物质。无机氮源一般不用作能源,只有少数化能自养细菌能利用铵盐、硝酸盐作为机体生长的氮源与能源。某些微生物(如固氮菌)能利用空气中分子态的氮或利用无机氮化物如铵盐、硝酸盐合成有机氮化物。多数致病菌则必须供给蛋白胨、氨基酸等有机氮化物才能生长。

**3. 无机盐**

无机盐是微生物生长必不可少的一类营养物质,也是构成微生物细胞结构物质不可缺少的组成成分。许多无机矿物质元素的生理作用有参与酶的合成或酶的激活剂,并具有调节细胞的渗透压、控制细胞的氧化还原电位的作用和作为有些自养型微生物生长的能源物质等(见表5-4)。

表5-4　　　　　　　　　　无机盐及其生理功能

| 元素 | 化合物形式(常用) | 生 理 功 能 |
| --- | --- | --- |
| 磷 | $KH_2PO_4$,$K_2HPO_4$ | 核酸、核蛋白、磷脂、辅酶及ATP等高能分子的成分,作为缓冲系统调节培养基pH |
| 硫 | $(NH_4)_2SO_4$,$MgSO_4$ | 含硫氨基酸(半胱氨酸、甲硫氨酸等)、维生素的成分,谷胱甘肽可调节胞内氧化还原电位 |
| 镁 | $MgSO_4$ | 己糖磷酸化酶、异柠檬酸脱氢酶、核酸聚合酶等活性中心组分,叶绿素和细菌叶绿素成分 |
| 钙 | $CaCl_2$,$Ca(NO_3)_2$ | 某些酶的辅因子,维持酶(如蛋白酶)的稳定性,芽孢和某些孢子形成所需,建立细菌感受态所需 |
| 钠 | NaCl | 细胞运输系统组分,维持细胞渗透压,维持某些酶的稳定性 |
| 钾 | $KH_2PO_4$,$K_2HPO_4$ | 某些酶的辅因子,维持细胞渗透压,某些嗜盐细菌核糖体的稳定因子 |
| 铁 | $FeSO_4$ | 细胞色素及某些酶的组分,某些铁细菌的能源物质,合成叶绿素、白喉毒素所需 |

微生物生长所需的无机盐一般有磷酸盐、硫酸盐、氯化物以及含有钠、钾、钙、镁、铁等金属元素的化合物。磷和硫需要量最大,磷在微生物生长与繁殖过程中起着重要的作用。它既是合成核酸、核蛋白、磷脂与其他含磷化合物的重要元素,也是许多酶与辅酶的重要元素。硫是胱氨酸、半胱氨酸、甲硫氨酸的组成元素之一,因而它也是构成蛋白质的主要元素之一。钠、钙、镁等是细胞中某些酶的激活剂。

根据微生物对矿物质元素需要量的不同,将其分为大量元素和微量元素。大量元素:P、S、K、Mg、Ca、Na、Fe等,微生物生长所需浓度在$10^{-4} \sim 10^{-3}$ mol/L;微量元素:Cu、Zn、Mn、Mo、Co、Ni、Cu等,微生物生长所需浓度在$10^{-8} \sim 10^{-6}$ mol/L。微量元素一般参与酶的组成或使酶活化(见表5-5)。如果微生物在生长过程中缺乏微量元素,会导致细胞生理活性降低甚至停止生长。由于不同微生物对营养物质的需求不尽相同,微量元素这个概念也是相对的。微量元素通常混杂在天然有机营养物、无机化学试剂、自来水、蒸馏水、普通玻璃器皿中,如果没有特殊原因,在配制培养基时没有必要另外加入微量元素。值得注意的是,许多微量元素是重金属,如果它们过量,就会产生毒害作用,而且单独一种微量元素过量产生的毒害作用更大,因此有必要将培养基中微量元素的量控制在正常范围内,并注意各种微量元素之间保持恰当比例。

表 5-5　　　　　　　　　　微量元素与生理功能

| 元素 | 生 理 功 能 |
| --- | --- |
| 锌 | 存在于乙醇脱氢酶、乳酸脱氢酶、碱性磷酸酶、醛缩酶、RNA 与 DNA 聚合酶中 |
| 钼 | 存在于硝酸盐还原酶、固氮酶、甲酸脱氢酶中 |
| 铜 | 存在于细胞色素氧化酶中 |
| 硒 | 存在于甘氨酸还原酶、甲酸脱氢酶中 |
| 钴 | 存在于谷氨酸变位酶中 |
| 钨 | 存在于甲酸脱氢酶中 |
| 锰 | 存在于过氧化物歧化酶、磷酸烯醇式脱羧酶、柠檬酸合成酶中 |
| 镍 | 存在于脲酶中,为氢细菌生长所必需 |

## 4. 生长因子

生长因子是一类对微生物正常代谢必不可少且不能用简单的碳源或氮源自行合成的有机物,主要包括维生素、氨基酸、嘌呤和嘧啶(碱基)及其衍生物,此外还有甾醇、胺类、脂肪酸等。而狭义的生长因子仅指维生素,缺少这些生长因子会影响各种酶的活性,新陈代谢就不能正常进行,主要是 B 族维生素的化合物等。生长因子可以从酵母浸出液、血液或血清中获得。不同微生物需求的生长因子的种类和数量是不同的(见表 5-6)。

表 5-6　　　　　　　某些微生物生长所需的生长因子

| 微 生 物 | 生 长 因 子 | 每 1mL 培养基需要量 |
| --- | --- | --- |
| 弱氧化醋酸杆菌 | 对氨基苯甲酸<br>烟碱酸 | $0\sim10$ng<br>$3\mu g$ |
| 丙酮丁醇梭菌 | 对氨基苯甲酸 | 0.15ng |
| Ⅲ型肺炎球菌 | 胆碱 | $6\mu g$ |
| 肠膜明串珠菌 | 吡哆醛 | $0.025\mu g$ |
| 金黄色葡萄球菌 | 硫胺素 | 0.5ng |
| 白喉棒杆菌 | $\beta$-丙氨酸 | $1.5\mu g$ |

续表

| 微生物 | 生长因子 | 每1mL培养基需要量 |
|---|---|---|
| 破伤风梭状芽孢杆菌 | 尿嘧啶 | 0~4μg |
|  | 烟碱酸 | 0.1μg |
| 阿拉伯糖乳杆菌 | 泛酸 | 0.02μg |
|  | 甲硫氨酸 | 10μg |
| 粪链球菌 | 叶酸 | 1μg |
|  | 精氨酸 | 50μg |
| 德氏乳杆菌 | 酪氨酸 | 8μg |
|  | 胸腺核苷 | 0~2μg |
| 干酪乳杆菌 | 生物素 | 1 ng |
|  | 麻黄素 | 0.02μg |

自养微生物和某些异养微生物（如大肠杆菌）甚至不需外源生长因子也能生长。不仅如此，同种微生物对生长因子的需求也会随着环境条件的变化而改变，例如鲁氏毛霉在厌氧条件下生长时需要维生素 $B_1$ 与生物素，而在好氧条件下生长时自身能合成这两种物质，不需外加这两种生长因子。有时由于对某些微生物生长所需生长因子的本质还不了解，在培养它们时通常在培养基中加入酵母浸膏、牛肉浸膏及动植物组织液等天然物质以满足需要。

根据生长因子的化学结构和它们在机体中的生理功能的不同（见表5-7），可将生长因子分为维生素、氨基酸与嘌呤及嘧啶三大类。根据微生物与生长因子间的关系，可以将它们分为生长因子自养型微生物、生长因子异养型微生物和生长因子过量合成微生物。生长因子自养型微生物能够自行合成所需的生长因子，因此不需要从外界补充生长因子，多数真菌、放线菌和一些细菌属于这种类型。生长因子异养型微生物必须补充外源生长因子才能生长，如乳酸杆菌需要多种维生素、氨基酸和碱基；又如肠膜状明串珠菌需要补充10种维生素、19种氨基酸、3种嘌呤以及尿嘧啶。生长因子过量合成微生物能够合成大量维生素等，可用做维生素等的生产菌，如橄榄链霉菌、灰色链霉菌可用作维生素 $B_{12}$ 的生产菌。

表5-7　　　　　　　几种生长因子的主要功能

| 生长因子 | 主要功能 |
|---|---|
| 维生素 $B_1$ | 脱羧酶、转醛酶、转酮酶的辅基 |
| 维生素 $B_2$ | 黄素蛋白的辅基，与氢的转移有关 |
| 维生素 $B_6$ | 辅基，与氨基酸的脱羧、转氨基有关 |
| 生物素 | 各种羧化酶的辅基 |

续表

| 生长因子 | 主 要 功 能 |
| --- | --- |
| 维生素 $B_{12}$ | 钴酰胺的辅酶,与甲硫氨酸和胸腺嘧啶核苷酸的合成和异构化有关 |
| 叶酸 | 辅酶 F,与核酸的合成有关 |
| 泛酸 | 乙酰载体的辅基,与酰基转移有关 |
| 维生素 K | 电子传递 |
| 烟酸 | 脱氢酶的辅基 |

### 5. 水

水是微生物生长所必不可少的。水在细胞中的生理功能主要有：起到溶剂与运输介质的作用，营养物质的吸收与代谢产物的分泌必须以水为介质才能完成；参与细胞内一系列化学反应；维持蛋白质、核酸等生物大分子稳定的天然构象；因为水的比热容高，是热的良好导体，能有效地吸收代谢过程中产生的热并及时地将热迅速散发出体外，从而有效地控制细胞内温度的变化；保持充足的水分是细胞维持自身正常形态的重要因素；微生物通过水合作用与脱水作用控制由多亚基组成的结构，如酶、微管、鞭毛及病毒颗粒的组装与解离。

水是微生物细胞主要的组成成分，它占鲜重的70%~90%。不同种类微生物细胞含水量不同（见表5-8）。同种微生物处于发育的不同时期或不同的环境其水分含量也有差异，幼龄菌含水量较多，衰老和休眠体含水量较少。微生物所含水分以游离水和结合水两种状态存在，两者的生理作用不同。结合水不具有一般水的特性，不能流动，不易蒸发，不冻结，不能作为溶剂，也不能渗透。游离水则与之相反，具有一般水的特性，能流动，容易从细胞中排出，并能作为溶剂，帮助水溶性物质进出细胞。

表5-8　　　　　　各类微生物细胞中的含水量（以鲜重计）　　　　　　单位:%

| 微生物类型 | 细菌 | 霉菌 | 酵母菌 | 芽孢 | 孢子 |
| --- | --- | --- | --- | --- | --- |
| 水分含量 | 75~85 | 85~90 | 75~80 | 40 | 38 |

微生物生长的环境中水的有效性常以水活度值（water activity, $A_w$）表示，水分活度值是指在一定的温度和压力条件下，溶液的蒸汽压力与同样条件下纯水蒸汽压力之比，即：$A_w = p_w/p_{0w}$，式中 $p_w$ 代表溶液蒸汽压力，$p_{0w}$ 代表纯水蒸汽压力。纯水 $A_w$ 为1.00，溶液中溶质越多，$A_w$ 越小。微生物一般在 $A_w$ 为0.60~0.99的条件下生长，对某种微生物而言，$A_w$ 过低时，微生物生长的迟缓期延长，比生长速率和总生长量减少。微生物不同，其生长的最适 $A_w$ 不同（见表5-9）。一般而言，细菌生长最适 $A_w$ 较酵母菌和霉菌高，而嗜盐微生物生长最适 $A_w$ 则较低。

表 5-9　　　　　　　　　几类微生物生长最低 $A_w$

| 微　生　物 | $A_w$ | 微　生　物 | $A_w$ |
| --- | --- | --- | --- |
| 一般细菌 | 0.91 | 嗜盐细菌 | 0.76 |
| 酵母菌 | 0.88 | 嗜盐真菌 | 0.65 |
| 霉菌 | 0.80 | 嗜高渗酵母 | 0.60 |

## 第二节

## 微生物对营养物质的吸收

外界环境的营养物质只有吸收到细胞内，才能被微生物分解与利用，微生物生长过程中产生的一些代谢产物也必须分泌到细胞外，在这两个过程中，细胞膜起着重要作用。微生物对营养物质的吸收是借助于细胞膜的半渗透特性及其结构特点，以不同的方式来吸收营养物质和水分的。但不同的物质对细胞膜的渗透性不一样，根据对细胞膜结构以及物质传递的研究，目前一般认为营养物质主要以单纯扩散（简单扩散）、促进扩散（协助扩散）、主动运输和基团转位（基团移位）四种方式透过微生物细胞膜。

一、单纯扩散

在微生物营养物质的吸收方式中，单纯扩散是通过细胞膜进行内外物质交换最简单的一种方式。营养物质通过分子不规则运动通过细胞膜中的小孔进入细胞，其特点是物质由高浓度的细胞外向低浓度的细胞内扩散（浓度梯度），这是一种单纯的物理扩散作用。一旦细胞膜内外的物质浓度达到平衡（即浓度梯度消失），简单扩散也就达到动态平衡。但实际上，进入微生物细胞的物质不断地被生长代谢所利用，浓度不断降低，细胞外的物质不断地进入细胞。这种扩散是非特异性的，没有运载蛋白质（渗透酶）的参与，也不与膜上的分子发生反应，本身的分子结构也不发生变化。但膜上的小孔的大小和形状对被扩散的营养物质分子大小有一定的选择性。由于单纯扩散不需要能量的作用，因此，物质不能进行逆浓度交换。

单纯扩散的物质主要是一些小分子的物质，如水、一些气体（$O_2$，$CO_2$）、有些无机离子及水溶性的小分子物质（甘油、乙醇等）。

二、促进扩散

促进扩散也是一种物质运输方式，它与单纯扩散的方式相类似，营养物质在运输过程中不需要能量，物质本身在分子结构上也不会发生变化，不能进行逆浓度运输，运输的速率随着细胞内外该物质浓度差的缩小而降低，直至膜内外的浓度差消失，从而达到动态平衡。所不同的是这种物质运输方式需要借助于细胞膜上的一种称为渗透酶的特异性蛋白（运载营养物质）参与物质的运输，这样加速了营养物质的透过程度，以满足微生物细胞代谢的需要。而且每种渗透酶只运输相应的物质，即对被运输的物质有高度的专一性（见图5-1）。

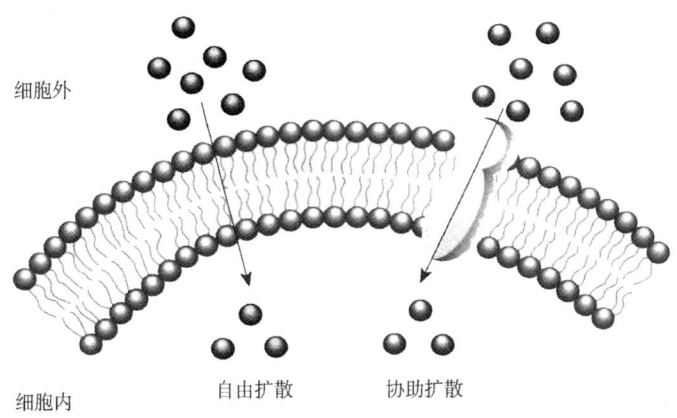

图5-1 自由扩散和协助扩散示意图

促进扩散的运输方式多见于真核微生物中，例如酵母菌运输糖类就是通过这种方式，但在原核生物中却少见。在厌氧微生物中，某些物质的吸收和代谢产物的分泌是通过这种方式完成的。

### 三、主动运输

如果微生物仅依靠单纯扩散和促进扩散这两种方式，则营养物质只能从高浓度到低浓度扩散，这样微生物就不能吸收低于细胞内浓度的外界营养物质，生长代谢就会受到限制。实际上微生物细胞中的有些物质以高于细胞外的浓度在细胞内积累。如大肠杆菌在生长期中，细胞中的钾离子浓度比细胞外环境高许多倍。以乳糖为碳源的微生物，细胞内的乳糖浓度比细胞外高500倍。可见主动运输的特点是营养物质由低浓度向高浓度进行，是逆浓度梯度的。因此这种物质的运输过程不仅需要渗透酶，还需要代谢能量（ATP）的参与（见图5-2）。

目前研究得比较深入的是大肠杆菌对乳糖的吸收，其细胞膜的渗透酶为$\beta$-半乳糖苷酶，它可以在细胞内外特异性地与乳糖结合（在膜内结合程度比膜外小），在代谢能（ATP）的作用下，酶蛋白构型发生变化而使乳糖达到膜内，并在膜内降低其对乳糖的亲和力而在膜内释放出来，从而实现乳糖由细胞外的低浓度向细胞内的高浓度运输。

### 四、基团转位

在微生物对营养物质的吸收过程中，还有一种特殊的运输方式是基团转位，

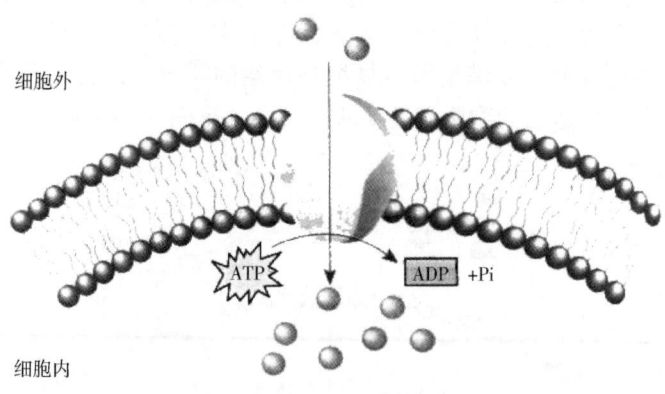

图 5-2　主动运输示意图

这种方式除了具有主动运输的特点外，主要是被运输的物质改变了其本身的性质，有些化学基团被转移到被运输的营养物质上。如许多糖及糖的衍生物在运输中由细菌的磷酸酶系统催化，使其磷酸化，这样磷酸基团被转移到糖分子上，以磷酸糖的形式进入细胞。根据大肠杆菌对葡萄糖和金黄色葡萄球菌对乳糖吸收的研究结果，这些糖在运输过程中发生了磷酸化作用，并以磷酸糖的形式存在于细胞质中。进一步的研究结果表明，磷酸糖中的磷酸来自磷酸烯醇式丙酮酸（PEP），因此将这种基团转位的方式称为磷酸烯醇式丙酮糖转移酶系统（即 PTS），PTS 通常由五种蛋白质组成，包括酶Ⅰ、酶Ⅱ（包括 a、b 和 c 三个亚基）和一种低相对分子质量的热稳定蛋白质（HPr）。酶Ⅰ和 HPr 是非特异性的细胞质蛋白，酶Ⅱa 也是可溶性细胞质蛋白，亲水性酶Ⅱb 与位于细胞膜上的酶Ⅱc 相结合。在糖的运输过程中，PEP 上的磷酸基团逐步通过酶Ⅰ、HPr 的磷酸化与去磷酸化作用，最终在酶Ⅱ的作用下转移到糖上，生成磷酸糖释放于细胞质中（见图 5-3）。

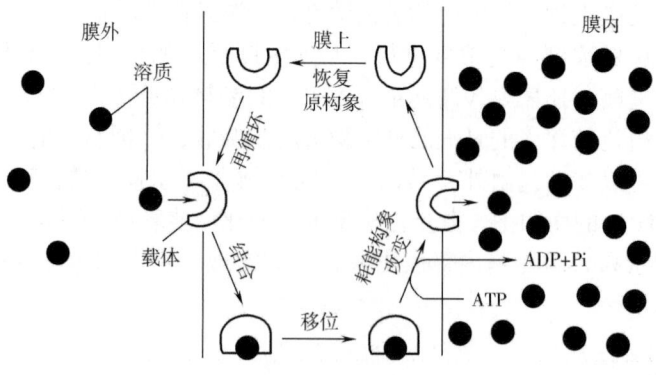

图 5-3　基团转位示意图

基团转位可转运葡萄糖、甘露糖、果糖、β-半乳糖苷以及嘌呤、嘧啶、乙酸等,但不能运输氨基酸。这个运输系统主要存在于兼性厌氧菌和厌氧菌中。也有研究表明,某些好氧菌,如枯草芽孢杆菌和巨大芽孢杆菌也利用磷酸转移酶系统将葡萄糖运输到细胞内。

目前关于细菌对营养物质吸收的四种运送方式的比较可见表 5-10 所示。总之,微生物对营养物质的吸收不是简单的物理、化学过程,而是复杂的生理过程;是微生物对营养物质起能动的、选择吸收的作用。它是受细胞膜的特性和功能以及微生物本身代谢强度所支配的。

表 5-10　　　　　　　　　　4 种运送营养方式的比较

| 比较项目 | 单纯扩散 | 促进扩散 | 主动运输 | 基团转位 |
| --- | --- | --- | --- | --- |
| 特异载体蛋白 | 无 | 有 | 有 | 有 |
| 运送速度 | 慢 | 快 | 快 | 快 |
| 溶质运送方向 | 由浓至稀 | 由浓至稀 | 由稀至浓 | 由稀至浓 |
| 平衡时内外浓度 | 内外相等 | 内外相等 | 内部浓度高得多 | 内部浓度高得多 |
| 运送分子 | 无特异性 | 特异性 | 特异性 | 特异性 |
| 能量消耗 | 不需要 | 不需要 | 需要 | 需要 |
| 运送前后溶质分子 | 不变 | 不变 | 不变 | 改变 |
| 载体饱和效应 | 无 | 有 | 有 | 有 |
| 与溶质类似物 | 无竞争性 | 有竞争性 | 有竞争性 | 有竞争性 |
| 运送抑制剂 | 无 | 有 | 有 | 有 |
| 运送对象举例 | 水、$O_2$、$CO_2$、甘油、乙醇、少数氨基酸、盐类、代谢抑制剂 | $SO_4^{2-}$、$PO_4^{3-}$、糖(真核生物) | 氨基酸、乳糖等糖类,$Na^+$、$Ca^{2+}$等无机离子 | 葡萄糖、果糖、甘露糖、嘌呤、核苷、脂肪酸等 |

## 第三节

## 微生物的营养类型

由于各种微生物的生活环境中营养物质不同,它们的营养需要和代谢方式也不尽相同。人们常在不同层次和侧重点上对微生物营养类型进行划分,如表 5-11 所示。还可以根据碳源、能源及电子供体性质的不同,将绝大部分微生物分为光能无机自养型、光能有机异养型、化能无机自养型及化能有机营养型四种类型（见表5-12）。

表5-11　　　　　　　　　　微生物营养类型（Ⅰ）

| 划分依据 | 营养类型 | 特　点 |
|---|---|---|
| 碳源 | 自养型 | 以 $CO_2$ 为唯一或主要碳源 |
|  | 异养型 | 以有机物为碳源 |
| 能源 | 光能营养型 | 以光为能源 |
|  | 化能营养型 | 以有机物氧化释放的化学能为能源 |
| 电子供体 | 无机营养型 | 以还原性无机物为电子供体 |
|  | 有机营养型 | 以有机物为电子供体 |

表5-12　　　　　　　　　　微生物的营养类型（Ⅱ）

| 营养类型 | 电子供体 | 碳源 | 能源 | 举例 |
|---|---|---|---|---|
| 光能无机自养型 | $H_2$、$H_2S$、S 或 $H_2O$ | $CO_2$ | 光能 | 着色细菌、蓝细菌、藻类 |
| 光能有机异养型 | 有机物 | 有机物 | 光能 | 红螺细菌 |
| 化能无机自养型 | $H_2$、$H_2S$、$Fe^{2+}$、$NH_3$ 或 $NO_2^-$ | $CO_2$（无机物氧化） | 化学能 | 氢细菌、硫杆菌、亚硝化单胞菌属、硝化杆菌属、甲烷杆菌属、醋杆菌属 |
| 化能有机异养型 | 有机物 | 有机物 | 化学（有机物氧化）能 | 假单胞菌属、芽孢杆菌属、乳酸菌属、真菌、原生动物、大多数已知细菌和全部真核微生物 |

光能无机自养型和光能有机异养型微生物可利用光能生长，在地球早期生态环境的演化过程中起重要作用；化能无机自养型微生物广泛分布于土壤及水环境中，参与地球物质循环；对化能有机异养型微生物而言，有机物通常既是碳源也是能源。目前已知的大多数细菌、真菌、原生动物都是化能有机异养型微生物。值得注意的是，已知的所有致病微生物都属于此种类型。根据化能有机异养型微生物利用的有机物性质的不同，又可将它们分为腐生型和寄生型两类，前者可利用无生命的有机物（如动植物尸体和残体）作为碳源，后者则寄生在活的寄主机体内吸取营养物质，离开寄主就不能生存。在腐生型和寄生型之间还存在一些中间类型，如兼性腐生型和兼性寄生型。

某些菌株发生突变（自然突变或人工诱变）后，失去合成某种（或某些）对该菌株生长必不可少的物质（通常是生长因子如氨基酸、维生素）的能力，必须从外界环境获得该物质才能生长繁殖，这种突变型菌株称为营养缺陷型，相应的野生型菌株称为原养型。营养缺陷型菌株经常用来进行微生物遗传学方面的研究。

必须明确，无论哪种分类方式，不同营养类型之间的界限并非绝对的，异养型微生物并非绝对不能利用$CO_2$，只是不能以$CO_2$为唯一或主要碳源进行生长，而且在有机物存在的情况下也可将$CO_2$同化为细胞物质。同样，自养型微生物也并非不能利用有机物进行生长。另外，有些微生物在不同生长条件下生长时，其营养类型也会发生改变，例如紫色非硫细菌在没有有机物时可以同化$CO_2$，它为自养型微生物；而当有机物存在时，它又可以利用有机物进行生长，此时它为异养型微生物。再如，紫色非硫细菌在光照和厌氧条件下可利用光能生长，为光能营养型微生物，而在黑暗与好氧条件下，依靠有机物氧化产生的化学能生长，则为化能营养型微生物。微生物营养类型的可变性无疑有利于提高微生物对环境条件变化的适应能力。

根据微生物所要求的碳源不同（无机碳化合物或有机碳化合物），可以将它们分为自养微生物和异养微生物两大类。自养微生物以$CO_2$为唯一的碳源，能够在完全无机的环境中生长。而异养微生物的生长则至少需要有一种有机物存在，它们不能以$CO_2$作为唯一的碳源。

根据微生物所利用的能源的不同，又可将微生物分为两种能量代谢类型，一种是吸收光能来维持其生命活动的，称为光能微生物；另一类是利用吸收的营养物质降解产生化学能，称为化能微生物。将以上两种分类方法结合起来，我们可以把微生物的营养类型归纳为光能自养型、化能自养型、光能异养型和化能异养型四种类型。

（1）光能自养型微生物　这类微生物利用光作为生长所需要的能源，以$CO_2$作为碳源。光能自养型微生物都含有光合色素，能够进行光合作用。但是必须注意，光合细菌的光合作用与高等绿色植物的光合作用有所区别。在高等绿色植物的光合作用中，水是同化$CO_2$时的还原剂，同时释放出氧。而在光合细菌中，则是以$H_2S$、$Na_2S_2O_3$等无机化合物作为供氢体来还原$CO_2$，从而合成细胞有机物的。例如绿硫细菌以$H_2S$为供氢体进行光合作用。

（2）化能自养型微生物　这类微生物的能源来自无机物氧化所产生的化学能，碳源是$CO_2$或碳酸盐。常用的化能自养型微生物有硫化细菌、硝化细菌、氢细菌、铁细菌、一氧化碳细菌和甲烷氧化细菌等。它们分别以硫、还原态硫化物、氨、亚硝酸、氢、二价铁、一氧化碳和甲烷作为能源。

硝化细菌在自然界的氮素循环中起着重要作用，它们使自然界中的氨转化为亚硝酸、硝酸，提高了土壤的肥力。硫化细菌可用来处理矿石，浸出一些金属矿物。这样的处理方法被称作湿法冶金。在农业上，硫化细菌则被用来改造碱性土壤。化能自养微生物一般须消耗ATP，促使电子沿电子传递链逆向传递，以取得固定$CO_2$时所必需的$NADH+H^+$，因此这类菌的生长较为缓慢。

（3）光能异养型微生物　这类微生物利用光作为能源，不能在完全是无机化合物的环境中生长，需利用有机化合物作为供氢体来还原$CO_2$，合成细胞有机物质。例如，红螺细菌利用异丙醇作为供氢体，进行光合作用，并积累丙酮酸。

（4）化能异养型微生物　这类微生物所需要的能源来自有机物氧化所产生的化学能，它们只能利用有机化合物。例如：淀粉、糖类、纤维素、有机酸等。因此有机碳化物对这类微生物来说既是碳源也是能源。它们的氮素营养可以是有机物，如蛋白质，也可以是无机物，如硝酸铵等。化能异养型微生物又可分为腐生的和寄生的两类。前者是利用无生命的有机物，而后者则是寄生在活的有机体内，从寄主体内获得营养物质，在腐生和寄生之间存在着不同程度的既可腐生又可寄生的中间类型，称为兼性腐生或兼性寄生。

化能异养型微生物的种类和数量很多，包括绝大多数细菌、放线菌和几乎全部真菌，因此，它们与人类的关系也异常密切，对它们的研究和应用也最多。

以上四大营养类型的划分在自然界中并不是绝对的，存在着许多过渡类型，因此，在实践中要全面分析。

## 第四节　培养基

培养基是人工配制的，适合微生物生长繁殖或产生代谢产物的营养基质。无论是以微生物为材料的研究，还是利用微生物生产生物制品，都必须进行培养基的配制，它是微生物学研究和微生物发酵工业的基础。绝大多数微生物都可在人工培养基上生长，只有少数称作难养菌的寄生或共生微生物，例如类支原体、类立克次氏体和少数寄生真菌等，至今还不能在人工培养基上生长。

### 一、配制培养基的原则

综合文献资料和实践经验，在选用和设计培养基时应遵循以下四个原则。

**1. 目的明确**

在设计新培养基前，先要明确：拟培养何种细菌；要得到何种发酵产物；是用于实验室研究还是大生产用；是进行一般研究还是做精密的生理、生化或遗传学研究；是用作种子培养基还是发酵培养基。根据不同的工作目的，运用自己丰富的生物化学和微生物学知识选择适宜的营养物质，可为优选最佳试验方案奠定良好的基础。

总体而言，所有微生物生长繁殖均需要培养基含有碳源、氮源、无机盐、生长因子、水及能源，但由于微生物营养类型复杂，不同微生物对营养物质的需求是不一样的，因此首先要根据不同微生物的营养需求配制针对性强的培养基。自养型微生物能从简单的无机物合成自身需要的糖、脂类、蛋白质、核酸、维生素等复杂的有机物，因此培养自养型微生物的培养基完全可以（或应该）由简单的无机物组成。例如，培养化能自养型的氧化硫硫杆菌的培养基（培养基组成见表

5-13），配制过程中并未专门加入其他碳源物质，而是依靠空气中和溶于水中的 $CO_2$ 为氧化硫硫杆菌提供碳源。

培养其他化能自养型微生物与上述培养基成分基本类似，只是能源物质有所改变。对光能自养型微生物而言，除需要各类营养物质外，还需光照提供能源。培养异养型微生物需要在培养基中添加有机物，而且不同类型异养型微生物的营养要求差别很大，因此其培养基组成也相差很远。例如，培养大肠杆菌的培养基组成比较简单（见表5-13），而有些异养型微生物的培养基的成分非常复杂，如肠膜明串珠菌需要生长因子，若配制培养它的合成培养基时，需要在培养基中添加的生长因子多达33种，因此通常采用天然有机物来为它提供生长所需的生长因子。

表5-13　　　　　　　　　　几种类型培养基组成*

| 成分 | 氧化硫硫杆菌培养基 | 大肠杆菌培养基 | 牛肉膏蛋白胨培养基 | 高氏一号合成培养基 | 查氏合成培养基 | LB培养基 | 主要作用 |
|---|---|---|---|---|---|---|---|
| 牛肉膏 | | | 5 | | | | 碳源（能源）、氮源、无机盐、生长因子 |
| 蛋白胨 | | | 10 | | | 10 | 氮源、碳源（能源）、生长因子 |
| 酵母浸膏 | | | | | | 5 | 生长因子、氮源、碳源（能源） |
| 葡萄糖 | | 5 | | | | | 碳源（能源） |
| 蔗糖 | | | | | 30 | | 碳源（能源） |
| 可溶性淀粉 | | | | 20 | | | 碳源（能源） |
| $CO_2$ | （来自空气） | | | | | | 碳源 |
| $(NH_4)_2SO_4$ | 0.4 | | | | | | 氮源、无机盐 |
| $NH_4H_2PO_4$ | | 1 | | | | | 氮源、无机盐 |
| $KNO_3$ | | | | 1 | | | 氮源、无机盐 |
| $NaNO_3$ | | | | | 3 | | 氮源、无机盐 |
| $MgSO_4 \cdot 7H_2O$ | 0.5 | 0.2 | | 0.5 | 0.5 | | 无机盐 |
| $FeSO_4$ | 0.01 | | | 0.01 | 0.01 | | 无机盐 |
| $KH_2PO_4$ | 4 | | | | | | 无机盐 |
| $K_2HPO_4$ | 1 | | | 0.5 | 1 | | 无机盐 |

续表

| 成分 | 氧化硫硫杆菌培养基 | 大肠杆菌培养基 | 牛肉膏蛋白胨培养基 | 高氏一号合成培养基 | 查氏合成培养基 | LB 培养基 | 主要作用 |
| --- | --- | --- | --- | --- | --- | --- | --- |
| NaCl |  | 5 | 5 | 0.5 |  | 10 | 无机盐 |
| KCl |  |  |  | 0.5 |  |  | 无机盐 |
| CaCl$_2$ | 0.25 |  |  |  |  |  | 无机盐 |
| S | 10 |  |  |  |  |  | 能源 |
| H$_2$O | 1000 | 1000 | 1000 | 1000 | 1000 | 1000 | 溶剂 |
| pH | 7.0 | 7.0~7.2 | 7.0~7.2 | 7.2~7.4 | 自然 | 7.0 |  |
| 灭菌条件 | 121℃ 20min | 112℃ 30min | 121℃ 20min | 121℃ 20min | 121℃ 20min | 121℃ 20min |  |

\* 表中培养基各组分含量均为每1L培养基中该成分的质量（g）。

就微生物主要类型而言，有细菌、放线菌、酵母菌、霉菌、原生动物、藻类及病毒之分，培养它们所需的培养基各不相同。在实验室中常用牛肉膏蛋白胨培养基（或简称普通肉汤培养基）培养细菌；用高氏1号合成培养基培养放线菌；培养酵母菌一般用麦芽汁培养基，它是将麦芽粉与4倍水混匀，在58~65℃条件下保温3~4h至完全糖化，调整糖液浓度为10°Bx，煮沸后用纱布过滤，调pH为6.0配制而成。麦芽粉组成复杂，能为酵母菌提供足够的营养物质；培养霉菌则一般用查氏合成培养基。

原生动物也可用培养基培养，有的原生动物需要较多的营养物质，例如梨形四膜虫的培养基含有10种氨基酸、7种维生素、鸟嘌呤、尿嘧啶及一些无机盐等，而有些变形虫可在较简单的蛋白胨肉汤中生长。大多数藻类可以利用光能，只需要$CO_2$、水和一些无机盐就可生长，而某些藻类如眼虫藻中的一些种可在黑暗条件下利用有机物质生长。有些藻类需要在培养基中补加土壤浸液，培养海洋藻类时可直接利用海水，但如果在特殊情况下需要用合成培养基培养海洋藻类时，则必需在培养基中加入海水中含有的各种盐。

**2. 营养协调**

对微生物细胞组成元素调查与分析是设计培养基的重要参考依据。一般而言，微生物细胞内各组分间有一较稳定的比例。在异养微生物中大体上存在10倍序列的递减趋势：

$$H_2O > 碳源（兼能源）> N源 > P、S、K、Mg > 生长因子$$

培养基中营养物质浓度合适时微生物才能生长良好，营养物质浓度过低时不能满足微生物正常生长所需，浓度过高时则可能对微生物生长起抑制作用，例如高浓度糖类物质、无机盐、重金属离子等不仅不能维持和促进微生物的生长，反而起到抑制或杀菌作用。另外，培养基中各营养物质之间的浓度配比也直接影响微生物的生长繁殖和（或）代谢产物的形成和积累，其中碳氮比（C/N）的影响较大。严格地讲，碳氮比指培养基中碳元素与氮元素的摩尔数比值，有时也指培养基中还原糖与粗蛋白之比。例如，在利用微生物发酵生产谷氨酸的过程中，培养基碳氮比为4/1时，菌体大量繁殖，谷氨酸积累少；当培养基碳氮比为3/1时，菌体繁殖受到抑制，谷氨酸产量则大量增加。再如，在抗生素发酵生产过程中，可以通过控制培养基中速效氮（或碳）源与迟效氮（或碳）源之间的比例来控制菌体生长与抗生素的合成。

**3. 理化适宜**

培养基的pH、渗透压、水分活度和氧化还原势等物理化学条件要适宜。

（1）控制pH　培养基的pH必须控制在一定的范围内，以满足不同类型微生物的生长繁殖或产生代谢产物。各类微生物生长繁殖或产生代谢产物的最适pH条件各不相同，一般来讲细菌为7.0~8.0、放线菌为7.5~8.5、酵母菌为3.8~6.0、霉菌为4.0~5.8。值得注意的是，在微生物生长繁殖和代谢过程中，由于营养物质被分解利用和代谢产物的形成与积累，会导致培养基pH发生变化，若不对培养基pH条件进行控制，往往导致微生物生长速度或（和）代谢产物产量降低。因此，为了维持培养基pH的相对恒定，通常在培养基中加入pH缓冲剂，常用的缓冲剂是$K_2HPO_4$和$KH_2PO_4$组成的磷酸盐混合物。$K_2HPO_4$溶液呈碱性，$KH_2PO_4$溶液呈酸性，两种物质的等摩尔混合溶液的pH为6.8。当培养基中酸性物质积累导致$H^+$浓度增加时，$H^+$与弱碱性盐结合形成弱酸性化合物，培养基pH不会过度降低；如果培养基中$OH^-$浓度增加，$OH^-$则与弱酸性盐结合形成弱碱性化合物，培养基pH也不会过度升高。

但$K_2HPO_4/KH_2PO_4$缓冲系统只能在一定的pH范围（pH 6.4~7.2）内起调节作用。有些微生物，如乳酸菌能大量产酸，上述缓冲系统就难以起到缓冲作用，此时可在培养基中添加难溶的碳酸盐（如$CaCO_3$）来进行调节，$CaCO_3$难溶于水，不会使培养基pH过度升高，但它可以不断中和微生物产生的酸，同时释放出$CO_2$，将培养基pH控制在一定范围内。

在培养基中还存在一些天然的缓冲系统，如氨基酸、肽、蛋白质都属于两性电解质，也可起到缓冲剂的作用。

（2）控制氧化还原电位　不同类型微生物生长对氧化还原电位（$\varphi$）的要求不一样，一般好氧性微生物在$\varphi$值为+0.1V以上时可正常生长，一般以+0.3~+0.4V为宜，厌氧性微生物只能在$\varphi$值低于+0.1V条件下生长，兼性厌氧微生物在$\varphi$值为+0.1V以上时进行好氧呼吸，在+0.1V以下时进行发酵。$\varphi$值与氧分压和pH有关，也受某些微生物代谢产物的影响。在pH相对稳定的条件下，可通过增加通气量（如振荡培养、搅拌）提高培养基的氧分压，或加入氧化剂，从而增

加 $\phi$ 值；在培养基中加入抗坏血酸、硫化氢、半胱氨酸、谷胱甘肽、二硫苏糖醇等还原性物质可降低 $\phi$ 值。还需根据所培养微生物的特点调节适宜的渗透压和水分活度。

**4. 经济节约**

在设计大生产用的培养基时，经济节约的原则显得十分重要。在生产实践中，大体可从以下几方面去实施这一原则：以粗代精；以"野"代"家"；以废代好；以简代繁；以氮代肮；以纤代糖；以烃代粮；以"国"代"进"。在配制培养基时应尽量利用廉价且易于获得的原料作为培养基成分，特别是在发酵工业中，培养基用量很大，利用低成本的原料更体现出其经济价值。例如，在微生物单细胞蛋白的工业生产过程中，常常利用糖蜜（制糖工业中含有蔗糖的废液）、乳清（乳制品工业中含有乳糖的废液）、豆制品工业废液及黑废液（造纸工业中含有戊糖和己糖的亚硫酸纸浆）等作为培养基的原料。再如，工业上的甲烷发酵主要利用废水、废渣作原料，而在我国农村，已推广利用人畜粪便及禾草为原料发酵生产甲烷作为燃料。另外，大量的农副产品或制品，如麸皮、米糠、玉米浆、酵母浸膏、酒糟、豆饼、花生饼、蛋白胨等都是常用的发酵工业原料。

要获得微生物纯培养，必须避免杂菌污染，因此需对所用器材及工作场所进行消毒与灭菌。对培养基而言，更是要及时进行严格的灭菌。对培养基一般采取高压蒸汽灭菌，一般培养基用 0.1MPa、121.3℃、15~30min 可达到灭菌目的。在高压蒸汽灭菌过程中，长时间高温会使某些不耐热物质遭到破坏，如使糖类物质形成氨基糖、焦糖，因此含糖培养基常用 55kPa、112.6℃、15~30min 进行灭菌。对某些对糖要求较高的培养基，可先将糖进行过滤除菌或间歇灭菌，再与其他已灭菌的成分混合。长时间高温还会引起磷酸盐、碳酸盐与某些阳离子（特别是钙、镁、铁离子）结合形成难溶性复合物而产生沉淀，因此，在配制用于观察和定量测定微生物生长状况的合成培养基时，常需在其中加入少量螯合剂，避免培养基中产生沉淀而影响 O.D. 值的测定，常用的螯合剂为乙二胺四乙酸（EDTA）。还可以将含钙、镁、铁等离子的成分与磷酸盐、碳酸盐分别进行灭菌，然后再混合，避免形成沉淀；高压蒸汽灭菌后，培养基 pH 会发生改变（一般使 pH 降低），可根据所培养微生物的要求，在培养基灭菌前后加以调整。在配制培养基过程中，泡沫的存在对灭菌处理极不利，因为泡沫中的空气形成隔热层，使泡沫中微生物难以被杀死。因而有时需要在培养基中加入消泡沫剂以减少泡沫的产生，或适当提高灭菌温度，延长灭菌时间。

## 二、培养基的类型及应用

培养基种类繁多，根据其成分、物理状态和用途可分成多种类型（见表 5-14）。

表 5-14　　　　　　　　　　　　培养基分类

| 划分依据 | 种　类 | 用　途 |
|---|---|---|
| 物理状态 | 固体培养基 | 微生物的分离和鉴定 |
|  | 半固体培养基 | 观察微生物的运动、保存菌种 |
|  | 液体培养基 | 工业生产 |
| 化学成分 | 天然培养基 | 工业生产 |
|  | 合成培养基 | 微生物的分类和鉴定 |
| 用途 | 基础培养基 | 培养一般微生物 |
|  | 加富培养基 | 培养苛刻微生物，富集分离微生物 |
|  | 选择培养基 | 分离菌种 |
|  | 鉴别培养基 | 鉴别不同种类的微生物（如饮用水中大肠杆菌的鉴定） |

## （一）按成分不同划分

**1. 天然培养基**

这类培养基主要以化学成分还不清楚或化学成分不恒定的天然有机物组成，牛肉膏蛋白胨培养基和麦芽汁培养基就属于此类。基因克隆技术中常用的 LB 培养基也是一种复合培养基，其组成见表 5-15。

常用的天然有机营养物质包括牛肉浸膏、蛋白胨、酵母浸膏、豆芽汁、玉米粉、土壤浸液、麸皮、牛乳、血清、稻草浸汁、羽毛浸汁、胡萝卜汁、椰子汁等，嗜粪微生物可以利用粪水作为营养物质。复合培养基成本较低，除在实验室经常使用外，也适于用来进行工业上大规模的微生物发酵生产。

表 5-15　　　　　牛肉浸膏、蛋白胨及酵母浸膏的来源及主要成分

| 营养物质 | 来　源 | 主　要　成　分 |
|---|---|---|
| 牛肉浸膏 | 瘦牛肉组织浸出汁浓缩而成的膏状物质 | 富含水溶性碳水化合物、有机氮化合物、维生素、盐等 |
| 蛋白胨 | 将肉、酪素或明胶用酸或蛋白酶水解后干燥而成的粉末状物质 | 富含有机氮化合物，也含有一些维生素和碳水化合物 |
| 酵母浸膏 | 酵母细胞的水溶性提取物浓缩而成的膏状物质 | 富含 B 族维生素，也含有有机氮化合物和碳水化合物 |

**2. 合成培养基**

合成培养基是由化学成分完全了解的物质配制而成的培养基，也称化学限定培养基，高氏 1 号培养基和查氏培养基就属于此种类型。配制合成培养基时重复性强，但与天然培养基相比其成本较高，微生物在其中生长速度较慢，一般适于在实验室用来进行有关微生物营养需求、代谢、分类鉴定、生物量测定、菌种选育

及遗传分析等方面的研究工作。

**（二）根据物理状态划分**

根据凝固剂的有无及含量的多少，可将培养基划分为固体培养基、半固体培养基、液体培养基和脱水培养基四种类型。

**1. 固体培养基**

在一般培养温度下呈固体状态的培养基都称固体培养基。固体培养基可以分为两类：一类是用天然的固体状物质制成的，例如，由马铃薯块、胡萝卜条、小米、麸皮及米糠等制成固体状态的培养基就属于此类。如生产酒的酒曲、生产食用菌的棉子壳培养基。另一类是在液体中添加凝固剂而制成的，如实验室中常用的琼脂固体斜面和固体平板培养基。这种培养基广泛用于微生物的分离、鉴定、保藏、计数及菌落特征的观察等。在实验室中，固体培养基一般是加入平皿或试管中，制成培养微生物的平板或斜面。固体培养基为微生物提供一个营养表面，单个微生物细胞在这个营养表面进行生长繁殖，可以形成单个菌落。固体培养基常用来进行微生物的分离、鉴定、活菌计数及菌种保藏等。

在液体培养基中加入一定量凝固剂即为固体培养基。理想的凝固剂应具备以下条件：不被所培养的微生物分解利用；在微生物生长的温度范围内保持固体状态。在培养嗜热细菌时，由于高温容易引起培养基液化，通常在培养基中适当增加凝固剂来解决这一问题；凝固剂凝固点温度不能太低，否则将不利于微生物的生长；凝固剂对所培养的微生物无毒害作用；凝固剂在灭菌过程中不会被破坏；透明度好，粘着力强；配制方便且价格低廉。常用的凝固剂有琼脂、明胶和硅胶。如表5-16所示列出琼脂和明胶的一些主要特征。

表5-16 琼脂与明胶主要特征比较

| 内容 | 琼脂 | 明胶 |
| --- | --- | --- |
| 常用浓度/% | 1.5~2 | 5~12 |
| 溶点/℃ | 96 | 25 |
| 凝固点/℃ | 40 | 20 |
| pH | 微酸 | 酸性 |
| 灰分/% | 16 | 14~15 |
| 氧化钙含量/% | 1.15 | 0 |
| 氧化镁含量/% | 0.77 | 0 |
| 氮含量/% | 0.4 | 18.3 |
| 微生物利用能力 | 绝大多数微生物不能利用 | 许多微生物能利用 |

对绝大多数微生物而言，琼脂是最理想的凝固剂，琼脂是由藻类（海产石花

菜）中提取的一种高度分支的复杂多糖；明胶是由胶原蛋白制备得到的产物，是最早用来作为凝固剂的物质，但由于其凝固点太低，而且某些细菌和许多真菌产生的非特异性胞外蛋白酶以及梭菌产生的特异性胶原酶都能液化明胶，目前已较少作为凝固剂；硅胶是由无机的硅酸钠及硅酸钾被盐酸及硫酸中和时凝聚而成的胶体，它不含有机物，适合配制分离与培养自养型微生物的培养基。

**2. 半固体培养基**

半固体培养基中凝固剂的含量比固体培养基少，培养基中琼脂量一般为0.2%~0.7%。半固体培养基常用来观察微生物的运动特征、分类鉴定及噬菌体效价滴定等。

**3. 液体培养基**

液体培养基中未加任何凝固剂。在用液体培养基培养微生物时，通过振荡或搅拌可以增加培养基的通气量，同时使营养物质分布均匀。液体培养基常用于大规模工业生产以及在实验室进行微生物的基础理论和应用方面的研究。

**4. 脱水培养基**

脱水培养基又称脱水商品培养基或预制干燥培养基，指含有除水以外的一切成分的商品培养基，使用时只要加入适量水分并加以灭菌即可，是一类成分精确又使用方便的现代化培养基。

**（三）按用途划分**

**1. 基础培养基**

尽管不同微生物的营养需求各不相同，但大多数微生物所需的基本营养物质是相同的。基础培养基是含有一般微生物生长繁殖所需的基本营养物质的培养基。牛肉膏蛋白胨培养基是最常用的基础培养基。基础培养基也可以作为一些特殊培养基的基础成分，再根据某种微生物的特殊营养需求，在基础培养基中加入所需营养物质。

**2. 加富培养基**

加富培养基也称营养培养基，即在基础培养基中加入某些特殊营养物质制成的一类营养丰富的培养基，这些特殊营养物质包括血液、血清、酵母浸膏、动植物组织液等。加富培养基一般用来培养营养要求比较苛刻的异养型微生物，如培养百日咳博德氏菌（*Bordetella pertussis*）需要含有血液的加富培养基。加富培养基还可以用来富集和分离某种微生物，这是因为加富培养基含有某种微生物所需的特殊营养物质，该种微生物在这种培养基中较其他微生物生长速度快，并逐渐富集而占优势，逐步淘汰其他微生物，从而容易达到分离该种微生物的目的。从某种意义上讲，加富培养基类似选择培养基，两者区别在于，加富培养基是用来增加所要分离的微生物的数量，使其形成生长优势，从而分离到该种微生物；选择培养基则一般是抑制不需要的微生物的生长，使所需要的微生物增殖，从而达到分离所需微生物的目的。

### 3. 鉴别培养基

鉴别培养基是用于鉴别不同类型微生物的培养基。在培养基中加入某种特殊化学物质，某种微生物在培养基中生长后能产生某种代谢产物，而这种代谢产物可以与培养基中的特殊化学物质发生特定的化学反应，产生明显的特征性变化，根据这种特征性变化，可将该种微生物与其他微生物区分开来。鉴别培养基主要用于微生物的快速分类鉴定，以及分离和筛选产生某种代谢产物的微生物菌种。常用的一些鉴别培养基如表 5-17 所示。

表 5-17　一些鉴别培养基

| 培养基名称 | 加入化学物质 | 微生物代谢产物 | 培养基特征性变化 | 主要用途 |
| --- | --- | --- | --- | --- |
| 酪素培养基 | 酪素 | 胞外蛋白酶 | 蛋白水解圈 | 鉴别产蛋白酶菌株 |
| 明胶培养基 | 明胶 | 胞外蛋白酶 | 明胶液化 | 鉴别产蛋白酶菌株 |
| 油脂培养基 | 食用油、吐温、中性红指示剂 | 胞外脂肪酶 | 由淡红色变成深红色 | 鉴别产脂肪酶菌株 |
| 淀粉培养基 | 可溶性淀粉 | 胞外淀粉酶 | 淀粉水解圈 | 鉴别产淀粉酶菌株 |
| $H_2S$ 试验培养基 | 醋酸铅 | $H_2S$ | 产生黑色沉淀 | 鉴别产 $H_2S$ 菌株 |
| 糖发酵培养基 | 溴甲酚紫 | 乳酸、醋酸、丙酸等 | 由紫色变成黄色 | 鉴别肠道细菌 |
| 远藤氏培养基 | 碱性复红、亚硫酸钠 | 酸、乙醛 | 带金属光泽的深红色菌落 | 鉴别水中大肠菌群 |
| 伊红美蓝培养基 | 伊红、美蓝 | 酸 | 带金属光泽的深紫色菌落 | 鉴别水中大肠菌群 |

### 4. 选择培养基

选择培养基是用来将某种或某类微生物从混杂的微生物群体中分离出来的培养基。根据不同种类微生物的特殊营养需求或对某种化学物质的敏感性不同，在培养基中加入相应的特殊营养物质或化学物质，抑制不需要的微生物的生长，有利于所需微生物的生长。

一种类型的选择培养基是依据某些微生物的特殊营养需求设计的，例如，利用以纤维素或石蜡油作为唯一碳源的选择培养基，可以从混杂的微生物群体中分离出能分解纤维素或石蜡油的微生物；利用以蛋白质作为唯一氮源的选择培养基，可以分离产胞外蛋白酶的微生物；缺乏氮源的选择培养基可用来分离固氮微生物。另一类选择培养基是在培养基中加入某种化学物质，这种化学物质没有营养作用，对所需分离的微生物无害，但可以抑制或杀死其他微生物。例如，在培养基中加入数滴10%酚可以抑制细菌和霉菌的生长，从而由混杂的微生物群体中分离出放线菌；在培养基中加入亚硫酸铋，可以抑制革兰氏阳性细菌和绝大多数革兰氏阴性细菌的生长，而革兰氏阴性的伤寒沙门氏菌可以在这种培养基上生长；在培养基中加入染料亮绿或结晶紫，可以抑制革兰氏阳性细菌的生长，从而达到分离革兰氏阴性细菌的目的；在培养基中加入青霉素、四环素或链霉素，可以抑制细菌和放线菌生长，而将酵母菌和霉菌分离出来。现代基因克隆技术中也常用选择培养基，在筛选含有重组质粒的基因工程菌株的过程中，利用质粒上具有的对某种（些）抗生素的抗性选择标记，在培养基中加入相应抗生素，就能比较方便地淘汰非重组菌株，以减少筛选目标菌株的工作量。

在实际应用中，有时需要配制既有选择作用又有鉴别作用的培养基。例如，当要分离金黄色葡萄球菌时，在培养基中加入7.5% NaCl、甘露糖醇和酸碱指示剂，金黄色葡萄球菌可耐高浓度 NaCl 且能利用甘露糖醇产酸，因此，能在上述培养基上生长，而且菌落周围培养基颜色发生变化，则该菌落有可能是金黄色葡萄球菌，再通过进一步鉴定加以确定。

**5. 其他类型**

除上述四种主要类型外，培养基按用途划分还有很多种，比如：分析培养基常用来分析某些化学物质（抗生素、维生素）的浓度，还可用来分析微生物的营养需求；还原性培养基专门用来培养厌氧型微生物；组织培养物培养基含有动、植物细胞，用来培养病毒、衣原体、立克次氏体及某些螺旋体等专性活细胞寄生的微生物。尽管如此，有些病毒和立克次氏体目前还不能利用人工培养基来培养，需要接种在动植物体内、动植物组织中才能增殖。常用的培养病毒与立克次氏体的动物有小白鼠、家鼠和豚鼠，鸡胚也是培养某些病毒与立克次氏体的良好营养基质，鸡瘟病毒、牛痘病毒、天花病毒、狂犬病毒等十几种病毒也可用鸡胚培养。

## 三、培养基的制备方法

### （一）设计培养基的方法

**1. 生态模拟**

在自然条件下，凡有某种微生物大量生长繁殖着的环境，必存在着该微生物所必要的营养和其他条件。若直接取用这类自然基质（经过灭菌）或模拟这类自然条件，就可获得一个"初级的"天然培养基，例如可用肉汤、鱼汁培养细菌，用果汁培养酵母菌，用润湿的麸皮、米糠培养酵母菌以及用米饭或面包培养根霉等。调查所培养菌的生态条件，查看"嗜好"，对"症"下料——初级天然培养基。

**2. 查阅文献**

任何科技工作者决不能事事都靠直接经验。多查阅、分析和利用文献资料上一切对自己研究对象直接或间接有关的信息，对设计新培养基有着重要的参考价值，因此，要时时注意和收集这类文献资料。查阅、分析文献，调查前人的工作资料，借鉴人家的经验，以便从中得到启发设计有自己特色的培养基配方。

**3. 精心设计**

在设计、试验新配方时，常常要对多种因子进行比较和反复试验，工作量极大。借助于优选法或正交试验设计等行之有效的数学工具，可明显提高工作效率。

**4. 试验比较**

要设计一种优化的培养基，在上述 3 项工作的基础上，还得经过具体试验和比较才能最后予以确定。试验的规模一般都遵循由定性到定量、由小到大、由实验室到工厂等逐步扩大的原则。例如：可先在培养皿琼脂平板上测试某微生物的营养要求，然后作摇瓶培养或台式发酵罐培养试验，最后才扩大到试验型并进一步放大到生产型发酵罐中进行试验。主要包括不同培养基配方的选择比较；单种成分来源和数量的比较；几种成分浓度比例调配的比较；小型试验放大到大型生产条件的比较；pH 和温度试验。

**（二）培养基制备的一般过程**

培养基的种类繁多，制备的具体方法也不完全相同，但制备的基本过程及其要求是相同的，下面介绍培养基制备的一般过程。

**1. 配料**

根据各种微生物需要，选择适宜的培养基配方，选用符合标准的试剂或药品，各种成分准确称量。

**2. 加热熔化**

各种成分准确称量后加入蒸馏水，加热熔化，校正 pH 后，再加热煮沸 5~10min，并补加损耗的液体。

**3. 过滤及分装**

液体培养基一般应澄清无沉淀，否则影响观察细菌的生长情况。培养基混浊沉淀多主要与蛋白胨、牛肉膏和琼脂的质量有关，质量优良的原料制成的培养基基本上澄清，无须过滤。分装时，固体培养基要趁热分装以免冷却凝固；液体培养基分装时装量要适宜。

**4. 灭菌**

配制好的培养基需要及时进行灭菌处理，为所培养的微生物提供没有杂菌的生长环境。目前，常用的培养基灭菌方法主要有高压蒸汽灭菌法和过滤除菌法。

实验室中常用的培养基都采用高压蒸汽灭菌法进行灭菌处理。培养基成分耐热时，多采用 121℃，15~20min，容器和装量大的可延长至 30min；凡含有葡萄糖或其他糖类等不耐热的成分，宜用 115℃，20min 灭菌，以防压力大、温度高、时间长破坏糖分。发酵工业中对液体培养基灭菌时将高压蒸汽通入装在发酵罐的培养基内，使培养基的温度逐渐升至所需温度并保持一定的时间。

培养基中如果有血清、血液、糖类、维生素、酶等在高温下易于分解或变性的成分，应用过滤除菌法进行灭菌处理，再按规定的温度和量加入已灭菌的培养基中。

**5. 质量检查**

培养基的质量检查包括一般培养基的无菌检查、灵敏度测定及专用培养基、选择性培养基和生化试验培养基的已知菌对照试验等。无菌检查时，把配制好的培养基在适宜温度下培养，检测有无细菌生长；已知菌对照试验时，用已知菌株测定各种生化反应及其他反应的质量效果，以保证培养基的各种鉴别反应的灵敏度和准确性。

**6. 培养基的保存、备用**

各种培养基均应在 4～8℃下保存，绝不能冻结，因为冻溶后常因理化条件改变而影响试验结果。普通培养基可置冰箱内保存，一般应在两周内用完。久存后液体培养基会因失水过多、盐类出现沉淀等；而固体培养基出现干涸变形导致不能使用。选择性培养基最好当日用完，必要时应于冷暗处避光保存，但不能超过 3d，否则会影响分离鉴定效果及其准确性。

## 本章小结

构成微生物细胞的物质基础是各种化学元素。微生物需要的营养物质包括碳源、氮源、无机盐、生长因子和水五大类。营养物质进入细胞主要有扩散、促进扩散、主动运输和基团转位几种方式。根据碳源、能源及电子供体的不同可将微生物划分为光能无机自养型、光能有机异养型、化能无机自养型和化能有机异养型四类。培养基是满足微生物营养需求的营养物质基质。配制时要遵循四个原则及掌握四种方法。培养基主要类型有：按化学成分不同分为复合和合成培养基；按物理状态不同分为固体、半固体和液体培养基；按用途不同分为基础、加富、鉴别、选择、分析、还原和组织培养物培养基等。

培养基的种类繁多，制备的具体方法也不完全相同，但制备的一般过程都包括配料、加热熔化、过滤及分装、灭菌、质量检查、保存、备用。

## 复习思考题

1. 试述微生物生长所需的营养物质及其功能。在生产及实验中各有哪些常用的物质？

2. 微生物有哪几种营养类型？各自的概念是什么？
3. 微生物对营养的吸收有哪几种方式？
4. 与促进扩散相比，微生物通过主动运输吸收营养物质的优点是什么？
5. 培养基的配制应遵循哪几个原则，掌握哪几种方法？
6. 某学生利用酪素培养基平板筛选产胞外蛋白酶细菌，在酪素培养基平板上发现有许多菌的菌落周围有蛋白水解圈，仅凭蛋白水解圈直径与菌落直径的比值大是否就能断定该菌株产胞外蛋白酶的能力也大，而将其选择为高产蛋白酶的菌种？为什么？
7. 为什么微生物的营养类型多种多样，而动、植物营养类型则相对单一？
8. 采取什么方法能分离到能分解并利用苯作为碳源和能源物质的细菌纯培养物？
9. 微生物培养基有哪些类型？主要用途是什么？

# 第六章

# 微生物的代谢

**知识目标**

1. 了解微生物代谢的类型。
2. 熟悉微生物糖酵解途径。
3. 理解微生物次级代谢种类和作用。
4. 掌握微生物的生物氧化与产能机理。

**技能目标**

能运用微生物的发酵原理指导食品发酵工业生产。

微生物代谢是微生物活细胞中所有生化反应的总称,它是生命活动的最基本特征。微生物的代谢分为能量代谢和物质代谢两部分。微生物代谢与其他生物代谢相比,具有代谢非常活跃、代谢类型多样化及代谢调节精确、灵活等特点。

## 第一节

## 微生物的能量代谢

物质在生物体内经过一系列连续的氧化还原反应,逐步分解并释放能量的过程,这个过程也称为生物氧化,是一个产能代谢过程。在生物氧化过程中释放的能量可被微生物直接利用,也可通过能量转换储存在高能化合物(如ATP)中,以便逐步被利用,还有部分能量以热的形式被释放到环境中。不同类型微生物进行生物氧化所利用的物质是不同的,异养微生物利用有机物,自养微生物则利用无机物,通过生物氧化来进行产能代谢。

## 一、化能异养型微生物的能量代谢

### (一) 化能异养型微生物 ATP 的产生

ATP 是生物细胞内的通用能源,贮存能量时,ADP(二磷酸腺苷)结合 1 分子磷酸生成 ATP;供能时,ATP 末端高能键水解脱去 1 分子磷酸,生成 ADP 释放能量。

$$ADP + Pi + 35kJ/mol \longrightarrow ATP$$

除 ATP 外,还有一些重要的高能化合物如乙酰磷酸、PEP(磷酸烯醇式丙酮酸)等,这些物质水解释放的能量贮存在 ATP 中。ATP 贮存的能量又能在激酶作用下转移至其他化合物。ATP 的形成按能量来源分为光合磷酸化和氧化磷酸化两种方式。光合磷酸化是光能营养微生物形成 ATP 的途径;氧化磷酸化是化能微生物形成 ATP 的途径,根据电子传递链的有无,可分为底物水平磷酸化和电子传递磷酸化两种类型。

**1. 底物水平磷酸化**

物质在生物氧化过程中,生成一些含有高能键的化合物,而这些化合物可直接偶联 ATP 或 GTP(三磷酸鸟苷)的合成,这种产生 ATP 等高能根子的方式称为底物水平磷酸化。例如发生底物水平磷酸化的几种重要反应。

$$磷酸烯醇式丙酮酸 + ADP \xrightarrow{丙酮酸激酶} ATP + 丙酮酸$$

$$甘油酸-1,3-二磷酸 + ADP \xrightarrow{磷酸甘油酸激酶} ATP + 甘油酸-3-磷酸$$

$$乙酰磷酸 + ADP \xrightarrow{乙酰激酶} ATP + 乙酸$$

底物在生物氧化中脱下的电子或氢通过酶促反应直接交给底物自身的氧化产物,同时释放出的能量交给 ADP,形成 ATP。底物水平的磷酸化是微生物在发酵中产生 ATP 的唯一方式,在呼吸过程中也有存在。

**2. 电子传递磷酸化**

底物在生物氧化过程中释放的电子通过电子传递链传递到氧或其他氧化型物质,同时形成 ATP 的过程称为电子传递磷酸化。电子传递磷酸化的核心为电子传递链(electron transport chain, ETC),其组成成员主要有泛醌(辅酶 Q)、NAD(烟酰胺腺嘌呤二核苷酸)与 NADP(烟酰胺腺嘌呤二核苷酸磷酸)、FAD(黄素腺嘌呤二核苷酸)和 FMN(黄素腺嘌呤单核苷酸)、铁硫蛋白及细胞色素 5 类物质。ETC 是由若干个氢和电子传递体按氧化还原电位高低顺序排列而构成的一条链,流动的电子通过呼吸链时做功,逐步释放能量形成 ATP。

### (二) 化能异养型微生物的生物氧化

**1. 发酵**

发酵是指微生物细胞将有机物氧化释放的电子直接交给底物本身未完全氧化

的某种中间产物,同时释放能量并产生各种不同的代谢产物。在发酵条件下有机化合物只是部分地被氧化,因此,只释放出一小部分的能量。发酵过程的氧化是与有机物的还原偶联在一起的。被还原的有机物来自于初始发酵的分解代谢,即不需要外界提供电子受体。

发酵的种类有很多,可发酵的底物有碳水化合物、有机酸、氨基酸等,其中以微生物发酵葡萄糖最为重要。生物体内葡萄糖被降解成丙酮酸的过程称为糖酵解,主要分为四种途径:EMP 途径、HMP 途径、ED 途径、磷酸解酮酶途径。

(1) EMP 途径(Embden - Meyerhof pathway) 以葡萄糖为起始底物,丙酮酸为终产物。整个 EMP 途径大致可分为两个阶段。第一阶段可认为是不涉及氧化还原反应及能量释放的准备阶段,只是生成两分子的主要中间代谢产物:3 - 磷酸 - 甘油醛。第二阶段发生氧化还原反应,合成 ATP 并形成两分子的丙酮酸,如图 6 - 1 所示。

EMP 途径可为微生物的生理活动提供 ATP 和 NADH,其中间产物又可为微生物的合成代谢提供碳骨架,并在一定条件下可逆转合成多糖。

(2) HMP 途径 HMP 途径是从 6 - 磷酸葡萄糖酸开始的,即在单磷酸己糖基础上开始降解的,故称为单磷酸己糖途径。HMP 途径与 EMP 途径有着密切的关系,因为 HMP 途径中的 3 - 磷酸甘油醛可以进入 EMP,因此该途径又可称为磷酸戊糖支路。HMP 途径

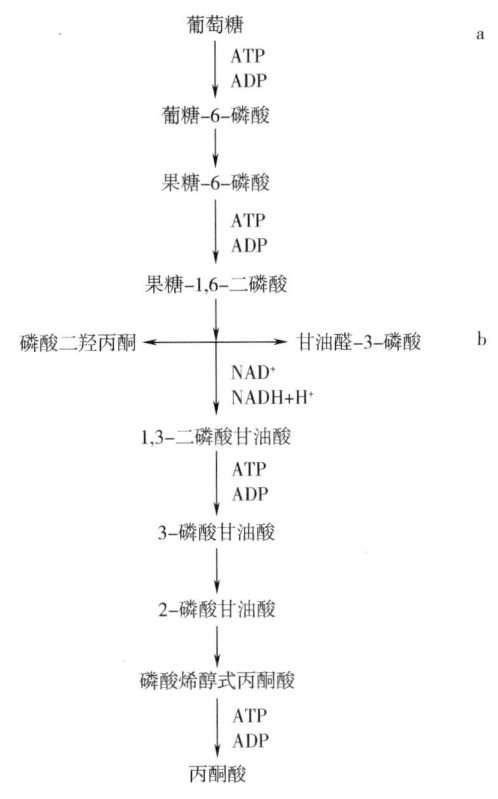

图 6 - 1 EMP 途径
a. 预备性反应,消耗 ATP,生成甘油醛 - 3 - 磷酸
b. 氧化还原反应,形成 ATP 和产生发酵产物

的一个循环的最终结果是一分子 6 - 磷酸葡萄糖转变成一分子 3 - 磷酸甘油醛,三分子 $CO_2$ 和六分子 NADPH。

一般认为 HMP 途径不是产能途径,而是为生物合成提供大量的还原力(NADPH)和中间代谢产物。

大多数好氧和兼性厌氧微生物中都有 HMP 途径,而且在同一微生物中往往同

时存在EMP和HMP途径，单独具有EMP或HMP途径的微生物较少见。

(3) ED途径　在ED途径中，6-磷酸葡萄糖首先脱氢产生6-磷酸葡萄糖酸，接着在脱水酶和醛缩酶的作用下，产生一分子3-磷酸甘油醛和一分子丙酮酸。然后3-磷酸甘油醛进入EMP途径转变成丙酮酸。一分子葡萄糖经ED途径最后生成两分子丙酮酸，一分子ATP，一分子NADPH和NADH。

ED途径在细菌中，尤其是在革兰氏阴性菌中分布较广，特别是假单胞菌和固氮菌的某些菌株较多存在。ED途径可不依赖于EMP和HMP途径而单独存在，但对于靠底物水平磷酸化获得ATP的厌氧菌而言，ED途径不如EMP途径经济。

(4) 磷酸解酮酶途径　磷酸解酮酶途径是明串珠菌在进行异型乳酸发酵过程中分解己糖和戊糖的途径。该途径的特征性酶是磷酸解酮酶，根据解酮酶的不同，把具有磷酸戊糖解酮酶的称为PK途径，把具有磷酸己糖解酮酶的叫HK途径。

在糖酵解过程中生成的丙酮酸可被进一步代谢。丙酮酸由脱羧酶催化形成乙醛和二氧化碳，乙醛在乙醇脱氢酶的作用下，被NADH还原为乙醇。这种氧化作用不彻底，只释放出部分能量，而大部分能量还贮存在乙醇中。发酵作用的总反应式如下：

$$C_6H_{12}O_6 + 2ADP + 2Pi \longrightarrow 2CH_3CH_2OH + 2CO_2 + 2ATP$$

各种微生物都能进行发酵作用。在无氧条件下，不同的微生物分解丙酮酸后会积累不同的代谢产物。目前发现多种微生物可以发酵葡萄糖产生乙醇，能进行乙醇发酵的微生物包括酵母菌、根霉、曲霉和某些细菌。许多厌氧菌主要靠发酵作用获取能量。好养微生物在进行有氧呼吸过程中，也要先经过糖酵解阶段产生丙酮酸，然后进入三羧酸循环，将底物彻底氧化成二氧化碳和水。

**2. 呼吸作用**

微生物在降解底物的过程中，将释放出的电子交给$NAD(P)^+$、FAD或FMN等电子载体，再经电子传递系统传给外源电子受体，从而生成水或其他还原型产物并释放出能量的过程，称为呼吸作用。其中，以分子氧作为最终电子受体的称为有氧呼吸，以氧化型化合物作为最终电子受体的称为无氧呼吸。

呼吸作用与发酵作用的根本区别在于：电子载体不是将电子直接传递给底物降解的中间产物，而是交给电子传递系统，逐步释放出能量后再交给最终电子受体。

(1) 有氧呼吸　葡萄糖经过糖酵解作用形成丙酮酸，在发酵过程中，丙酮酸在厌氧条件下转变成不同的发酵产物；而在有氧呼吸过程中，丙酮酸进入三羧酸循环（tricarboxylic acid cycle，简称TCA循环），被彻底氧化生成$CO_2$和水，同时释放大量能量，如图6-2所示。

(2) 无氧呼吸　某些厌氧和兼性厌氧微生物在无氧条件下进行无氧呼吸。无氧呼吸的最终电子受体不是氧，而是像$NO_3^-$、$NO_2^-$、$SO_4^{2-}$、$S_2O_3^{2-}$、$CO_2$等这类外源受体。无氧呼吸也需要细胞色素等电子传递体，并在能量分级释放过程中伴随有磷酸化作用，也能产生较多的能量用于生命活动。但由于部分能量随电子转移

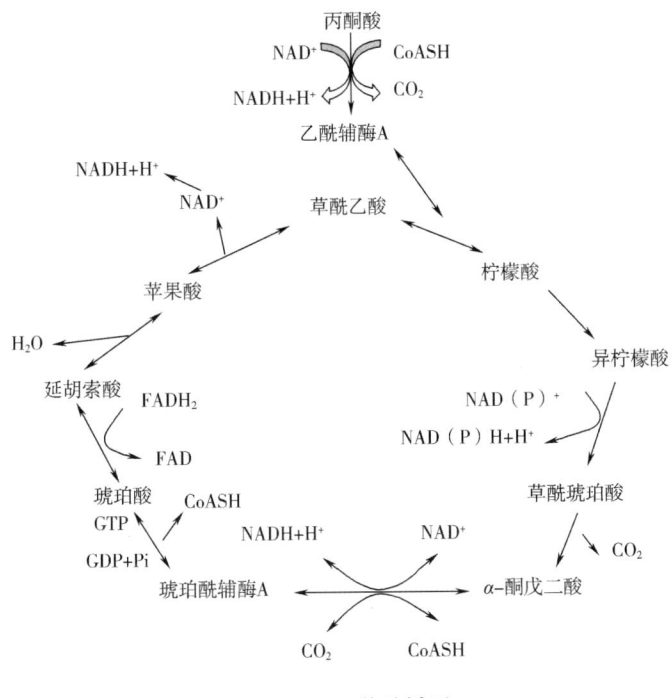

图 6-2 三羧酸循环

传给最终电子受体,所以生成的能量不如有氧呼吸产生的多。

## 二、自养微生物的生物氧化与产能

### (一) 化能自养菌的生物氧化与产能

一些微生物可以从氧化无机物获得能量,同化合成细胞物质,这类细菌称为化能自养微生物。它们在无机能源氧化过程中通过氧化磷酸化产生 ATP。化能自养菌是一类以还原性无机物如 $NO_2^-$ 盐、硫化氢、$Fe^{2+}$ 或氢气等作为电子供体并利用这些无机物的氧化释放出能量,以 $CO_2$ 或碳酸盐为唯一或主要碳源合成细胞物质的微生物。此类微生物主要有硝化菌群、硫细菌、铁细菌和氢细菌四大类。化能自养微生物的生物氧化包含以下几种类型。

**1. 氨的氧化**

$NH_3$ 同亚硝酸 ($NO_2^-$) 是可以用作能源的最普通的无机氮化合物,能被硝化细菌所氧化。硝化细菌可分为两个亚群:亚硝化细菌和硝化细菌。氨氧化的过程分为两个阶段,先由亚硝化细菌将氨氧化为亚硝酸,再由硝化细菌将亚硝酸氧化为硝酸。由氨氧化为硝酸是通过这两类细菌依次进行的。

硝化细菌都是一些专性好氧的革兰氏阳性细菌,以分子氧为最终电子受体,且大多数是专性无机营养型。它们的细胞都具有复杂的膜内褶结构,这有利于增加细胞的代谢能力。硝化细菌无芽孢,多数为二分裂殖,生长缓慢,平均代时在

10h 以上，分布非常广泛。

**2. 硫的氧化**

硫细菌是一群能够利用一种或多种还原态或部分还原态的硫化合物（包括硫化物、元素硫、硫代硫酸盐、多硫酸盐和亚硫酸盐）氧化释放能量生长的细菌。多数硫化细菌为专性化能自养，专性好氧，少数为兼性化能自养与兼性厌氧。$H_2S$ 首先被氧化成元素硫，随之被硫氧化酶和细胞色素系统氧化成亚硫酸盐，放出的电子在传递过程中可以偶联产生四个 ATP。亚硫酸盐的氧化可分为两条途径，一是直接氧化成 $SO_4^{2-}$ 的途径，由亚硫酸盐－细胞色素 C 还原酶和末端细胞色素系统催化，产生一个 ATP；二是经磷酸腺苷硫酸的氧化途径，每氧化一分子 $SO_4^{2-}$ 产生 2.5 个 ATP。

**3. 铁的氧化**

从亚铁到高铁状态的铁的氧化，对于少数细菌来说也是一种产能反应，但从这种氧化中只有少量的能量可以被利用。亚铁的氧化仅在嗜酸性的氧化亚铁硫杆菌中进行了较为详细的研究。在低 pH 环境中这种菌能利用亚铁放出的能量生长。在该菌的呼吸链中发现了一种含铜蛋白质，它与几种细胞色素 c 和一种细胞色素 $a_1$ 氧化酶构成电子传递链。虽然电子传递过程中的放能部位和放出有效能的多少还有待研究，但已知在电子传递到氧的过程中细胞质内有质子消耗，从而驱动 ATP 的合成。

**4. 氢的氧化**

氢细菌都是一些呈革兰氏阴性的兼性化能自氧菌。它们能利用分子氢氧化产生的能量同化 $CO_2$，也能利用其它有机物生长。氢细菌的细胞膜上有泛醌、维生素 $K_2$ 及细胞色素等呼吸链组分。在该菌中，电子直接从氢传递给电子传递系统，电子在呼吸链传递过程中产生 ATP。在多数氢细菌中有两种与氢的氧化有关的酶。一种是位于壁膜间隙或结合在细胞质膜上的不需 $NAD^+$ 的颗粒状氧化酶，它能够催化以下反应：

$$H_2 \longrightarrow 2H^+ + 2e^-$$

该酶在氧化氢并通过电子传递系统传递电子的过程中，可驱动质子的跨膜运输，形成跨膜质子梯度为 ATP 的合成提供动力；另一种是可溶性氢化酶，它能催化氢的氧化，而使 $NAD^+$ 还原的反应。所生成的 NADH 主要用于 $CO_2$ 的还原。

**（二）光能自养菌的生物氧化与产能**

光合作用是自然界一个极其重要的生物学过程，其实质是通过光合磷酸化将光能转变成化学能，以用于从 $CO_2$ 合成细胞物质。光能自养菌是一类能以 $CO_2$ 为唯一碳源或主要碳源并利用光能进行生长的微生物，如藻类、蓝细菌和嗜盐细菌等。光合细菌主要通过环式光合磷酸化作用将光能转变为化学能，产生 ATP。在光合细菌中，吸收光量子而被激活的细菌叶绿素释放出高能电子，叶绿素分析即带正电荷。所释放出来的高能电子顺序通过铁氧还蛋白、辅酶 Q、细胞色素 b 和 c，再返回到带正电荷的细菌叶绿素分子。在辅酶 Q 将电子传递给细胞色素 c 的过程中，造成了质子的跨膜运动，为 ATP 的合成提供了能量。在这个电子循环传递过程中，光能转变为化学能，故称为环式光合磷酸化。环式光合磷酸化可在厌氧条件下进行，产物只有 ATP，无 NADP（H），也不产生分子氧。

## 第二节

## 微生物的物质代谢

微生物的物质代谢是发生在微生物细胞内的各种化学反应的总称。它主要由分解代谢和合成代谢两部分组成。

### 一、分解代谢

微生物的细胞膜为半透膜，只有小分子物质才能透过质膜进入细胞，被微生物分解利用。单糖、双糖、氨基酸和其他小分子有机物均能直接进入细胞。化能异养型微生物能利用的有机物质种类很多，如淀粉、纤维素、果胶、脂肪、蛋白质、木质素及核酸等均可作为微生物的营养物质，但这些大分子物质不能直接进入细胞，必须先经微生物分泌的胞外酶在细胞外部降解为小分子物质后才能进入细胞，参与细胞内的多种代谢过程。分解代谢是复杂的有机物在分解酶系作用下形成简单小分子物质，并在这个过程中产生能量。一般可将分解代谢分为三个阶段，如图 6-3 所示。

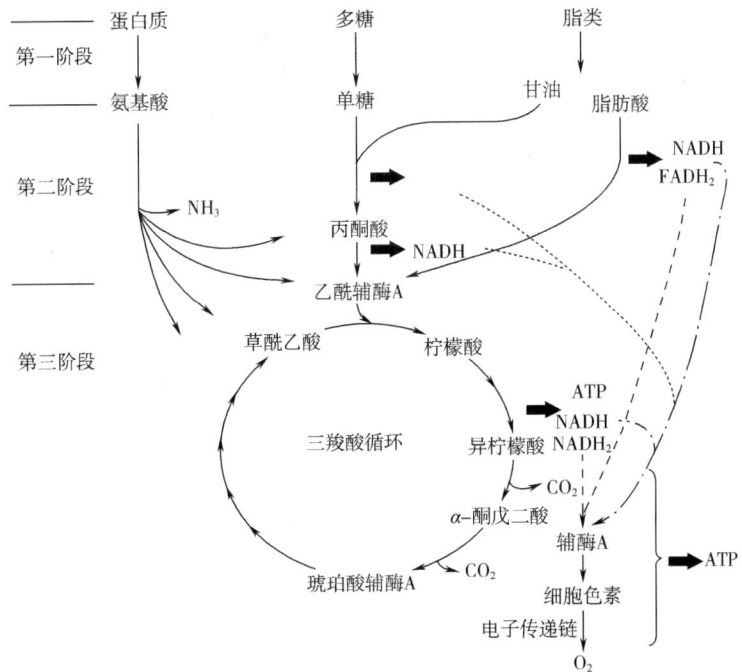

图 6-3 分解代谢的三个阶段

第一阶段是将碳水化合物、蛋白质及脂质等大分子有机物分解成单糖、氨基酸及脂肪酸等小分子物质；

第二阶段是将第一阶段产物进一步降解成简单的乙酰辅酶A、丙酮酸及能进入三羧酸循环（TAC循环）的一些中间产物，在这一阶段会产生一些ATP、NADH及$FADH_2$；

第三阶段是通过TAC循环将第二阶段产物完全降解生成$CO_2$，并产生ATP、NADH及$FADH_2$。第二阶段和第三阶段产生的ATP、NADH及$FADH_2$通过电子传递链被氧化，可产生大量的ATP。

## 二、合成代谢

微生物的合成代谢指微生物细胞利用能量将简单的无机或有机小分子前体物质在合成酶系催化下合成复杂生物大分子物质如蛋白质、核酸、多糖及脂质等化合物的过程，如图6-4所示。微生物合成代谢需具备三个要素：小分子前体物质、能量和还原力。

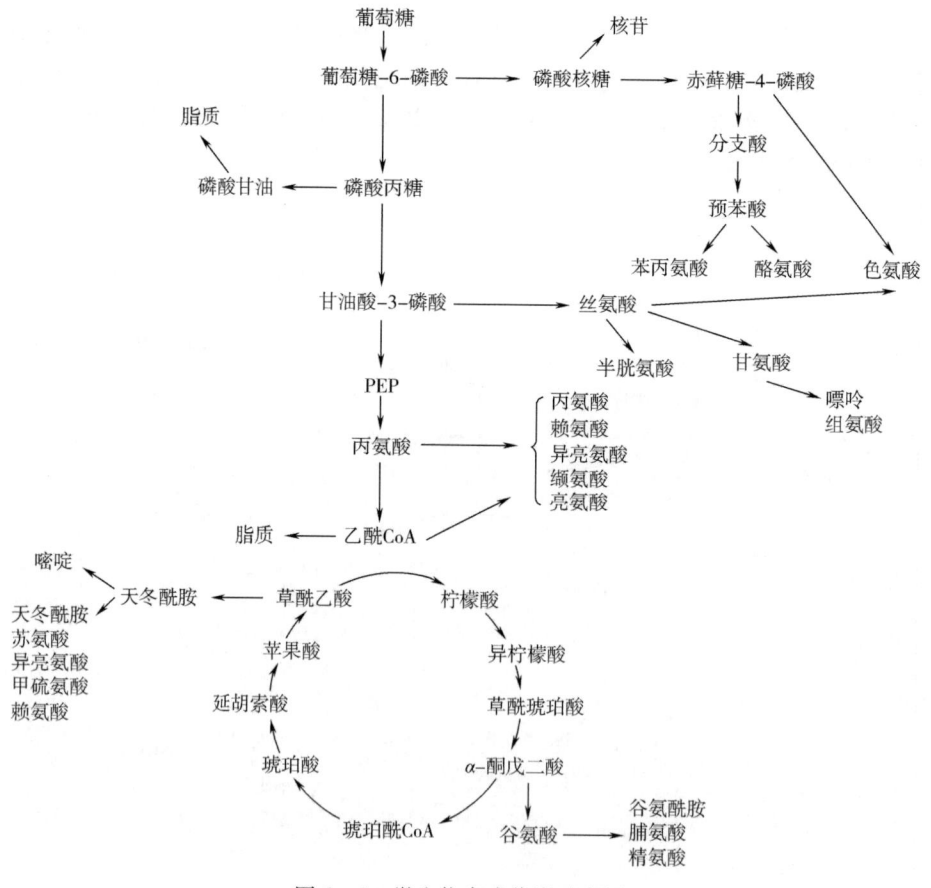

图6-4 微生物合成代谢示意图

## (一) 合成代谢的类型

根据不同的分类依据,可将微生物细胞内合成代谢分为以下几种类型,见表 6-1。

表 6-1　　　　　　　　　　微生物合成反应类型

| 分类依据 | 合成反应类型 | 举例 |
|---|---|---|
| 产物相对分子量 | ①单体合成 | 氨基酸、单糖、单核苷酸 |
|  | ②大分子聚合物合成 | 蛋白质、多糖、核酸 |
| 产物性质 | ①初级代谢产物 | 蛋白质、多糖、核酸、脂质 |
|  | ②次级代谢产物 | 抗生素、激素、毒素、色素 |
| 合成反应在生物体中的分布 | ①生物共有合成反应 | 初级代谢产物的合成 |
|  | ②微生物特有合成反应 | 肽聚糖合成、固氮、微生物次级代谢反应 |

## (二) 微生物合成代谢的原料

微生物合成作用需要小分子物质、能量和还原动力三种原料。这些物质和能量除直接从外界自然环境中吸取外,还可以从分解代谢中获得。所以细胞中的分解代谢是合成代谢的基础。

**1. 还原力**

主要指还原型烟酰胺腺嘌呤核苷酸类物质,即 $NADPH_2$ 或 $NADH_2$。在化能异养型微生物中,还原力 $NADPH_2$ 或 $NADH_2$ 通过发酵或呼吸过程形成。在光合生物里,通过光反应中心发生光解形成还原力。

**2. 小分子前体物质**

小分子前体物质是能直接被机体用来合成细胞物质基本组成成分的前体物质(氨基酸、核苷酸和单糖等)。形成这些前体物质的小分子碳骨架主要有 12 种,如乙酰 CoA、磷酸二羟丙酮、甘油醛-3-磷酸等,它们可通过单糖酵解途径及呼吸途径由单糖等物质产生,见表 6-2。

表 6-2　　　　　　　　　　小分子前体碳骨架及其来源

| 小分子化合物 | 来源 | 小分子化合物 | 来源 |
|---|---|---|---|
| 葡萄糖-1-磷酸 | 多糖、半乳糖的分解 | 甘油酸-3-磷酸 | EMP 途径 |
| 葡萄糖-6-磷酸 | EMP 途径 | 琥珀酸 CoA | TCA 循环 |
| 核糖-5-磷酸 | HMP 途径 | 烯醇式草酰乙酸 | TCA 循环 |
| 赤藓糖-4-磷酸 | HMP 途径 | 磷酸二羟丙酮 | EMP 途径 |
| 磷酸烯醇式丙酮酸 | EMP 途径 | 乙酰 CoA | 丙酮酸降解、脂肪分解 |
| 丙酮酸 | EMP、不完全 HMP、ED 途径 | α-酮戊二酸 | TCA 循环 |

### 3. 能量（ATP）

微生物合成代谢所需能量来自发酵、呼吸和光合磷酸化过程形成的 ATP 和其他高能化合物。在碳源和培养基组成不同时，合成同样数量的细胞物质所需能量不同。当以氨基酸、葡萄糖和碱基等单体形式提供碳、氮源时，合成 1g 大肠杆菌细胞所需 ATP 仅为丙酮酸和无机盐为碳源所需 ATP 的 1/2。以 $CO_2$ 为碳源所需能量远远高于以苹果酸或乳酸为碳源的 ATP 的消耗量。

## 三、初级代谢与次级代谢

**1. 微生物的初级代谢**

初级代谢是指微生物从外界吸收各种营养物质，通过分解代谢和合成代谢生成维持生命活动所需要的物质和能量的过程。在这一过程中的产物，如糖、氨基酸、脂肪酸、核苷酸及由这些化合物聚合而成的高分子化合物，如多糖、蛋白质、脂肪和核酸等，即为初级代谢产物。在不同种类的微生物细胞中，初级代谢产物的种类基本相同。此外，初级代谢产物的合成在不停的进行着，任何一种产物的合成发生障碍都会影响微生物正常的生命活动，甚至导致死亡。

**2. 微生物的次级代谢**

次级代谢产物是指微生物生长到一定阶段才产生的化学结构十分复杂、对该微生物无明显生理功能，或并非是微生物生长和繁殖所必需的物质，如抗生素、毒素、激素、色素等。

次级代谢与初级代谢关系密切，初级代谢的关键性中间产物往往是次级代谢的前体，比如糖降解过程中的乙酰 CoA 是合成四环素、红霉素的前体。次级代谢一般在菌体对数生长后期或稳定期间进行，但会受到环境条件的影响；某些催化次级代谢的酶的专一性不高；次级代谢产物的合成，因菌株不同而异，但与分类地位无关；质粒与次级代谢的关系密切，控制着多种抗生素的合成。

次级代谢不像初级代谢那样有明确的生理功能，因为次级代谢途径即使被阻断，也不会影响菌体生长繁殖。次级代谢产物通常都是限定在某些特定微生物中生成，因此它们没有一般性的生理功能，也不是生物体生长繁殖的必需物质。

## 第三节

# 微生物独特的合成代谢

## 一、自养微生物的 $CO_2$ 固定

自养微生物具有强大的生物合成能力，它们不需要任何有机物质，可以只利用 $CO_2$ 作为唯一的碳源。将空气或周围环境中的 $CO_2$ 同化成细胞物质的过程称为

$CO_2$ 的固定作用。微生物有两种同化 $CO_2$ 的方式,一类是自养式,另一类为异养式。在自养式中,$CO_2$ 加在一个特殊的受体上,经过循环反应,使之合成糖并重新生成该受体。在异养式中,$CO_2$ 被固定在某种有机酸上。因此异养微生物即使能同化 $CO_2$,最终却必须靠吸收有机碳化合物生存。

自养微生物同化 $CO_2$ 所需要的能量来自光能或无机物氧化所得的化学能,固定 $CO_2$ 的途径主要有二磷酸核酮糖途径(又称卡尔文循环)、还原性三羧酸循环、还原的单羧酸环三条途径。

## 二、 固氮作用

固氮微生物利用固氮酶的催化作用将分子态氮转化为氨的过程称为生物固氮。生物界只有原核生物才有固氮能力。根据其固氮方式不同分为3种类型:能独立固氮的微生物称为自生固氮菌;必须与其他生物共生才能固氮的微生物称为共生固氮菌;必须生活在植物根际、叶面或肠道等处才能固氮的微生物称为联合固氮菌。

具有固氮作用的微生物近五十个属,包括细菌、放线菌和蓝细菌。目前尚未发现真核微生物具有固氮作用。

固氮反应需要大量的 ATP、还原力 $NAD(P)H_2$、固氮酶、$N_2$、$Mg^{2+}$ 及严格的厌氧环境。固氮总反应式为:$N_2 + 6e^- + 6H^+ + 12ATP \rightarrow 2NH_3 + 12ADP + 12Pi$。$N_2$ 分子经固氮酶催化还原为 $NH_3$,再通过转氨途径形成各种氨基酸。固氮的生化途径见图 6-5 所示。

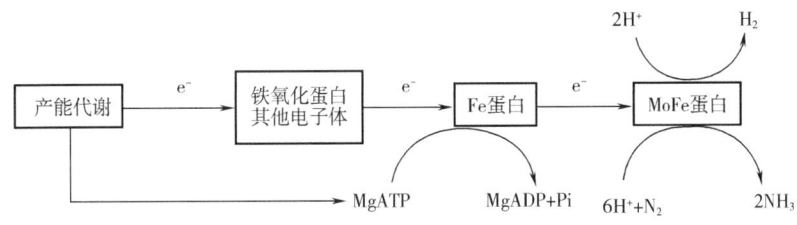

图 6-5 固氮的生化途径

## 三、 肽聚糖的合成

原核微生物细胞壁中的肽聚糖、磷壁酸,真核微生物细胞壁中的葡聚糖、甘露聚糖及几丁质等都是微生物特有的细胞物质。其中,肽聚糖是绝大多数原核生物细胞壁独特的组分,对维持细菌的细胞结构和正常生理活动起着重要作用。许多抗生素如青霉素、头孢霉素和杆菌肽等是通过阻止肽聚糖合成而实现其选择毒性。

肽聚糖合成机制复杂、步骤多、合成部位需多次转移,还需要能够转运与控制肽聚糖结构原件的载体 UDP(尿嘧啶二磷酸)和细菌萜醇参与。根据发生部位可将合成过程分为3个阶段：细胞质阶段，合成派克（Park）核苷酸；细胞膜阶段，合成肽聚糖单体；细胞膜外阶段，交联作用形成肽聚糖。以金黄色葡萄球菌为例，说明其肽聚糖合成的过程。

第一阶段：在细胞质中合成 $N$ - 乙酰胞壁酸五肽（Park 核苷酸）。

①葡萄糖经一系列反应合成 $N$ - 乙酰葡萄糖胺和 $N$ - 乙酰胞壁酸。

②由 $N$ - 乙酰胞壁酸合成派克（Park）核苷酸。

这个过程需要四步反应，由 $N$ - 乙酰胞壁酸逐步加上氨基酸生成 UDP - $N$ - 乙酰胞壁酸五肽（Park 核苷酸），它们都需要 UDP（尿嘧啶二磷酸）作为糖的载体。另外，还有合成 D - 丙氨酰胺 - D - 丙氨酸的两步反应，这些反应都被环丝氨酸所抑制。

第二阶段：在细胞膜上由 $N$ - 乙酰胞壁酸五肽与 $N$ - 乙酰葡萄糖胺合成肽聚糖单体—双糖肽亚单位。这一阶段在细胞膜上完成需要细菌萜醇的类脂作载体。

细胞质中合成的 Park 核苷酸是亲水性的，细胞膜是疏水性的。要使之进入质膜，并在质膜上完成双糖五肽的合成及甘氨酸五肽桥连接，最后将肽聚糖单体插入细胞膜外的细胞壁生长点处，必须通过细菌萜醇的类脂作载体才能完成。细菌萜醇的类脂除用作肽聚糖合成的载体外，还参与微生物多种胞外多糖和脂多糖的生物合成，如细菌的磷壁酸、脂多糖，细菌和真菌的纤维素以及真菌的几丁质和甘露聚糖等。

第三阶段：已合成的双糖肽插在细胞膜外的细胞壁生长点中，并交联形成肽聚糖。

## 第四节

## 微生物代谢调控与发酵生产

生命活动的基础在于新陈代谢。微生物细胞内各种代谢反应错综复杂，各个反应过程之间是相互制约，彼此协调的，可随环境条件的变化而迅速改变代谢反应的速度。微生物细胞代谢的调节主要是通过控制酶的作用来实现的，因为任何代谢途径都是一系列酶促反应构成的。微生物细胞的代谢调节主要有两种类型，一类是酶活性调节，调节的是已有酶分子的活性，是在酶化学水平上发生的；另一类是酶合成的调节，调节的是酶分子的合成量，这是在遗传学水平上发生的。在细胞内这两种方式协调进行。

一、微生物的代谢调控

微生物的代谢方式很多。由于代谢过程中几乎所有的生化反应都是通过酶的催化实现的，因此代谢调节实际是控制酶的数量和活性的变化。

**1. 酶的活性调节**

酶的活性调节是通过中间代谢产物或终产物改变已有酶分子的活性，进而控制代谢速率。酶活性的调节分为激活和抑制两种方式，调节效果迅速而灵敏，通过酶活性调节，微生物能迅速适应代谢环境的突然变化。

酶激活指酶在特定物质作用下，从无活性变为有活性或活性提高的过程。酶活性的抑制指酶在特定物质作用下酶活性降低或丧失的过程。酶活性抑制主要指反馈抑制，即某代谢途径的终产物过量合成时反过来直接抑制该途径中第1个酶的活性，使整个反应过程减慢或停止，避免终产物过度积累。

**2. 酶合成的调节**

酶合成的调节是一种通过调节酶的合成量来调节代谢速率的调节机制。由代谢终产物抑制酶合成的负反馈作用称为反馈阻遏。反之，代谢终产物促进酶生物合成的现象，称为诱导作用。其优点是通过阻止酶的过量合成，节约生物合成的原料和能量。在正常代谢途径中，酶活性调节和酶合成调节两者是同时存在且紧密配合、协调进行的。

## 二、代谢调控在发酵工业中的应用

正常菌株自身拥有精细的代谢调控系统，使其可以经济地利用营养资源和能量，但是这一特点却使我们无法利用微生物大量获得对人类有用的各种代谢产物。为了解决这一矛盾，必须打破微生物原有代谢平衡，通过对细胞的代谢途径进行修饰，使微生物可以大量积累某种代谢产物。代谢控制发酵的基本思想就是要打破微生物自身的代谢调节控制机制，使其能够大量积累某种代谢产物，具体措施主要有如下。

### （一）解除菌体自身的反馈调节

通过传统诱变方法或基因工程手段选育解除了自身反馈调节的菌株，可以大量积累中间代谢产物或终产物。

**1. 选育代谢拮抗物抗性突变株**

选育代谢拮抗物抗性突变菌株是代谢控制发酵的主要方法。正常合成代谢的终产物对于有关酶的合成具有阻遏作用，对于合成途径的第一个酶具有反馈抑制作用。代谢拮抗物是指那些与正常代谢产物结构相似，并具有与之同等的与阻遏物或变构酶相结合的能力的物质。但是，代谢拮抗物不能代替正常的终产物而合成为细胞内大分子物质，它们在细胞中的浓度不会降低。因此，它们与阻遏物以及变构酶的结合是不可逆的，这就是的有关酶不可逆的停止了合成，或是酶的催化作用被不可逆地抑制。因此，将代谢拮抗物作为选择压力进行突变株的选育，得到的代谢拮抗物抗性突变株的变构酶将对反馈抑制不敏感或对阻遏有抗性，又或二者兼而有之，即在这类菌株中的反馈抑制或阻遏已解除，或是反馈抑制和阻遏已同时解除，所以能分泌大量的末端代谢产物。

### 2. 选育营养缺陷型突变株

营养缺陷型菌株由于其合成途径中某一步骤发生缺陷，致使终产物不能积累，因此解除了正常的反馈调节，使得中间产物或另一分支途径的末端产物得以积累。

### 3. 选育营养缺陷型回复突变株

营养缺陷型回复突变是对一个由于突变失去某一遗传性状的菌株再次进行诱变，使其能够回复其原有的遗传性状的一种育种方法。实践证明，当菌株的某一结构基因发生突变后，该结构基因所编码的酶就因结构改变而失活。经过回复突变后，该酶的活性中心结构可以复原，而调节部位的结构常常没有恢复。这样，可以得到具有酶活性，同时反馈抑制已全部或部分解除的突变株。例如，在金霉素生产中，就曾将生产菌绿链霉菌先诱变成蛋氨酸缺陷突变株，然后再进行回复突变，结果有85%的回复突变株产量提高了1.2~3.2倍。

## （二）增加前体物质

增加目标产物的前体物的合成，可以为目标代谢物合成途径供给更多的"原料"，使目标代谢物大量积累。如增强前体物合成酶活性，使前体物合成量增加；解除代谢途径中对前体物合成酶的各种反馈抑制和阻遏；切断支路代谢，将目标代谢物途径之外的其他分支途径切断，使分支点的代谢中间物只用于合成目标代谢物。

## （三）去除代谢终产物

代谢途径的反馈抑制或阻遏是当代谢终产物在细胞内积累到一定浓度后产生的，如果能够及时将合成的代谢终产物排出细胞，使其无法形成高浓度，就可以达到解除反馈抑制的目的。采用生理学或遗传学方法，可以改变细胞膜的透性，使细胞内的代谢产物迅速渗漏到细胞外。这种解除末端产物反馈抑制作用的菌株，可以提高发酵产物的产量。

## 本章小结

微生物代谢是微生物活细胞中所有生化反应的总称，它是生命活动的最基本特征。微生物的代谢分为能量代谢和物质代谢两部分。

不同类型微生物进行生物氧化所利用的物质是不同的，异养微生物利用有机物，自养微生物则利用无机物，通过生物氧化来进行产能代谢。光合磷酸化是光能营养微生物形成ATP的途径；氧化磷酸化是化能微生物形成ATP的途径，根据电子传递链的有无，可分为底物水平磷酸化和电子传递磷酸化两种类型。生物体内糖酵解主要分为EMP途径、HMP途径、ED途径、磷酸解酮酶途径。

微生物的物质代谢是发生在微生物细胞内的各种化学反应的总称。它主要由分解代谢和合成代谢两部分组成。微生物的初级代谢是指微生物从外界吸收各种营养物质，通过分解代谢和合成代谢生成维持生命活动所需要的物质和能量的过程。次级代谢产物是指微生物生长到一定阶段才产生的化学结构十分复杂、对该微生物无明显生理功能，或并非是微生物生长和繁殖所必需的物质，如抗生素、毒素、激素、色素等。次级代谢与初级代谢关系密切，初级代谢的关键性中间产物往往是次级代谢的前体，次级代谢一般在菌体对数生长后期或稳定期间进行，但会受到环境条件的影响。

微生物具有独特的合成代谢，自养微生物可以只利用 $CO_2$ 作为唯一的碳源，将空气或周围环境中的 $CO_2$ 同化成细胞物质的过程即 $CO_2$ 的固定作用。固氮微生物利用固氮酶的催化作用将分子态氮转化为氨的过程即生物固氮。原核微生物细胞壁中的肽聚糖、磷壁酸，真核微生物细胞壁中的葡聚糖、甘露聚糖及几丁质等都是微生物特有的细胞物质。

微生物的代谢方式很多，由于代谢过程中几乎所有的生化反应都是通过酶的催化实现的，因此代谢调节实际是控制酶的数量和活性的变化。

## 复习思考题

一、名词解释

生物氧化　　发酵　　生物固氮　　初级代谢　　次级代谢

二、简述题

1. 试比较底物水平磷酸化、氧化磷酸化和光合磷酸化中 ATP 的产生。
2. 简述化能自养微生物的生物氧化作用。
3. 什么是无氧呼吸？比较无氧呼吸和有氧呼吸产生能量的多少，并说明原因。

# 第七章

# 微生物的生长与控制

### 知识目标

1. 掌握微生物生长的概念，个体生长与群体生长的关系。
2. 掌握衡量微生物群体生长的指标，微生物生长量的测定方法。
3. 掌握微生物的生长规律，微生物的个体生长和同步生长，微生物生长曲线各阶段特点及该曲线对食品发酵工业生产实践的指导意义。
4. 了解环境条件对微生物生长的影响，掌握控制微生物生长常用的方法。
5. 了解工业上常用的微生物连续培养技术。

### 技能目标

1. 能进行微生物生长量的测定。
2. 会灵活运用微生物生长曲线各阶段特点指导食品发酵工业生产实践。
3. 能根据环境条件对微生物生长繁殖的影响，利用各种化学物质和物理因素对微生物生长、繁殖进行有效地控制，能够使微生物在兴利除害方面发挥重要作用。

## 第一节　微生物的生长

微生物不论其在自然条件下还是在人工条件下发挥作用，都是"以数取胜"或是"以量取胜"的。生长、繁殖就是保证微生物获得巨大数量的必要前提。可以说，没有一定的数量就等于没有微生物的存在。

一、微生物生长的概念

微生物在适宜的环境条件下，不断地吸收营养物质，并按照自己的代谢方式进行代谢活动，如果同化作用大于异化作用，则细胞质的量不断增加，体积得以加大，于是表现为生长。简单地说，生长就是有机体的细胞组分与结构在量方面的增加。单细胞微生物如细菌，生长往往伴随着细胞数目的增加。当细胞增长到一定程度时，就以二分裂方式，形成两个基本相同的子细胞，子细胞又重复以上过程。如果这是一种平衡生长，即各细胞组分是按恰当的比例增长时，则达到一定程度后就会发生繁殖，从而引起个体数目的增加，这时，原有的个体已经发展成一个群体。随着群体中各个个体的进一步生长，就引起了这一群体的生长，这可从其质量、体积、密度或浓度作指标来衡量。所以：群体生长 = 个体生长 + 个体繁殖。

这里需要强调的是，上述微生物生长的阶段性，对于单细胞微生物来说是不明显的，往往在个体生长的同时，伴随着个体的繁殖，这一特点，在细菌快速生长阶段尤为突出，有时在一个细胞中出现 2 或 4 个细胞核，除了特定的目的以外，在微生物的研究和应用中，只有群体的生长才有实际意义，因此，在微生物学中提到的"生长"，均指群体生长。这一点与研究高等生物时有所不同。微生物生长是细胞物质有规律地、不可逆增加，导致细胞体积扩大的生物学过程，这是个体生长的定义。繁殖是微生物生长到一定阶段，由于细胞结构的复制与重建并通过特定方式产生新的生命个体，即引起生命个体数量增加的生物学过程。可以看出微生物的生长与繁殖是两个不同但又相互联系的概念。生长是一个逐步发生的量变过程，繁殖是一个产生新的生命个体的质变过程。在高等生物里这两个过程可以明显分开，但在低等特别是在单细胞的生物里，由于细胞小这两个过程是紧密联系又很难划分的过程。因此在讨论微生物生长时，往往将这两个过程放在一起讨论，这样微生物生长又可以定义为在一定时间和条件下细胞数量的增加，这是微生物群体生长的定义。

微生物的生长繁殖是其在内外各种环境因素相互作用下的综合反映，因此，生长繁殖情况就可作为研究各种生理、生化和遗传等问题的重要指标。同时，微生物在生产实践上的各种应用或是对致病、霉腐微生物的防治，也都与它们的生长繁殖和抑制紧密相关。在发酵工业中要提供最适的条件，以利于微生物的生长、繁殖和发酵；但在食品加工中，要研究最佳的灭菌方法和抑制微生物在食品中生长和繁殖的条件，保证食品的卫生、安全，延长食品的货架期。本章第二、三节对微生物的生长繁殖及其控制的规律作了较详细的介绍。

二、微生物生长量的测量

既然生长意味着原生质含量的增加，所以测定生长的方法也均直接地以此为根据，而测定繁殖则要建立在计数这一基础上。

**1. 稀释平板菌落计数法**

稀释平板菌落计数法是一种最常用的活菌计数法。取一定体积的稀释菌液与合适的固体培养基在其凝固前均匀混合，或涂布于已凝固的固体培养基平板上，在最适条件下培养后，用平板上出现的菌落数乘上菌液的稀释度，即可计算出原菌液的含菌数。在一个9cm直径的培养皿平板上，一般以出现50~500个菌落为宜。

这种方法在操作时有较高的技术要求，其中最重要的是应使样品充分混匀，并让每支移液管只能接触一个稀释度的菌液。有人认为，对原菌液浓度为$10^9$/mL的微生物来说，如果第一次稀释即采用$10^{-4}$级（将10μL菌液移至100mL无菌水中），第二次采用$10^{-2}$级（将1mL稀释液移至100mL无菌水中），然后再吸此菌液0.2mL进行表面涂布和菌落计数，则所得的结果最为精确。其主要原因是，一般的吸管管壁常因存在油脂而影响计数的精确度（有时误差竟高达15%）。

**2. 血球计数板法**

血球计数板法是用来测定一定容积中的细胞总数的常规方法。这种方法的特点是测定简便、直接、快速，但测定的对象有一定的局限性，只适合于个体较大的微生物种类，如酵母菌、霉菌的孢子等。此外测定结果是微生物个体的总数，其中包括死亡的个体和存活的个体，要想测定活菌的个数，还必须借助其他方法配合。

**3. 称干重法**

称干重可用离心法或过滤法测定，一般干重为湿重的10%~20%。在离心法中，将待测培养液放入离心管中，用清水离心洗涤1~5次后，进行干燥。干燥温度可采用100℃、105℃或红外线烘干，也可在较低的温度（80℃或40℃）下进行真空干燥，然后称干重。以细菌为例，一个细胞一般重$10^{-13}$~$10^{-12}$ g。

另一种方法为过滤法。丝状真菌可用滤纸过滤，而细菌则可用醋酸纤维膜等滤膜进行过滤。过滤后，细胞可用少量水洗涤。然后在40℃下真空干燥，称干重。以大肠杆菌为例，在液体培养物中，细胞的浓度可达$2 \times 10^8$个/mL。100mL培养物可得10~90mg干重的细胞。这种方法较适合于丝状微生物的生长量的测定，对于细菌来说，一般在实验室或生产实践中较少使用。

**4. 比浊法**

细菌培养物在其生长过程中，由于原生质含量的增加，会引起培养物混浊度的增高，最古老的比浊法是采用莫法兰（MoFarland）比浊管。这是用不同浓度的$BaCl_2$与稀$H_2SO_4$配制成的10支试管，其中形成的$BaSO_4$有10个梯度，分别代表10个相对的细菌浓度（预先用相应的细菌测定）。某一未知浓度的菌液只要在透射光下用肉眼与某一比浊管进行比较，如果两者透光度相当，即可目测出该菌液的大致浓度。

如果要做精确测定，则可用分光光度计进行，在可见光的 450～650nm 波段内均可测定。为了对某一培养物内的菌体生长做定时跟踪，可采用不必取样的侧壁三角烧瓶来进行。测定时，只要把瓶内的培养液倒入侧臂管中，然后将此管插入特制的光电比色计比色座孔中，即可随时测出生长情况，而不必取用菌液。

以上介绍了若干测定微生物的生长量或计算繁殖数的主要方法，其中，最常用的为称干重、测浊度（用分光光度计）、用计数板测总菌数以及用平板菌落计数法测活菌数等方法。必须指出的是，不管用什么方法，均有其优缺点和使用范围。所以，在使用前，一定要根据自己的研究对象和研究目的的不同，选用最合适的方法。

## 第二节

# 微生物的生长规律

微生物特别是单细胞微生物，体积很小，个体的生长很难测定，而且也没有什么实际应用价值。因此，测定它们的生长不是依据细胞个体的大小，而是测定群体的增加量，即群体的生长。

一、微生物的个体生长和同步生长

细菌的细胞是极其微小的，但是，与一切其他细胞或个体一样，也有一个自小到大的生长过程。在整个生长过程中，细胞内发生阶段性的十分复杂的生物化学变化和细胞学变化。可是，要研究单个细菌的这类变化，技术上是十分困难的。目前能使用的方法，一是用电子显微镜观察细菌细胞的超薄切片；二是使用同步培养技术，即设法使群体中的所有细胞尽可能都处于同样细胞生长和分裂周期中，然后分析此群体的各种生物化学特征，从而了解单个细胞所产生的变化。

细菌最主要的繁殖方式是二分裂，就是在细菌细胞生长到一定阶段时，一分为二，由一个细胞变成两个子细胞。细菌二分裂时，细胞中的遗传物质即 DNA 先进行复制，然后在细胞的中央形成横隔壁，最后子细胞分裂，每个子细胞都具有一个 DNA 分子。在少数细菌中，还存在着其他的繁殖方式，如不等二分裂、出芽繁殖、三分裂和多分裂等。不等二分裂是二分裂的变体形式，柄细菌的繁殖就是一个典型的例子。柄细菌的形态很有趣，它仅在一端生出一根鞭毛（细菌的运动"器官"）。繁殖前，在生鞭毛的一端长出一个柄，此时，鞭毛就消失了，之后，细胞伸长，在细胞的另一端长出一根鞭毛。细胞分裂后，形成形态不同的两个子细胞，一个有柄但无鞭毛，另一个只有鞭毛却无柄。有鞭毛的细胞生长到一定阶段，又开始上述的不等二分裂繁殖过程。

微生物生长旺、繁殖快，以惊人的速度"生儿育女"。例如大肠杆菌在合适的生长条件下，12.5~20min便可繁殖一代，每小时可分裂3次，由1个变成8个。每昼夜可繁殖72代，由1个细菌变成4722366500万亿个（重约4722t）；经48h后，则可产生$2.2 \times 10^{43}$个后代，如此多的细菌的重量约等于4000个地球之重。由于种种条件的限制，这种疯狂的繁殖是不可能实现的。细菌数量的翻番只能维持几个小时，不可能无限制地繁殖。因而在培养液中繁殖细菌，它们的数量一般仅能达到每毫升1亿~10亿个，最多达到100亿。尽管如此，它的繁殖速度仍比高等生物高出千万倍。微生物的这一特性在发酵工业上具有重要意义，可以提高生产效率，缩短发酵周期。微生物个体生长是微生物群体生长的基础。但群体中每个个体可能分别处于个体生长的不同阶段，因而它们的生长、生理与代谢活性等特性不一致，出现生长与分裂不同步的现象。

同步培养是一种培养方法，它能使群体中不同步的细胞转变成能同时进行生长或分裂的群体细胞。以同步培养方法使群体细胞处于同一生长阶段，并同时进行分裂的生长方式称为同步生长。通过同步培养方法获得的细胞被称为同步细胞或同步培养物。同步培养物常被用来研究在单个细胞上难以研究的生理与遗传特性和作为工业发酵的种子，它是一种理想的材料。用一般培养方法获得的细胞通常是不完全同步的细胞，就是同步培养方法获得的同步细胞经几次传代之后，也会出现不同步的现象。如何使不同步转变为同步，以及如何使用同步细胞能较长时间地保持同步，这是同步培养中要研究的课题。

同步培养方法很多，可归纳为机械法与环境条件控制两类。

**1. 机械方法**

机械方法是一类根据微生物细胞在不同生长阶段的细胞体积与质量或根据它们同某种材料结合能力不同的原理设计出来的方法。其中常用的如下。

（1）离心方法　将不同步的细胞培养物悬浮在不被这种细菌利用的糖或葡聚糖的不同梯度溶液里，通过密度－梯度离心将不同细胞分布成不同的细胞带，每一细胞带的细胞大致是处于同一生长期的细胞，分别将它们取出进行培养，就可以获得同步细胞。

（2）过滤分离法　将不同步的细胞培养物通过孔径大小不同的微孔滤器，从而将大小不同的细胞分开，分别将滤液中的细胞取出进行培养，获得同步细胞。

（3）硝酸纤维素滤膜法　根据细菌能紧紧结合到硝酸纤维素滤膜上的特点，将细菌悬液通过垫有硝酸纤维素滤膜的过滤器，然后将过滤器颠倒过来，再将培养基流过过滤器，以洗去未结合的细菌，然后将滤器放入适宜条件下培养一段时间，其后仍将培养基流过过滤器，这时新分裂产生的细菌被洗下，分部收集并通过培养获得同化细胞。

**2. 环境条件控制技术**

这类技术是根据细菌生长与分裂对环境因子要求不同的原理设计的一类获得同步细菌的方法。

(1) 温度　最适生长温度有利于细菌生长与分裂,不适宜温度如低温不利于细菌生长与分裂。通过适宜与不适宜温度的交替处理之后,通过培养可获得同步细胞。

(2) 培养基成分控制　培养基中的碳、氮源或生长因子不足,可导致细菌缓慢生长直至生长停止。因此将不同步的细菌在营养不足的条件下培养一段时间,然后转移到营养丰富的培养基里培养,能获得同步细胞。另外也可以将不同步的细胞转接到含有一定浓度的,能抑制蛋白质等生物大分子合成的化学物质如抗生素等的培养基里,培养一段时间后,再转接到完全培养基里培养也能获得同步细胞。

(3) 其他　对于光合细菌可以将不同步的细菌经光照培养后再转到黑暗中培养,这样通过光照和黑暗交替培养的方式可获得同步细胞;对于不同步的芽孢杆菌培养至绝大部分芽孢形成,然后经加热处理,杀死营养细胞,然后转接到新的培养基里,经培养可获得同步细胞。

环境条件控制获得同步细胞的机理不完全了解。这种处理可能是导致胞内某些物质合成,合成和积累可导致细胞分裂,从而获得同步细胞。

## 二、微生物的生长曲线及对其生产实践的指导意义

任何生物都有出生、发育、繁殖、衰老和死亡的过程,微生物也不例外。不过,微生物的生长规律和大生物有些不同,大生物通常是以一个个体为对象,而微生物的生长通常指细胞数目的增加。定量研究液体培养基中微生物群体生长规律的实验曲线称为微生物生长曲线。将少量纯种微生物细胞接种到容积恒定的液体培养基上,在合适的环境下,细胞就会由小变大,发生有规律的生长。若以细胞数的对数为纵坐标,培养时间为横坐标,就可以绘出单细胞微生物的典型生长曲线(见图7-1)。一般该生长曲线只适用于单细胞微生物,包括细菌和酵母菌。生长曲线代表细菌在一个新的适宜的环境中生长繁殖以至衰老死亡的全部过程的动态。由生长曲线图可以看出,整个生长过程可以分为适应期、对数增长期(指数期)、稳定期和衰亡期4个时期。

### (一) 适应期

适应期又称延迟期、缓慢期、停滞期、调整期。指少量微生物接种到新培养液中后,在开始培养的一段时间内细胞数目不增加或增加非常缓慢的时期。该时期有几个特点:生长繁殖的速度几乎等于零;细胞形态增大,杆菌的长度增加。例如,巨大芽孢杆菌在接种的当时,细胞长为 $3.4\mu m$,培养至 $3.5h$,其长为 $9.1\mu m$,至 $5.5h$ 时,竟可达到 $19.8\mu m$;细胞内 RNA 尤其是 rRNA 含量增高,原生质呈嗜碱性;合成代谢活跃,核糖体、酶类和 ATP 的合成加快,易产生诱导酶;对外界不良条件(例如:NaCl 溶液浓度、温度和抗生素等化学药物)的反应敏感。

处于延迟期细菌细胞的特点可概括为8个字:分裂迟缓、代谢活跃。细胞体积

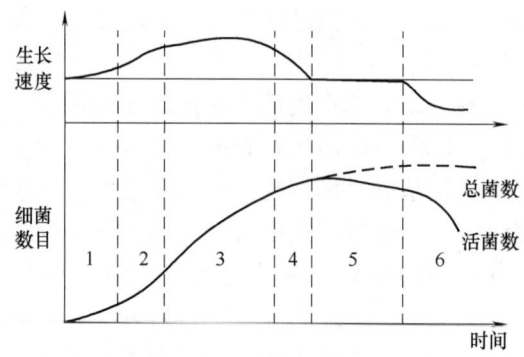

图 7-1 单细胞微生物生长曲线
1、2—适应期　3—对数增长期　4、5—稳定期　6—衰亡期

增长较快,尤其是长轴,在延迟期末,细胞平均长度比刚接种时大 6 倍以上;细胞中 RNA 含量增高,原生质嗜碱性加强;对不良环境条件较敏感,对氧的吸收、二氧化碳的释放以及脱氨作用也很强,同时容易产生各种诱导酶等。这些都说明细胞处于活跃生长中,只是细胞分裂延迟。在此阶段后期,少数细胞开始分裂,曲线略有上升。

延迟期的长短与菌种的遗传性、菌龄以及移种前后所处的环境条件等因素有关,短的只需几分钟,长的可达几小时。因此,深入了解延迟期产生的原因,采取缩短延迟期的措施,在发酵工业上具有十分重要的意义。在生产实践中,通常采取的措施有增加接种量,在种子培养中加入发酵培养基的某些营养成分,采用最适种龄(即处于对数期的菌种)的健壮菌种接种以及选用繁殖快的菌种等措施,以缩短延迟期,加速发酵周期,提高设备利用率。

影响延迟期长短的因素很多,除菌种外,主要有以下影响因素。

(1) 菌种的菌龄　菌龄即"种子"的群体生长年龄,亦即它处在生长曲线上的哪一个阶段。这是一种生理年龄,实验证明,如果以对数期的"种子"接种,则子代培养的适应期就短,如果以稳定期的"种子"接种,则适应期就相对较长。

(2) 接种量　接种量的大小明显影响适应期的长短。一般说来,接种量大,则适应期短,反之则长。因此在发酵工业上,为缩短不利于提高发酵效率的适应期,一般采用 1/10 的接种量。

(3) 培养基成分　接种到营养丰富的天然培养基中的微生物要比接种到营养单调的合成培养基中的适应期短。新接种的培养基与菌种的原培养基越接近,适应期就越短。所以,在发酵生产中,常使发酵培养基的成分与种子培养基的成分尽量接近。

延迟期的出现,可能是因为在接种到新鲜培养液的细胞中,一时还缺乏分解或催化有关底物的酶,或是缺乏充足的中间代谢物。为产生诱导酶或与合成有关的中间代谢物,就需要有一段适应期,于是出现了生长的延迟期。

## (二) 对数增长期

对数增长期又称为指数增长期,是指在生长曲线中,紧接着适应期的一个细胞以几何级数速度分裂的一段时期。对数增长期有以下几个特点:生长繁殖的速度很快,活菌的数目呈对数增长,因而细胞每分裂一次所需的代时 G 或原生质增加 1 倍所需的时间最短,并且在这个时期内均匀一致;细胞进行平衡生长,菌体内各种成分最为均匀;酶系活跃,代谢旺盛;在此时期内,菌细胞的形态特征均匀一致,最代表种的特征;此时期内的微生物的生化特性均匀一致,并且典型。

对数期中,细胞代谢活性最强,组成新细胞物质最快,所有分裂形成的新细胞都生活旺盛。这一阶段的突出特点是细菌数以几何级数增加,代时稳定,细菌数目的增加与原生质总量的增加,与菌液混浊度的增加均呈正相关性。这时,细菌纯培养的生长速率也就是群体生长的速率,可用代时表示。所谓代时,即单个细胞完成一次分裂所需的时间,亦即增加一代所需的时间(也称增代时间或世代时间)。在此阶段,由于代时稳定,因此,只要知道了对数期中任何两个时间的菌数,就可求出细菌的代时。也就是 1 个细菌繁殖"$n$"代产生了 $2^n$ 个细菌。如果在时间 $t_0$ 时菌数为 $x$,经过一段时间,到 $t_1$ 时,繁殖"$n$"代后,菌数为 $y$,则代时($G$)可以下式表示:

$$G = \frac{t_1 - t_0}{3.3 \, (\lg y - \lg x)}$$

不同的细菌,其对数期的代时不同,同一种细菌,由于培养基组成和物理条件的影响,如培养温度、培养基 pH、营养物的性质等,代时也不相同。但是,在一定条件下,各种菌的代时又是相对稳定的,多数种为 20~30min,有的长达 33h,而有的繁殖极快,增代时间只有 9.8min 左右。

影响指数期微生物增代时间的因素很多,主要有以下几种。

**1. 菌种**

不同菌种的代时差别极大。

**2. 营养成分**

同一种细菌,在营养物丰富的培养基中生长其代时较短,反之较长。

**3. 营养物浓度**

营养物的浓度可影响微生物的生长速率和总生长量。在营养物浓度很低的情况下,其才会影响生长速率,随着营养物浓度的逐步增高,生长速率不受影响,而只影响最终的菌体产量。如果进一步提高营养物的浓度,则生长速率和菌体产量两者均不受影响。凡是处于较低浓度范围内,可影响生长速率和菌体产量的营养物,就称生长限制因子。

**4. 培养温度**

温度对微生物的生长速率有极其明显的影响。指数期的微生物因其整个群体的生理特性较一致、细胞成分平衡发展和生长速率恒定，故可作为代谢、生理等研究的良好材料，是增殖噬菌体的最适宿主菌龄，也是发酵生产中用作"种子"的最佳种龄。

### （三）稳定期

稳定期又称恒定期或最高生长期，其特点是生长速率常数等于 0，即处于新繁殖的细胞数与衰亡的细胞数相等，或正生长与负生长相等的动态平衡之中。稳定期到来的原因主要是：营养物尤其是生长限制因子的耗尽；营养物的比例失调，例如 C/N 比值不合适等；酸、醇、毒素或 $H_2O_2$ 等有害代谢产物的累积；pH、氧化还原势等物化条件越来越不适宜等。

在此阶段的初期，细胞分裂的间隔时间延长，曲线上升开始缓慢，随后部分细胞停止分裂，少数细胞开始死亡，致使新生细胞与死亡细胞处于动态平衡状态，这时的活细胞总数达到最高水平，在稳定期的后期，死亡细胞的速率大于新生细胞的速率，曲线出现下降的趋势，在此时期内，细胞内开始积累贮藏物，如肝糖颗粒、异染颗粒、脂肪颗粒等。大多数能形成芽孢的细菌在此时期内形成芽孢，在此时期内，细胞的次级代谢产物大量积累，菌细胞的总数也达到最高峰。所以稳定期是以生产菌体或与菌体生长相平行的代谢产物，例如单细胞蛋白、乳酸等为目的的一些发酵生产的最佳收获期。这一时期也是发酵过程积累代谢产物的重要阶段，某些放线菌抗生素的大量形成也在此时期，芽孢细菌也在此阶段形成芽孢，也是对某些生长因子例如维生素和氨基酸等进行生物测定的必要前提。此外，由于对稳定期到来的原因进行研究，还促进了连续培养技术的设计和研究。

如果为了获得大量菌体，就应在此阶段收获，因这时细胞总数量最高；可以看出，稳定期的微生物，在数量上达到了最高水平，产物的积累也达到了高峰，此时，菌体的总产量与所消耗的营养物质之间存在着一定关系，这种关系，生产上称为产量常数，可用下式表示：

$$Y = 菌体总生长量 / 消耗营养物质总量$$

式中，$Y$ 值的大小可说明该种细菌同化效率的高低。根据这一原理，可用适当的微生物作为指示，对维生素、氨基酸或核苷酸等进行定量的生物测定。稳定期的长短与菌种和外界环境条件有关。生产上常常通过补料、调节 pH、调整温度等措施，延长稳定期，以积累更多的代谢产物。

### （四）衰亡期

稳定期后如再继续培养，细菌死亡率逐渐增加，以致死亡数大大超过新生菌数，群体中活菌数目急剧下降，出现了"负生长"，此阶段称为衰亡期。在衰亡期中，个体死亡的速度超过新生的速度，因此，整个群体就呈现出负生长。产生衰亡期的原因主要是外界环境对继续生长越来越不利，从而引起细胞内的分解代谢大大超过合成代谢，继而导致菌体死亡。

衰亡期细胞形态出现不正常，呈多样性，细胞种的特征典型，生理生化出现异常。例如：有的微生物因蛋白水解酶活力的增强就发生自溶，有的微生物在这时产生或释放对人类有用的抗生素等次生代谢产物，如氨基酸、转化酶、外肽酶或抗生素等。在芽孢杆菌中，芽孢释放往往也发生在这一时期。菌体细胞也呈现多种形态，有时产生畸形，细胞大小悬殊，有的细胞内多液泡，革兰氏染色反应的阳性菌变成阴性反应等。

## 第三节

## 环境条件对微生物生长的影响

研究环境条件与微生物之间的相互关系，有助于了解微生物在自然界的分布与作用，也可指导人们在食品加工中有效地控制微生物的生命活动，保证食品的安全性，延长食品的货架期。

一、基本概念

防腐：是一种抑菌措施，是利用一些理化因素使物体内外的微生物暂时处于不生长繁殖但又未死亡的状态。食品工业中常利用防腐剂防止食品变质，如面包、蛋糕和月饼的防霉剂，酸性食品用苯甲酸钠、山梨酸钾、山梨酸钠防腐、或利用低温、干燥、盐腌、糖渍、高酸度等。

消毒：是指杀死所有病原微生物的措施，可达到防止传染病的目的。例如将物体在100℃煮沸10min或60~70℃加热30min，就可杀死病原菌的营养体，但芽孢杀不死。食品加工厂的厂房和加工工具都要进行定期的消毒，严格的操作人员的手也要进行消毒。具有消毒作用的物质称为消毒剂。

灭菌：是指用物理或化学因子，使存在于物体中的所有生活微生物，永久性地丧失其生活力，包括耐热的细菌芽孢。这是一种彻底的杀菌方法。

商业灭菌：这是从商品角度对某些食品所提出的灭菌方法。就是指食品经过杀菌处理后，按照所规定的微生物检验方法，在所检食品中无活的微生物检出，或者仅能检出极少数的非病原微生物，并且它们在食品保藏过程中，是不可能进行生长繁殖的，这种灭菌方法，就称为商业灭菌。在食品工业中，常用"杀菌"这个名词，它包括上述所称的灭菌和消毒，如牛奶的杀菌是指消毒；罐藏食品的杀菌，是指商业灭菌。

无菌：即没有活的微生物存在的意思。例如，发酵工业中菌种制备的无菌操作技术、食品加工中的无菌灌装技术等。

死亡：是指微生物不可逆地丧失了生长繁殖的能力，即使再放到合适的环境中也不再繁殖。

由于不同微生物的生物学特性不同，因此，对各种理化因子的敏感性不同；

同一因素不同剂量对微生物的效应也不同，或者起灭菌作用，或者起防腐作用。在了解和应用任何一种理化因素对微生物的抑制或致死作用时，还应考虑多种因素的综合效应。

## 二、微生物生长的环境影响与控制

### （一）氧气

氧气对微生物的生命活动有着重要影响。按照微生物与氧气的关系，可把它们分成好氧菌和厌氧菌两大类。好氧菌中又分为专性好氧、兼性厌氧和微好氧菌；厌氧菌分为专性厌氧菌、耐氧性厌氧菌（见表7-1）。

表7-1　　　　　　　　　不同类型微生物对氧的需求

| 类型 | 说明 | 微生物举例 |
| --- | --- | --- |
| 专性好氧菌 | 生长必须由有氧呼吸获得能量 | 铜绿假单胞杆菌、白喉棒杆菌 |
| 兼性厌氧菌 | 在有氧和无氧环境中均可生长。有氧环境中生长得更好，有氧时进行呼吸产能，无氧时进行发酵或无氧呼吸产能 | 酿酒酵母、大肠杆菌 |
| 微好氧菌 | 需要氧气进行呼吸取得能量，但不能耐受大气氧分压（20kPa），只能耐受1~3kPa分压 | 氢单胞菌属、发酵单胞菌属 |
| 耐氧性厌氧菌 | 分子氧存在时进行厌氧呼吸的厌氧菌，即它们的生长不需要氧，但分子氧存在对它也无毒害。它们不具有呼吸链，仅依靠专性发酵获得能量 | 乳酸乳杆菌、乳链球菌 |
| 厌氧菌 | 只能在没有氧气的环境下生长，氧气对它们有毒 | 梭菌属、双歧杆菌属 |

### （二）温度

温度是影响微生物生长繁殖最重要的因素之一。就总体而言，微生物生长的温度范围较广，它的温度三基点是极其宽泛（见表7-2）。已知的微生物在-12~100℃均可生长，而每一种微生物只能在一定的温度范围内生长。

表7-2　　　　　　　　各类微生物生长温度三基点构成

| 类型 | | 最低温度 | 最适温度 | 最高温度 |
| --- | --- | --- | --- | --- |
| 嗜低温型微生物 | 专性嗜冷 | -12℃ | 5~15℃ | 15~20℃ |
| | 兼性嗜冷 | -5~0℃ | 10~20℃ | 25~30℃ |
| 嗜中温型微生物 | 室温 | 10~20℃ | 20~35℃ | 40~45℃ |
| | 体温 | | 35~40℃ | |
| 嗜高温型微生物 | | 25~45℃ | 50~60℃ | 70~95℃ |

最低生长温度是指微生物能进行繁殖的最低温度界限。处于这种温度条件下的微生物生长速率很低,如果低于此温度则生长完全停止。不同微生物的最低生长温度不一样,这与它们的原生质物理状态和化学组成有关系,也可随环境条件而变化。由于低温对微生物具有抑制或杀死作用,故低温保藏食品已是最常用的方法。

最适生长温度是指某菌分裂代时最短或生长速率最高时的培养温度。同一微生物,不同的生理生化过程有着不同的最适温度,也就是说,最适生长温度并不等于生长量最高时的培养温度,也不等于发酵速度最高时的培养温度或累积代谢产物量最高时的培养温度,更不等于累积某一代谢产物量最高时的培养温度。因此,生产上要根据微生物不同生理代谢过程温度的特点,采用分段式变温培养或发酵。例如,嗜热链球菌的最适生长温度为37℃,最适发酵温度为47℃,累积产物的最适温度为37℃。

最高生长温度是指微生物生长繁殖的最高温度界限。在此温度下,微生物细胞易于衰老和死亡。微生物所能适应的最高生长温度与其细胞内酶的性质有关。例如细胞色素氧化酶以及各种脱氢酶的最低破坏温度常与该菌的最高生长温度有关。

致死温度是指致死微生物的最低温度界限。最高生长温度如进一步升高,便可杀死微生物。致死温度与处理时间有关。在一定的温度下处理时间越长,死亡率越高。严格地说,一般应以10min为标准时间。细菌在10min被完全杀死的最低温度称为致死温度。测定微生物的致死温度一般在生理盐水中进行,以减少有机物质的干扰。

微生物按其生长温度范围可分为低温微生物、中温微生物和高温微生物三类。低温型的微生物又称嗜冷微生物,可在较低的温度下生长。它们常分布在地球两极地区的水域和土壤中,即使在其微小的液态水间隙中也有微生物的存在。绝大多数微生物属于中温型的微生物,最适生长温度在20~40℃,最低生长温度10~20℃,最高生长温度40~45℃。它们又可分为嗜室温性和嗜体温性微生物。嗜体温性微生物多为人及温血动物的病原菌,它们生长的极限温度范围在10~45℃,最适生长温度与其宿主体温相近,在35~40℃,人体寄生菌为37℃左右。引起人和动物疾病的病原微生物、发酵工业应用的微生物菌种以及导致食品原料和成品腐败变质的微生物,都属于这一类群的微生物。因此,它与食品工业的关系密切。高温型微生物适于在45℃以上的温度中生长,在自然界中的分布仅局限于某些地区,如温泉、日照充足的土壤表层、堆肥、发酵饲料等腐烂有机物中,如堆肥中温度可达60~70℃。能在55~70℃中生长的微生物有芽孢杆菌属、梭状芽孢杆菌、嗜热脂肪芽孢杆菌、高温放线菌属、甲烷杆菌属等;温泉中的细菌;其次是链球菌属和乳杆菌属。高温型微生物有的可在近于100℃的高温中生长。这类高温型的微生物,给罐头工业、发酵工业等带来了一定难度。

## （三）pH

微生物生长的 pH 范围极广，一般在 2~8 之间，有少数种类还可超出这一范围，事实上，绝大多数种类都生长在 pH5~8 之间。一般霉菌能适应 pH 范围最大，酵母菌适应的范围较小，细菌最小。霉菌和酵母菌生长最适 pH 都在 5~6，而细菌的生长最适 pH 在 7 左右（见表 7-3）。一些最适生长 pH 偏于碱性范围内微生物，有的是嗜碱性，称嗜碱性微生物，如硝化菌、尿素分解菌、根瘤菌和放线菌等；有的不一定要在碱性条件下生活，但能耐较碱的条件，称耐碱微生物，如若干链霉菌等。生长 pH 偏于酸性范围内的微生物也有两类，一类是嗜酸微生物，如硫杆菌属等；另一类是耐酸微生物，如乳酸杆菌、醋酸杆菌、许多肠杆菌和假单胞菌等。

表 7-3　　　　　细菌、放线菌、酵母菌、霉菌生长的 pH 范围

| 种　类 | 最低生长 pH | 最适生长 pH | 最高生长 pH |
| --- | --- | --- | --- |
| 细菌和放线菌 | 5.0 | 7.0~8.0 | 10.0 |
| 酵母菌 | 2.5 | 3.8~6.0 | 8.0 |
| 霉菌 | 1.5 | 3.0~6.0 | 10.0 |

不同的微生物有其最适的生长 pH 范围，同一微生物在其不同的生长阶段和不同的生理、生化过程中，也要求不同的最适 pH，这对发酵工业中 pH 的控制、积累代谢产物特别重要。例如，黑曲霉最适生长 pH 为 5.0~6.0，在 pH2.0~2.5 范围有利于产柠檬酸；在 pH7.0 左右时，则以合成草酸为主。又如丙酮丁醇梭菌的最适生长繁殖的 pH 为 5.5~7.0 范围内，在 pH4.3~5.3 范围内发酵生产丙酮丁醇，抗生素生产菌也是最适生长的 pH 与最适发酵的 pH 不一致。

微生物在其代谢过程中，细胞内的 pH 相当稳定，一般都接近中性，保护了核酸不被破坏和酶的活性；但微生物会改变环境的酸碱度，使培养基的原始 pH 变化，发生的原因：糖类和脂肪代谢产酸；蛋白质代谢产碱，以及其他物质代谢产生酸或碱。一般随着培养时间的延长，培养基会变得较酸，当 C/N 比例高的培养基，如培养真菌的培养基，经培养后其 pH 常会明显下降；而 C/N 比例低的培养基，如培养一般细菌的培养基，经培养后，其 pH 常会明显上升。

在发酵工业中，及时地调整发酵液的 pH，有利于积累代谢产物是生产中一项重要措施。

## （四）干燥

微生物所需要的水分活度越高，在干燥的环境下就越不容易生长。干燥环境（$A_w < 0.60$）条件下，多数微生物代谢停止，处于休眠状态，严重时引起脱水，蛋白质变性，甚至死亡，这是干燥条件能保存食品和物品，防止腐败和霉变的原理。不同微生物在不同的生长时期对干燥的抵抗能力不同。一般细菌 $A_{Wmin}$ = 0.90、酵母菌 $A_{Wmin}$ = 0.88、嗜盐细菌 $A_{Wmin}$ = 0.75、霉菌 $A_{Wmin}$ = 0.80、耐渗透压

酵母菌 $A_{\text{Wmin}} = 0.60$。微生物的生长必须有水，但结合在分子内的水不能被微生物利用，只有游离的水才能被利用。

### （五）渗透压

大多数微生物适于在等渗的环境生长，若置于高渗溶液（如 20% NaCl）中，细胞内的水将通过细胞膜进入细胞周围的溶液中，造成细胞脱水而引起质壁分离，使细胞不能生长甚至死亡；若将微生物置于低渗溶液（如 0.01% NaCl）或水中，外环境中的水从溶液进入细胞内引起细胞膨胀，甚至破裂致死。细胞内溶质浓度与胞外溶质浓度（如 0.85% NaCl 溶液）相等时的状态，称为等渗状态。

盐渍（食盐）和蜜饯（糖）可以抑制或杀死微生物，这是一些常用食品保存法的依据。一般微生物不能耐受高渗透压，因此，食品工业中利用高浓度的盐或糖保存食品，如腌渍蔬菜、肉类及果脯蜜饯等，糖的浓度通常在 30%~80%，盐的浓度为 5%~30%，由于盐的相对分子质量小，并能电离，在两者百分浓度相等的情况下，盐的保存效果优于糖。有些微生物耐高渗透压的能力较强，如发酵工业中鲁氏酵母，另外嗜盐微生物（如生活在含盐量高的海水、死海中）可在 15%~30% 的盐溶液中生长。

### （六）化学消毒剂

**1. 重金属盐类**

一些重金属离子是微生物细胞的组成成分，当培养基中这些重金属离子浓度低时，对微生物生长有促进作用，反之会产生毒害作用；也有些重金属离子的存在，不管浓度大小，对微生物的生长均会产生有害或致死作用。因此，大多数重金属及其化合物都是有效的杀菌剂或防腐剂，其作用最强的是 Hg、Ag 和 Cu。重金属盐类是蛋白质的沉淀剂，能产生抗代谢作用，或者与细胞内的主要代谢产物发生螯合作用，或者取代细胞结构上的主要元素，使正常的代谢物变为无效的化合物，从而抑制微生物的生长或导致死亡。重金属盐类虽然杀菌效果好，但对人有毒害作用，所以严禁用于食品工业中防腐或消毒。

**2. 有机化合物**

对微生物有杀菌作用的有机化合物种类很多，其中酚、醇、醛等能使蛋白质变性，是常用的杀菌剂。

（1）酚及其衍生物　如苯酚，它又称石炭酸，杀菌作用是使微生物蛋白质变性，并具有表面活性剂作用，破坏细胞膜的通透性，使细胞内含物外溢致死。酚浓度低时有抑菌作用，浓度高时有杀菌作用，2%~5% 酚溶液能在短时间内杀死细菌的繁殖体，杀死芽孢则需要数小时或更长的时间。许多病毒和真菌孢子对酚有抵抗力。石炭酸适用于医院的环境消毒，不适于食品加工用具以及食品生产场所的消毒。

（2）醇类　是脱水剂、蛋白质变性剂，也是脂溶剂，可使蛋白质脱水、变性，损害细胞膜而具杀菌能力。70% 的乙醇杀菌效果最好，超过 70% 浓度的乙醇杀菌效果较差，其原因是高浓度的乙醇与菌体接触后迅速脱水，表面蛋白质凝固，形成了保护膜，阻止了乙醇分子进一步渗入。

乙醇常常用于皮肤表面消毒，实验室用于玻棒、玻片等用具的消毒。

醇类物质的杀菌力是随着其相对分子质量的增大而增强，但相对分子质量大的醇类水溶性比乙醇差，因此，醇类中常常用乙醇作消毒剂。

（3）甲醛　甲醛是一种常用的杀细菌与杀真菌剂，杀菌机理是与蛋白质的氨基结合而使蛋白质变性致死。市售的福尔马林溶液就是37%～40%的甲醛水溶液。0.1%～0.2%的甲醛溶液可杀死细菌的繁殖体，5%的浓度可杀死细菌的芽孢。甲醛溶液可作为熏蒸消毒剂，对空气和物体表面有消毒效果，但不适宜于食品生产场所的消毒。

**3. 氧化剂**

氧化剂杀菌的效果与作用的时间和浓度成正比关系，杀菌的机理是氧化剂放出游离氧作用于微生物蛋白质的活性基团（氨基、羟基和其他化学基团），造成其发生代谢障碍而死亡。

（1）臭氧（$O_3$）　臭氧灭菌技术近年在纯净水生产中应用较广，灭菌的效果与浓度有一定的关系，但浓度大了使水产生异味。

（2）氯　氯具有较强的杀菌作用，其机理是使蛋白质变性。氯在水中能产生新生态的氧，氯气常常用于城市生活用水的消毒，饮料工业用于水处理工艺中杀菌。

（3）漂白粉　漂白粉中有效氯含量为28%～35%。当浓度为0.5%～1%时，5min可杀死大多数细菌，5%的浓度时在1h可杀死细菌芽孢。漂白粉常用于饮水消毒，也可用于蔬菜和水果的消毒。

（4）过氧乙酸　过氧乙酸是一种高效广谱杀菌剂，它能快速地杀死细菌、酵母、霉菌和病毒。使用后即使不去除，也无残余毒，其分解产物是醋酸、过氧化氢、水和氧。过氧乙酸适用于一些食品包装材料（如超高温灭菌乳、饮料的利乐包等）的灭菌，也适用于食品表面的消毒（如水果、蔬菜和鸡蛋），还适于食品加工厂工人的手、地面和墙壁的消毒以及各种塑料、玻璃制品和棉布的消毒。用于手消毒时，只能用低浓度0.5%以下的溶液，才不会对皮肤有刺激性和腐蚀性。

## 第四节

# 工业上常用的微生物连续培养技术

将微生物置于一定容积的培养基中，经过培养生长，最后一次性收获，此称分批培养。随着微生物的活跃生长，培养基中营养物质逐渐消耗，有害代谢产物不断积累，细菌的对数生长期不可长时间维持。20世纪50年代出现的连续培养技术又称开放培养,是相对于上述绘制典型生长曲线时所采用的那种单批培养或密闭培养而言的。根据生长曲线,营养物质的消耗和代谢产物的积累是导致微生物生长停止的主要原因。因此在微生物培养过程中不断地补充营养物质和以同样的速率移出培养物是实现微生物连续培养的基本原则。连续培养方法的出现,不仅可随时为微生物的研究工作提供一定生理状态的实验材料,而且可提高发酵工业的生产效益和自动化水平。此法已成为当前发酵工业的发展方向。

连续培养器的类型很多,以下仅对控制方式和使用目的不同的两种连续培养器(图7-2)的原理做一简单介绍。

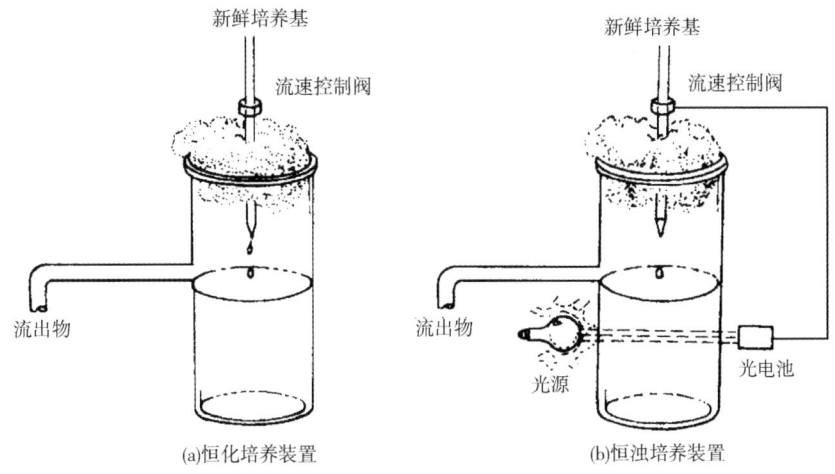

图7-2 恒化器与恒浊器简图

**1. 恒浊器**

这是根据培养器内微生物的生长密度,并借光电控制系统来控制培养液流速,以取得菌体密度高、生长速度恒定的微生物细胞的连续培养器。在这一系统中,当培养基的流速低于微生物生长速度时,菌体密度增高,这时通过光电控制系统的调节,可促使培养液流速加快。反之亦然,并以此来达到恒密度的目的。因此,这类培养器的工作精度是由光电控制系统的灵敏度来决定的。是通过连续培养装置中的光电系统控制培养基中菌体浓度恒定、使细菌生长连续进行的一种培养方式。恒浊器通过光电系统调节稀释率来维持菌数恒定,此种培养方式一般用于菌体以及与菌体生长平行的代谢产物生产的发酵工业,从而获得更好的经济效益。

在恒浊器中的微生物,始终能以最高生长速度进行生长,并可在允许范围内控制不同的菌体密度。在生产实践上,为了获得大量菌体或与菌体生长相平行的某些代谢产物如乳酸、乙醇时,都可以利用恒浊器。

**2. 恒化器**

与恒浊器相反,恒化器是一种设法使培养液流速保持不变,并使微生物始终在低于其最高生长速率条件下进行生长繁殖的一种连续培养装置。这是通过控制某一种营养物的浓度,使其始终成为生长限制因子的条件下达到的,因而可称为外控制式的连续培养装置。可以设想,在恒化器中。一方面菌体密度会随时间的增长而增高,另一方面,限制生长因子的浓度又会随时间的增长而降低,两者互相作用的结果,出现微生物的生长速率正好与恒速流入的新鲜培养基流速相平衡。这样,既可获得一定生长速率的均一菌体,又可获得虽低于最高菌体产量,却能保持稳定菌体密度的菌体。

在整个培养过程中通过控制培养基中某种营养物质的浓度基本恒定的方式,保持细菌的比生长速率恒定,使生长"不断"进行。培养基中的某种营养物质通常是作为细菌比生长速率的控制因子,这类因子一般是氨基酸和氨等氮源,或是葡萄糖、麦芽糖等碳源或者是无机盐、生长因子等物质。

恒化器主要用于实验室科学研究中,尤其用于与生长速率相关的各种理论研究中。它与恒浊器明显不同,按照培养器的级数,可把连续培养器分成单级连续培养器与多级连续培养器两种。上面已经提出,如果某微生物代谢产物的产生速率与菌体生长速率相平行,就可以采用单级恒浊器来进行研究或生产。相反,如果要生产的恰恰是与菌体生长不平行的那些发酵产物,例如丙酮、丁醇等时,就应根据两者的产生规律,设计与其相适应的多级连续培养装置。

现以丙酮-丁醇的发酵生产为例来说明采用两级连续培养的必要性和优点。丙酮丁醇生产菌——丙酮丁醇梭菌的生长可分两个阶段:前期较短,以产菌体为主,生长温度以37℃为宜;后期较长,以产溶剂为主,温度以33℃为宜。根据这一特点有人设计了一个两级连续发酵装置,第一级保持37℃,pH4.3,培养液的稀释率为0.125/h(即流速控制成8h更换一次容器内的培养液);第二级为33℃,稀释率为0.04/h(即25h更换培养液一次)。利用这样的装置可在一年多的时间内连续运转,并达到较单级连续培养好得多的生产效益,在我国,早在20世纪60年代,就已采用高效率的多级连续发酵法大规模地生产丙酮、丁醇等溶剂。

连续培养如用于生产实践上,就称为连续发酵。连续发酵与单批发酵相比有许多优点:高效,它简化了装料、灭菌、出料、清洗发酵罐等许多单元操作,从而减少了非生产时间和提高了设备的利用率;自控,便于利用各种仪表进行自动控制;产品质量较稳定;节约了大量动力、人力、水和蒸汽,且使水、汽、电的负荷均匀合理。与一切事物一样,连续发酵也有其缺点。在工业化生产中连续发酵容易发生杂菌污染及菌种退化等问题,最主要的是菌种易于退化。可以设想,处于如此长期高速繁殖下的微生物,即使其自发突变几率极低,也无法避免变异的发生,尤其可能发生比原生产菌株生长速率低、营养要求高和代谢产物少的负变类型。其次是易遭杂菌污染。可以想象,在长期运转中,要保持各种设备无渗漏,尤其是通气系统不出任何故障,是极其困难的。因此,所谓"连续"是有时间限制的,一般可达数月至一两年。此外,在连续培养中,营养物的利用率一般亦低于单批培养。

在生产实践上,连续培养法在工业生产上称为连续发酵。我国在乙醇、乳酸、丙酮、丁醇、酒精的生产以及柠檬酸的发酵上已采取了连续发酵法,缩短了发酵周期,效果良好。连续培养技术已广泛应用于酵母菌体的生产,乙醇、乳酸和丙酮、丁醇等发酵,以及用假丝酵母进行石油脱蜡或是污水处理中。国外还把微生物连续培养的原理扩大运用于提高浮游生物的产量上,并收到了良好的效果。

## 本章小结

微生物特别是细菌生长与繁殖两个过程很难截然分开,同时接种时往往是接种成千上万的群体数量,因此它们的生长一般是指群体生长。群体生长是细胞数量或细胞物质量的增加。微生物群体生长可分为迟缓期、对数生长期、稳定生长期和衰亡期。生长的数学模型和参数对于微生物的理论研究和实际应用都很重要。采用机械方法和环境条件控制可以获得同步培养,通过及时补充营养物质和及时取出培养物降低代谢产物,导致对数生长期或稳定生长期相应延长达到连续培养。每种微生物的生长都有各自的最适条件、营养物质的种类和浓度、温度、pH、氧、水分活度(或渗透压)等,高于或低于最适要求都会对微生物生长产生影响。利用各种化学物质和物理因素可以对微生物生长、繁殖进行有效地控制,能够对微生物进行兴利除害方面的应用。

## 复习思考题

1. 试分析影响微生物生长的主要因素及它们影响微生物生长繁殖的机理。
2. 说明测定微生物生长的意义、微生物生长测定方法的原理及比较各测定方法的优缺点。
3. 微生物的生长曲线定义是什么?包括哪几个时期?各有什么特点?在食品发酵生产中有何实践指导意义?
4. 控制微生物生长繁殖的主要方法及原理有哪些?
5. 什么叫同步生长?如何使微生物达到同步生长?
6. 试举例说明日常生活中防腐、消毒和灭菌的实例及其原理。
7. 细菌肥料是由相关的不同微生物组成的一个菌群并通过混合培养得到的一种产品,活菌数的多少是质量好坏的一个重要指标之一。但在质量检查中,有时数据相差很大。请分析产生这种现象的原因及如何克服。
8. 如何利用代谢调控提高微生物发酵产物的产量?
9. 什么叫连续培养?比较恒浊器与恒化器的特点。
10. 试述连续发酵的优缺点及其在现代发酵工业中的应用。

# 第八章

# 微生物的遗传变异与菌种选育

### 知识目标

1. 了解微生物遗传变异的物质基础及存在方式。
2. 掌握微生物基因突变的类型、特点及机制。
3. 熟悉原核微生物与真核微生物基因重组的理论和方式。
4. 掌握微生物菌种选育的方法和步骤。
5. 了解并掌握微生物菌种退化的原因、菌种复壮的方法及菌种保藏的原理和方法。

### 技能目标

会依据微生物的遗传特性,设计工业微生物菌种的筛选程序。
会根据生产需要合理保藏菌种,能进行退化菌种的复壮。

在应用微生物加工制造和发酵生产各种食品的过程中,要想有效地大幅度地提高产品的产量、质量和花色品种,首先必须选育优良的生产菌种才能达到目的,而优良的菌种选育是在微生物遗传变异的基础上进行的。

## 第一节

## 微生物遗传变异的物质基础

生物体的遗传物质究竟是细胞内的什么物质?直到20世纪40年代通过以下三

个经典的实验,才充分证明了遗传变异的物质基础是核酸。

## 一、证明核酸是遗传和变异的物质基础的经典实验

**1. 肺炎双球菌转化实验**

最早进行转化实验的是英国医生格里菲斯(F. Griffith)(1928年)。他以肺炎双球菌(现称肺炎链球菌)作为研究对象。肺炎双球菌是一种球形细菌,常成双或成链排列,可使人患肺炎,也可使小鼠患败血症而死亡。它有许多不同的菌株,有荚膜者是致病性的,它的菌落表面光滑,称S型;有的不形成荚膜,无致病性,菌落外观粗糙,称R型。Griffith以R型和S型菌株作为实验材料进行遗传物质的实验,他将活的、无毒的RⅡ型(无荚膜,菌落粗糙型)肺炎双球菌或加热杀死的有毒的SⅢ型肺炎双球菌注入小白鼠体内,结果小白鼠安然无恙;将活的、有毒的SⅢ型(有荚膜,菌落光滑型)肺炎双球菌或将大量经加热杀死的有毒的SⅢ型肺炎双球菌和少量无毒、活的RⅡ型肺炎双球菌混合后分别注射到小白鼠体内,结果小白鼠患病死亡,并从小白鼠体内分离出活的SⅢ型菌。Griffith称这一现象为转化作用(见图8-1),实验表明,SⅢ型死菌体内有一种物质能引起RⅡ型活菌转化产生SⅢ型菌,这种转化的物质(转化因子)是什么?Griffith对此并未做出回答。

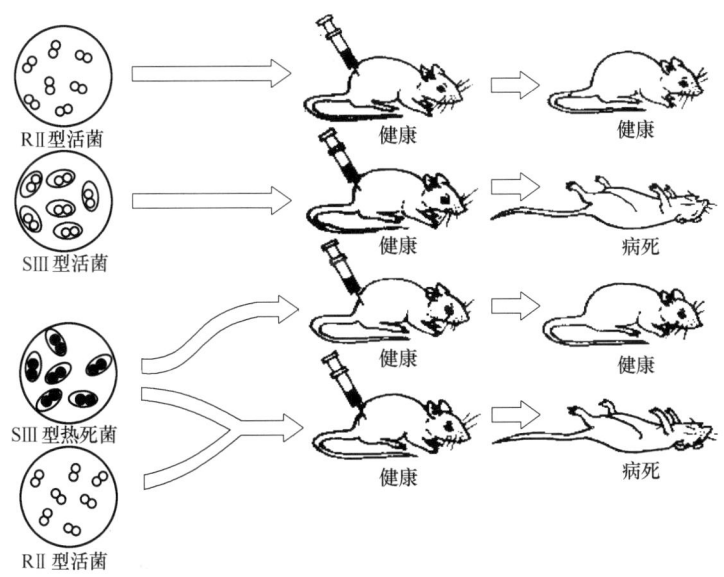

图8-1 肺炎双球菌的动物转化试验

1944年美国的艾文利(Avery)等人在Griffith工作的基础上,对转化的本质进行了深入的研究。他们从SⅢ型活菌体内提取DNA、RNA、蛋白质和荚膜多糖,将它们分别和RⅡ型活菌混合均匀后注射入小白鼠体内,结果只有注射SⅢ型菌

DNA 和 RⅡ型活菌的混合液的小白鼠才死亡，这是一部分 RⅡ型菌转化为有毒的、有荚膜的 SⅢ型菌所致，并且它们的后代都是有毒、有荚膜的（见图 8-2）。由此说明 RNA、蛋白质和荚膜多糖均不引起转化，而 DNA 却能引起转化。如果用 DNA 酶处理 DNA 后，则转化作用丧失。

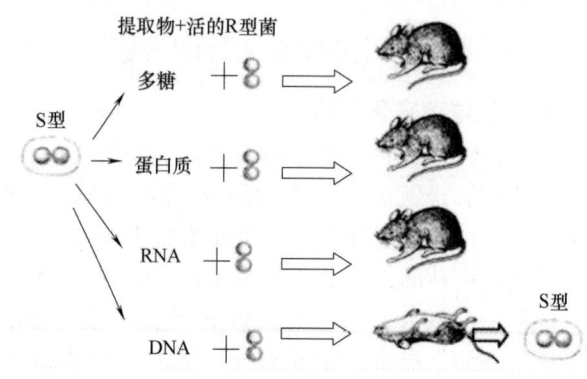

图 8-2　肺炎双球菌体外转化实验

上述结果表明，只有 S 型菌株的 DNA 才能将肺炎链球菌的 R 型转化为 S 型，而且 DNA 的纯度越高，其转化效率也越高，直至只取用 $6 \times 10^{-8}$g 的纯 DNA 时，仍保持转化活力。这就有力地说明，S 型转移给 R 型的绝不是遗传性状（在这里是荚膜多糖）的本身，而是以 DNA 为物质基础的遗传因子。

**2. 噬菌体感染实验**

1952 年，好时（Hershey）和蔡斯（Chase）发表了证实 DNA 是噬菌体的遗传物质的著名实验——噬菌体感染实验。首先，他们用 $^{32}P$ 和 $^{35}S$ 标记 $T_2$ 噬菌体，因 DNA 分子中只含磷不含硫，而蛋白质分子中只含硫不含磷。故将 $T_2$ 噬菌体的头部 DNA 标上 $^{32}P$，其蛋白质衣壳被标上 $^{35}S$。用标上 $^{32}P$ 和 $^{35}S$ 的 $T_2$ 噬菌体感染大肠杆菌，经短时间的保温后，$T_2$ 噬菌体完成了吸附和侵入的过程。将被感染的大肠杆菌洗净放入组织捣碎器内强烈搅拌，然后离心沉淀。分别测定沉淀物和上清液中的同位素标记，结果全 $^{35}S$ 和噬菌体在上清液中，全部 $^{32}P$ 和细菌聚集在沉淀物中。这说明在感染过程中噬菌体的 DNA 进入大肠杆菌细胞中，它的蛋白质外壳留在菌体外。进入大肠杆菌体内的 $T_2$ 噬菌体 DNA，利用大肠杆菌体内的 DNA、酶及核糖体复制大量 $T_2$ 噬菌体，又一次证明了 DNA 是遗传物质（见图 8-3）。

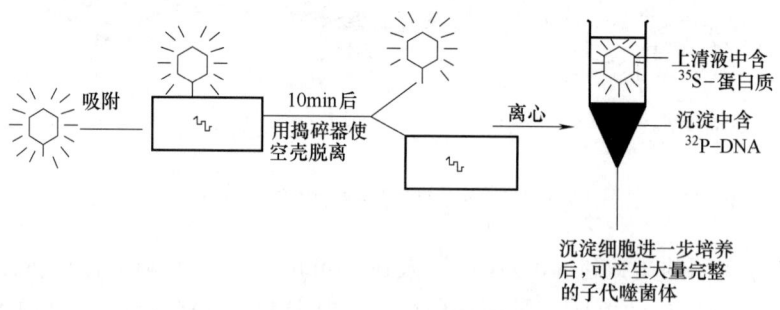

图 8-3　$^{32}P$ 和 $^{35}S$ 标记菌体感染大肠杆菌实验

### 3. 植物病毒的重建实验

为了证明核酸是遗传物质,弗伦克尔(H. Fraenkel–Conrat)(1956年)用含 RNA 的烟草花叶病毒(TMV)进行了著名的植物病毒重建实验。TMV 可以拆成蛋白质和 RNA(该病毒不含 DNA)。把 TMV 放在一定浓度的苯酚溶液中振荡,就能将它的蛋白质外壳与 RNA 核心相分离,纯化后分别感染烟草,结果发现只有 RNA 能感染烟草,并使其患典型症状,而且在病斑中还能分离到完整的 TMV 粒子。但由于提纯的 RNA 缺乏蛋白质衣壳的保护,所以感染频率要比正常的 TMV 粒子低些。在实验中,还选用了另一株与 TMV 近缘的霍氏车前花叶病毒(HRV)。当用 TMV–RNA 与 HRV–衣壳重建后的杂合病毒去感染烟草时,烟叶上出现的是典型的 TMV 病斑,再从中分离出来的新病毒也是未带任何 HRV 痕迹的典型 TMV 病毒。反之,用 HRV–RNA 与 TMV–衣壳进行重建时,也可获得相同的结论。整个实验的过程和结果可见图 8–4。

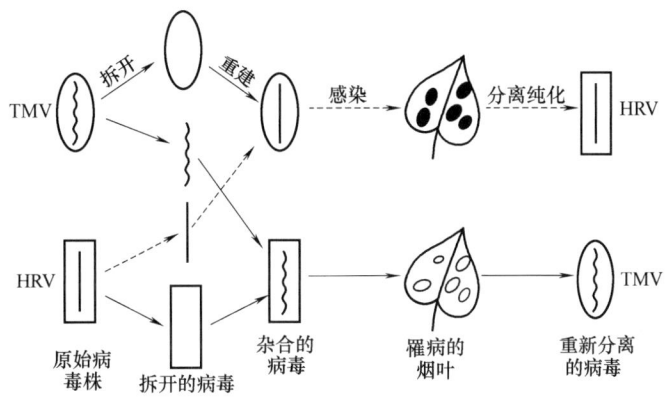

图 8–4　TMV 重建实验示意图

这一实验结果说明病毒蛋白质的特性由它的核酸(RNA)所决定,而不是由蛋白质所决定。可见在这里同样证明了核酸(RNA)仍然是遗传物质的基础。

通过这三个具有历史意义的经典实验,得到了一个确信无疑的共同结论:只有核酸才是贮存遗传信息的真正物质基础。

## 二、遗传物质在细胞中的存在方式

核酸尤其是 DNA 是如何存在于生物体中的呢?原核生物与真核生物中 DNA 存在形式不完全相同。我们从不同角度分析遗传物质在细胞中的存在形式。

### 1. 细胞水平

从细胞水平看,真核微生物和原核微生物的大部分 DNA 都集中在细胞核或核区中。真核微生物核外有核膜,称真核。原核微生物核外无核膜,称拟核或原核,也称核区。在不同的微生物细胞中,细胞核的数目是不同的。有的只有一个细胞核,如细菌中的球菌和酵母菌等;有的有两个细胞核,称双核,如细菌中的大多数杆菌和真菌中的担子菌等;还有的有多个细胞核,如许多真菌和放线菌的菌丝体等,但孢子只有一个核。

**2. 细胞核水平**

从细胞核水平看,真核微生物的 DNA 与组蛋白结合在一起形成染色体,由核膜包裹,形成有固定形态的真核。真核微生物细胞核以外的 DNA 主要以细胞器形式存在,如真核微生物的中心体、线粒体、叶绿体等细胞器基因,这些细胞器中的 DNA 常呈环状,细胞器 DNA 的含量只占染色体 DNA 的 1% 以下。原核微生物的 DNA 不与任何蛋白质结合,也有少数与非组蛋白结合在一起,形成无核膜包裹的呈松散状态存在的核区,其中的 DNA 呈环状双链结构。原核微生物染色体外的 DNA 称为细菌质粒,例如原核生物中的性因子(F 因子)、抗药性因子(R 因子)等,它们的 DNA 只占染色体 DNA 的一小部分。

**3. 染色体水平**

不同生物核内染色体的数目不同。真核微生物的细胞核中染色体数目较多,而原核微生物中只有一条裸露的环状染色体。除染色体的数目外,染色体的套数也不相同。如果一个细胞中只有一套染色体,它就是一个单倍体。绝大多数微生物是单倍体。如果一个细胞中含有两套相同功能的染色体,则称之为双倍体。少数微生物(如酿酒酵母菌)的营养细胞以及单倍体的性细胞接合或体细胞融合后所形成的合子是双倍体。

**4. 核酸水平**

从核酸的种类来看,除部分病毒(其中多数是植物病毒)的遗传物质是 RNA 外,绝大多数生物的遗传物质是 DNA。从核酸的结构来看,绝大多数微生物的 DNA 是双链的,只有少数病毒为单链(如大肠杆菌的 $\Phi \times 174$ 和 fd 噬菌体等)。RNA 也有双链(大多数真菌病毒)与单链(大多数 RNA 噬菌体)之分。从 DNA 的长度来看,真核生物的 DNA 比原核生物的长得多,但不同生物间的差别很大。从核酸的状态看,真核微生物的核内 DNA 总是缠绕着组蛋白,构成念珠状的核小体链,核外 DNA 同原核微生物的一样。原核微生物中双链 DNA 是裸露的环状,在细菌质粒中呈麻花状。病毒粒子中双链 DNA 呈环类或线状,RNA 分子都是线状的。

**5. 基因水平**

在 DNA 大分子上存在着能够决定某些遗传性状的特定区域,即所谓的基因,它是具有特定核苷酸顺序的核酸片段。基因按其功能可分为结构基因和调控基因,其中结构基因是指某些能决定某种多肽链(蛋白质)或酶分子结构的基因,而调控基因则是指某些可调节控制结构基因表达的基因。此外,还有一些只转录而不翻译的基因,如核糖体 RNA 基因,也称为 rDNA 基因,它们专门转录 rRNA;还有转运 RNA 基因，也称为 tRNA 基因，是专门转录 tRNA 的。每一基因的相对分子质量约为 $6.7 \times 10^5$，即约含 1000 对核苷酸。每个细菌一般含有 5000~10000 个基因。

**6. 密码子水平**

遗传密码是指 DNA 链上特定的核苷酸排列顺序。每个密码子是由三个核苷酸顺序所决定的，它是负载遗传信息的基本单位。生物体内的无数蛋白质都是生物体各种生理功能的具体执行者。可是，蛋白质分子并无自主复制能力，它是接到 DNA 分子结构上遗传信息的指令而合成的。其过程是首先通过转录形成一条与 DNA 碱基互补的 mRNA 链，将 DNA 上的遗传信息转录到 mRNA 上去，然后再通过翻译将由 mRNA 上的三联密码子顺序去决定蛋白质上氨基酸的排列顺序，这样基因中携带的遗传信息通过 mRNA 传给了蛋白质。由于 DNA 上的遗传密码要通过转录成 mRNA 三联密码才与氨基酸相对应，因此，三联密码一般都是用 mRNA 上的核苷酸顺序来表示。

组成 mRNA 的 4 种核苷酸可排列成 $4^3=64$ 种密码子，用于决定组成蛋白质的 20 种氨基酸，其中有些密码子的功能是重复的（如决定氨基酸的就有 6 个密码子），而另一些则被用作"起始"（AUG）或"终止"（UAA、UGA 和 UAG）信号。密码子和氨基酸之间的对应关系早已破译，这种关系在生物界是通用的。因此，原核微生物也可翻译人的基因转录的 mRNA。如人胰岛素基因转入大肠杆菌体内，大肠杆菌即可合成人的胰岛素。

**7. 核苷酸水平**

核苷酸是核酸的组成单位，在绝大多数微生物的 DNA 中，都只含有 dAMP、dTMP、dGMP 和 dCMP 四种脱氧核糖核酸；在绝大多数 RNA 中，只含有 AMP、UMP、GMP 和 CMP 四种核糖核酸。当其中某一个核苷酸中碱基的组成或排列顺序发生改变，则导致一个密码子意义改变，进而导致整个基因信息改变，指导合成新的蛋白质，引起性状改变。因此，核苷酸是最小的突变单位或交换单位。

## 第二节

# 微生物的基因突变

突变就是生物体内遗传物质中的核苷酸顺序突然发生了稳定的可遗传的变化，它包括基因突变（又称点突变）和染色体畸变两类。

在微生物中，突变是经常发生的。研究突变的规律，不但有助于对基因定位和基因功能等基本理论问题的了解，而且还为微生物的选种和育种提供了必要的理论基础。

一个基因内部遗传架构或 DNA 序列的任何改变，包括一对或少数几对碱基的缺失、插入或置换，而导致的遗传变化称为基因突变，其发生变化的范围很小，所以又称点突变或狭义的突变。染色体畸变是指大段染色体的缺失、重复、倒位、易位。广义的突变包括染色体畸变和点突变。从自然界分离得到的菌株一般称野生型菌株，简称野生型。野生型经突变后形成的带有新性状的菌株，称突变株。基因突变是重要的生物学现象，它是一切生物变化的根源，连同基因转移、重组一起提供了推动生物进化的遗传多变性，也是我们用来获得优良菌株的重要途径之一。

## 一、基因突变的类型

基因突变的类型极为多样。人们可从不同的角度对基因突变进行分类，并给以不同的名称。根据突变体表型不同，可把突变分成以下几种类型。

**1. 营养缺陷型**

这是一类重要的生化突变型。指某种微生物因发生基因突变而丧失合成一种或几种生长因子、碱基或氨基酸的能力，因而无法在基本培养基上正常生长繁殖的变异类型，称为营养缺陷型，它们必须在加有相应营养物质的基本培养基平板上才能正常生长繁殖。这种突变型在科研和生产中十分有用。

**2. 抗性突变型**

这是一类能抵抗有害理化因素的突变型。指野生型菌株因发生基因突变，而产生的对某化学药物或致死物理、生物因子的抗性变异类型，根据其抵抗的对象可分抗药性、抗紫外线或抗噬菌体等突变类型。它们可在加有相应药物或用相应物理、生物因子处理的培养基平板上选出。抗性突变型普遍存在，例如对一些抗生素具抗药性的菌株等。抗性突变型在遗传学基本理论的研究中十分有用，它常作为选择性标记菌种。

**3. 条件致死突变型**

指在某一条件下呈现致死效应，而在另一条件下却不表现致死效应的突变类型。温度敏感突变型就是最典型的条件致死突变型。例如，有些大肠杆菌菌株可生长在37℃下，但不能在12℃下生长；T4噬菌体的几个突变株在25℃下有感染力，而在37℃下则失去感染力等。产生温度敏感突变的原因是突变引起了某些重要蛋白质的结构和功能改变，以致在某特定的温度下能发挥其功能，而在另一温度（一般为较高温度）下则该功能丧失。

**4. 形态突变型**

指由突变引起的细胞形态变化或菌落形态改变的突变型。例如，细菌的鞭毛或荚膜的有无，霉菌或放线菌的孢子有无或颜色变化，菌落的大小、表面的光滑、粗糙以及噬菌斑的大小、清晰度等的突变。

**5. 抗原突变型**

指细胞成分尤其是细胞表面成分（细胞壁、荚膜、鞭毛）的细微改变而引起抗原性变化的突变型。

**6. 其他突变型**

如毒力、糖发酵能力、代谢产物的种类和产量以及对某种药物的依赖性等的突变型。

## 二、基因突变的特点

整个生物界，由于它们的遗传物质是相同的，所以显示在遗传变异特性上都遵循着共同的规律，这在基因突变的水平上尤为明显。基因突变一般有以下七个共同特点。

**1. 不对应性**

即突变的性状与引起突变的原因间无直接的对应关系。例如，细菌在有青霉素的环境下，出现了抗青霉素的突变体；在紫外线的作用下，出现了抗紫外线的突变体；在较高的培养温度下，出现了耐高温的突变体等。从表面上看，会认为正是由于青霉素、紫外线或高温的"诱变"，才产生了相对应的突变性状。事实恰恰相反，这类性状都可透过自发的或其他任何诱变因子诱发得到。这里的青霉素、紫外线或高温仅是起着淘汰原有非突变型（敏感型）个体的作用。

**2. 自发性**

指各种遗传性状的突变可以在没有任何人为诱发因素的情况下自发地产生。

**3. 稀有性**

指自发突变虽然可以随时发生，但突变的频率是较低和稳定的，一般在 $10^{-6}$ ~ $10^{-9}$ 间。

**4. 独立性**

指突变的发生一般是独立的，即在某一群体中，既可发生抗青霉素的突变型，也可发生抗链霉素或任何其他药物的抗药性。某一基因的突变，既不提升也不降低其他任何基因的突变率。突变不仅对某一细胞是随机的，且对某一基因也是随机的。

**5. 诱变性**

指透过各种诱发因素的作用，可提高突变率，一般可提高 $10$ ~ $10^6$ 倍。

**6. 稳定性**

指由于突变的根源是遗传物质结构上发生了稳定的变化，所以产生的新性状也是稳定的和可遗传的。

**7. 可逆性**

由原始的野生型基因变异为突变型基因的过程称为正向突变；相反，突变型基因也可以同样的频率回复到原来的野生型基因，称为回复突变。实验证明，任何性状既有可能正向突变，也有可能发生回复突变，两者发生的频率基本相同。

## 三、基因突变的机制

基因突变的原因是多种多样的，它可以是自发的或诱发的。

## （一）诱发突变的机制

诱发突变简称诱变，是指通过人为的方法，利用物理、化学或生物的因素处理微生物使其发生突变。凡能显著提高突变频率的任何因素都可称为诱变剂。诱变剂的种类很多，作用方式多样。即使是同一种诱变剂，也常有几种作用方式。它们的诱发机制主要有以下几类。

**1. 碱基对的置换**

对 DNA 来说，碱基对的置换属于一种微小的损伤，它只涉及一对碱基被另一对碱基所置换。碱基对置换可分为两类：一类称转换，即 DNA 链中的一个嘌呤被另一个嘌呤或是一个嘧啶被另一个嘧啶所置换；另一类称颠换，即一个嘌呤被另一个嘧啶或是一个嘧啶被另一个嘌呤所置换（见图 8-5）。

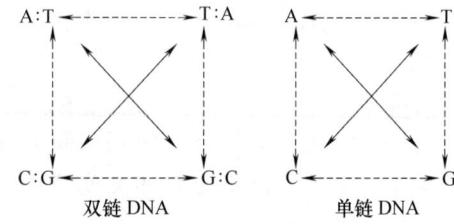

图 8-5 碱基置换的两种类型
实线代表转换，虚线代表颠换

对某一种具体诱变剂来说，既可同时引起转换与颠换，也可只具其中的一个功能。根据化学诱变剂是直接还是间接地引起置换，可以把置换的机制分成以下两类。

（1）直接引起置换的诱变剂 这是一类可直接与核酸的碱基发生化学反应的诱变剂，在体内或离体条件下均有作用。种类很多，例如亚硝酸、羟胺和各种烷化剂等，后者包括硫酸二乙酯（DES）、甲基磺酸乙酯（EMS）、$N$-甲基-$N$-硝基-$N$-亚硝基胍（NTG）、乙烯亚胺、环氧乙酸、氮芥等。它们可与一个或几个碱基发生生化反应，引起 DNA 复制时碱基配对的转换，并进一步使微生物发生变异。在这些诱变剂中，除羟胺只引起 G:C→A:T 外，其余都是 G:C、A:T 可以互变的。能引起颠换的诱变剂很少。

（2）间接引起置换的诱变剂 它们都是一些碱基类似物，如 5-溴尿嘧啶(5-BU)、5-氨基尿嘧啶（5-AU）、8-氮鸟嘌呤（8-NG）、2-氨基嘌呤（2-AP）和 6-氯嘌呤（6-CP）等，其作用是通过活细胞的代谢活动掺入到 DNA 分子中引起碱基对的置换，因此是间接的。

**2. 移码突变**

这是指由一种诱变剂引起 DNA 分子中的一个或少数几个核苷酸的增添（插入）或缺失，从而使该部位后面的全部遗传密码发生转录和翻译错误的一类突变。由移码突变所产生的突变体，称为移码突变体。与染色体畸变相比，移码突变也属于是 DNA 分子的微小损伤。

吖啶类染料及其化合物是移码突变的有效诱变剂。目前认为吖啶类化合物引起移码突变的机制是因为它们都是一种平面形三环分子（见图 8-6），结构与一个嘌呤－嘧啶对十分相似，故能嵌入两个相邻 DNA 碱基对之间，造成双螺旋的部分解开，从而在 DNA 复制过程中，使链上增添或缺失一个碱基，并引起了移码突变。

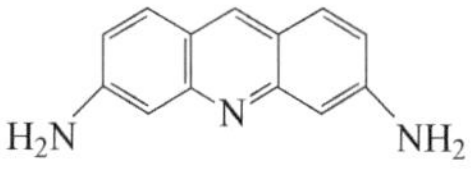

原黄素（二氨基吖啶）

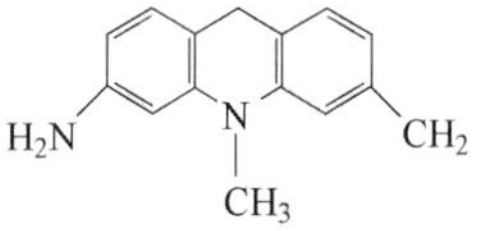

吖啶黄

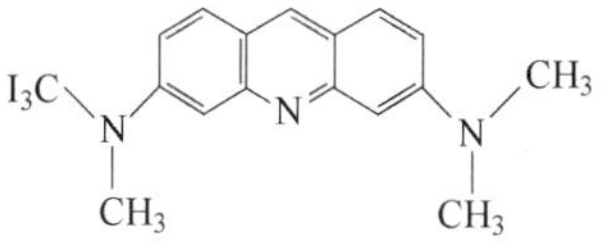

吖啶橙

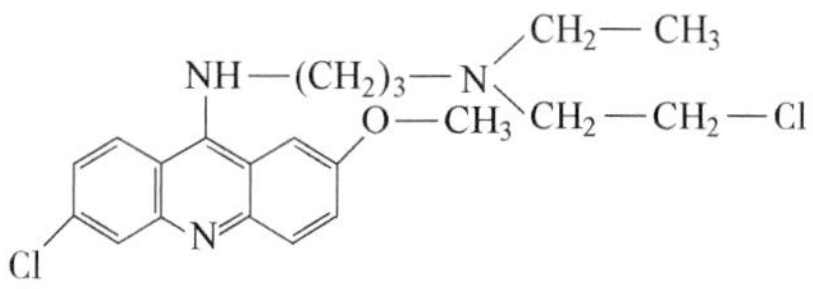

ICR-100

图 8-6 能引起移码突变的集中代表性化合物

**3. 染色体畸变**

某些强烈理化因子，如 X 射线等的辐射及烷化剂、亚硝酸等，除了能引起点突变外，还会引起 DNA 的大损伤——染色体畸变，既包括染色体结构上的缺失、重复、插入、易位和倒位，也包括染色体数目的变化。

染色体畸变在高等生物中很容易观察。在微生物中，尤其在原核生物中，近年来才证实了它的存在。许多理化诱变剂的诱变作用都不是单一功能的。例如，亚硝酸既能引起碱基的转换作用，又能诱发染色体畸变；一些电离辐射也可同时引起基因突变和染色体畸变作用。

**（二）自发突变**

虽然自发突变是微生物在没有人工参与的自然条件下发生的，但并不意味着这种突变是没有原因的，而只是说明人们对它们还没有很好认识而已。随着对诱变机制的研究，对自发突变的原因已有所认识。下面讨论几种自发突变的可能机制。

（1）背景辐射和环境因素的诱变  不少"自发突变"实质上是由一些原因不详的低剂量诱变因素长期的综合效应导致。例如充满宇宙空间的各种短波辐射、高温的诱变效应以及自然界中普遍存在的一些低浓度的诱变物质的作用等。

（2）微生物自身代谢产物的诱变  过氧化氢是普遍存在于微生物体内的一种代谢产物，它对脉孢菌具有诱变作用。这种作用可因同时加入过氧化氢酶而降低，如果同时再加入过氧化氢酶抑制剂（KCN），则又可提高突变率。这就说明，过氧化氢可能是自发突变中的一种内源诱变剂。在许多微生物的陈旧培养物中易出现自发突变株，可能也是同样的原因。

（3）互变异构效应　因为DNA分子的A、T、G、C四种碱基的第六位碳原子上不是酮基（T、G）就是氨基（C、A），所以有人认为，T和G会以酮式或烯醇式两种互变异构的状态出现，而C和A则可以氨基式或亚氨基式两种状态出现。由于化学结构的平衡一般倾向于酮式或氨基式，因此在DNA双链结构中一般总是以A∶T和G∶C碱基配对的形式出现。可是，在偶然情况下T也会以稀有的烯醇式形式出现，因此在DNA复制到达这一位点时，在它的相对应的位置上出现配对碱基G，而不是常规的A。当DNA再次复制时，通过G和C配对，就使原来的A∶T转变为G∶C。同样，如果C以稀有的亚氨基形式出现，在DNA复制到达这一位点时，在新合成DNA单链的与C相应的位置上就将是A，而不是G。这或许是引发自发突变的原因之一。

（4）环出效应　即环状突出效应。在DNA复制过程中，如果其中一单链上偶尔突出产生一小环，则会因其上的基因越过复制而发生遗传缺失，从而造成自发突变。

## 第三节　微生物的基因重组

凡把两个不同性状个体内的遗传基因转移到一起，经过遗传分子的重新组合后，形成新遗传型个体的方式，称为基因重组或遗传重组。重组可使生物体在未发生突变的情况下，也能产生新遗传型的个体。

基因重组是核酸分子水平上的概念，是遗传物质分子水平上的杂交，而杂交是细胞水平上的概念。杂交必然包含重组，而重组则不仅限于杂交一种形式。基因重组可以在人为设计的条件下发生，使之服务于人类育种的目的。

真核微生物可通过有性杂交、准性杂交和原生质体融合等进行整套染色体的重组；原核微生物主要经转化、转导、接合和原生质体融合等途径实现部分染色体或个别基因的重组。

### 一、原核微生物的基因重组

在原核微生物中，基因重组主要有转化、转导、接合和溶源转变四种形式。

#### （一）转化

转化是指一个受体细胞吸收来自另一供体细胞的DNA片段，通过交换组合将其整合到自己的基因组中，从而获得了供体细胞某些遗传性状的现象。转化后的受体菌称为转化子；供体菌的DNA片段称为转化因子，它是供体菌释放或人工提取的游离DNA片段。

转化因子需具备两个条件,一是较高的相对分子质量和同源性。相对分子质量一般在 $1 \times 10^7$,以双链较多,单链者少见。供体菌和受体菌亲缘关系越近,DNA 的纯度越高,越易转化。二是能进行转化的细胞必须是感受态的。受体细胞最易接受外源 DNA 片段并实现转化的生理状态称为感受态。处于感受态的细胞,其吸收 DNA 的能力,有时可比一般细胞大 1000 倍。感受态可以出现,也可以消失。感受态的出现受该菌的遗传性、菌龄、生理状态和培养条件等的影响。例如肺炎双球菌的感受态出现在对数生长期的中后期,枯草芽孢杆菌等细菌则出现在对数期末和稳定期初。在培养条件中环腺苷酸(cAMP)及钙离子的影响最明显,当转化时加入 cAMP 可以使感受态水平提高近万倍。

具体转化过程如图 8-7 所示:①从供体菌提取出转化因子 DNA 双链片段。②供体菌的双链 DNA 片段与感受态受体菌的细胞表面的特定位点结合。③在结合位点上,DNA 片段中的一条链被逐步降解为核苷酸和无机磷酸,另一条链逐步进入细胞,这是一个消耗能量的过程。④来自供体的单链 DNA 片段在细胞内与受体菌染色体组上的同源区段配对,而受体菌染色体组的相应单链片段被切除,被进入受体细胞的单链 DNA 取代,形成一小段杂合 DNA 区段。⑤受体菌染色体组进行复制,杂合区段分离成两个,其中一个类似供体菌,另一个类似受体菌。当细胞分裂时,此染色体发生分离,形成一个转化子。

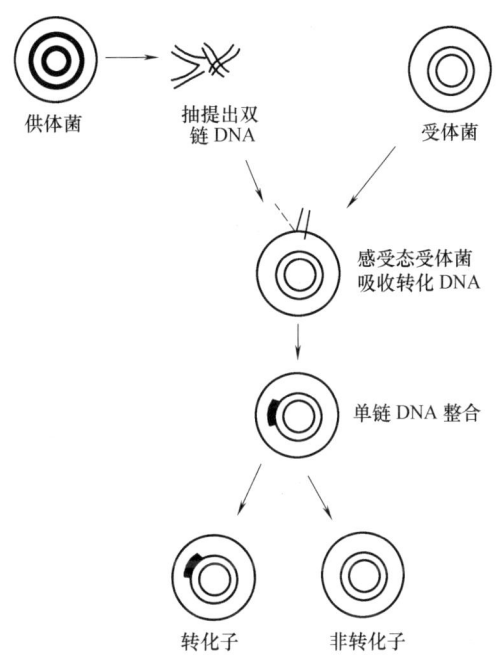

图 8-7 转化过程示意图

影响转化效率的因素:受体细胞的感受态,它决定转化因子能否被吸收进入受体细胞;受体细胞的限制酶系统和其他核酸酶,它们决定转化因子在整合前是否被分解;受体和供体染色体的同源性,它决定转化因子的整合。

在原核生物中,转化是一个较普遍的现象。目前除肺炎双球菌外,还在嗜血杆菌属、芽孢杆菌属、奈氏球菌属、根瘤菌属、链球菌属、葡萄球菌属、假单胞杆菌属和黄单胞杆菌属等及若干放线菌和蓝细菌中发现具有转化现象。另外在少数真核微生物如酵母、粗糙脉孢菌和黑曲霉中,也发现了转化现象。

### (二) 转导

通过噬菌体的媒介,把供体细胞的小片段 DNA 携带到受体细胞中,通过交换与整合,使受体细胞获得供体细胞部分遗传性状的现象,称为转导。由转导作用而获得部分新遗传性状的重组细胞,称为转导子。

转导现象是由莱德伯格(J. Lederberg)等(1952年)首先在鼠伤寒沙门氏菌中发现的,以后在许多原核微生物中都陆续发现了转导,如大肠杆菌属、芽孢杆菌属、变形杆菌属、假单胞菌属、志贺氏菌属和葡萄球菌属等。转导现象在自然界中比较普通,它在低等生物进化过程中很可能是一种产生新基因组合的重要模式。转导可分为普遍性转导和特异性转导。

**1. 普遍性转导**

由缺陷型噬菌体对供体菌基因组上任何小片段 DNA 进行"误包",而将其遗传性状传递给受体菌的现象,称为普遍性转导。噬菌体侵入寄主细胞后,在寄主细胞内进行复制和装配。正常情况下,噬菌体将自身的 DNA 包裹在衣壳中,但也有异常的可能,它误将寄主细胞 DNA 的某一片段包裹进去,这样的噬菌体称缺陷噬菌体。体内仅含有供体 DNA 的缺陷噬菌体称完全缺陷噬菌体,体内同时含有供体 DNA 和噬菌体 DNA 的缺陷噬菌体称为部分缺陷噬菌体。这种异常情况出现的几率很低($10^{-8} \sim 10^{-5}$)。由于噬菌体产生子代数量很多,所以这种异常情况的出现还是很多的。当包裹有寄主 DNA 片段的噬菌体释放后,再度感染新的寄主,由于噬菌体内没有自己的 DNA,不能在新寄主细胞内复制,因此也不能使新寄主细胞裂解,但能将供体菌的 DNA 片段带入寄主细胞,并与寄主细胞的 DNA 进行基因重组,从而使寄主细胞产生变异。通过这种转导,可以把供体细菌的任何一个 DNA 片段带入受体菌,使其获得供体菌的遗传性状,形成稳定的转导子。

**2. 特异性转导**

特异性转导指通过部分缺陷的温和噬菌体把供体菌的少数特定基因携带到受体菌中,并与后者的基因组整合、重组,形成转导子的现象。它的转导频率为 $10^{-6}$,只能转导一种或少数几种基因(一般为位于附着点两侧的基因)。

特异性转导是于 1954 年在大肠杆菌 $K_{12}$ 的温和噬菌体(λ)中首次发现的。温和噬菌体(λ)在侵染大肠杆菌 $K_{12}$ 后,它的核酸被整合在细菌 DNA 的一定位置上,即合成生物素(biotin)和发酵半乳糖(galactose)的基因上(这两个基因分别用 bio 和 gal 表示)。当温和噬菌体从大肠杆菌 $K_{12}$ 中释放出来时,一般释放出的噬菌体是正常的,但在极少数情况下也可能释放出带有 bio 或 gal,而留一段自身的 DNA 在寄主细胞的噬菌体。这样当带有 bio 或 gal 基因的噬菌体侵染其他宿主时会使其发生变异,即原来不是合成生物素或发酵半乳糖的细菌变成了具有合成生物素或发酵半乳糖遗传特性的细菌。

### (三) 接合

通过供体菌和受体菌完整细胞间的直接接触而传递大段 DNA 的过程,称为接合（有时也称杂交）。通过接合而获得新遗传性状的受体细胞称为接合子。

细胞的接合现象在大肠杆菌中研究得最清楚。根据对接合现象的研究，发现大肠杆菌的接合与其细菌表面产生的性纤毛有关。性纤毛是细长而中空的丝状物，它的功能是在接合时转移 DNA，并且发现具有接合现象的大肠杆菌有雄性与雌性之分，而决定它们性别的是一种叫做 F 因子的质粒。F 因子又称致育因子或性质粒，是一种独立于染色体外的小型的环类 DNA，相对分子质量为 $5 \times 10^7$，约占大肠杆菌细胞总 DNA 含量的 2%，每个细胞含有 1~4 个 F 因子。F 因子具有自主的与细菌染色体进行同步复制和转移到其他细胞中去的能力。它既可以脱离染色体在细胞内独立存在，也可以整合到染色体基因组上。它既可通过接合而获得，也可通过理化因素的处理而从细胞中消除（见图 8-8）。

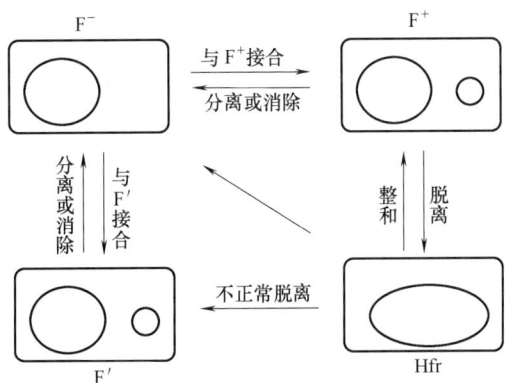

图 8-8 F 质粒的四种存在模式及相互关系

雌性细菌不含 F 因子，称为 F⁻ 菌株；雄性细菌含有 F 因子，并且根据 F 因子在细胞中存在情况的不同而有不同名称。一些雄性细胞中含有游离存在的 F 因子，称为 F⁺ 菌株；另一些雄性细菌细胞中所含的 F 因子被整合在细菌染色体上，成为细菌染色体的一部分，不呈游离状态存在，这种细菌称为 Hfr 菌株，即高频重组菌株；F 因子能被整合在细胞核 DNA 上，也能从上面脱落下来，呈游离状态存在，但在脱落时，F 因子有时能带一小段细胞核 DNA，我们将这种含有游离状态存在的但又带有一小段细胞核 DNA 的 F 因子的细菌称为 F′菌株。上述三种雄性菌株与雌性菌株接合时，将会产生三种不同的接合结果如下。

(1) F⁺ 菌株与 F⁻ 菌株接合的结果是产生两个 F⁺ 菌株。其接合过程大体可分为两个阶段：首先是 F⁺ 菌株与 F⁻ 菌株配对，并通过性菌毛接合；然后 F 因子双链 DNA 的一条单链在一特定的位置断开，通过性菌毛内腔向 F⁻ 菌株细胞内转移，并同时在两个菌株细胞内以一条 DNA 单链为模板，各自复制合成完整的 F 因子。这样，F⁻ 菌株就变成了 F⁺ 菌株。

(2) F′菌株与 F⁻ 菌株接合的结果是产生两个 F′菌株。其接合过程同 F⁺ 菌株与 F⁻ 菌株接合过程。

$$F' + F^- \rightarrow F' + F'$$

(3) Hfr 菌株与 F⁻ 菌株接合的情况较为复杂，接合的结果也不完全一样。在大多数情况下，受体细菌仍是 F⁻ 菌株，只有在极少数情况下，由于遗传物质转移的完整，受体细胞才能成为 Hfr 菌株。其原因如下：当 Hfr 菌株与 F⁻ 菌株发生接合时，Hfr 染色体在 F 因子处发生断裂，由环状变成线状。又由于 F 因子位于线状染色体之后，处于末端，所以必然要等 Hfr 的整条染色体全部转移完成后，F 因子才能完全进入 F⁻ 细胞。可是事实上由于种种原因，Hfr 染色体在转移过程中经常发生断裂，因此 Hfr 菌株的许多基因可以进入 F⁻ 菌株，越是前端的基因，进入的机会就越多，在 F⁻ 菌株中出现重组子的时间就越早，频率也高。而 F 因子由于位于最末端，故进入 F⁻ 菌株的机会很少，引起性变化的可能性也非常小。这样 Hfr 菌株与 F⁻ 菌株接合的结果是重组频率虽高，但却很少出现 F⁺ 菌株。总之，Hfr 菌株与 F⁻ 菌株接合，通常只能将部分的细胞核 DNA 转移给 F⁻ 菌株，由于接合容易中断而 F 因子很少有机会进入 F⁻ 菌株。因此，大多数情况下受体细菌仍然是 F⁻ 菌株，只有在极少数情况下，由于遗传物质转移的完整，受体细胞才能成为 Hfr 菌株。

$$Hfr + F^- \longrightarrow Hfr + F^- （多数情况下）$$
$$Hfr + F^- \longrightarrow Hfr + Hfr （少数情况下）$$

**（四）溶源转变**

溶源转变是一种表面上与转导相似但本质上却不同的特殊现象。当温和噬菌体感染其宿主而使之发生溶源化时，因噬菌体的基因整合到宿主的基因组上，而使后者获得了除免疫性以外的新性状的现象称为溶源转变。当宿主丧失这一噬菌体时，通过溶源转变而获得的性状也同时消失。溶源转变与转导有本质上的不同，首先是它的温和噬菌体不携带任何供体菌的基因；其次，这种噬菌体是完整的，而不是缺陷的。

溶源转变的典型例子是不产毒素的白喉棒杆菌菌株在被噬菌体感染而发生溶源化时，会变成产白喉毒素的致病菌株。其他如沙门氏菌、红曲霉、链霉菌等也具有溶源转变的能力。

## 二、真核微生物的基因重组

在真核微生物中，基因重组的模式很多，在此重点介绍一下有性杂交和准性生殖。

**（一）有性杂交**

杂交是在细胞水平上发生的一种遗传重组模式。有性杂交是指在微生物的有性繁殖过程中，两个性细胞相互结合，并随之发生染色体的重组，从而产生新遗传型后代的现象。微生物的两个性细胞互相连接，通过质配和核配形成双倍体的合子，合子进行减数分裂时，部分染色体可能发生交换而进行随机分配，由此产生重组染色体及新的遗传型，并把遗传性状按一定的规律遗传给后代。凡能产生有性孢子的酵母菌或霉菌都能进行有性杂交。

有性杂交在生产实践中被广泛用于优良品种的培育。例如，用于酒精发酵的酵母和用于面包发酵的酵母虽属同一种酿酒酵母，但两者是不同的菌株。面包酵母的特点是产酒精率低而对麦芽糖和葡萄糖的发酵力强，产生 $CO_2$ 多，生长快；而酒精酵母的特点是产酒精率高而对麦芽糖和葡萄糖的发酵力弱。由于各自的特点，它们不能互用。而通过两者的杂交，就得到了既能生产酒精，又能将其残余的菌体综合利用作为面包厂和家用发面酵母的优良菌种。

### （二）准性生殖

顾名思义，准性生殖是一种类似于有性生殖但比它更为原始的两性生殖模式。它可使同一生物的两个不同来源的体细胞经融合后，不通过减数分裂而导致低频率的基因重组。准性生殖常见于某些真菌，尤其是半知菌类中。准性生殖包括下列几个阶段。

**1. 菌丝联结**

它发生于一些形态上没有区别，但在遗传性状上有差别的两个同种菌株的体细胞（单倍体）间。发生菌丝联结的频率很低。

**2. 形成异核体**

两个遗传型有差异的体细胞经菌丝联结后，先发生质配，使原有的两个单倍体核集中到同一个细胞中，形成双相异核体。异核体能独立生活。

**3. 核融合**

异核体中的双核在某种条件下，偶尔可以发生核融合，产生双倍体杂合子核。如构巢曲霉和米曲霉核融合的频率为 $10^{-7} \sim 10^{-5}$。某些理化因素如樟脑蒸气、紫外线或高温等的处理，可以提高核融合的频率。

**4. 体细胞交换和单倍体化**

体细胞交换即体细胞中染色体间的交换，也称有丝分裂交换。双倍体杂合子性状极不稳定，在其进行有丝分裂的过程中，极少数核中的染色体会发生交换和单倍体化，从而形成了极个别具有新性状的单倍体杂合子。如对双倍体杂合子用紫外线、$\gamma$ 射线等进行处理，就会促进染色体断裂、畸变或导致染色体在两个子细胞中分配不均，因而有可能产生各种不同性状组合的单倍体杂合子。从表 8-1 中可以看出准性生殖与有性生殖间的主要区别。

表 8-1　　　　　　　　　准性生殖和有性生殖的比较

| 项　目 | 准性生殖 | 有性生殖 |
| --- | --- | --- |
| 参与接合的亲本细胞 | 形态相同的体细胞 | 形态或生理上有分化的性细胞 |
| 独立生活的异核体阶段 | 有 | 无 |
| 接合后双倍体的细胞形态 | 与单倍体基本相同 | 与单倍体明显不同 |
| 双倍体变为单倍体的途径 | 通过有丝分裂 | 通过减数分裂 |
| 基因交换频率 | 偶然发现，几率低 | 正常出现，几率高 |

准性生殖为一些没有有性繁殖过程但有重要生产价值的半知菌及其他微生物的育种，提供了重要的手段。

## 第四节 微生物的菌种选育

菌种选育，就是利用微生物遗传物质变异的特性，采用各种手段，改变菌种的遗传性状，经筛选获得新的适合生产的菌株，以提高产品质量或发展新品种。

在应用微生物加工制造和发酵生产各种食品及其代谢产物时，首先要挑选符合生产要求的菌种，这是选种工作的任务。其次是根据菌种的遗传特点，改良已有菌种的生产性能，使产品的产量和质量不断提高，或使它更适应于工艺的要求，这是育种工作的任务。一切生产菌种都要使它避免死亡和生产性能的下降，这是菌种保藏工作的任务。如果发现菌种的生产性能下降，就要设法使它复壮，这便是菌种复壮工作的任务。另外还要有合适的工艺条件和合理先进的设备与之配合，这样菌种的优良性能才能充分发挥。

### 一、从自然界中分离筛选菌种的方法步骤

生产上使用的微生物菌种，最初都是从自然界中筛选出来的。自然界的微生物种类非常多，分布极广，它们在自然界多是以混杂的形式群居在一起的。要从自然界找到我们需要的菌种，就必须把它从许许多多不同的杂菌中分离出来，然后根据生产上的要求和菌种的特性，采用各种不同的筛选方法，挑选出性能良好、符合生产要求的纯种。自然界工业菌种分离筛选的主要步骤有采样、增殖培养、纯种分离和性能测定等几个步骤。如果产物与食品制造有关，还需对菌种进行毒性鉴定。

#### （一）采样

从何处采样，要根据选菌的目的、微生物的分布状况及菌种的特征与外界环境的关系等，进行综合的具体的分析来决定。

由于土壤是微生物生活的大本营，其中包括各种各样的微生物，因此，如果我们不知道生产某种产品的微生物属类及某些特征时，一般都可以土壤为样品进行分离。但是，微生物的存在及数量和种类常随土质的不同而不同，一般在有机质较多的肥沃土壤中，微生物的数量最多，中性偏碱的土壤以细菌和放线菌为主，酸性红壤中及森林土壤中霉菌较多，果园、菜园和野果生长区等富含碳水化合物的土壤和沼泽地中，酵母菌和霉菌较多，浅层土比深层土中的微生物多，一般离表层 5~15cm 深处的微生物数量最多。

采样应充分考虑季节性和时间因素，以温度适中、雨量不多的秋初为好。采

样的方法是在选好合适地点后,用小铲子除去表层土,然后用无菌刮铲、土样采集器等取离地面 5~15cm 的土壤几十克,盛入预先消毒过的牛皮纸袋、聚乙烯袋或玻璃瓶中,扎好并标上样本的种类、采样的地点、时间以及环境情况等,以备查考。

如果我们知道所需菌种的明显特征,则可直接采样。例如分离啤酒酵母可直接从酒厂的酒糟中采样;分离抗噬菌体的新菌株可以从污染噬菌体的发酵液中采样;分离能利用糖质原料、耐高渗的酵母菌可以采集加工蜜饯、糖果、蜂蜜的环境土壤等。

### (二) 增殖培养

在一般情况下,采来的样品都可直接进行分离。但如果样品中我们所需要的微生物数量不够多时,就得设法增加所要菌种的数量,以增加分离的几率,这种人为的增加该菌种数量的方法称为增殖培养法(也称富集培养法)。

进行增殖培养时,要根据所分离菌种的培养条件、生理特征来确定特定的增殖条件,其手段是通过选择性培养基控制营养条件、生长条件或加入一定的抑制剂等(见表 8-2),其目的是使其他微生物尽量处于抑制状态,要分离的微生物(目的微生物)能正常生长,以便使所需微生物增殖后在数量上占绝对优势。

表 8-2　　　　　　　　某些细菌增殖培养条件的控制

| 培养基*中添加物的量/g | 培养条件 pH | 供氧条件 | 采集样品 | 待分离微生物 |
|---|---|---|---|---|
| — | 7.0 | 通气 | 土壤 | 需氧的氨基酸氧化菌 |
| — | 7.0 | 通气 | 80℃热处理 10min 的土壤 | 芽孢杆菌 |
| — | 7.0 | 厌氧 | 80℃热处理 10min 的土壤 | 梭状芽孢杆菌 |
| 尿素 50 | 8.5 | 通气 | 80℃热处理 10min 的土壤 | 耐碱性尿素分解菌 |
| 葡萄糖 20 | 2.5 | 厌氧 | 土壤 | 厌氧八叠球菌 |
| 葡萄糖 20 + 碳酸钙 20 | 6.5 | 厌氧 | 牛乳 | 乳酸菌 |
| 葡萄糖 20 | 7.0 | 通气 | 土壤、下水污泥、粪便 | 大肠杆菌 |
| 葡萄糖 20 + 碳酸钙 20 | 7.0 | 厌氧 | 乳酪 | 丙酸菌 |
| 乙醇 40 + 乳酸钙 20 | 6.0 | 通气 | 果实、未灭菌的啤酒 | 醋酸菌 |

\* 基础培养基:酵母膏 10g,$K_2HPO_4$ 1g,$MgSO_4 \cdot 7H_2O$ 0.2g,水 1000mL。

### (三) 纯种分离

通过增殖培养,具有某一特性的微生物大量存在,但它不是唯一的,仍有其他类型的微生物与其混杂生长。为了取得所需微生物的纯种,就必须对此进行分离和纯化,常用的纯种分离方法有稀释分离法、平板划线分离法和组织分离法三种。

**1. 稀释分离法**

将样品进行适当稀释,然后将稀释液涂布接种于培养基平板上进行培养,待长出独立的单个菌落，进行挑选分离。

**2. 平板划线分离法**

首先倒培养基平板，然后用灭菌的接种针（接种环）挑取样品，在平板上划线。划线方法可分为分步划线法和一次划线法，无论用哪种方法，基本原则都是确保培养出单个菌落。

**3. 组织分离法**

组织分离法主要用于食用菌菌种的分离，是以食用菌的子实体等作为材料进行分离的方法。分离时，首先用10%漂白粉水或75%酒精对食用菌的子实体进行表面消毒，并用无菌水洗涤数次后，以无菌操作手续切取一小块组织，移置于固体培养基上，于适宜温度下进行培养，数天后就可以看到从组织块周围长出菌丝，并向外扩展生长。

### （四）纯种培养

纯种培养是将分离到的目的菌种接种到试管斜面上培养扩大的培养方法。经过分离培养，在平板上出现很多单个菌落，通过菌落形态观察，选出所需菌落，然后取菌落的一半进行菌体形态鉴定，对于符合目的菌特性的菌落，可转移到试管斜面进行纯种培养。

### （五）生产性能测定

从自然界中分离得到的纯种称为野生型菌株，它只是筛选的第一步，所得菌种是否具有生产上的实用价值，能否作为生产菌株，还必须采用与生产相近的培养基和培养条件，通过三角瓶进行小型发酵试验进行发酵生产性能的测定，然后才能决定取舍。

需要特别指出的是刚从自然界分离筛选出来的菌种，一般来讲，其发酵生产活力往往还是比较低的，不能够达到生产的要求。因此还必须经过多次重复筛选，结合研究它们在形态和生理上的特点，找出它们生长和发酵生产的最适培养条件，并进行菌种的选育工作以便满足生产之需要。

## 二、微生物的诱变育种

诱变育种就是利用物理的或化学诱变剂处理均匀分散的微生物群体，促进其突变频率大幅度提高，从中挑选少数符合育种目的的突变菌株，以供生产实践或科学实验之用。

诱变育种的主要手段是用合适的诱变剂处理大量而分散的微生物细胞，引起绝大多数细胞死亡，使存活细胞的突变频率迅速提高，再设计既简单、快速又高效的筛选方法，进而淘汰负变菌株，并把正变菌株中少数变异幅度最大的优良菌株巧妙地挑选出来。

诱变育种具有极其重要的实践意义。当今发酵工业所使用的高产菌株，几乎都是通过诱变育种而大大提高了生产性能的突变株。其中最突出的例子就是青霉素生产菌株的选育。1943 年,产黄青霉每 1mL 发酵液只产生约 20 单位的青霉素,通过诱变育种和其他措施配合,目前的发酵单位已比原来提高了三四千倍,达到每 1mL 5 万~10 万单位。

诱变育种不仅能提高菌种的生产性能而增加产品的产量,而且还可以达到改进产品质量,扩大品种和简化生产工艺等目的。从方法上讲,它具有方法简便、工作速度快和效果显著等优点。因此,虽然目前在育种方法上,杂交、转化、转导以及基因工程、原生质体融合等方面都在快速地研究发展着,但是诱变育种仍为目前最主要最广泛使用的育种手段。

**(一) 诱变育种的步骤**

诱变育种的一般步骤见图 8-9。

```
确定出发菌株
    ↓
菌种的纯化选优
    ↓ ←出发菌株的性能测定
同步培养
    ↓
制备单细胞(或单孢子)菌悬液
    ↓ ←活菌浓度测定
诱变剂的选择与确定诱变剂量的预试验
    ↓
诱变处理
    ↓
平板分离
    ↓ ←计形态变异的菌落数,计算突变率
挑取疑似突变菌落纯培养
    ↓
突变株的初步筛选
    ↓ ←用简单快捷的方法
重复筛选
    ↓ ←摇瓶发酵试验
选出突变株(根据情况进行生产试验或重复诱变处理)
```

图 8-9 诱变育种的一般步骤

**1. 出发菌株的选择**

出发菌株是用于诱变育种的原始菌株。在诱变育种中,出发菌株的选择会直接影响最后的诱变效果。经常用作出发菌株的有以下三类:第一类是新从自然界分离的野生型菌株,这类菌株的特点是对诱变因素敏感,容易发生变异,而且容易向好的方向变异,产生正向突变。第二类是诱变育种中经常采用的,对在生产中由于自发突变而经筛选得到的菌株进行诱变,这类菌株类似野生型菌株,容易得到较好的诱变结果。第三类是对已经诱变过的菌株进行再诱变,这也是诱变育种工作中经常采用的,选取每次诱变处理产量都有一定提高的菌株,往往多次诱变可能效果叠加。

**2. 同步培养**

在诱变育种中,一般均采用生理状态一致的单细胞或单孢子,诱变处理前,菌悬液的细胞应尽可能达到同步生长状态,培养生理活性一致的细胞方法,称同步培养法。

**3. 单细胞或单孢子菌悬液的制备**

在诱变育种中要求待处理的菌悬液呈分散的单细胞或单孢子状态,这样一方面可以均匀地接触诱变剂,另一方面又可避免长出不纯菌落。

菌悬液一般可用生理盐水或缓冲液配制,特别是用化学诱变剂处理的,因处理时 pH 会变动,必须要用缓冲液;其次,还应注意分散度,采用的方法是先用玻璃珠振荡分散,再用脱脂棉或滤纸过滤,经过如此处理,分散度可达 90% 以上,供诱变处理较为合适。此外,菌悬液还要有合适的浓度,一般处理霉菌孢子或酵母菌细胞悬浮液的浓度大约为 $10^6$ 个/mL,放线菌或细菌密度大些,可在 $10^8$ 个/mL 左右。悬浮液的细胞数可用平板活菌计数,也可用血球计数器或光密度法测定,但以平板活菌计数较为准确。

**4. 诱变剂选择与诱变剂剂量确定**

诱变剂主要有两大类,即物理诱变剂和化学诱变剂。

(1) 物理诱变剂 常用的有紫外线、X 射线、$\gamma$ 射线和快中子、超声波等,其中最常用的是前三种。

由于紫外线不需什么特殊贵重设备,只要有一支用于灭菌的紫外灯管就能做到,而且诱变效果也很显著,因此是目前使用最广泛的一种诱变剂。为了避免光复活作用,应在暗室的红光下操作,处理完毕后,应将盛菌悬液的器皿用黑布包起来培养,而后再进行分离筛选。

不同的微生物对于紫外线的敏感程度是不一样的,因此不同的微生物对于诱变所需要的照射剂量是不同的。紫外线的照射剂量可以相对地按照紫外灯的功率、照射距离和照射时间来决定。最好使照射后微生物的存活率在 5% 以下为宜。

X 射线和 $\gamma$ 射线二者都是高能电磁波,两者性质相似。生物学上应用的 X 射线一般由 X 光机产生,$\gamma$ 射线来自放线性元素钴、镭、氡等。X 射线和 $\gamma$ 射线诱发的突变率和射线剂量直接有关,而与时间长短无关。不同的微生物对 X 射线和 $\gamma$ 射线的辐射敏感程度差异很大,可以相差几百倍,引起最高变异的剂量也随菌种有所不同。一般照射时多采用菌悬液,也可用长了菌落的平皿直接照射。照射剂量在 103~258C/kg,或者采用能使微生物产生 90%~99% 的死亡率的剂量。

（2）化学诱变剂　化学诱变剂的种类极多，根据它们对 DNA 的作用机制，可以分为三大类。第一类是烷化剂，例如硫酸二乙酯（DES）、甲基磺酸乙酯（EMS）、甲基亚硝基脲（NMU）、氮芥、乙烯亚胺和环氧乙烷等。第二类是碱基类似物，例如 5-溴尿嘧啶、5-氨基尿嘧啶、2-氨基嘌呤、8-氮鸟嘌呤等。第三类是吖啶类化合物。

决定化学诱变剂剂量的因素主要有诱变剂的浓度、作用温度和作用时间。化学诱变剂的处理浓度常用微克至毫克级，但是这个浓度取决于药剂、溶剂及微生物本身的特性，还受水解产物的浓度、一些金属离子以及某些情况下诱变剂延迟作用的影响。一般对于一种化学诱变剂，处理浓度对不同微生物有一个大致范围，在进行预试验时，也通常是将浓度、处理温度确定后，测定不同时间的致死率来确定适宜的诱变剂量。

要确定一个合适的剂量，通常要进行多次试验。就一般微生物而言，诱变频率往往随剂量的增高而提高，但达到一定剂量后，再提高剂量反而会使诱变频率下降。根据对紫外线、X 射线和乙烯亚胺等诱变效应的研究结果，发现正变较多地出现在偏低的剂量中，而负变则较多地出现于偏高的剂量中，还发现经多次诱变而提高产量的菌株中，更容易出现负变。因此，在诱变育种工作中，目前比较倾向于采用较低的剂量。例如，过去在用紫外线作诱变剂时，常采用杀菌率为 99.9% 的剂量，而近年来则倾向于采用杀菌率为 70%～75%，甚至更低（30%～70%）的剂量，特别是对于经多次诱变后的高产菌株更是如此。

诱变剂的复合处理常呈现一定的协同效应，这对诱变育种工作具有实际意义。因此有时可根据情况，采用多种诱变剂复合处理。复合处理方法主要有三类：第一类是两种或多种诱变剂的先后使用，第二类是同一种诱变剂的重复使用，第三类是两种或多种诱变剂的同时使用。如果能使用不同作用机制的诱变剂来做复合处理，可能会取得更好的诱变效果。

**5. 分离和筛选**

近年来，人们为了缩短筛选周期，尽量减少不必要的工作量，往往对筛选方法加以简化，以代替大量的摇瓶培养工作，并将初筛与复筛两个阶段结合在一起进行，其目的是利用形态突变直接淘汰低产变异菌株和利用平皿反应直接挑取高产变异菌株。平皿反应是指每个变异菌落产生的代谢产物与培养基内的指示物在培养皿平板上作用后表现出的生理效应，如变色圈、透明圈、生长圈、抑菌圈等的大小，这些效应的大小表示了变异菌株生产活力的高低，所以可以作为筛选的标志。常用的方法有纸片培养显色法、透明圈法、琼脂块培养法等。

（1）纸片培养显色法　此方法适用于多种生理指标的测定，如淀粉酶变色圈（用碘液使淀粉显色）大小的测定、氨基酸显色圈（转印到滤纸上，再用茚三酮显色）大小的测定、柠檬酸变色圈（用溴甲酚蓝作指示剂）大小的测定等，来估计相应代谢产物的产量。下面以筛选柠檬酸产生菌为例介绍其具体方法：将与培养皿大小一致的滤纸片预先浸入含有0.02%指示剂溴甲酚蓝的培养基中，再把滤纸片放在培养皿中，用4只牛津小杯搁起，中央放一小块浸有3%甘油的脱脂棉以保湿，用接种环将适当浓度的菌悬液接种到滤纸上，然后保温培养，即可见到菌落周围因产酸而显示出变色圈，最后由变色圈和菌落直径的比值可测定出该菌的产酸能力。

(2) 透明圈法　有人将产蛋白酶的酱油曲霉突变体用紫外线处理，使之再变异，然后在含酪素的琼脂培养基上使其长出菌落，利用菌落周围透明圈的大小，选出了优良高产菌株$U_{34}$，该菌的产酶活性约为出发菌株的6倍。

(3) 琼脂块培养法　此法是筛选抗生素产生菌较理想的一种方法，具体做法是：将诱变后的孢子悬液涂布在琼脂平板上，29℃培养2d，待长出稀疏的小菌落后，用打孔器取出长有单菌落的琼脂小块，并把它整齐地放入灭过菌的空培养皿中，保持一定温湿度，在29℃继续培养4～5d，使其产生抗生素并分泌在琼脂块内，然后将这些琼脂块移置于铺有试验菌的大方盘内，在29℃培养17～18h，观察抑菌圈的大小，选取抑菌圈大的转接于斜面。此法的特点是用打孔器取出含有一个小菌落的琼脂块并对其进行分别培养。在这种情况下，各琼脂块所含养料和接触空气面积基本相同，且产生代谢产物无处扩散，因此测的数据与摇瓶培养十分相似，然而工作效率却大大提高了。

### (二) 营养缺陷型突变株的筛选及应用

在诱变育种工作中，营养缺陷型突变株的筛选及应用有着十分重要的意义。营养缺陷型是指通过诱变而产生的缺乏合成某种营养物质（如氨基酸、维生素、嘌呤和嘧啶碱基等）的能力，必须在基本培养基中加入相应缺陷的营养物质才能正常生产繁殖的变异菌株。其变异前的原始菌株称为野生型菌株。凡是能满足野生型菌株正常生长的最低成分的合成培养基，称为基本培养基（MM）；在基本培养基中加入一些富含氨基酸、维生素及含氮碱基之类的天然有机物质如蛋白胨、酵母膏等，以满足该微生物的各种营养缺陷型菌株都能生长繁殖的培养基，称为完全培养基（CM）。在基本培养基中只是有针对性地加入某一种或某几种其自身不能合成的有机营养成分，以满足相应的营养缺陷型菌株生长的培养基，称为补充培养基（SM）。

营养缺陷型菌株不论在科学实验中还是在生产实践中都有十分重要的意义。在科学实验中，它既可作为研究代谢途径和转导、转化、接合及杂交等遗传规律必不可少的标记菌种，也可作为氨基酸、维生素或含氮碱基等物质生物测定的试验菌种。在生产实践中，它既可直接用作发酵生产核苷酸、氨基酸等代谢产物的生产菌，也可作为生产菌种杂交育种时所必不可少的带有特定标记的亲本菌株。

**1. 营养缺陷型菌株筛选的一般方法**

筛选营养缺陷型菌株一般要经过诱变、淘汰野生型菌株、检出缺陷型菌株和鉴定营养缺陷型四个环节。

(1) 诱变剂处理　与其他诱变处理相同。

(2) 淘汰野生型菌株　在诱变处理后的存活个体中，营养缺陷型的比例一般很低，通常只有百分之几至千分之几，通过抗生素法或菌丝过滤法就可淘汰为数众多的野生型菌株，从而达到"浓缩"营养缺陷型的目的。

(3) 检出营养缺陷型菌株　主要有夹层培养、限量补充培养、影印接种、逐个检出四种检出营养缺陷型菌株的方法。

(4) 鉴定营养缺陷型　经过营养缺陷型的检出，确定菌株为营养缺陷型菌株后，就需测定它到底是哪种类型的营养缺陷型。是氨基酸缺陷型，还是维生素缺陷型，或是嘌呤、嘧啶缺陷型？如果是氨基酸缺陷型，还需要确定是什么氨基酸缺陷型，通常用生长谱的方法鉴定。

**2. 营养缺陷型菌株的应用**

营养缺陷型菌株在微生物学中应用很广，主要有以下几个方面。

(1) 利用营养缺陷型菌株定量分析各种生长因素的方法称为微生物分析法。这种方法特异性强，灵敏度高，所用样品可以很少而且不需经过提纯，也不需要复杂的仪器设备。因此常用于分析食品中维生素和氨基酸的含量，因为在一定浓度范围内，营养缺陷型菌株生长繁殖的数量与其所需维生素和氨基酸和含量成正比。

(2) 利用营养缺陷型菌株测定微生物的代谢途径。通过有意识地控制代谢途径，获得更多我们所需要的代谢产物，从而成为发酵生产核苷酸、氨基酸或各种维生素等的生产菌种，例如利用腺苷酸缺陷型菌株可提高肌苷酸的产量等。

(3) 利用营养缺陷型菌株作为研究转导、转化、接合等遗传规律的标记菌种，在微生物杂交育种中常作亲本的标记。由于对大多数不能进行有性繁殖的微生物进行杂交育种时，主要是通过准性生殖的方式进行，但结合后形成的杂种在形态上往往与亲本不能区别，因此常常选择不同的营养缺陷型来进行标记，通过测定后代的营养特性，以判定它们杂交的性质。

## 三、微生物的杂交育种

杂交育种是指将两个基因型不同的菌株的有性孢子或无性孢子及其细胞相互联结，细胞核融合，随后细胞核进行减数分裂或有丝分裂，遗传性状出现分离和组合，产生具有各种新性状的重组体，然后经分离和筛选，获得符合要求的生产菌株。由此可见，微生物的杂交现象包括有性杂交以及菌体细胞重组两个方面。

尽管一些优良菌种的选育主要是采用诱变育种的方法，但是某一菌株在长期诱变处理后，其生活能力一般要逐渐下降，如生长周期延长、孢子量减少、代谢减慢、产量增加缓慢等。而杂交育种是选用已知性状的供体和受体菌种作为亲本，因此不论在方向性还是自觉性方面，都比诱变育种前进了一大步，所以它是微生物菌种选育的另一重要途径。但由于杂交育种的方法复杂、工作进度慢，因此还很难像诱变育种那样得到普通的推广和应用。

## （一）酵母菌的杂交育种

酵母菌的育种在食品工业中占有极其重要的地位。它的杂交育种工作开展得也较早，并取得了有益的成果。例如在面包酵母的种间进行杂交，获得了许多生产性能良好的菌株，它们的繁殖能力和发酵能力都比亲本菌株强；采用面包酵母和酒精酵母杂交，其杂交种的酒精发酵能力没有下降而发酵麦芽糖的能力却比亲本菌株高，在酒精发酵后，它还可供面包厂发酵面包用；在啤酒酿造中，用上面酵母和下面酵母杂交，得出的杂交种可生产出浓度和香味更好的啤酒等。以上这些都是通过酵母菌的有性杂交获得，因为这些菌株均具有不同的交配型。对于无典型有性生殖的酵母如假丝酵母，可通过准性生殖过程进行杂交。但是酵母菌的杂交育种大多数为有性杂交。

酵母菌通过有性杂交进行杂交育种主要包括子囊孢子的形成、子囊孢子的分离和酵母杂交种的获得三个步骤。

**1. 酵母子囊孢子的形成**

一般生产上用的酵母菌如啤酒酵母、面包酵母等，因长期在实验条件下培养，会引起产生孢子能力衰退，一般很难形成子囊孢子。因此，要使酵母菌形成子囊孢子就需要用特殊的酵母菌产生子囊孢子培养基。比较有效的产孢子培养基是醋酸钠琼脂培养基：无水醋酸钠0.82g，氯化钾0.186g，琼脂2g，水100mL。将大量的不同生产性状的甲、乙两个酵母菌亲本（双倍体）分别接种到该培养基的斜面上，在25~27℃培养2~3d即可产生子囊孢子。

**2. 子囊孢子的分离**

用几毫升蒸馏水洗下子囊，加入1mL液体石蜡和5g硅藻，在匀浆器中研磨10min，弄破子囊，然后在离心机（4500r/min）中离心10min，子囊孢子就会集中在最上层的石蜡层中。也可用蜗牛消化液酶解子囊壁，激烈振荡，使其成单个孢子，所得悬液再添加液体石蜡，振荡后子囊孢子也会集中在上层的石蜡层中。

**3. 杂交种的获得**

取集中子囊孢子的液体石蜡0.05mL，加0.05mL 15%的明胶，涂布于培养皿的平板上，就可获得单倍体的菌落。将两种不同交配型的单倍体酵母菌混合培养在麦芽汁中过夜，当镜检时发现有大量哑铃形接合细胞时，就可接种到微滴培养液中培养，形成2倍体细胞，就是杂交种。这就是最常应用的群体交配法。也可借助显微操纵器将不同交配型的子囊孢子直接配对，进行微滴培养，使之发芽结合，形成杂交种。但这个方法既需仪器又费工。还有一种方法是单倍体细胞交配法，是用两种不同交配型的酵母细胞直接配对放在微滴培养基中进行培养，当在显微镜下观察到合子形成时，就是杂种，但此法不易成功。

## （二）霉菌的杂交育种

目前在发酵生产中应用的霉菌大部分是属于半知菌，它们不具有典型的有性生殖过程，因此霉菌的杂交育种主要是通过体细胞的核融合和基因的重组，即通过准性生殖过程而不是通过性细胞的融合。例如：酱油曲霉通过体细胞的重组及多倍体化，提高了蛋白酶活性及曲酸的产量；通过对黑曲霉的杂交育种，得到了多倍体的新种，其柠檬酸产量比原始菌株高几十倍等。目前霉菌的杂交育种主要是在种内，偶尔有种间的。但亲本菌株的亲缘关系越远，则越不易成功。

霉菌的杂交育种包括以下几个步骤。

**1. 选择直接亲本**

即选择来自不同菌株的合适的营养缺陷型作杂交亲本菌株。由于在荨麻青霉等不产生有性孢子的霉菌中，只有极个别的细胞间才发生联结，而且联结后的细胞在形态上无显著的特征可找，因此，必须借助营养缺陷型来作为杂交亲本菌株，才能测知杂交的程度。

**2. 异核体的形成**

将 $A^-B^+$ 和 $A^+B^-$ 缺陷型菌株所产生的分生孢子（含量为 $10^6 \sim 10^7$ 个/mL）混合，用基本培养基倒培养皿培养，同时也用单一亲本的分生孢子分别倒基本培养基平皿培养。经过培养后，要求前者只出现几十个菌落，而后者却不长菌落。这时，出现在前者上的菌落便是由 $A^-B^+$ 和 $A^+B^-$ 体细胞联结形成的异核或杂合二倍体菌落。

**3. 转移单菌落**

将培养皿上长出的这种异核体单菌落移接到基本培养基的斜面上。

**4. 双倍体的检出**

就是检验新菌株是不稳定的异核体还是稳定的杂合二倍体。首先将斜面上的孢子洗下，用基本培养基倒夹层平板，经培养后，再加上一层完全培养基。这时，如果在基本培养基上不出现或出现少数菌落，而当加上完全培养基后却出现大量菌落，这便证明是一个不稳定菌株——异核体。如果在基本培养基上出现多数菌落，而加入完全培养基后，菌落数并无显著增加，这便证明是一个稳定菌株——杂合二倍体。在实际工作中，多数菌株属于不稳定的异核体。

**5. 诱变处理并促进变异**

将稳定菌株产生的分生孢子用紫外线、$\gamma$ 射线或氮芥等诱变剂进行处理，以促进其发生染色体交换、染色体在子细胞中分配不匀、染色体畸变或缺失以及点突变等，从而使分离后的杂交子代（单倍体杂交子）增加新遗传性状的可能性。

在上述工作的基础上，再经过生产性状的测定，就有可能筛选到比较理想的菌株。

**（三）细菌的杂交育种**

根据实验，一般大约 $10^6$ 个细菌中才会出现一个基因重组体。所以如果不采用营养缺陷型具有标记的菌种和不采用选择性培养基，是很难发现这类重组体的。因此在细菌杂交育种前首先要获得标记菌种，并设计好选择性培养基，另外进行细菌杂交必须选择具有 F 因子可亲和的细胞。

在发酵工业中，细菌的杂交育种工作报道很少，也还未能很好地应用，但是，目前也进行了一些具有应用潜力的试验。例如，肺炎克氏杆菌具有固氮能力，大肠杆菌不能固氮，在大肠杆菌中诱变出组氨酸缺陷型和抗链霉素突变株，把这一突变株和野生型的肺炎克氏杆菌混合，接种到有链霉素的基本培养基上，就可形成杂交种菌落。

四、原生质体融合育种

通过人为的方法，使遗传性状不同的两个细胞的原生质体进行融合，借以获得兼有双亲遗传性状的稳定重组子的过程，称为原生质体融合。由此法获得的重组子称为融合子。原核生物原生质体融合研究是从 20 世纪 70 年代后期才发展起来的一种育种新技术，是继转化、转导和接合之后发现的一种较有效的遗传物质转移手段。

能进行原生质体融合的细胞不仅有原核生物中的细菌、放线菌，而且还有真核微生物中的酵母、霉菌以及高等动、植物细胞。原生质体融合技术有许多优越性，它打破了微生物的种属界限，可以实现远缘菌株间的基因重组；可使遗传物质传递更完整，可快速组合性状，加速育种速度；可借助聚合剂同时将几个亲本的原生质体随机地融合在一起，获得综合几个亲本性状的重组体。

原生质体融合的主要操作步骤是：先选择两株有特殊价值并带有选择性遗传标记的细胞作为亲本菌株置于等渗溶液中，用适当的脱壁剂（如细菌和放线菌可用溶菌酶等处理，真菌可用蜗牛消化酶或其他相应酶处理）去除细胞壁，再将形成的原生质体（包括球状体）进行离心聚集，加入促融合剂 PEG（聚乙二醇）或借电脉冲等促进融合，然后用等渗溶液稀释，再涂在能促使它再生细胞壁和进行细胞分裂的基本培养基平板上。待形成菌落后，再透过影印平板法，把它接种到各种选择性培养基平板上，检验它们是否为稳定的融合子，最后再测定其有关生物学性状或生产性能（见图 8 – 10）。

原生质体融合育种具有重组率高、遗传物质的传递更加完整、可以实现远亲缘菌株间的基因重组，还可以进行多细胞间的基因重组等优点。因此，利用原生质体融合选育新菌株已受到国内外的普遍重视。原生质体融合已成为微生物遗传育种的有效工具，必将为应用微生物工业带来勃勃生机。

五、基因工程育种

自进入 20 世纪 70 年代后，由于分子生物学、分子遗传学和核酸化学等基础理论的发展，产生了一种新的育种技术——基因工程。基因工程又称遗传工程，它是用人为的方法将所需要的某一供体生物的遗传物质——DNA 大分子提取出来，在离体条件下进行切割后（或用人工合成的基因），把它和作为载体的 DNA 分子

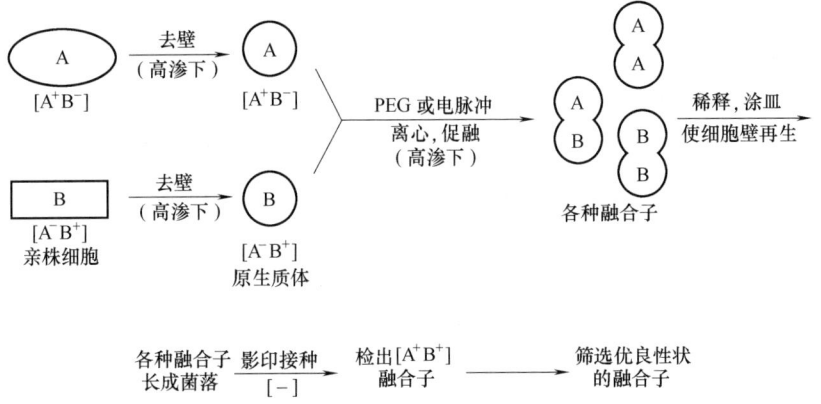

图 8-10 原生质体融合技术

连接起来进行基因重组，然后通过转化或转导手段将这种新的重组 DNA 分子导入某一受体细胞中，以让外来的遗传物质在受体细胞中进行正常的复制和表达，从而获得新物种的一项崭新的育种技术。这是一种自觉的、可人为操纵的体外 DNA 重组技术，是一种可达到超远缘杂交的育种技术，更是一种前景宽广、正在迅速发展的定向育种新技术。

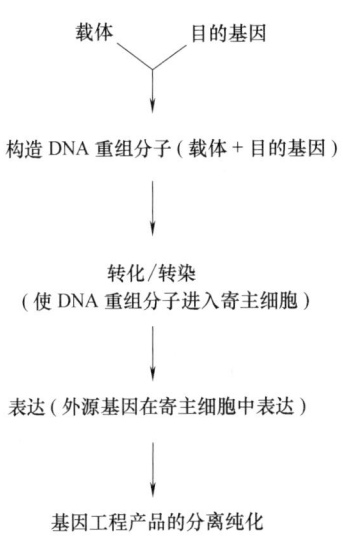

图 8-11 基因工程基本操作步骤

基因工程的基本操作包括目的基因的取得，载体系统的选择，目的基因与载体重组体的构建，重组载体导入受体细胞，"工程菌"或"工程细胞株"的表达、检测以及一系列生产性试验等。其主要操作过程见图 8-11。

**1. 目的基因的取得**

选择目的基因的途径有三种：选择适宜的供体细胞，以便从中采集分离到有生产意义的目的基因；通过逆转录作用由 mRNA 合成 cDNA（互补 DNA）；用化学方法合成特定功能的基因。

**2. 选择载体**

载体必须具备下列几个条件：是一个有自我复制能力的复制子；能在受体细胞内大量增殖，有较高的复制率；载体上最好只有一个限制性内切核酸酶的切口，使目的基因能固定地整合到载 DNA 的一定位置上；载体上必须有一种选择性遗传标记，以便及时把极少数"工程菌"选择出来。目前原核受体细胞的载体主要有细菌质粒（松弛型）和 λ 噬菌体两类。真核受体细胞的载体主要有 SV40 病毒（动物方面）和 Ti 质粒（植物方面）。

### 3. 目的基因与载体 DNA 的体外重组

对目的基因与载体 DNA 均采用限制性内切酶处理，从而获得互补黏性末端或人工合成黏性末端，然后把两者放在较低的温度（5~6℃）下混合"退火"。由于每一种限制性内切酶所切断的双链 DNA 片段的黏性末端有相同的核苷酸组分，所以当两者相混时，凡黏性末端上碱基互补的片段，就会因氢键的作用而彼此吸引，重新形成双链。这时，在外加连接酶的作用下，供体的 DNA 片段与质粒 DNA 片段的裂口处被"缝合"，形成一个完整的有复制能力的环状重组体。

### 4. 重组载体引入受体细胞

体外反应生成的重组载体只有将其引入受体细胞后，才能使其基因扩增和表达。受体细胞可以是微生物细胞，也可以是动物或植物细胞。把重组载体 DNA 分子引入受体细胞的方法很多。若以重组质粒作为载体时，可以用转化的手段；若以病毒 DNA 作为重组载体时，则用感染的方法。

### 5. 复制、表达

在理想情况下，进入受体细胞内的杂种质粒（或杂种噬菌体），可通过自我复制到扩增，从而使受体细胞表达出供体基因所提供的部分遗传性状，受体细胞就成了"工程菌"。

### 6. 筛选、繁殖

当前，由于分离纯净的基因功能单位还很困难，所以通过重组后的"杂种质粒"的性状是否都符合原定的"设计蓝图"，以及它能否在受体细胞内正常增殖和表达等，都还需要经过仔细检查，以便能在大量个体中设法筛选出所需要性状的个体，然后才可加以繁殖和利用。

基因工程虽是在 20 世纪 70 年代初才开始发展起来的一个遗传育种新领域，但由于它反映了时代的要求，因而进展极快，在应用方面的巨大潜力已经表现出来。例如，1977 年报道了人脑激素基因转移到大肠杆菌中并获得发酵产品人脑激素。1978 年美国有两个实验室合作，将大白鼠的胰岛素基因经过体外加工，成功地植入大肠杆菌并制造出胰岛素。1982 年我国将人工合成的脑菲肽（大脑中的一种镇搐物质）基因（含 26 个核苷酸的双链）移植到大肠杆菌中并实现了表达，同时把人干扰素基因移植到大肠杆菌中合成干扰素的工作也已获成功；1984 年上海药物研究所又采用基因工程制成了具有高活性青霉素酰化酶基因的"工程菌"。所有这些成就已在全世界引起巨大反响。有人估计，用基因工程方法获取新种要比自然进化的速度提升 1 亿至 10 亿倍，利用基因工程进行育种工作的出现，为遗传育种工作者提出了一系列具有吸引力的研究课题，同时也为有关工作展示了一幅光辉灿烂的美好前景。

## 第五节

# 微生物的菌种保藏及复壮

微生物受外界环境的影响会经常地发生小几率的变异，这种变异可能造成菌种生产性状的劣化或自身死亡。优良菌种被分离选育出来后，必须尽可能保持其原来优良的生产性状和生活力不变异、不死亡、不被污染，即做好保藏和复壮工作，以便随时供应优良菌种给生产、科研使用。

一、微生物的菌种保藏

菌种是一类重要的生物资源，菌种保藏是一项重要的微生物学基础工作。在微生物发酵工业中，获得具有良好性状的生产菌种十分不容易。如何利用优良的微生物菌种保藏技术，使菌种经长期保藏后不但存活，而且保证高产菌株不改变其表型和基因型，特别是不改变初级代谢产物和次级代谢产物的高产能力，即很少发生突变，这对菌种极为重要。

**（一）菌种保藏原理**

微生物菌种保藏技术很多，保藏的原理基本一致。首先挑选优良纯种，最好是采用它们的休眠体（如分生孢子、芽孢等）；其次要创造一个有利于休眠的环境条件，如采用干燥、低温、缺氧、缺乏营养以及添加保护剂或酸度中和剂等方法，使微生物生长在代谢处于不活跃，生长繁殖受到抑制的环境中。

**（二）菌种保藏的方法**

一种良好的保藏方法首先应能保持原种的优良性状不变，同时还须考虑方法的通用性和简便性。菌种保藏常用方法如下。

**1. 低温保藏法**

利用低温对微生物生命活动有抑制作用的原理进行保藏。根据所用温度的高低可分为两类：一类是普通低温保藏法，即将斜面菌种、固体穿刺培养物或菌悬液等直接放入4~5℃冰箱中保藏，保藏时间一般不超过3个月，到时必须进行移接传代，再放回冰箱。另一类是利用超低温保藏法，用-20℃以下的超低温冰箱或干冰、液氮（-195℃）等进行冻结保藏效果很好。

**2. 干燥保藏法**

主要是指把菌种接种到适当载体上，在干燥条件下进行保藏。能够作载体的材料很多，如土壤、细沙、硅胶、滤纸片、麸皮等，这种保藏方法主要适合于细菌的芽孢和霉菌的孢子。细菌芽孢用沙土管保藏，霉菌的孢子多用麸皮管保藏。

**3. 隔绝空气保藏法**

这种方法是利用好气性微生物无氧不生长的原理。向培养好的菌种斜面上加入灭菌石蜡油，高出斜面1cm，再用固体石蜡密封试管口以隔绝空气，最后放入低温冰箱中保藏效果很好。如果不用石蜡,可以在斜面菌种长到最好时采用灭菌的橡皮塞代替原有的棉塞,塞紧试管口,放入冰箱或室温下暗处同样可以达到保藏菌种的目的。

**4. 真空冷冻干燥保藏法**

在这类方法中,几乎利用了一切有利于菌种保藏的因素,如低温、缺氧、干燥等,因此是目前最好的一类综合性的保藏方法,保藏期长,但操作过程复杂,要求一定的设备条件。其基本过程是:培养菌种→加菌种保护剂(一般食品工业用菌种多用牛乳作保护剂)→分装、预冷冻→真空冻干→真空封口。真空冻干的菌种可在常温下长期保藏,也可在低温下保藏。

**5. 寄主保藏法**

适用于一些难以用常规方法保藏的动植物病原菌和病毒。

以上介绍了菌种保藏方法的大体类别,现将常用的几种方法列于表 8-3 中。

表 8-3  几种菌种保藏方法的比较

| 方法 | 原理 | 适用菌种 | 保藏期 |
| --- | --- | --- | --- |
| 冰箱保藏法(斜面) | 低温 | 各类微生物 | 3~6 个月 |
| 冰箱保藏法(半固体) | 低温 | 细菌、酵母菌 | 6~12 年 |
| 石蜡封管保藏法 | 低温、缺氧 | 各类微生物 | 1~2 年 |
| 沙土管保藏法 | 干燥、营养缺乏 | 芽孢、孢子 | 1~10 年 |
| 真空冷冻干燥保藏法 | 低温、干燥、无氧 | 各类微生物 | 5~15 年 |

## 二、微生物的退化与复壮

### (一)菌种的退化

菌株生产性状的劣化或菌株遗传标记的丢失均称为菌种退化。菌种退化是指细胞群体的变化,而不是指单个细胞的变化。当发生自发变异的单个细胞与其他细胞一起移接入新鲜培养基时,由于细胞生理、代谢调节及产生产物的不同,在某些培养条件下,发生自发变异退化细胞的数量可能逐渐增多,经过多次传代能使此变异类型完全占优势而导致细胞群体的退化。因此菌种退化是一个逐渐发展的过程。环境条件可以影响菌种退化的速率。不利环境往往加速突变型生产菌向野生型方向退化。但这种退化还需从群体细胞的生产性状来分析,单纯环境条件如碳源、氮源、pH、温度等造成生产性状的下降是因批而异的,下一次发酵可以完全恢复正常,菌种本身并没有变化,这不是退化。同样,由于杂菌污染导致生产性状下降也不是退化,通过采取对设备的清洗、维修、重新杀菌等一系列措施,加强无菌操作,可以避免杂菌的继续污染;只有菌株本身性状的劣化才是退化。

常见的菌种退化现象中,最易觉察到的是菌落形态和细胞形态的改变,如菌落颜色的改变、畸形细胞的出现等。其次是生长变得缓慢，产孢子越来越少，例如放线菌、霉菌在斜面上多次传代后产生"光秃"现象等，从而造成生产上用孢子接种的困难。再次是菌种的代谢活动，代谢产物的生产能力或其对寄主的寄生能力明显下降，例如黑曲霉糖化能力的下降，抗生素产生菌产抗生素的减少，枯草杆菌产淀粉酶能力的衰退等。所有这些都对发酵生产不利。

### （二）菌种退化的原因

菌种退化的主要原因是基因的负突变。与控制生产性状有关的基因的负突变可造成生产性状的严重劣化。以工业生产核苷酸或氨基酸的营养缺陷型菌种为例，缺陷型基因发生回复突变可使产量性状下降很大。这种个别细胞的回复突变频率很低，但由于具有生长优势，在传代过程中在数量比例上上升很快，尽管此时就斜面菌种而言退化细胞还只是少数，但发酵过程中这少数菌的存在会使退化性状表现强烈，最终成为一株退化了的菌株。由此可见，菌种的退化是一个从量变到质变的逐步演变过程。开始时，在群体中只有个别细胞发生负突变，这时如不及时发现并采用有效措施而一味移植传代，就会造成群体中负突变个体的比例逐渐增高，从而使整个群体表现出严重的退化现象。

### （三）防止菌种退化的措施

根据菌种退化原因的分析，可以制定出一些防治退化的措施，主要从四方面考虑。

**1. 控制传代次数**

即尽量避免不必要的移种和传代，把必要的传代降低到最低水平，以降低自发突变的几率。众所周知，微生物存在着自发突变，而突变都是在繁殖过程中发生而表现出来的。据研究证明，DNA在复制过程中碱基发生差错的几率低于$5 \times 10^{-4}$，一般自发突变频率在$10^{-8} \sim 10^{-9}$之间。从这里可看出，菌种传代次数越多，产生突变的几率就越高，因而菌种发生退化的机会就越多。所以不论在实验室还是在生产实践中，尽量避免不必要的移种和传代，把必要的传代控制在最低水平，以降低自发突变的概率。

**2. 创造良好的菌种培养条件**

在生产实践中，创造和发现一个适合原种生长的条件可以防止菌种退化。各种变异的生产菌株对培养条件的要求和敏感性不同。要满足变异菌株的生长要求，并控制培养条件防止菌种退化：①给予营养缺陷型菌适当的营养必需成分可以降低回复突变频率；②给予抗性菌以一定浓度的药物，可以使回复的敏感型菌株的生长受到抑制，而生产菌能正常生长；③控制培养基中氮源或碳源的性质，使之有利于生产菌株而不利于退化菌株的生长，从而限制退化菌株的数量上升；④改变培养pH、温度等条件防止退化。如栖土曲霉3.942的培养中，使培养温度由28~30℃提高到30~34℃防止了产孢子能力的衰退。由于微生物生长可使培养基成分发生变化，积累有毒害性物质，因此生产中应避免使用陈旧的培养物作为种子。

### 3. 利用不同类型的细胞进行移种传代

在放线菌和霉菌中,由于其菌丝细胞常含有几个核甚至是异核体,因此用菌丝接种就会出现不纯和衰退。而孢子一般是单核的,用它接种时,就没有这种现象发生。有人在实践中采用灭过菌的棉团轻巧地蘸取"5406"孢子进行斜面移种,由于避免了菌丝的接入,因而达到了防止退化的效果。还有人发现,构巢曲霉如用分生孢子传代就容易退化,而改为子囊孢子移种传代则不易退化。

### 4. 采用有效的菌种保藏方法

保藏温度影响自发突变且影响细胞活力。因此,有必要研究和采用更有效的保藏方法以防止菌种退化。例如斜面保藏于4℃时,突变的可能性大,且斜面保藏一般每3个月到半年需传代1次,这对菌种不利。因此作为生产菌株需同时采用斜面保藏和其他的保藏方式如冷冻干燥孢子、砂土管及液氮保存等,后几种方式可大大减少传代的次数。斜面保藏菌也应使每次传代的斜面足够在生产上使用相当长时间,以减少传代次数。保藏所用的斜面培养基组成应根据不同菌种的特性加以选择。

## (四) 退化菌种的复壮

狭义的复壮是指从退化菌种的群体中找出少数尚未退化的个体,以恢复菌种的原有典型性状;广义的复壮则指在菌种的生产性能尚未退化前就经常有意识地进行纯种分离和生产性能的测定工作,以期菌种的生产性能逐步有所提高。所以这实际上是一种利用自发突变(正突变)不断从生产中进行选种的工作。

退化菌种复壮的方法主要有以下几种。

### 1. 纯种分离

通过纯种分离,可把退化菌种细胞群体中一部分仍保持原有典型性状的单细胞分离出来,经扩大培养,就可恢复原菌株的典型性状。常用的分离纯化的方法有平板稀释法、单细胞或单孢子分离法等。

### 2. 通过寄主体进行复壮

对于寄生性的退化菌株,可回接到相应寄主体上,以恢复或提高其寄生性能。例如根瘤菌属经人工移接结瘤固氮能力减退,将其回接到相应豆科寄主植物上,令其侵染结瘤,再从根瘤中分离出根瘤菌,其结瘤固氮性能就可恢复甚至提高。

### 3. 淘汰已衰退的个体

例如对"5406"放线菌的分生孢子采用 $-30 \sim -10$℃处理 $5 \sim 7d$,其死亡率达80%,在抗低温的存活个体中,留下了未退化的健壮个体。

以上介绍了一些在实践中收到一定效果的防止衰退和达到复壮的方法和经验。但必须强调的是,在采取这类措施之前,要仔细分析和判断一下菌种是发生了衰退,还是仅属一般性的表型变化,或只是杂菌的污染而已。只有针对不同的情况才能使复壮工作奏效。

## 本章小结

　　基因突变指生物体内的遗传物质发生了稳定的可遗传的变化。基因突变的主要类型有营养缺陷型、条件致死突变型、形态突变型、抗性突变型、产量突变型等。基因突变的特点是自发性和不对应性,自发突变概率低,具有独立性、稳定性、诱变性和可逆性。基因突变的种类主要是诱发突变和自发突变。基因重组是将两个不同性状的个体细胞内的遗传基因转移在一起,经过遗传分子间的重新组合,形成新的遗传型个体的过程。原核微生物的基因重组方式主要有转化、转导、结合和溶原性转变等四种。真核微生物的基因重组方式有有性杂交和准性生殖。微生物菌种选育的方法:一是从自然界中分离所需的菌种,即从土壤中分离菌种;二是微生物诱变育种;三是杂交育种;四是原生质体融合。微生物菌种保藏是指创造一个有利于菌种休眠的条件,如采用低温、干燥、缺氧、缺乏营养、添加保护剂或酸度中和剂等方法,使微生物生长在代谢不活跃、生长受抑制的环境。菌种保藏方法有低温保藏法、干燥保藏法、隔绝空气保藏法、真空冷冻干燥法及寄主保藏法等。菌种退化的主要原因是基因的负突变,从而影响代谢产物的数量与质量。防止菌种退化的措施是控制传代次数、创造良好的培养条件、利用不同类型的细胞进行移种传代和采用有效的菌种保藏方法等。退化菌种复壮的方法主要有纯种分离、淘汰已衰退的个体、通过寄主体进行复壮。

## 复习思考题

1. 什么是微生物的遗传和变异？它们的物质基础是什么？如何证明？
2. 试从不同水平说明遗传物质在细胞中的存在形式。
3. 什么是基因突变、正向突变、回复突变、突变率？基因突变的类型和特点是什么？
4. 什么是诱发突变？什么是诱变剂？其种类有哪些？
5. 什么叫碱基对置换（转换和颠换）、移码突变、染色体畸变？试述诱发突变的分子机制。
6. 什么叫诱变育种？简述诱变育种的操作方法和步骤。
7. 什么叫自发突变？试述自发突变的分子机制；如何利用自发突变的原理进行育种？
8. 什么叫重组？什么叫杂交？原核微生物和真核微生物各有哪些基因重组形式？
9. 什么叫转化？什么是感受态？什么是转化子？试述转化的一般过程。
10. 什么叫转导？什么叫普遍性转导和局限性转导？试比较普遍性转导和局限性转导的异同。

11. 什么叫缺陷型噬菌体？简述其形成过程和在转导中的作用。

12. 试比较大肠杆菌的 $F^+$、$F^-$、Hfr 和 $F'$ 菌株的异同，并用图示说明四者之间的相互关系。

13. 什么叫溶源转变？它与转导的区别是什么？

14. 什么叫原生质体融合？其操作步骤如何？该育种技术在实践中有何重要意义？

15. 什么是基因工程？其基本原理和操作步骤如何？

16. 菌种为什么会退化？防止菌种退化的措施有哪些？

17. 现有的微生物菌种保藏法可分为几类？试比较几种常见的菌种保藏法。

# 第九章

# 微生物在食品工业中的应用

### 知识目标

1. 掌握食品工业中常用的细菌、酵母菌和霉菌的种类及其生物学特性。
2. 掌握各类发酵食品的发酵原理。
3. 掌握酶制剂的主要类型及其性质，了解酶制剂的应用。
4. 了解单细胞蛋白、益生菌的开发和应用。

### 技能目标

1. 会描述各类发酵食品微生物的生物学特性。
2. 会各类发酵食品微生物菌种的选择和扩大培养。

## 第一节

## 食品工业中常用的细菌及其应用

一、乳酸菌

乳酸菌是一类能利用可发酵性碳水化合物（主要为葡萄糖）产生大量乳酸的细菌的通称，在自然界广泛存在，从人和动物的消化道到多种食物、果、蔬类植物表面以及土壤、污水中都可分离得到。其中绝大多数乳酸菌对人、畜健康有益。近年来对它的应用与研究及新资源的开发，已成为我国工、农、医、食品、饲料、化工等领域中重要的课题，其丰富的资源对国民经济发挥着重要作用。

乳酸菌的特征：细胞呈球状、杆状和不固定的多形态（不规则）状，一般无芽孢，仅少数种生芽孢；生理上有需氧、微需氧、耐氧和严格厌氧四种类型；对糖的分解代谢有有氧途径和厌氧途径（包括同型发酵、异型发酵和双歧菌型等）。在代谢产物上，与其他细菌不同的是有独特的凝乳酶和双歧杆菌所产的糖苷酶；此外还有各种有机酸、多糖、寡糖，产生乳制品的风味物（双乙酰、3-羟基丁酮、乙醛等）、生物表面活性剂、细菌素、肽类物等。目前对该类菌的分类不断有变化且更加细致，已知它有10多个属100多个种。目前，用于发酵工业生产乳酸和乳品的乳酸菌有5个属共50多种。现就生产上常见常用的重要属、种简介如下。

(一) 链球菌属（*Streptococcus*）

链球菌属会发酵碳水化合物产生乳酸，属同型乳酸发酵，多形成D-乳酸。重要的有下列几种。

**1. 乳链球菌（*Str. Lactis*）**

乳链球菌的细胞呈球形或卵圆形，直径 $0.5 \sim 1.0 \mu m$，成对或短链状排列。能发酵葡萄糖、麦芽糖和乳糖。该菌需要复合营养素。在合成培养基上，要求含 $4 \sim 5$ 种维生素、$10 \sim 13$ 种氨基酸才能生长。在含4%的NaCl培养基中可生长，而在含6.5%的NaCl培养基中不生长；在pH9.2时才可生长，而在pH9.6时不生长；在0.1%美蓝乳和40%胆汁中可生长。生长最适温度30℃，45℃时不生长。从生乳中检出率可达33%，是牛奶细菌检出率最高的菌。有的菌株可产生抗生素——乳酸链球菌素（Nisin），能抑制多种革兰氏阳性菌生长，为一种高效、无毒的天然食品防腐剂，目前已被世界50多个国家和地区广泛用于乳制品、罐头食品、高蛋白食品和乙醇饮料的防腐保鲜。我国中科院微生物研究所也选育到一株Nisin的高产突变株，已中试成功，这一新型食品添加剂的生产应用，将为我国食品工业的发展带来更好的效益。

在生产上，该菌可用于制造干酪、奶油和酸乳。

**2. 乳脂链球菌（*Str. cremoris*）**

乳脂链球菌的细胞呈圆形，双球或短链排列，直径 $0.6 \sim 1.0 \mu m$，革兰氏阳性菌，不运动，不产芽孢。发酵葡萄糖和乳糖产生乳酸。产酸适温比乳链球菌低，在 $18 \sim 20$℃生长良好，在40℃以上不生长。在含4% NaCl 肉汤中不生长，在pH9.2的肉汤中及含0.1%美蓝的培养基中均不生长。这些特性可与乳链球菌相鉴别。其中的某些菌株可产生芳香风味物。有些菌株可产生抗菌物质——双球菌素（Diplococcin）

该菌可用作乳酸菌饮料和酸乳的生产菌。

**3. 嗜热链球菌（*Streptococcus thermophilus*）**

嗜热链球菌的细胞呈卵圆形，直径 $0.7 \sim 0.9 \mu m$，成对或形成长链。细胞形态与培养条件有关。在30℃乳中培养时，细胞成对，而在45℃时呈短链，在高酸度乳中细胞呈长链。液体培养时，细胞呈链状；平板培养时细胞膨胀变粗，有时会呈杆菌状，形成针尖状菌落。嗜热链球菌的某些菌株在平板移接时，如中间不经过牛奶培养，往往得不到菌落，这些菌株是典型的牛奶菌。嗜热链球菌是革兰氏阳性菌，微需氧，最适生长温度为40～45℃，低于20℃、高于53℃则不能生长；耐热性强，在85℃条件下能耐受20～30min。能发酵葡萄糖、果糖，不能发酵麦芽糖，易发酵蔗糖和乳糖。蛋白质分解能力微弱，对抗生素极敏感。在合成培养基上常需多种B族维生素。

嗜热链球菌具有分解乳链球菌产生的乳链球菌素（Nisin）的酶系，为同型乳酸发酵菌，在代谢过程中产生L（+）-乳酸和风味物质双乙酰，是生产瑞士干酪、砖形干酪和酸乳的优良菌种。

**4. 粪链球菌（*Str. faecalis*）**

粪链球菌的细胞呈球形、成对或链状，发酵葡萄糖产酸不产气，在10～45℃时都能生长，6.5% NaCl、pH9.6和0.1%美蓝牛奶中均能生长。能使酪氨酸脱羧，能利用精氨酸生成$NH_3$。该菌寄生于动物肠道内，在乳和乳制品中也常出现。应用它能促使干酪成熟。

**5. 丁二酮乳链球菌（*Str. Diacetilactis*）**

这种菌属乳链球菌的亚种。其特点是能发酵柠檬酸产生$CO_2$、羟丁酮和丁二酮，后者是乳制品芳香风味的来源。形成丁二酮需在pH4.3～4.8的环境中，可用柠檬酸调节pH，同时需通入$O_2$。该菌用于制作干酪、酸乳和乳酸菌饮料。

**（二）片球菌属（*Pediococcus*）**

片球菌属的细胞呈球形，四联或成对，兼性厌氧菌，利用葡萄糖产酸不产气，属同型乳酸发酵。生长温度范围25～40℃。生长含有复合生长因子和氨基酸丰富的培养基、烟酸、泛酸和生物素。

生产上重要的种有啤酒片球菌（*Ped. cerevisiae*）和乳酸片球菌（*Ped. acidilactici*）等。前者可产双乙酰。

**（三）明串珠菌属（*Leuconostoc*）**

明串珠菌属的细胞球形呈豆状，成对和链状排列，革兰氏阳性菌，不运动，无芽孢。属微好气性的异型发酵类型。菌落常小于1.0mm，光滑、圆形、灰白色。培养液常混浊，可在5～30℃生长，适温20～30℃，生长需复合生长因子。需在含有烟酸、硫氨素、生物素和氨基酸的培养基中生长。发酵葡萄糖产生D（-）-乳酸、乙醇、$CO_2$。该属的重要种如下。

**1. 肠膜明串珠菌（*Leuc. mesenteroides*）**

此菌以发酵蔗糖生成黏性的葡聚糖为特征，生成力强，也可发酵戊糖。从糖厂可分离出该菌，是汽水等饮料厂的污染菌。

**2. 葡聚糖明串珠菌（*Leuc. dextranicum*）**

此菌又名副噬柠檬酸链球菌（*Paracitrovorus*），该菌的葡聚糖生成力稍弱于肠膜明串珠菌。不发酵戊糖，对石蕊乳稍凝固，还原力较弱。糖厂及许多食品、牛乳中常可检出。该菌具有生成芳香风味物质的能力。

**3. 乳脂明串珠菌（*Cremoris*）**

此菌旧称噬柠檬酸明串珠菌（*Leuc citrovorum*），牛奶中常出现，可利用柠檬酸产生双乙酰和3-羟基丁酮，常用于干酪及发酵奶油的发酵剂中，能产生芳香风味物质。与乳脂链球菌共生力很强，生产上常将二者制成混合发酵剂使用。

### （四）乳杆菌属（*Lactobacillus*）

此菌细胞杆状、形态多样，从长的、细长状到弯曲形及短杆形等，多形成链。大小在（0.5~1.2）$\mu m$×（1.0~10.0）$\mu m$。多数不运动，无芽孢，革兰氏阳性菌。兼性厌氧，有时微好氧，降低氧压和在充有5% $CO_2$的空气中可促进生长。在营养琼脂上菌落凸起、全缘和无色，直径2~5mm。化能异养菌，需营养丰富的培养基。发酵分解糖的代谢终产物中50%以上是乳酸。不还原硝酸盐，不液化明胶，接触酶和氧化酶皆阴性。最适生长温度30~40℃。耐酸，最适pH为5.5~6.2。广泛分布于环境中，特别是动物、蔬菜和食品上，罕见致病。目前将乳杆菌属分为三个亚属即专性同型发酵种、专性异型发酵种、兼性异型发酵种。与生产有关的重要代表种如下。

**1. 乳杆菌属专性同型发酵菌种**

在乳酸发酵过程中，发酵产物中只有乳酸的称为同型发酵。

（1）德氏乳杆菌（*L. delbrueckii*）　细胞杆状，单生或呈短链。不发酵乳糖，能利用麦芽糖、蔗糖、果糖、葡萄糖、半乳糖、糊精等碳源，发酵产生 D-乳酸，少数菌株产生 DL-乳酸。在不加中和剂的情况下最高生成乳酸浓度为16g/L。适温45℃，在50℃时仍能旺盛生长并产生乳酸，最高耐受温度为55℃。在琼脂平板上菌落小、扁平，边缘锯齿状。在明胶平板上菌落灰色、环状。在琼脂斜面上呈半透明灰色条纹菌苔。该菌是发酵法生产乳酸最常用的菌种。

（2）嗜酸乳杆菌（*Lactobacillus aciditicphilus*）　为革兰氏阳性、微厌氧菌。细胞两端钝圆，呈杆状，单个、成双或成短链。菌落粗糙，无色素，深层菌落形状不规则，周围有分枝状的放射物。最适培养温度为35~38℃，15℃下不生长，最适生长pH为5.5~6.0。能发酵葡萄糖、果糖、蔗糖和乳糖，除此之外，还能利用麦芽糖、纤维二糖、甘露糖、半乳糖和水杨苷等作为生长的碳源；对热的耐受性差，蛋白质分解力弱，对抗生素比嗜热链球菌更敏感。对培养基营养成分要求较高。用牛奶培养时，一般都添加酵母膏、肽或其他生长促进物质，在合成培养基中需补充乙酸、甲羟戊酸、核黄素、泛酸钙、烟酸和叶酸。使用合成培养基时需添加番茄汁或乳清；能耐胃酸和胆汁，在肠道中可存活。属同型乳酸发酵，产D, L-乳酸。

（3）瑞士乳杆菌（*L. helveticus*）　细胞杆状，单生或链状，用美蓝染色无异染粒，利用此特征可与德氏乳杆菌、保加利亚乳杆菌、赖氏乳杆菌相区别。在葡萄糖肉汁琼脂平皿上，菌落大小为2~3mm，不透明、白色至淡灰色，粗糙。在厌氧和含 5% 的 $CO_2$ 环境中,菌落生长良好。在含吐温和油酸钠的培养基中,菌落大而光滑。发酵产生 D,L-乳酸。不发酵精氨酸产氨。需复合培养基培养。在乳中生长良好,产生 2% 以上的乳酸。在含有乳清、马铃薯、胡萝卜浸汁、酪蛋白消化液及酵母浸膏的培养基上生长良好。在合成培养基中培养时,需加入泛酸钙、烟酸、核黄素等维生素类物质。最适生长温度 40~42℃,在 15℃ 以下不生长,最高生长温度 50~53℃。该菌可用于制造干酪。

(4) 保加利亚乳杆菌 (*Lactobacillus bulgaricus*) 为革兰氏阳性菌,微厌氧。最适生长温度为 40~43℃,最高生长温度 53℃,最低生长温度 20℃。对热的耐受性差,超过 60℃ 可致死,个别菌株在 75℃ 条件下能耐受 20min。能发酵葡萄糖、果糖、半乳糖和乳糖,但不能利用蔗糖和麦芽糖。蛋白质分解能力弱。对抗生素不如嗜热链球菌敏感。细胞杆状,两端钝圆,单个或成链,大小为 $(0.8~1.0)\mu m \times (2.0~20)\mu m$,频繁传代会变形,用美蓝染色可见到胞内的异染颗粒。培养基和培养温度对细胞形态影响很大。在 20℃ 乳中培养,细胞可成为长的纤维状菌;在 50℃ 下培养,细胞停止生长,如在此温度下继续培养,细胞形状变得不规则。在冷的酸乳中,由于温度和高酸度的影响,会有异常杆菌出现,可能是由于氧的阻碍作用或者是氮源不合适。在琼脂平板上培养时,细胞形状不规则。将嗜热链球菌和保加利亚乳杆菌混合培养,两者的生长情况都比各自单独培养时好。这是因为保加利亚乳杆菌分解酪蛋白,游离出的氨基酸为嗜热链球菌的生长提供营养物质,而嗜热链球菌产生的甲酸能促进保加利亚乳杆菌的生长。对牛乳进行杀菌处理时,采用 90℃ 加热 5min 或 85℃ 加热 20~30min。牛乳中甲酸的含量比较多,用这样的牛乳来培养保加利亚乳杆菌可得到满意的结果。保加利亚乳杆菌属同型乳酸发酵菌,产生 D(-)-乳酸;对牛乳形成强的酸凝固,在乳中 37℃ 培养 6~8h,酸度约达 0.7%,24h 后可达 2%,经 3~4d 后则可达 3%。在发酵过程中可产生香味物质乙醛。该菌是制作酸奶及发酵法生产乳酸最常应用的菌种之一。

(5) 嗜热乳杆菌 (*L. thermophilus*) 细胞杆状,大小为 $0.5\mu m \times 3.0\mu m$,不产生芽孢。为厌氧菌,耐热性很强,最适生长温度 50~62.8℃,能耐 71℃,30min 和 82℃,25min 的加热条件,30℃ 以下不生长。在琼脂培养基上形成微小菌落。该菌适于制作酸奶、马奶酒和干酪等制品。

**2. 乳杆菌属专性异型发酵菌种**

异型发酵菌种即发酵葡萄糖除生成乳酸外,还生成 $CO_2$、乙醇、乙酸等多种副产物的发酵菌种。其中包括有适温 28~32℃,能发酵阿拉伯糖的巴氏乳杆菌 (*L. pastorianus*)、布氏乳杆菌 (*L. buchneri*) 及短乳杆菌 (*L. brevis*) 和适温在 35~40℃ 或更高,不发酵阿拉伯糖的发酵乳杆菌 (*L. fermenti*)。在乳及乳制品及青贮饲料中常出现的是短乳杆菌和发酵乳杆菌。

此外尚有赖氏乳杆菌 (*L. leichmannii*)。该菌能利用葡萄糖、果糖、蔗糖、麦芽糖和海藻糖产酸。在不加中和剂的条件下,可产生 13g/L 的 D(-)-乳酸。最适生长温度为32~36℃。是制作泡菜、乳酸菌饮料的优良菌种。

**3. 乳杆菌属兼性异型发酵菌种**

（1）干酪乳杆菌（*L. casei*） 细胞杆状，两端平直多呈链状，大小为0.8μm×（2~4.0）μm。在营养琼脂深层中菌落光滑，呈凸镜形或菱形，白色或淡黄色。发酵糖可形成D(−)-乳酸及L(+)-乳酸。最适温度30℃。在合成培养基上需加入核黄素、叶酸、泛酸钙和烟酸，也需要吡哆醛或吡哆胺。

该菌存在于乳、乳制品、干酪、青贮饲料及人的口腔、肠道中，可用于制造干酪和生产乳酸。

（2）植物乳杆菌（*L. plantarum*） 细胞杆状，单个或呈短链，端头圆形。在己糖发酵中产D，L-乳酸及少量乙醇和$CO_2$。发酵戊糖产生醋酸和乳酸，不中和时产酸量可达12g/L（以乳酸计）。生长最适温度30℃，最高可耐40℃。

该菌可用于腌制蔬菜及制作青贮饲料的发酵剂。

**（五）双歧杆菌属（*Bifidobacterium*）**

该菌属的细胞形态多样。不同菌种、不同培养条件，细胞的形态很不一样，有棍棒状、勺状、V字状、弯曲状、球杆状和Y字形等；单生、成对或链状、V字形或细胞平行成栅栏状排列。大小为(0.5~1.3)μm×(1.5~8)μm。革兰氏阳性菌，专性厌氧，少数种可在含10% $CO_2$的空气中生长。但目前应用于生产的菌株是耐氧的。甚至可以在有氧环境下培养，经多次传代后，革兰氏染色反应转为阴性。不抗酸，不运动，无芽孢。最适生长温度37~41℃，对热耐受性差。初始生长最适pH为6.5~7.0，pH低于4.5和高于8.5时不生长。能发酵葡萄糖、果糖、乳糖和半乳糖，除两歧双歧杆菌（*B. bifidum*）仅缓慢利用蔗糖外，短双歧杆菌（*E-. breve*）、长双歧杆菌（*B. longom*）和婴儿双歧杆菌（*B. infantis*）等均能发酵蔗糖。蛋白质分解力微弱，对抗生素敏感。对营养要求复杂，通常要求多种维生素，在培养基中添加还原剂维生素C和半胱氨酸有利于双歧杆菌生长。属异养型发酵菌。发酵产物主要是乙酸和L(+)-乳酸，二者摩尔比是3:2；不产生$CO_2$；不产生丁酸和丙酸，接触酶阴性。在人和动物（牛、羊、兔、鼠、猪、鸡和蜜蜂等）的肠道、婴儿粪便、牛瘤胃及污水中可分离得到。

该属有30余种，其模式种为两歧双歧杆菌。常在婴幼儿肠道中生存，有益于婴幼儿发育，对人体免疫功能的加强作用已有许多报道。用两歧双歧杆菌或经驯化选育的耐氧菌株进行发酵可制作饮料、保健药品等，如婴儿乳粉、雪糕和酸奶等。

**（六）乳酸菌在食品工业中的应用**

在发酵食品行业中应用最广泛的是乳酸菌。经过乳酸菌发酵作用制成的食品称为乳酸发酵食品。随着科学研究的不断深入，逐步揭示了乳酸菌对人体健康有益作用的机理，因而，乳酸发酵食品更加受到人们的重视，在食品工业中占有越来越重要的地位。

**1. 发酵乳制品**

（1）酸乳（Yoghurt） 经乳酸发酵的乳类称为酸乳。各种动物乳都可用于酸乳的制造，目前以酸牛乳应用最普遍。传统的酸乳通常分为凝固型和搅拌型两种。每类酸乳又可添加各种果汁、蔬菜、蜂蜜等制成不同风味的酸乳。搅拌型还可加工成冷冻酸乳、浓缩或干燥酸乳等品种。

① 凝固型酸乳的生产：凝固型酸牛乳的生产是以新鲜牛乳为主要原料，经过净化、标准化、均质、杀菌、接种发酵剂、分装后，通过乳酸菌的发酵作用，使乳糖分解为乳酸，导致乳的pH下降、酪蛋白凝固，同时产生醇、醛、酮等风味物质，再经冷藏和后熟制成乳凝状的酸牛乳。工艺流程如下。

原料乳→净乳→标准化→配料→预热（60℃）→脱气→均质（15～25MPa）→杀菌→冷却→接种→分装→发酵→冷藏（0～5℃）→检验→发送

发酵时，培养温度为42～45℃，时间为2～3h。在发酵过程中，对发酵乳要认真观察，必要时要取样检查，当pH达到4.5～4.7时，即可终止发酵。

② 搅拌型酸乳（纯酸乳）的生产：搅拌型酸乳即纯酸乳，与凝固型酸乳生产工艺基本相似，所不同的是：搅拌型酸乳为先发酵，再搅拌，后分装；凝固型酸乳为先分装，后发酵，不搅拌。搅拌型酸乳的生产工艺流程为：

原料鲜乳→净化→标准化调制→均质→杀菌→冷却→接种发酵剂→发酵→搅拌破乳→冷却→分装→冷藏后熟→成品

发酵操作为：首先在发酵罐中42℃发酵3～5h。当发酵乳pH达4.5～5.0时，终止发酵。发酵结束后，将品温降至38℃，进行搅拌。

③ 饮料型酸乳（活性乳）的生产：饮料型酸乳的生产是酸凝乳与适量无菌水、稳定剂和香精混合，再经均质处理、分装、冷却后制成的凝乳粒子直径在0.01mm以下、液体状的酸牛乳。工艺流程如下。

原料鲜乳→净化→标准化调制→均质→杀菌→冷却→接种发酵剂→发酵→混合（无菌水、稳定剂、香精）→均质→分装→冷却→成品→入库冷藏。

用脱脂乳按传统酸奶制作工艺进行，然后进行混合和调配。

（2）干酪（Cheese） 干酪是在乳中加入适量的乳酸菌发酵剂和凝乳酶，使蛋白质（主要是酪蛋白）凝固后，排除乳清，将凝块压成块状而制成的产品。制成后未经发酵的产品称新鲜干酪，经长时间发酵而制成的产品称为成熟干酪，这两种干酪称为天然干酪。

① 干酪生产工艺：不同品种的干酪，其风味、质地、颜色等特性不同，生产工艺也不尽相同，但都有共同之处。用杀菌的脱脂乳或全脂乳加入乳酸菌或凝乳酶凝固乳的酪蛋白而制得凝乳，然后进一步经加热、加压、加盐和存放老熟（通常用专门的微生物）处理而成。以天然干酪为例介绍其生产工艺如下。

原料乳→标准化→杀菌→冷却→添加发酵剂→调整酸度→加入添加剂→加色素→加凝乳酶→凝块切割→搅拌→加温→排出乳清→成型压榨→盐渍→上色挂蜡→包装→贮存。

② 干酪发酵的菌种：用于干酪发酵的菌种大多数为乳酸菌，但有些干酪使用

丙酸菌和霉菌。乳酸菌发酵剂大多是多种菌的混合发酵剂，根据最适生长温度不同，可将干酪生产的乳酸菌发酵剂菌种分为两大类：一类是适温型乳酸菌，包括乳酸链球菌、乳脂链球菌、乳脂明串珠菌等，主要作用是将乳糖转化为乳酸和将柠檬酸转化为双乙酰；另一类是具有脂肪分解酶和蛋白质分解酶的嗜热型乳酸菌，包括嗜热链球菌、乳酸乳杆菌、干酪乳杆菌、短杆菌、嗜酸乳杆菌等。

干酪微生物次生菌群：有大量微生物繁殖生长在成熟干酪的表面和干酪基质的内部，它们的生长、代谢活性及蛋白质水解酶与酯类水解酶的分泌可以改变干酪的结构和风味。其随干酪种类和制作工艺的不同而异。目前已分离到的一些重要的干酪次生菌群有：

霉菌：霉菌是成熟干酪的主要菌种，如白地霉、沙门柏干酪青霉。在实际生产过程中，一般将这两种菌混合使用，使干酪表面形成灰白色的外皮。

酵母：是许多表面成熟干酪的微生物群的重要组成部分，特别是青纹干酪、软霉菌成熟干酪。克鲁维酵母、假丝酵母、德巴利氏酵母和糖酵母是所知的最常见酵母。它们在一开始便可在干酪的表面形成菌落，可在4%盐浓度下生长。由于具有代谢乳酸的能力，故有较强的中和活力。这些酵母既可水解蛋白质，又可水解脂类，产生多种挥发性的风味物质以及肽/氨基酸风味物质。

细菌：在干酪次生菌群中特别重要的细菌有微球菌、乳杆菌、片球菌、棒状杆菌和丙酸杆菌。微球菌是好氧的耐盐细菌，生长温度为10~20℃。它们是表面涂抹菌种的重要组成部分，在干酪的成熟过程中发挥着重要作用。许多硬干酪、半硬干酪（如切达、瑞士和意大利干酪等）的次生菌群中主导菌是嗜温的乳杆菌。乳杆菌是革兰氏阳性，过氧化氢酶阴性，无孢子，不能运动，杆状，兼性厌氧，在奶中能够缓慢生长，但在干酪中生长迅速。片球菌很少能够从切达干酪上分离到。与乳品工业有关的棒状杆菌群中重要的是扩展短杆菌，因为它与表面涂抹和去皮干酪的橘红色以及源于含硫氨基酸的特征香味有关。

(3) 酸性奶油　酸性奶油是杀菌稀奶油（Cream）经乳酸菌发酵后加工制成。

发酵剂菌种：目前都采用混合乳酸菌发酵剂生产酸性奶油。菌种要求产香能力强，产酸能力相对较弱，因此，可将发酵剂菌种分为两大类：一类是产酸菌种，主要是：乳酸链球菌（*St. lactis*）、乳脂链球菌（*St. cremoris*），可将乳糖转化为乳酸；另一类是产香菌种，包括：嗜柠檬酸链球菌（*St. citrovorus*）、丁二酮链球菌（*St. diacetilactis*），可将柠檬酸转化为丁二酮，赋予酸性奶油特有的香味。

酸性奶油生产工艺流程如下：

原料乳→离心分离→稀奶油→加碱中和→杀菌→冷却→接种发酵剂→发酵→物理成熟→添加色素→搅拌→排出酪乳→洗涤→加盐压炼→包装→成品

发酵时，接种混合发酵剂3%~6%，20℃发酵2~6h，使乳酸度达0.3%，即中止发酵。

**2. 果蔬汁乳酸菌发酵饮料**

乳酸菌发酵果蔬汁是一种新型饮料，它综合了乳酸菌和果蔬汁两方面的营养保健功能，而且产品的原料风味和发酵风味浑然一体，所以深受消费者喜爱。下面以番茄汁乳酸菌发酵饮料的生产为例进行讨论。工艺流程如下。

番茄→清洗→热烫→榨汁→均质→调节 pH→杀菌→冷却→接种发酵剂→发酵→加糖调配→包装→成品

用于番茄汁乳酸菌发酵饮料生产的发酵剂系采用保加利亚乳杆菌和嗜热链球菌以 1∶1 比例制成的混合发酵剂。42℃发酵 30h，pH 降至 4.0~4.5，发酵结束。

**3. 益生菌制剂**

益生菌（Probiotic bacteria or probiotic organism）又称正常菌群或生理性菌群，系指与人或动物保持共生关系的一类有益微生物菌群，对宿主具有改善微生态平衡、提供营养、提高免疫力、促进健康等重要生理功能。常见的此类微生物有双歧杆菌、嗜酸乳杆菌等。益生菌制剂是一类新型生物制剂，国外称益生素（Probiotics），国内则称微生态制剂（Microecologics）。

就双歧杆菌制品来看，目前生产规模和产量逐年增加，品种已达 70 多种，产品形式分为液态型和固态型两种。液态产品有双歧杆菌发酵乳饮料、双歧杆菌口服液、双歧杆菌果蔬复合汁饮料。固态产品有双歧杆菌乳粉和干酪、双歧杆菌干制糖果和糕点、双歧杆菌粉剂和胶囊。

## 二、醋酸菌

醋酸菌不是细菌分类学上的名词，是一类具有氧化酒精生成醋酸能力的细菌。按照其生理生化特性，可将醋酸菌分为醋酸杆菌属和葡萄糖氧化杆菌属两大类。酿醋用醋酸菌株，大多属醋酸杆菌属，仅在传统酿醋醋醅中发现有葡萄糖氧化杆菌属的菌株。

**（一）醋酸菌的特性**

醋酸菌是两端钝圆的杆状菌，单个或呈链状排列，有鞭毛，无芽孢，属革兰氏阴性菌。在高温或高盐浓度或营养不足等不良培养条件下，菌体会伸长，变成线形、棒形或管状膨大等。

醋酸菌为好氧菌，必须供给充足的氧气才能进行正常发酵。在实施液态静置培养时，会在液面形成菌膜，但葡萄糖氧化杆菌除外。在含有较高浓度乙醇和醋酸的环境中，醋酸杆菌对缺氧非常敏感，中断供氧会造成菌体死亡。

醋酸菌生长繁殖的适宜温度为 28~33℃，不耐热，在 60℃下经 10min 即死亡。醋酸菌生长的最适 pH 为 3.5~6.5，一般的醋酸杆菌菌株在醋酸含量达 1.5%~2.5% 的环境中，生长繁殖就会停止，但有些菌株能耐受 7%~9% 的醋酸。醋酸杆菌对酒精的耐受力颇高，通常可达 5%~12%（体积分数），但对盐的耐受力很差，食盐浓度超过 1.0%~1.5% 时就停止生长。在生产中当醋酸发酵完毕就添加食盐，其目的除调节食醋的滋味外，也是防止醋酸菌继续将醋酸氧化为二氧化碳的有效措施。

醋酸菌最适的碳源是葡萄糖、果糖等六碳糖，其次是蔗糖和麦芽糖等。醋酸菌不能直接利用淀粉等多糖类。酒精也是很适宜的碳源，有些醋酸菌还能以甘油、甘露醇等多元醇为碳源。蛋白质水解产物、尿素、硫酸铵等都适宜于作为醋酸菌的氮源。生长繁殖必须有磷、钾、镁等元素。

## （二）常用和常见的醋酸菌

### 1. 奥尔兰醋酸杆菌（*A. orleanense*）

它是法国奥尔兰地区用葡萄酒生产醋的主要菌株。生长最适温度为30℃。该菌能产生少量的酶，产醋酸的能力弱，能由葡萄糖产5.3%葡萄糖酸，耐酸能力较强。

### 2. 许氏醋酸杆菌（*A. schutzenbachii*）

它是国外有名的速酿醋菌株，也是目前制醋工业重要的菌种之一。在液体中生长的最适温度为28~30℃，最高生长温度为37℃。该菌产酸高达11.5%。对醋酸没有进一步的氧化作用。

### 3. 恶臭醋酸杆菌（*A. rancens*）

它是我国醋厂使用的菌种之一。该菌在液面形成菌膜，并沿容器壁上升，菌膜下液体不浑浊。一般能产酸6%~8%，有的菌株副产2%的葡萄糖酸，能把醋酸进一步氧化为二氧化碳和水。

### 4. 攀膜醋酸杆菌（*A. scendens*）

它是葡萄酒、葡萄醋酿造过程中的有害菌，在醋醅中常能分离出来。最适生长温度为31℃，最高生长温度44℃。在液面形成易破碎的膜，菌膜沿容器壁上升得很高，菌膜下液体很浑浊。

### 5. 胶膜醋酸杆菌（*A. xylinus*）

它是一种特殊的醋酸菌，若在酿酒醪液中繁殖，会引起酒酸败、变黏。该菌生成醋酸的能力弱，又会氧化分解醋酸，因此是酿醋的有害菌。在液面上，胶膜醋酸杆菌会形成一层皮革状类似纤维样的厚膜。

### 6. AS 1.41 醋酸菌

它属于恶臭醋酸杆菌，是我国酿醋常用的菌株之一。该菌细胞呈杆状，常呈链状排列，单个细胞大小为$(0.3~0.4)\mu m \times (1~2)\mu m$，无运动性，无芽孢。在不良条件下，细胞会伸长，变成线形或棒形，管状膨大。平板培养时菌落隆起，表面平滑，菌落呈灰白色，液体培养时则形成菌膜。该菌生长适宜温度为28~30℃，生成醋酸的最适温度为28~33℃，最适pH为3.5~6.0，耐受酒精浓度为8%（体积分数），最高产醋酸7%~9%，产葡萄糖酸能力弱，能氧化分解醋酸为二氧化碳和水。

### 7. 沪酿1.01 醋酸菌

它是从丹东速酿醋中分离得到的，是我国食醋工厂常用菌种之一。此菌细胞呈杆形，常呈链状排列，菌体无运动性，不形成芽孢。在含酒精的培养液中，常在表面生长，形成淡青灰色薄层菌膜。在不良条件下，细胞会伸长，变成线形或棒状，有的呈膨大，有的分枝。该菌由酒精产醋酸的转化率平均达到93%~95%。

由于酿制食醋的原料一般是粮食，即使是使用代用原料，其淀粉、蛋白质、矿物质的含量也很丰富，营养成分能满足醋酸菌的需要。除少数酿醋工艺外，一般不再需要另外添加氮源、矿物质等营养物质。

醋酸菌有相当强的醇脱氢酶、醛脱氢酶等氧化酶系活性，因此，除氧化酒精生成醋酸外，也有氧化其他醇类和糖类的能力，生成相应的酸、酮等物质。例如，丁酸、葡萄糖酸、葡萄糖酮酸、木糖酸、阿拉伯糖酸、丙酮酸、琥珀酸、乳酸等有机酸，以及氧化甘油生成二酮、氧化甘露醇生成果糖等。醋酸菌也有生成酯的能力，接入产生芳香酯多的菌种发酵，可以使食醋的香味倍增。上述物质的存在对形成食醋的风味有重要作用。

### 三、谷氨酸菌

#### (一) 谷氨酸产生菌的分属及其特征

目前经鉴定和命名的谷氨酸产生菌很多，主要分布于四个属中：棒状杆菌属（*Corynebacterium*）、短杆菌属（*Brevibacterium*）、小杆菌属（*Microbacterium*）、节杆菌属（*Arthrobacter*）。

**1. 棒状杆菌属（*Corynebacterium*）**

本属菌是细胞为直或微弯的杆菌，常呈一端膨大的杆状，折断分裂形成"八"字形排列；不运动，少数植物致病菌能运动；革兰氏染色阳性，但常有阴性反应者。好氧或厌氧。棒状杆菌属中的谷氨酸生产菌有北京棒杆菌 AS1.299、钝齿棒杆菌 AS1.542、谷氨酸棒杆菌（*C. glutamicus*）等。

**2. 短杆菌属（*Brevibacterium*）**

本属菌是细胞为短的不分枝的杆菌，革兰氏染色阳性，大多数不运动，运动的种具有周生鞭毛或端生鞭毛。在普通肉汁培养基中生长良好。有时产非水溶性色素，色素呈红、橙红、黄、褐色。可以从乳制品、水、土壤、昆虫、鱼及植物体等样品中分离得到。该属中的谷氨酸生产菌有扩展短杆菌（*B. divarcutum*）、乳糖发酵短杆菌（*B. lactofermentum*）、黄色短杆菌（*B. flavum*）、天津短杆菌 T6-13。

**3. 小杆菌属（*Microbacterium*）**

本属细菌是杆状菌，性状和排列都和棒状杆菌相似，有时呈球杆菌状，美兰染色呈现颗粒，革兰氏染色阳性，不抗酸、无芽孢，在普通肉汁蛋白胨培养基上生长，发酵糖产酸弱，主要产乳酸不产气。该属中的谷氨酸发酵菌有水杨苷小杆菌（*M. salicnovorum*）、嗜氨小杆菌（*M. ammoniaphilum*）、产碱小杆菌（*M. alkaliscrens*）等。

**4. 节杆菌属（*Arthrobacter*）**

本属细菌的突出特点是在培养过程中出现细胞形态由球菌变杆菌，由杆菌变球菌，革兰氏染色由阳性变阴性，又由阴性变阳性的变化过程。一般不运动。固体培养基上菌苔软或黏，液体培养生长旺盛。大部分的种液化明胶，利用碳水化合物产酸极少或不产酸。好氧。大部分的菌种在37℃不生长或微弱生长，最适生长温度为 20～25℃。节杆菌属中的谷氨酸发酵菌有氨基酸节杆菌新种（*A. aminofurmis*）、裂烃谷氨酸节杆菌（*A. hydrocarboglutamicus*）、石蜡节杆菌（*A. paraffineus*）。

### （二）我国常用的生产菌株

我国谷氨酸发酵生产中使用的菌株主要有北京棒杆菌 AS1.299 及其诱变种、钝齿棒杆菌 AS1.542、Hu7251、B9、B9-17-36 等菌株。下面分别作一介绍。

**1. 北京棒杆菌 AS1.299**（*Corynebacterium pekinense* AS1.299）

（1）形态特征　细胞短杆状或棒状，两端钝圆，不分枝，有时微呈弯曲状。细胞单个、成对或呈 V 字形排列。大小为 (0.7～0.9)μm×(1.0～2.5)μm。革兰氏染色呈阳性反应。无运动能力。细胞内有明显的横隔，在次极端有异染颗粒。不形成芽孢。

（2）生理特征　好气，兼厌气性，在20℃时生长缓慢，30～32℃生长旺盛，41℃时生长微弱；生长最适 pH 为 6～7.5，pH 在 5～11 范围内均能生长，低于 pH4 不能生长；有脲酶活力；不能利用淀粉和纤维素；生物素是必需生长因子；在含 2.6% 尿素的普通肉汁琼脂平板上生长良好，当尿素提高至 3% 时，生长受影响；在含 7.5% 氯化钠的普通肉汁培养基中生长良好，当氯化钠提高至 10% 时，生长受影响。

（3）培养特征　在肉汁琼脂斜面上划线培养，菌落呈淡黄色，表面湿润光滑，不产生水溶性色素；在肉汁琼脂平板上培养，24h 时菌落呈白色，直径约为 1mm，继续培养至 48h，菌落直径扩大至 2.5mm，培养 7d，菌落增大至 6.0mm 左右，此时菌落呈淡黄色且中间隆起，表面湿润光滑，边缘整齐，不产生水溶性色素；在柱状肉汁琼脂中穿刺培养，穿刺口的菌体生长良好，沿穿刺线的菌体生长情况较差。

**2. 北京棒杆菌 7338**

7338 菌株是以北京棒杆菌 AS1.299 为出发菌株，经亚硝基胍（NTG）多次诱变处理后选育的。该菌体适合于淀粉质原料的谷氨酸发酵。

**3. 北京棒杆菌 D110**

D110 菌株是以北京棒杆菌 AS1.299 为出发菌株，经硫酸二乙酯（DES）多次诱变处理后选育的。该菌体适合于甜菜糖蜜为原料的谷氨酸发酵。

**4. 棒杆菌 S-914**

S-914 菌株是从土壤中分离得到的棒状杆菌。

（1）形态特征　细胞为两端钝圆的杆菌，伴随生活环境的变化或培养时间的推移，形态会有所变化，如椭圆形、短杆形和棍棒形等；细胞排列为单个、成对或V字形；细胞大小为（1~4）μm×（0~0.5）μm；不形成芽孢。

(2) 生理特征　在pH5~9范围内生长良好；生物素和维生素$B_1$是必需生长因子；有脲酶活力。

(3) 培养特征　在肉汁琼脂斜面上培养，菌落呈淡黄色；在含0.1%酵母膏的加糖肉汁琼脂平板上培养，菌落呈淡黄色，直径为1.5~2.0mm。

**5. 钝齿棒杆菌 AS1.542（*Corynebacterium crenatum* AS1.542）**

(1) 形态特征　细胞两端钝圆，不分枝，在肉汁琼脂斜面上培养，细胞呈短杆状或棒状；单个、成对或V字形排列，大小为（0.7~0.9）μm×（1.0~3.4）μm；革兰氏染色呈阳性反应；在细胞内次极端有异染颗粒；细胞内有数个横隔；不形成芽孢；无运动能力。

(2) 生理特征　好气并兼厌气性；在20~37℃范围内生长良好，30℃为最适生长温度，39℃时生长微弱；在pH6~9范围内生长良好；有脲酶活力；生物素为必需生长因子；在含2.5%尿素的普通肉汁琼脂培养基上生长良好，当尿素含量提高时，菌体生长受影响；在含7.5%氯化钠的肉汁琼脂培养基上生长良好，当将氯化钠浓度提高至10%时，菌体生长受影响；不受北京棒杆菌AS1.299的噬菌体感染。

(3) 培养特征　在肉汁琼脂斜面上培养，菌落呈草黄色，表面湿润、无光泽，边缘较薄显钝齿状，不产生水溶性色素；在肉汁琼脂平板上培养48h，菌落呈草黄色，直径3~4mm，表面湿润、无光泽，边缘呈钝齿状，产生水溶性色素；在柱形肉汁琼脂中穿刺培养，沿穿刺线均能生长，但不扩展。

**6. 钝齿棒杆菌 Hu7251**

(1) 形态特征　细胞两端钝圆，不分枝，在肉汁琼脂斜面上培养，细胞呈短杆状或棒状，有的还略微弯曲不挺直；细胞排列为单个、成对或V字形；大小为（0.7~0.9）μm×（1.0~3.4）μm；革兰氏染色呈阳性反应；不形成芽孢；无运动能力。

(2) 生理特征　好气并兼厌气性，在20~37℃范围内都能生长，30℃为最适生长温度；在pH6~9范围内生长良好；生物素为必需生长因子；有脲酶活力；在含7.5%氯化钠的普通肉汁琼脂培养基上生长良好，当氯化钠浓度提高到10%时，菌体生长受影响；在含2.5%尿素的普通肉汁琼脂培养基上生长良好，当尿素浓度提高到3%时，菌体生长受影响；受钝齿棒杆菌AS1.542的噬菌体感染，但不受北京棒杆菌AS1.299的噬菌体感染。

(3) 培养特征　在肉汁琼脂斜面上划线培养，菌落呈草黄色，表面湿润、无光泽，边缘较薄显钝齿状，不产生水溶性色素；在肉汁琼脂平板上培养48h，菌落呈草黄色，直径3~5mm，表面湿润、无光泽，边缘较薄显钝齿状，不产生水溶性色素。

**7. 钝齿棒杆菌 B9**

B9菌株是以钝齿棒杆菌Hu7251菌为出发菌株，用氯化锂作为诱变剂，经诱变处理后选育得到。该菌株适合于淀粉质原料的谷氨酸发酵。

**8. 钝齿棒杆菌 B9－17－36**

B9－17－36 是以钝齿棒杆菌 B9 为出发菌株，先后分别用亚硝基胍（NTG）和硫酸二乙酯（DES）诱变处理后选育得到的。该菌株适合于淀粉质原料的谷氨酸发酵。

**9. 黄色短杆菌 T6－13（*Brevibacterium flavum* T6－13）**

（1）形态特征　细胞两端钝圆，不分枝，呈短杆状，以单个、成对或 V 字形排列；大小为（0.7~1.0）μm×（1.2~3）μm；革兰氏染色呈阳性反应；无运动能力；不产生孢子，细胞内次极端有异染颗粒。

（2）生理特征　好气并兼厌气性；在 26~37℃ 范围内生长良好；在 pH6~10 范围内生长良好；有脲酶活力；在含 10% 氯化钠的肉汁琼脂平板上生长良好，当氯化钠提高至 12.5% 时，生长受影响；生物素是必需生长因子，如果与生物素同时加入维生素 $B_1$ 或 1 种氨基酸（如天冬氨酸、丝氨酸、甘氨酸、苏氨酸）时，菌体的生长受到明显促进；在含 0.5%~3.5% 尿素的普通肉汁琼脂培养基上生长良好，当尿素含量提高至 5% 时，菌体生长受影响；受钝齿棒杆菌 AS1.542、B9 和 Hu7251 的噬菌体感染，但不受北京棒杆菌 AS1.299 的噬菌体感染。

（3）培养特征　在肉汁琼脂斜面上划线培养 24h，菌落呈淡黄色，表面湿润光滑，不产生水溶性色素；在肉汁琼脂平板上培养 24h，菌落呈淡黄色，直径约 1mm，表面湿润光滑，不产生水溶性色素；在柱形肉汁琼脂中穿刺培养，穿刺口的菌体生长良好，沿穿刺线的菌体生长情况较差。

**10. 黄色短杆菌 FM84－415**

FM84－415 是以黄色短杆菌 T6－13 为出发菌株，分别经过 $^{60}$Co 和亚硝基胍的诱变处理选育得到的。该菌株具有耐高糖的特性，当培养基中初糖浓度在 19% 以上时菌体生长不受影响。

从总体来说，我国谷氨酸发酵所用菌种的产酸能力尚低于日本，因此，高产优良菌株的选育仍是我国当前谷氨酸生产面临的重要任务。

## 第二节

## 食品工业中常用的酵母菌及其应用

### 一、啤酒酵母

啤酒酵母（*Saccharomyces cerevisiae*）属于典型的上面酵母，又称爱丁堡酵母，广泛应用于啤酒、白酒酿造和面包制作。

**1. 形态特征**

啤酒酵母的细胞呈圆形或短卵圆形，大小为 $(3\sim7)\mu m \times (5\sim10)\mu m$，通常聚集在一起，不运动。细胞形态往往受培养条件的影响，但恢复原有的培养条件，细胞形态即可恢复原状。

单倍体细胞或双倍体细胞都能以多边出芽方式进行无性繁殖，也能以形成子囊和子囊孢子的方式进行有性生殖，产生 1~4 个子囊孢子。

**2. 培养特征**

麦芽汁固体培养，菌落呈乳白色，不透明，有光泽，表面光滑湿润，边缘略呈锯齿状；随着培养时间的延长，菌落颜色变暗，失去光泽。麦芽汁液体培养，表面产生泡沫，液体变混浊，培养后期菌体悬浮在液面上形成酵母泡盖，因此称上面酵母。

**3. 生理生化特性**

啤酒酵母属化能异养型，能发酵葡萄糖、果糖、半乳糖、蔗糖等，不发酵乳糖，也不发酵淀粉、纤维素等多糖。兼性厌氧，有氧条件下，将糖彻底氧化为 $CO_2$ 和 $H_2O$，释放大量能量供细胞生长；无氧条件下，使可发酵性糖类通过发酵作用（EMP 途径）生成酒精和 $CO_2$，释放较少能量供细胞生长。

啤酒酵母不分解蛋白质，可同化氨基酸和氨态氮，不同化硝酸盐，需要 B 族维生素和 P、S、Ca、Mg、K、Fe 等无机元素。最适生长温度 25℃，发酵最适温度 10~25℃。最适发酵 pH 为 4.5~6.5。

## 二、葡萄酒酵母

葡萄酒酵母（*Saccharomyces ellipsoideus*）属于啤酒酵母的椭圆变种，简称椭圆酵母，常用于葡萄酒和果酒的酿造。

**1. 形态特征**

葡萄酒酵母的细胞呈椭圆形或长椭圆形，大小为 $(3\sim10)\mu m \times (5\sim15)\mu m$，不运动。细胞形态往往受培养条件的影响，但恢复原有的培养条件，细胞形态即可恢复原状。

单倍体细胞或双倍体细胞都能以多边出芽方式进行无性繁殖。在环境条件不良时以形成子囊和子囊孢子的方式进行有性繁殖。

**2. 培养特征**

葡萄汁固体培养，菌落呈乳黄色、不透明、有光泽，表面光滑湿润，边缘整齐；随培养时间延长，菌落颜色变暗。

液体培养变浊，表面形成泡沫，凝聚性较强，培养后期菌体沉降于容器底部。

**3. 生理生化特点**

葡萄酒酵母属化能异养型，可发酵葡萄糖、果糖、蔗糖、麦芽糖、半乳糖等，不发酵乳糖、蜜二糖和甘油醛，也不发酵淀粉、纤维素等多糖。属兼性厌氧菌。

葡萄酒酵母不分解蛋白质，不还原硝酸盐，可同化氨基酸和氨态氮。需要 B 族维生素和 P、S、Ca、Mg、K、Fe 等无机元素。

葡萄酒酵母最适生长温度 22~30℃，低于 16℃生长缓慢，40℃停止生长。耐酸，耐乙醇，耐高渗，耐二氧化硫能力强于啤酒酵母。葡萄酒发酵后乙醇含量达 16%以上。

### 三、卡尔酵母

卡尔酵母（*Saccharomyces carlsbergensis*）属于典型的下面酵母，又称卡尔斯伯酵母或嘉士伯酵母，常用于啤酒酿造、药物提取以及维生素测定。

**1. 形态特征**

卡尔酵母的细胞呈椭圆形，大小为 (3~5)μm×(7~10)μm，通常分散独立存在，不运动。单倍体细胞或双倍体细胞大多以单端出芽方式进行无性繁殖。采用特殊方法培养才能进行有性生殖形成子囊孢子。

**2. 培养特征**

麦芽汁固体培养，菌落呈乳白色，不透明，有光泽，表面光滑湿润，边缘整齐；随培养时间延长，菌落颜色变暗，失去光泽。

麦芽汁液体培养，表面产生泡沫，液体变混浊，培养后期菌体沉降于容器底部，因此又称下面酵母。

**3. 生理生化特点**

卡尔酵母属化能异养型，能发酵葡萄糖、果糖、半乳糖、蔗糖、麦芽糖、蜜二糖、麦芽三糖和甘油醛以及全部的棉子糖，不发酵乳糖以及淀粉、纤维素等多糖。属兼性厌氧菌。

卡尔酵母不分解蛋白质，不还原硝酸盐，可同化氨基酸和氨态氮。需要 B 族维生素以及 P、S、Ca、Mg、K、Fe 等无机离子。

卡尔酵母最适生长温度 25℃，啤酒发酵最适温度 5~10℃。最适发酵 pH 为 4.5~6.5。

### 四、产蛋白假丝酵母

产蛋白假丝酵母（*Candida utilis*）又称产朊假丝酵母或食用圆酵母，富含蛋白质和 B 族维生素，常作为生产食用或饲用单细胞蛋白（SCP）以及 B 族维生素的菌株。

**1. 形态特征**

产朊假丝酵母的细胞呈圆形、椭圆形或腊肠形，大小为 (3.5~4.5)μm×(7.0~13.0)μm，以多边出芽方式进行无性繁殖，形成假菌丝。没有发现有性生殖和有性孢子，属于半知菌类酵母菌。

**2. 培养特征**

麦芽汁固体培养，菌落呈乳白色，表面光滑湿润，有光泽或无光泽，边缘整齐或菌丝状；玉米固体培养产生原始状假菌丝。葡萄糖酵母汁蛋白胨液体培养，表面无菌膜，液体混浊，管底有菌体沉淀。

**3. 生理生化特点**

产朊假丝酵母属化能异养型，能发酵葡萄糖、蔗糖和1/3的棉子糖，不发酵半乳糖、麦芽糖、乳糖、蜜二糖。能同化尿素、铵盐和硝酸盐，不分解蛋白质和脂肪。

产朊假丝酵母兼性厌氧，有氧条件下进行有氧呼吸，无氧条件下进行酒精发酵。

产朊假丝酵母最适生长温度25℃，最适生长pH为4.5~6.5。

在发酵工业中，常采用富含半纤维的纸浆废液、稻草、稻壳、玉米芯、木屑、啤酒废渣等水解液和糖蜜为主要原料，培养产蛋白假丝酵母，生产食用或饲用单细胞蛋白和B族维生素。

## 五、酵母菌在食品工业中的应用

### (一) 啤酒酿造

啤酒酿造是以大麦、水为主要原料，以大米或其他未发芽的谷物、酒花为辅助原料，经过制备麦芽、糖化、发酵等工序制成的富含营养物质和$CO_2$的酒精饮料。啤酒营养丰富，含酒精低，易被人体吸收。我国目前啤酒生产总量居世界第一位，但人均水平仍落后于西方发达国家。

啤酒根据酵母品种可分为上面发酵啤酒和下面发酵啤酒；根据颜色可分为淡色啤酒和浓色啤酒；根据生产方式可分为鲜啤酒、纯鲜啤酒和熟啤酒。

**1. 啤酒发酵优良酵母的评估及选育**

（1）啤酒酵母应具有以下优良性状 ①生长繁殖力强，发酵活力高。②代谢产物能够赋予啤酒良好的风味。③凝聚性强，沉降速度快，发酵结束易与发酵液分离，便于菌体回收。

（2）优良菌种的选育 ①菌种筛选。②诱变育种。③杂交育种。例如，通过杂交育种有可能获得凝聚性强、风味良好、发酵度比较高的新菌种。④细胞融合育种。如凝聚性强但发酵度低的菌株和发酵度高但凝聚性弱的菌株通过细胞融合有可能产生凝聚性强和发酵度高的新型细胞。

**2. 啤酒酵母的扩大培养**

（1）工艺流程

斜面原种→活化（25℃，1~2d）→2个100mL富士瓶（25℃，1~2d）→2个1000mL巴士瓶（25℃，1~2d）→2个10L卡氏罐（25℃，1~2d）→200L汉森式种母罐（15℃，1~2d）→2t扩大罐（10℃，1~2d）→10t繁殖槽→（8℃，1~2d）→主发酵

（2）技术要点

① 温度控制：培养初期，采用酵母菌最适生长温度25℃培养，之后每扩大培养1次，温度均有所降低，使酵母菌逐步适应低温发酵的要求。

② 接种时间：每次扩大培养均采用对数生长期后期的种子液接种，一般泡沫达到最高将要回落时为对数生长期。

③ 注意及时通风供氧：从斜面原种至卡氏罐为实验室扩大培养阶段，应注意每天定时摇动容器，达到供氧目的；从汉森罐至酵母繁殖槽为生产现场扩大培养阶段，应定时通入无菌压缩空气供氧。

**3. 啤酒酿造工艺**

生产工艺流程为：

原料大麦→清选→分级→浸渍→发芽→干燥→麦芽及辅料粉碎→糖化→过滤→麦汁煮沸→麦汁沉淀→麦汁冷却→接种→酵母繁殖→主发酵→后发酵→过滤→包装→杀菌→贴标→成品

发酵过程为：冷却麦芽汁入酵母繁殖槽，接种6代以内回收的酵母泥5‰（或扩大培养的种子液），控制品温6~8℃，好氧培养12~24h，待起发后入发酵池（罐）进行主发酵。

主发酵：主发酵也称前发酵，可分为四个时期：入发酵池（罐）后4~5h，酵母菌产生的$CO_2$使麦芽汁饱和，在麦芽汁表面出现白色乳脂状气泡，称为起泡期。此时不需人工降温，保持2~3d。随着发酵的进行，酵母菌厌氧代谢旺盛，使泡沫层加厚、温度升高，发酵进入高泡期。此时需开动冰水人工降温，最高发酵温度不超过9℃，保持2~3d。发酵5~6d后，泡沫开始回缩，颜色变深，称为落泡期。此时需开动冰水逐渐降温，维持2d。发酵7~8d后，泡沫消退，形成泡盖（由酒花树脂、蛋白质多酚复合物、泡沫和死酵母构成），称为泡盖形成期。此时应急剧降温至4~5℃，使酵母沉降，并打捞泡盖，回收酵母，结束主发酵。

后发酵：后发酵的主要作用是使残糖继续发酵，促进$CO_2$在酒液中饱和；同时利用酵母内酶还原双乙酰。

后处理：后发酵结束，酒液经过过滤、装瓶、热杀菌（60℃，30min）处理，称为熟啤酒，而不经过热杀菌的啤酒称为鲜啤酒。

**（二）果酒酿造**

果酒是以多种水果如葡萄、苹果、梨、橘子、山楂、杨梅、猕猴桃等为原料，经过破碎、压榨，制取果汁；果汁通过酵母菌的发酵作用形成原酒；原酒再经陈酿、过滤、调配、包装等工艺制成的酒精含量在8.5%以上、含多种营养成分的饮料酒。在各种果酒中葡萄酒是主要品种，其产量居世界第二位饮料酒种。

果酒一般以所用的原料来命名，如葡萄酒、苹果酒、梨酒等；根据酿制方法可分为发酵酒、蒸馏酒、露酒、汽酒等；根据含糖量可分为干酒、半干酒、半甜酒、甜酒；根据酒精含量可分为低度果酒和高度果酒。

果酒酿造工艺流程为：

水果→分选→洗涤→破碎→压榨→果汁→成分调整→添加 $SO_2$、接种酒母→主发酵→后发酵→陈酿→冷、热处理→过滤→调配→灌酒→杀菌→贴标→成品

果酒酿造主要是前发酵和后发酵。前发酵的目的是进行酒精发酵，产生芳香物质，浸提色素物质。其方法有分离发酵法和混合发酵法两种。

分离发酵法是水果经破碎、压榨后，仅有果汁入发酵池进行发酵。

混合发酵法是水果破碎后不经压榨，将果汁、果浆、皮渣一起入发酵池进行发酵。

后发酵的目的是：继续发酵使残糖下降；在低温缓慢的后发酵中，前发酵原酒中残留的部分酵母及其他果肉纤维等悬浮物逐渐沉降，形成酒泥，使酒逐步澄清；排放溶解的 $CO_2$；氧化还原及酯化作用。

**(三) 白酒酿造**

白酒是以曲类、酒母等为糖化发酵剂，利用粮谷或代用原料经蒸煮、糖化发酵、蒸馏、贮存、勾兑而成的蒸馏酒。

白酒的质量与风味，由于所用原料、糖化剂和发酵工艺的不同差异很大。有按原料命名的，如高粱酒、玉米酒、米酒等；有按发酵剂命名的，如大曲酒、小曲酒、麸曲酒等。

白酒工业生产方法，根据发酵物料状态不同可分为固态发酵法、半固态发酵法和液态发酵法。我国传统工艺是以固态发酵法为主。

**1. 酒曲的主要种类**

（1）大曲　大曲是固态发酵法酿造大曲白酒的糖化发酵剂。它以小麦或大麦、豌豆为曲料，经过粉碎、加水拌料、踩曲制坯、堆积培养，依靠自然界带入的各种酿酒微生物（包括细菌、霉菌和酵母菌）在其中生长繁殖制成成曲，再经贮存后制成陈曲。大曲有高温曲（制曲温度60℃以上）和中温曲（制曲温度不超过50℃）两种类型。目前国内绝大多数著名的大曲白酒均采用高温曲生产，如茅台、泸州、西凤、五粮液等。

（2）麸曲　麸曲是固态发酵法酿造麸曲白酒的糖化剂。它以麸皮为主要曲料，以新鲜酒糟为配料，经过润水、蒸煮、冷却后，接种黑曲霉和黄曲霉混合（混合比例为7:3），再经通风培养制成成曲。

（3）小曲（米曲）　小曲（米曲）是半固态发酵法酿造小曲白酒（米酒）的糖化发酵剂。它以米粉或米糠为原料，添加或不添加中草药，经过浸泡、粉碎、接入纯种根霉和酵母菌或两者混合种曲，再经制坯、入室培养、干燥等工艺制成小曲。

（4）液体曲　液体曲可作为液态发酵法酿酒制醋的糖化剂。它是将曲霉菌的种子液接入发酵培养基中，在发酵罐中进行深层液体通气培养，得到含有丰富酶系的培养液称为液体曲。

**2. 固态发酵法生产工艺**

（1）特点

① 低温双边发酵：采用较低的温度，让糖化作用和发酵作用同时进行，即采用边糖化边发酵工艺。生产上糖化和发酵处于同样的低温条件下，可防止发酵过程中的酸败，防止微生物产生酶的钝化，有利于酒香味的保存和甜味物质的增加。

② 配醅蓄浆发酵：由于高粱、玉米等颗粒组织紧密，又处于固态发酵，所以淀粉不易充分利用。因此生产上常采用对蒸馏后的醅，添加一部分新料，配醅继续发酵，反复多次。这是我国所特有的白酒生产工艺，称为续渣发酵。这样做的目的是：使淀粉充分利用，能调节酸度及淀粉的浓度，增加微生物营养及风味物质。

③ 多菌种混合发酵：固态法白酒生产，在整个生产工程中都是敞口操作，空气、水、工具、窖地等各种渠道都把大量的、多种多样的微生物带入到料醅中，它们与曲中的有益微生物协同作用，产生出丰富的香味物质，因此固态发酵是多菌种混合发酵。

④ 固态蒸馏：发酵后的酒醅采用固态蒸馏方式，不仅是浓缩酒精的过程，而且是香味的提取和重新组合的过程。

⑤ 界面复杂：白酒固态发酵时，窖内气相、液相、固相三种状态同时存在，这个条件有力地支配着微生物的繁殖与代谢，形成白酒特有的芳香。

（2）大曲的生产　根据原料、生产用曲、操作方法以及产品风味的不同，一般可将固态法生产的白酒分成大曲酒、麸曲酒和小曲酒三种类型。我们只讨论大曲与大曲酒的生产。

① 大曲的特点：制曲原料要求含有丰富的碳水化合物（主要是淀粉）、蛋白质以及适量的无机盐等，能够供给酿酒有益微生物生长所需的营养物质；生料制曲，有利于保存原料中所含有的丰富的水解酶类；自然接种。

② 大曲的种类：一般根据制曲过程中对控制曲坯最高温度的不同，大致分为高温曲、中温曲和低温曲。高温曲主要用于制酱香型酒，中温曲用于酿制清香型酒，某些传统浓香型酒也有采用低温曲的。

③ 高温曲的生产工艺：主要包括以下环节，即选料磨碎、润料、拌料、踩曲、曲的堆积培养及贮存。

### （四）面包加工

面包是以面粉、糖、水为主要原料，经过和面、发酵、整形、成型、烘烤、冷却、包装等程序加工而成的焙烤食品。它是一种营养丰富、组织膨松、易于消化的方便食品。

面包的种类很多，按照加入糖和盐量的不同可分为甜面包和咸面包；按照成型方法不同可分为模具吐司类和非模具型面包；按照配料不同可分为普通面包和特制及高级面包；按照面包柔软度可分为软式面包和硬式面包；按照消费习惯可分为主食面包和点心面包。

面包发酵剂菌种是啤酒酵母，应选择发酵力强、风味良好、耐热、耐酒精的酵母菌株。

面包发酵剂类型有压榨酵母（Compressed yeast）和活性干酵母（Active dry yeast）两种。

压榨酵母又称鲜酵母，是酵母菌经液体深层通气培养后再经压榨而制成，发酵活力高，使用方便，但不耐贮藏。

活性干酵母是压榨酵母经低温干燥或喷雾干燥或真空干燥而制成，便于贮藏和运输，但活性有所减弱，需经活化后使用。

面包生产工艺流程如下。

准备材料→搅拌→发酵→分割→滚圆→松弛→造型→最后醒发→烘烤→冷却→包装

### （五）单细胞蛋白的开发

单细胞蛋白（Single cell protein，SCP）主要指酵母菌、细菌、真菌等微生物蛋白质资源，即用发酵法培养微生物而获得的菌体蛋白，又称微生物蛋白、菌体蛋白。按产生菌的种类不同，又可分为细菌蛋白、真菌蛋白等。

**1. 应用微生物生产 SCP 的优点**

（1）生产效率高，比动植物高成千上万倍。主要是因为微生物生长繁殖速度快。如 500kg 的酵母在 24h 内可生产 80t 蛋白质，而一头同样质量的公牛在同样时间内仅生产 400~500g 蛋白质；一只鸡在两个月中只能产生 2kg 的肉，却要消耗 8.4kg 的植物蛋白。

（2）生产原料来源广。用于生产 SCP 的原料有以下几类：①工农业生产的废弃物和下脚料，如秸秆、蔗渣、甜菜渣、木屑等含纤维素的废料及纸浆废液、啤酒废渣、味精废液、淀粉废液、豆制品废液。②碳水化合物类，如淀粉质和纤维质的水解糖液。③碳氢化合物类，如甲烷、乙烷、丙烷及短链烷烃。④石油产品类。

（3）可工业化生产。它不仅需要的劳动力少，不受地区、季节、气候的限制，而且生长条件完全受人工控制，可在工厂中大量生产。

**2. 生产单细胞蛋白常用菌种**

具有原核细胞的细菌、放线菌、蓝藻和具有真核细胞的酵母菌、霉菌、担子菌和原生动物等各种微生物都可作为生产 SCP 的菌种。现在工业上生产用的资源主要是酵母菌、细菌、一部分担子菌和藻类。最早用于 SCP 生产且应用最广的是酵母菌，主要原因是：其个体大，易从培养介质中回收，酵母成品的色、香、味易为人们所接受。

**3. 单细胞蛋白的作用**

单细胞蛋白不仅能制成人造肉供人们直接食用，还常作为食品添加剂，用于补充蛋白质或维生素、矿物质等。由于某些单细胞蛋白具有抗氧化能力，使食物不容易变质，因而常用于婴儿米粉及汤料、作料中。由于酵母含热量低，也常作为减肥食品的添加剂。酵母的浓缩蛋白具有显著的鲜味,已广泛用作食品的增鲜剂。在畜禽饲料中,只要添加3%~10%的单细胞蛋白,就能大大提高饲料的营养价值和利用率。

## 第三节　食品工业中常用的霉菌及其应用

### 一、毛霉属

按安斯沃思的分类系统,毛霉属(*Mucor*)属于接合菌亚门、接合菌纲、毛霉目、毛霉科,该菌有很强的分解蛋白质和糖化淀粉的能力,因此,常被用于酿造、发酵食品等工业。

#### (一)毛霉的生物学特性

毛霉菌落呈絮状,初为白色或灰白色,后变为灰褐色;菌丛高度可由几毫米至十几厘米,有的具有光泽。菌丝无隔,分气生、埋生,后者在基质中较均匀分布,吸收营养;气生菌丝发育到一定阶段,即产生垂直向上的孢囊梗,梗顶端膨大形成孢子囊,囊成熟后,囊壁破裂释放出孢囊孢子;囊轴呈椭圆形或圆柱形;孢囊孢子为球形、椭圆形或其他形状,单细胞,壁薄而光滑,无色或黄色;有性孢子(接合孢子)为球形,黄褐色,有的有突起。

#### (二)常见的毛霉菌种

**1. 高大毛霉(*Mucor mucedo*)**

菌落初期为白色,随培养时间的延长,逐渐变为淡黄色,有光泽,菌丝高达3~12cm或更高。孢子囊柄直立不分枝,孢子囊壁有草酸钙结晶。此菌能产生3-羟基丁酮、脂肪酶。

**2. 总状毛霉(*Mucor racemosus*)**

总状毛霉是毛霉中分布最广的一种。菌丝初期白色,后期为黄褐色;孢子囊柄总状分枝。孢子囊为球形,褐色;孢子较短,卵形。厚垣孢子数量很多,大小均匀,为无色或黄色。该菌种的最适生长温度为23℃,低于4℃和高于37℃环境下都不能生长。我国四川的豆豉即用此菌制成。

**3. 鲁氏毛霉(*Mucor Rouxianus*)**

此菌种最初是从我国小曲中分离出来的。菌落在马铃薯培养基上呈黄色,在米饭上略带红色,孢子囊柄呈假轴状分枝,厚垣孢子数量很多,大小不一,黄色至褐色,接合孢子未见。鲁氏毛霉能产生蛋白酶,有分解大豆的能力,我国多用它来做豆腐乳。

## 二、根霉属

根霉属（*Rhizopus*）与毛霉类似，能产生大量的淀粉酶，故用作酿酒、制醋业的糖化菌。有些种的根霉还用于甾体激素、延胡索酸和酶剂制的生产。

### （一）根霉的生物学特性

根霉的菌丝为无隔单细胞，生长迅速，有发达的菌丝体，气生菌丝白色、蓬松，如棉絮状。

根霉气生性强，故大部分菌丝匍匐生长在营养基质的表面，这种气生菌丝称为匍匐菌丝。基内菌丝根状称为假根。由假根着生处向上长出直立的 2~4 根孢囊梗，孢囊梗不分枝，梗的顶端膨大形成孢囊，同时产生横隔，囊内形成大量孢囊孢子。

根霉的有性生殖产生接合孢子。除有性根霉为同宗结合外，其他根霉都是异宗结合。

### （二）常见的根霉菌种

**1. 米根霉**（*Rhizopus oryzae*）

这个种在我国酒药和酒曲中常看到，在土壤、空气以及其他各种物质中亦常见。菌落疏松，初期白色，后变为灰褐色到黑褐色，匍匐枝爬行，无色。假根发达，指状或根状分枝，褐色，孢囊梗直立或稍弯曲，2~4 根，群生。尚未发现其形成接合孢子，发育温度为 30~35℃，最适温度 37℃，41℃亦能生长。此菌有淀粉酶、转化酶，能产生乳酸、反丁烯二酸及微量的酒精。产 L(+) 乳酸量最强达 70% 左右，是腐乳发酵的主要菌种。

**2. 华根霉**（*Rhizopus chinensis*）

此菌多出现在我国酒药和药曲中，这个种耐高温，于 45℃能生长，菌落疏松或稠密，初期白色，后变为褐色或黑色，假根不发达，短小，手指状。孢子囊柄通常直立、光滑、浅褐色至黄褐色。不生接合孢子，发育温度为 15~45℃，最适温度为 30℃。此菌淀粉液化力强，有溶胶性，能产生酒精、芳香脂类、左旋乳酸及反丁烯二酸，能转化甾族化合物。

## 三、红霉属

红霉属又称链孢霉，因子囊孢子表面有纵形花纹，犹如叶脉而得名脉孢菌，属子囊菌亚门。其菌丝透明，有分枝，具隔膜，疏松呈网状，无色、白色或灰色。无性繁殖形成分生孢子，一般为卵圆形，在气生菌丝顶部形成分枝链，分生孢子呈橘黄色或粉红色，常生在面包等淀粉性食物上，故俗称红色面包霉。有性过程产生子囊和子囊孢子，属异宗配合。

红霉属是研究遗传学的好材料。因为它的子囊孢子在子囊内呈单向排列，表现出有规律的遗传组合。如果用两种菌杂交形成的子囊孢子分别培养，可研究遗传性状的分离及组合情况。在生化途径的研究中也被广泛应用。此外，菌体内含有丰富的蛋白质、维生素 $B_{12}$ 等。链孢霉属种类多，主要有橙色链孢霉、粗糙链孢霉、好食链孢霉，有些种类可用于发酵工业。链孢霉多为腐生，有许多种是植物的病原菌。链孢霉属在污染过程中靠气流传播，传播力极强，蔓延快，危害极大，一旦发生，难以治理，一般进行掩埋或焚烧。最常见的菌种如粗糙脉孢菌（*Neurospora crassa*）、好食脉孢菌（*Neurospora sitophila*）。有的可造成食物腐烂。

### 四、曲霉属

曲霉属（*Aspergillus*）广泛分布于土壤、空气、谷物和各类有机物中，在湿热相宜条件下，引起皮革、布匹和工业品发霉及食品霉变。同时，曲霉也是发酵工业和食品加工方面应用的重要菌种，如黑曲霉是化工生产中应用最广的菌种之一，用于柠檬酸、葡萄糖酸、淀粉酶和酒类的生产。米曲霉具有较强的淀粉酶和蛋白酶活力，是酱油、面酱发酵的主发酵菌。

#### （一）曲霉属的生物学特性

本属菌丝有隔，多细胞，菌落呈圆形，以分生孢子方式进行无性繁殖。本属分生孢子呈绿、黄、橙、褐、黑等各种颜色，故菌落颜色多种多样，而且比较稳定，是分类的主要特征之一。曲霉菌的有性世代产生闭囊壳，其中着生圆球状子囊，囊内含有 8 个子囊孢子，子囊孢子大都无色，有的菌种呈红、褐、紫等颜色。

#### （二）常见的曲霉菌

**1. 米曲霉（*Asp. oryzae*）**

米曲霉菌落生长快，10d 直径达 5~6cm，质地疏松，初白色、黄色，后变为褐色至淡绿褐色，背面无色。分生孢子头放射状，直径 150~300μm，也有少数为疏松柱状。分生孢子梗 2mm 左右，近顶囊处直径可达 12~25μm，壁薄、粗糙。顶囊近球形或烧瓶形，通常 40~50μm。小梗一般为单层，12~15μm，偶尔有双层，也有单、双层小梗同时存在于一个顶囊上的。分生孢子幼时洋梨形或卵圆形，老后大多变为球形或近球形，一般 4.5μm，粗糙或近于光滑。米曲霉依靠各种孢子繁殖，以无性孢子繁殖为主。在适宜条件下，米曲霉可生成大量分生孢子。

**2. 黄曲霉（*Asp. flavus*）**

黄曲霉菌生长温度为 6~47℃，最适温度为 30~38℃，生长的最低水分活度为 0.8~0.86。分布很广泛，在各类食品和粮食上均能出现。有些种产生黄曲霉毒素，使食品和粮食污染带毒。黄曲霉毒素毒性很强，有致癌、致畸作用。该菌产毒的最适温度为 27℃。有些菌株具有很强的糖化淀粉、分解蛋白质的能力，因而被广泛用于白酒、酱油和酱的生产。

（1）菌落　生长快，柔毛状，平坦或有放射状沟纹；初为黄色，后变为黄绿或褐绿色；反面无色或略带褐色。有的菌株产生灰褐色的菌核。

（2）菌体　分生孢子梗壁粗糙或有刺，无色；分生孢子头为半球形、柱形或扁球形；小梗一层或两层，在同一顶囊上有时单、双层并存；顶囊近球形或烧瓶状；分生孢子球形，表面光滑或粗糙。

**3. 黑曲霉（*Asp. niger*）**

该群是接近高温性的霉菌，生长适温为 35~37℃，最高可达 50℃；孢子萌发的水分活度为 0.80~0.88，是自然界中常见的霉腐菌。

（1）菌落　菌丝密集，初为白色，扩散生长，培养时间延长，菌丝变为褐色，分生孢子形成后由中央变黑，逐步向四周扩散，有的有放射状沟纹。背面无色或黄褐色。

（2）菌体　分生孢子梗壁厚，光滑，分生孢子头球形，放射状或裂成几个放射的柱状，黑色或褐色，分生孢子球形；菌丝有横隔。

该菌具有多种活性强大的酶系，可用于工业生产，如淀粉酶用于淀粉的液化、糖化以生产酒精、白酒或制造葡萄糖和糖化剂；酸性蛋白酶用于蛋白质的分解或食品添加剂的制造及皮毛软化；果胶酶用于水解聚半乳糖醛酸、果汁澄清和植物纤维精炼。

## 五、青霉属

青霉属（*Penicillium*）在自然界中广泛分布，一般在较潮湿冷凉的基质上易分离到它。许多是常见的有害菌，破坏皮革、布匹以及引起谷物、水果、食品等变质。青霉属不仅导致食品和原材料的霉腐变质，而且有些种可产生毒素，引起人、畜中毒；也有些青霉菌是重要的工业菌株，在医药、发酵、食品工业上被广泛应用来生产抗生素和多种有机酸，如生产柠檬酸、葡萄糖酸、纤维素酶和常用的抗生素——青霉素。

### （一）生物学特性

**1. 菌落**

青霉属的菌落圆形，扩展生长；表面平坦或有放射状沟纹或有环状轮纹；有的有较深的皱褶，使菌落呈纽扣状；有的表面有各种颜色的渗出液，具有霉味或其他气味；四周常有明显的淡色边缘；菌落正面有青绿、蓝绿色、黄绿色、灰绿色。

**2. 菌丝**

青霉属菌丝有隔，分气生、基生。大部分青霉菌只有无性世代，产生分生孢子，个别具有性世代，产生子囊孢子。进行无性繁殖时，在菌丝上向上长出芽突，单生直立或密集成束，即为分生孢子梗。分生孢子梗向上长到一定程度，顶端分枝，每个分枝的顶端又继续生出一轮次生分枝称梗基；在每个梗基的顶端，产生一轮瓶状小梗；每个小梗的顶端产生成串的分生孢子链。分枝、梗基、小梗构成帚状分枝；帚状分枝与分生孢子链构成帚状穗（青霉穗）；分生孢子球形、卵形或椭圆形，光滑或粗糙。

## （二）常见的青霉菌

### 1. 橘青霉（*Pen. citrinum*）

该菌属于不对称组、绒状亚组、橘青霉系。一般大米产区都有此菌发生，危害大米使其黄变（泰国黄变米），有毒，其毒素是橘青霉素。该菌生长适温为25～30℃，最高发育温度为37℃；生长的最低水分活度为0.80～0.85。

（1）菌落　生长局限10～14d，直径2～2.5cm；有放射状沟纹；绒状，有的稍带絮状；艾绿色到黄绿色；有窄白边；渗出液淡黄色；反面黄色至褐色。

（2）菌体　帚状枝典型的双轮生，不对称；分生孢子梗多数由基质长出，壁光滑，带黄色，长50～200μm；梗基2～6个，轮生于分生孢子梗上，明显散开，端部膨大；小梗6～10个，密集而平行，基部圆瓶形；分生孢子链为分散的柱状；分生孢子球形或近球形，2.2～3.2μm，光滑或接近光滑。

### 2. 展开青霉（*Pen. expanasum*）

展开青霉是作为苹果的腐败菌被分离到的。

（1）菌落　菌落生长迅速，黄绿色至青绿色，束状，背面无色至黄褐色。

（2）菌体　分生孢子梗长200～300μm，平滑，梗径10～15μm，分生孢子小梗单轮生，分生孢子椭圆形或球形，2.3μm×1μm。

## 六、霉菌在食品工业中的应用

### （一）酱油酿造

酱油是一种常用的咸味调味品，它是以蛋白质原料和淀粉质原料为主，经米曲霉等多种微生物共同发酵酿制而成。酱油中含有多种调味成分，有酱油的特殊香味、食盐的咸味、氨基酸钠盐的鲜味、糖及其他醇甜物质的甜味、有机酸的酸味、酪氨酸等爽适的苦味，还有天然的红褐色色素，可谓咸、酸、鲜、甜、苦五味调和，色、香俱备的调味佳品。

我国是世界上最早利用微生物酿造酱油的国家，迄今已有3000多年的历史，后技术传到日本、东南亚各国，成为世界范围内最受欢迎的调味品之一。在酱油酿造过程中，利用微生物产生的蛋白酶将原料中的蛋白质水解成多肽、氨基酸，成为酱油的营养成分以及鲜味的来源。另外，部分氨基酸进一步反应与酱油香气、色素的形成有直接关系。因此，蛋白质原料对酱油色、香、味、体的形成至关重要，是酱油生产的主要原料。酱油酿造一般选择大豆、脱脂大豆作为蛋白质原料，也可选用其他蛋白质含量高的代用原料，例如蚕豆、豌豆、绿豆、花生饼、葵花子饼、芝麻饼、脱毒的菜子饼和棉子饼等。

### 1. 参与酱油酿造的微生物

酱油酿造是半开放式的生产过程，环境和原料中的微生物都可能参与到酱油的酿造中来。在酱油酿造的特定工艺条件下，并非所有的初始微生物都能良好生长。只有那些人工接种的或适合酱油酿造微生态环境的微生物，才能生长繁殖并发挥作用。参与酱油酿造的微生物主要有米曲霉、酵母、乳酸菌及其他细菌，它们具有各自的生理生化特性，对酱油品质的形成有重要作用。

（1）米曲霉 米曲霉（Aspergillus oryzae）是曲霉的一种。由于它与黄曲霉十分相似，所以过去很长一段时间归属于黄曲霉群，甚至直接就称黄曲霉。后来证明，生产酱油的黄曲霉不产黄曲霉毒素，为了区分产黄曲霉毒素的黄曲霉，特冠以米曲霉的名称。

米曲霉酶系复杂，分泌的胞外酶有蛋白酶、α-淀粉酶、糖化酶、谷氨酰胺酶、果胶酶、半纤维素酶等，胞内酶有氧化还原酶等。蛋白酶、α-淀粉酶、糖化酶、谷氨酰胺酶活力的高低与酱油品质及原料利用率的关系密切。

米曲霉可以利用的碳源是单糖、双糖、淀粉、有机酸、醇类等，氮源如铵盐、硝酸盐、尿素、蛋白质、酰胺等都可以利用。磷、钾、镁、硫、钙等也是米曲霉生长所必需的。因为米曲霉分泌的蛋白酶和淀粉酶是诱导酶，在制酱油曲时要求配料中有较高的蛋白质和适当的淀粉含量，以诱导酶的生成。大豆或脱脂大豆富含蛋白质，小麦、麸皮含有淀粉，这些农副产品也含有较丰富的维生素、无机盐等营养物质，以适当的配比混合作制曲的原料，能满足米曲霉繁殖和产酶的需要。

对应用于酱油生产的米曲霉菌株的基本要求：不产黄曲霉毒素，蛋白酶和淀粉酶活力高，有谷氨酰胺酶活力，生长快速，培养条件粗放，抗杂菌能力强，不产生异味，酿制的酱油香气好。目前国内常用的菌株如下。

① AS3.863：蛋白酶、糖化酶活力强，生长繁殖快速，制曲后生产的酱油香气好。

② AS3.951（沪酿3.042）：这是以 AS3.863 为出发菌株，用紫外线诱变得到。蛋白酶活性比出发菌株高，用于酱油生产蛋白质利用率可达 75%。生长繁殖快，对杂菌抵抗力强，制曲时间短，生产的酱油香气好。但该菌株的酸性蛋白酶活力低。

③ UE328、UE336：这是以 AS3.951 为出发菌株，用快中子、$^{60}$Co、紫外线、乙基磺酸甲烷、氯化锂等诱变剂处理得到，酶活性是出发菌株的 170%～180%。UE328 适用于液体培养，UE336 适用于固体培养。UE336 的蛋白质利用率为 79%，但制曲时孢子发芽较慢，制曲时间延长 4～6h。

④ 渝3.811：是从曲室泥土中分离出菌株后经紫外线三次诱变后得到的新菌株。孢子发芽率高，菌丝生长快速旺盛，孢子多，适应性强，制曲易管理，酶活力高。

⑤ 酱油曲霉：酱油曲霉（Aspergillus sojae）是日本学者坂口从酱曲中分离出来的，用于酱油生产。酱油曲霉分生孢子表面有小突起，孢子柄表面平滑，与米曲霉相比，其碱性蛋白酶活力较强。在分类上酱油曲霉属于米曲霉系。

（2）酵母菌 从酱醅中分离出的酵母菌有 7 个属 23 个种，其中有的对酱油风味和香气的形成有重要作用。它们多属于鲁氏酵母（Saccharomyces rouxii）和球拟酵母（*Torulopsis*）。

鲁氏酵母是酱油酿造中的主要酵母菌。菌体在麦芽汁中培养3d，细胞为小圆形或卵圆形，大小为（2.5~5）μm×（3.5~8.5）μm。适宜生长温度为28~30℃，38~40℃生长缓慢，42℃不生长。最适pH4~5。生长并活跃在酱醪这一特殊环境中的鲁氏酵母是一种耐盐性强的酵母，抗高渗透压，在含食盐5%~8%的培养基中生长良好，在18%食盐浓度下仍能生长，在24%盐浓度下生长弱。维生素H、肌醇、胆碱、泛酸能促进它在高食盐浓度下的生长。在高食盐浓度下，其生长pH范围很窄，为4.0~5.0。培养基中食盐浓度不同时，这些酵母发酵糖类的情况也不同。在不添加食盐的基质中，利用葡萄糖和麦芽糖发酵；而在食盐浓度18%的培养基中，容易利用葡萄糖发酵，几乎不利用麦芽糖。

球拟酵母在酱醪发酵后期开始活跃。随着发酵进行，糖浓度降低、pH下降，鲁氏酵母发生自溶，而球拟酵母开始活跃。球拟酵母是酯香型酵母，能生成酱油的重要芳香成分，如酯类等。因此，认为球拟酵母与酱醪的香味成熟有关。在发酵后期的酱醪中，由于糖分较少，已生成一定量的酒精，氨基酸浓度增高，而且有高浓度的食盐存在，因此球拟酵母不会发生过度繁殖。但是，在采用添加人工培养酵母工艺时，加进多量鲁氏酵母不会发生不良影响，球拟酵母添加过量，会使酱醪香味恶化。这是因为球拟酵母生成过量醋酸、烷基苯酚等刺激性强的香味物质所造成。

（3）乳酸菌　酱油乳酸菌是生长在酱醪这一特定生态环境中的特殊乳酸菌，在此环境中生长的乳酸菌是耐盐的。代表性的菌有嗜盐片球菌（*Pediococcus halophilus*）、酱油微球菌（*Tetracoccus sojae*）、植物乳杆菌（*Lactobacillus plantanum*）。这些乳酸菌耐乳酸的能力不太强，因此，不会因产过量乳酸使酱醪pH过低而造成酱醪质量变坏。适量的乳酸是构成酱油风味的重要因素之一，不仅乳酸本身具有特殊的香味而对酱油有调味和增香作用，而且与乙醇生成的乳酸乙酯也是一种重要的香气成分。一般酱油中乳酸的含量为15mg/mL。在发酵过程中，由嗜盐片球菌和鲁氏酵母共同作用生成的糠醇，赋予酱油独特香气。酱油乳酸菌的另一个作用是使酱醪的pH下降到5.5以下，促使鲁氏酵母繁殖和发酵。

（4）其他微生物　在酱油酿造中除上述优势微生物外，还有其他一些微生物存在。它们的作用有的还不很清楚。从酱油曲和酱醪中分离的微生物还有毛霉、青霉、根霉、产膜酵母、圆酵母、枯草芽孢杆菌、小球菌、粪链球菌等。当制曲条件控制不当或种曲质量差时，这些菌会过量生长，不仅消耗曲料营养成分，使原料利用率下降，而且使成曲酶活力降低，产生异臭，曲发黏，造成酱油浑浊、风味不佳。

**2. 生产工艺流程**

酱油生产分种曲制备、成曲制造、发酵、浸出提油、成品配制几个阶段。

（1）种曲制备　工艺流程为麸皮、面粉→加水混合→蒸料→冷却→接种→装匾→曲室培养→种曲。

（2）成曲制造　工艺流程为：原料→粉碎→润水→蒸料→冷却→接种→通风培养→成曲。

（3）发酵　在酱油发酵过程中，根据醪醅的状态，有稀醪发酵、固态发酵及固稀发酵之分；根据加盐量的多少，又分有盐发酵、低盐发酵和无盐发酵三种；根据加温状况不同，又可分为日晒夜露与保温速酿两类。目前酿造厂中用得最多的固态低盐发酵，工艺流程为：成曲→打碎→加盐水拌和（12~13°Bé的盐水，含水量50%~55%）→保温发酵（50~55℃，4~6d）→成熟酱醅。

（4）浸出提油工艺流程见图9-1。

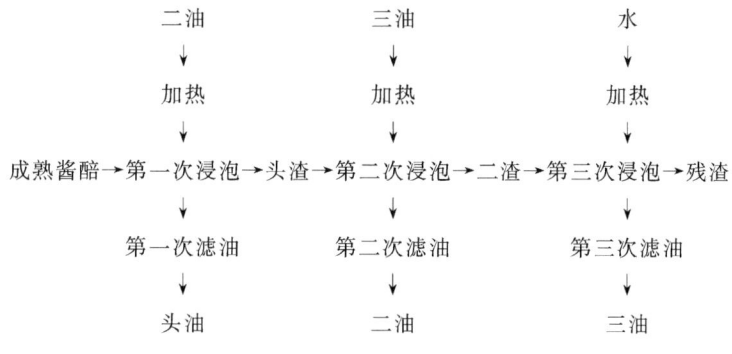

图9-1　浸出提油工艺流程

**（二）食醋酿造**

食醋可划分为酿造醋、合成醋、再制醋三大类，其中产量最大、与我们关系最为密切的是酿造醋。酿造醋是以粮食等为原料，经微生物制曲、糖化、酒精发酵、醋酸发酵等阶段酿制而成。酿造醋除主要成分醋酸外，还含有各种氨基酸、有机酸、糖类、维生素、醇和酯等营养成分和风味物质，具有独特的色、香、味、体，不仅是调味佳品，经常食用对健康也很有帮助。合成醋是用化学方法合成的醋酸配制而成，缺乏发酵调味品的风味，质量不佳。再制醋是以酿造醋为基料，经进一步加工精制而成，如五香醋、蒜醋、姜醋、固体醋等。

**1. 食醋酿造用微生物**

传统工艺制醋是利用自然界中野生菌制曲、发酵，因此，涉及的微生物种类繁多，如霉菌属的根霉、曲霉、毛霉、犁头霉，酵母属中的汉逊氏酵母、假丝酵母，以及芽孢杆菌、乳酸菌、醋酸菌、产气杆菌等。在众多的微生物中，有对酿醋有益的，也有对酿醋有害的菌种。新法酿醋，均采用经人工选育的纯培养菌株进行制曲、酒精发酵和醋酸发酵，其好处是酿醋周期短、原料利用率高，因此带来了显著的经济效益。

（1）曲霉菌　曲霉菌有丰富的淀粉酶、糖化酶、蛋白酶等酶系，因此，常用曲霉菌制糖化曲。糖化曲是水解淀粉质原料的糖化剂,其主要作用是将制醋原料中的淀粉水解为糊精,蛋白质被水解为肽、氨基酸,有利于下一步酵母菌的酒精发酵以及之后的醋酸发酵。

(2) 酵母菌　在食醋酿造过程中,淀粉质原料经曲的糖化作用产生葡萄糖。酵母菌则通过其酒精发酵酶系将葡萄糖转化为酒精和二氧化碳,完成酿醋过程中的酒精发酵阶段。除酒化酶系外,酵母菌还有麦芽糖酶、蔗糖酶、转化酶、乳糖分解酶和脂肪酶等。在酵母菌的酒精发酵中,除生成酒精外,还有少量有机酸、杂醇油、酯类等物质生成,这些物质对形成醋的风味有一定作用。酵母菌培养和发酵的最适温度为 25~30℃,但因菌种不同稍有差异。

酿醋用的酵母菌与生产酒类使用的酵母相同。适合于高粱原料及速酿醋生产的菌种有南阳混合酵母(0308 酵母);适合于高粱、大米、甘薯等多种原料酿制普通食醋的有 K 字酵母;适合于淀粉质原料酿醋的有 AS2.109、AS2.399;适合于糖蜜原料的有 AS2.1189、AS2.1190。另外,为了增加食醋香气,有的厂还添加产酶能力强的产酶酵母进行混合发酵,使用的菌株有 AS2.300、AS2.338、中国食品发酵研究院的 1295 和 1312 等产酶酵母。

(3) 醋酸菌　醋酸菌可将酵母菌产生的乙醇进一步氧化成醋酸,是食醋生产的关键菌株。酿醋用的醋酸菌最好是氧化酒精速度快、醋酸产率高、不再分解醋酸、耐酸性强、制品风味好的菌种。在目前发现和使用的醋酸菌种中,有些虽然不会分解醋酸,但产醋酸能力弱;有些醋酸产率高,但具有将醋酸氧化成二氧化碳和水的能力。所以目前国内外有些工厂用混合醋酸菌生产食醋,除能快速完成醋酸发酵、提高醋酸产率外,还能形成其他有机酸和酯类等成分,能增加成品的香气和固形物含量。

### 2. 工艺流程

原料→原料处理→酒精发酵→醋酸发酵→熏醅淋醋→灭菌→灌装

## 第四节　微生物酶制剂及其在食品工业中的应用

酶是由生物产生的具有特异催化功能的蛋白质,又称生物催化剂。将酶加工成不同纯度和剂型(包括固定化酶和固定化细胞)的生物制剂是酶制剂。动植物和微生物产生的许多酶都能制成酶制剂。

### 一、淀粉酶类

**1. 淀粉酶类的主要类型及其性质**

淀粉酶(Amylase)是一般作用于可溶性淀粉、直链淀粉、糖原等,水解

α-1,4-糖苷键或α-1,6糖苷键的酶,根据水解的方式可分为α-淀粉酶、β-淀粉酶、葡萄糖淀粉酶及异淀粉酶四大类。

(1) α-淀粉酶　α-淀粉酶广泛分布于动物(唾液、胰脏等)、植物(麦芽、山蓣菜)及微生物中。微生物的酶几乎都是分泌性的。此酶以$Ca^{2+}$为必需因子并作为稳定因子,既作用于直链淀粉,也作用于支链淀粉,以随机方式从淀粉分子内部水解α-1,4糖苷键生成糊精和还原糖。但不能水解α-1,6糖苷键,也不能水解紧靠α-1,6分枝点的α-1,4糖苷键。在淀粉水解成短链的糊精分子后,溶液的黏度迅速下降,故α-淀粉酶又称为液化淀粉酶或液化酶。

(2) β-淀粉酶　β-淀粉酶也只水解淀粉中的α-1,4糖苷键,对α-1,6-糖苷键无作用。它与α-淀粉酶的不同点在于从非还原性末端逐次以麦芽糖为单位切断α-1,4糖苷键,产物是麦芽糖,属外切酶。由于麦芽糖在生成过程中构型发生了变化,从α-型转变成β-型,故此种淀粉酶为β-淀粉酶。β-淀粉酶不仅不能水解α-1,6糖苷键,在从非还原末端水解α-1,4糖苷键时,还不能超越α-1,6-糖苷键而去水解分枝点内侧的α-1,4糖苷键,所以,它对支链淀粉的水解是不完全的,只能水解分枝点以外的葡萄糖链,生成相当于支链淀粉50%~60%的麦芽糖,剩余的部分称之为极限糊精。

(3) 葡萄糖淀粉酶　又称糖化酶,作用于淀粉时,是从非还原端开始逐次切下一个葡萄糖分子。它不仅能水解α-1,4糖苷键,也能越过α-1,6糖苷键,而且也能水解α-1,6糖苷键和α-1,3糖苷键,但速度慢得多。因此,葡萄糖淀粉酶作用于直链淀粉和支链淀粉时,能将它们全部水解为葡萄糖。

(4) 异淀粉酶　只水解糖原或支链淀粉分枝点的α-1,6糖苷键,切下整个侧枝,形成长短不一的直链淀粉,即能分解α-淀粉酶、β-淀粉酶和糖化酶作用淀粉后所不能分解的残余物。

淀粉酶的使用范围极广、种类繁多,根据不同的需要可以选择不同种类的酶。α-淀粉酶主要用来生产麦芽糖、糊精,用β-淀粉酶可以得到麦芽糖,用葡萄糖淀粉酶催化糊精可得到葡萄糖。

**2. 淀粉酶的主要生产菌**

(1) α-淀粉酶的主要生产菌　细菌和霉菌,特别是枯草芽孢杆菌。

(2) β-淀粉酶的主要生产菌　多黏芽孢杆菌、巨大芽孢杆菌、蜡状芽孢杆菌、环状芽孢杆菌和链霉菌等。

(3) 糖化酶的主要生产菌　根霉与曲霉普遍能合成与分泌此酶,我国主要采用黑曲霉生产。

(4) 异淀粉酶的主要生产菌　我国主要采用产气杆菌10016。

**3. 淀粉酶在食品工业中的应用**

(1) 淀粉的糖化和液化　在以淀粉为原料生产味精、啤酒、面包酵母、淀粉糖、酒精等的生产中,广泛应用淀粉酶进行淀粉的糖化和液化。

（2）酶法生产葡萄糖　先用淀粉酶将原料水解成糊精或低聚糖，再用糖化酶将后者水解成葡萄糖。

## 二、 果胶酶类

果胶物质是所有高等植物细胞壁和细胞间层中的成分，也存在于植物细胞汁液中，与水果、蔬菜的食用质量有很大关系。

果胶酶降解果胶物质，存在于高等植物和微生物中。除了蜗牛以外，在动物界中没有发现果胶酶的存在。这类酶在食品加工中非常重要，如采用果胶酶处理果肉，可以提高果汁产量，促进果汁澄清。果胶酶也是导致许多水果、蔬菜在成熟后过分软化的原因。在番茄酱和橘汁一类食品中，也常因果胶酶的作用，破坏了果胶物质所形成的胶体，使产品的黏度和浊度降低，原来分散状态的固形物失去依托便沉淀下来，降低了这些食品的质量。

**1. 果胶酶类的主要类型及其性质**

（1）聚半乳糖醛酸酶（Polygalacturonase，PG）　可以水解 D - 半乳糖醛酸 $\alpha$ - 1,4 糖苷键，在果汁澄清中起着重要作用。

（2）碱性果胶酶（Polygalacturonate lyase，PGL）　是一类能在碱性条件下高效分解植物组织中果胶质（由 D - 半乳糖醛酸以 $\alpha$ - 1,4 糖苷键连接形成的直链状的聚合物）的酶的总称，通过切断果胶分子 $\alpha$ - 1,4 糖苷键，生成具有不饱和键的半乳糖醛酸酯。

（3）聚甲基半乳糖醛酸裂解酶（PMGL）　可以切断果胶分子的 $\alpha$ - 1,4 糖苷键。

（4）果胶酯酶（PE）　可以使果胶中的甲酯水解，生成果胶酸。

**2. 果胶酶的主要生产菌**

目前国内外研究和应用较多的果胶酶产生菌是细菌和霉菌，也有链霉菌产生果胶酶的报道。在细菌中，欧文氏杆菌（*Erwinia* sp.）、芽孢杆菌（*Bacillus* sp.）、节杆菌（*Arthrobacter* sp.）和假单胞杆菌（*Pseodomonas* sp.）都产生果胶酶。嗜碱性芽孢杆菌属和欧文氏杆菌属主要用于苎麻和红麻的脱胶、生物制浆及污物的处理软化等方面，应用前景可观，受到较多的关注和研究。已见报道的产果胶酶的霉菌种类大约包括20个属，如曲霉属（*Aspergillus* sp.）、灰霉菌属（*Botrytis* sp.）、镰刀菌属（*Fusarium* sp.）、炭疽菌属（*Colletotrichum* sp.）、核盘菌属（*Scletorium* sp.）和玉圆斑菌属（*Cochliobolus* sp.）等。目前，黑曲霉、根霉和盾壳霉作为产果胶酶的菌株已经商品化。国内外对霉菌发酵产果胶酶的研究主要集中在曲霉属中，而曲霉属中研究最多的是黑曲霉。其原因是，果胶酶被广泛应用于食品工业中，如用于果汁、果酒及中药营养液的深加工等，使得产品质量和外观得以改善，而生产食品酶制剂的菌株必须是安全菌株。黑曲霉分泌的胞外酶系较全，不仅可以产生大量果胶酶，而且黑曲霉属于安全菌株。另外，黑曲霉产生的果胶酶最适

pH 一般在酸性范围内，这也是其被应用于食品工业中的原因之一。工业生产中采用真菌，大多数生产的果胶酶都是复合酶。某些微生物能产生单一的果胶酶。

**3. 果胶酶在食品工业中的应用**

（1）应用于澄清型果汁、蔬菜汁中　由于水果、蔬菜中富含果胶质，使果蔬汁的过滤操作困难，同时也使果蔬汁浑浊。因而在果汁生产中，通过使用果胶酶使果胶水解，降低果汁黏度，有利于压榨、提高出汁率。在进行果汁沉降和离心时，果胶酶能破坏果汁中悬浮物的稳定性，使其凝聚沉淀，使果汁澄清。经酶处理的果汁比较稳定，可防止浑浊。

（2）用于提高橘子罐头的质量　使用果胶酶脱除橘子囊衣。橘子（罐头制品）经脱囊衣后果味浓郁，品质提高。

（3）应用于葡萄酒和果露酒制造中　在葡萄酒的酿制过程中，引起压汁、过滤困难和浑浊的主要原因是果胶的存在。利用果胶酶可使果胶溶化降解，这不仅可提高葡萄汁和葡萄酒的产率、有利于过滤和澄清，而且可以提高产品质量。使用果胶酶后，葡萄中单宁的抽出率降低，使酿制的白葡萄酒风味更佳。在红葡萄酒酿制过程中使用果胶酶，可提高色素的抽提率，还有助于酒的老熟，增加酒香。

### 三、纤维素酶类

纤维素是目前地球上唯一产量巨大而未得到充分利用的可再生资源，是葡萄糖分子以 $\beta$-1,4 糖苷键结合的直链高分子化合物，很难分解。纤维素酶是降解纤维素成葡萄糖的一组酶的总称，它不是单种酶，而是起协同作用的多组分酶系。

**（一）纤维素酶类的主要类型及其性质**

（1）葡聚糖内切酶　能在纤维素酶分子内部任意断裂 $\beta$-1,4 糖苷键。

（2）葡聚糖外切酶或纤维二糖酶　能从纤维分子的非还原端依次裂解 $\beta$-1,4 糖苷键释放出纤维二糖分子。

（3）$\beta$-葡萄糖苷酶　能将纤维二糖及其他低分子纤维糊精分解为葡萄糖。

**（二）纤维素酶的主要生产菌**

产纤维素酶的微生物主要有细菌、放线菌和丝状真菌，但对纤维素作用较强的菌有木霉属、青霉属、曲霉属和支顶孢霉属的菌株。我国生产上应用的菌种大多属于木霉，其纤维素酶活力最高。

**（三）纤维素酶在食品工业中应用**

**1. 在果蔬加工中的应用**

在果蔬加工过程中，若采用纤维素酶处理，不仅可以避免热烫、酸碱处理等造成的营养物质损失，还可以使植物组织软化，有利于细胞内物质渗出、提高出汁率、促进汁液榨取和澄清作用，减少压榨时间，改善口感，简化工艺。纤维素酶在果蔬罐头、果汁澄清、糖渍果品、果酱等生产上均有应用。

**2. 纤维素酶在细胞内含物及活性物质提取中的应用**

纤维素酶用于处理大豆，可促使其脱皮，同时，由于它能使胞壁破坏，使包含于其中的蛋白质、油脂完全分离，增加从豆类中提取优质水溶性蛋白质的得率，以及从大豆和豆饼中提取优质水溶性蛋白质和油脂的获得率，提高了产品质量。纤维素酶用于淀粉制造，可缩短时间，增加得率。同时也可以用于提高活性物质的提取得率。

**3. 纤维素酶在茶叶加工、速溶茶方面的应用**

生产上常用热水浸提法提取茶叶中的有效成分。目前速溶茶存在的问题是制率低，制成的茶饮料稳定性差，而在萃取中加入果胶酶、纤维素酶可以提高茶叶的萃取率及茶汤固形物含量。若用纤维素酶处理茶叶制备速溶茶，既可缩短抽提时间，又可提高水溶性较差的茶单宁、咖啡因等的抽提率，制成速溶茶不仅保持茶叶天然的色、香、味和营养成分，且无不溶性渣滓，饮用方便。

**4. 纤维素酶在发酵工业中的应用**

在酿酒工业中，由于原料品种不一，所含纤维素不同，传统发酵对酒醅的酸度、黏度要求比较高，原料要适当粉碎，不宜太细也不宜太粗，并适当添加稻糠等疏松辅料，造成许多颗粒原料外衣包藏淀粉，不能彻底进行糖化发酵，使残糖量偏高。纤维素酶对纤维有降解作用，能破坏间质细胞壁的结构，使其内含物释放出来，利于糖化酶的作用。使用纤维素酶可以将高粱、小麦等原料淀粉中3%左右的纤维素和半纤维素转化为可发酵性糖，使原料的可利用碳源增加，进而提高出酒率，还可以降低发酵液的黏度。

纤维素酶用于固态无盐酱油发酵，能将包裹蛋白质的纤维素分解，使蛋白质呈裸露状态，便于蛋白酶分解蛋白质，提高酱油得率，加快发酵速度，改善酱油的风味和质量。

**5. 用纤维素酶生产单细胞蛋白**

用纤维素酶生产单细胞蛋白的方法主要有两种：一是先将纤维素经纤维素酶等水解后再由微生物生产单细胞蛋白；另一种是直接利用纤维分解菌发酵纤维素产生单细胞蛋白，即使用两种或多种菌进行，第一种菌通常是作为分解菌，其余的是在纤维素降解的基础上生长，增加菌体量。

## 四、蛋白酶类

**1. 蛋白酶类的主要类型及其性质**

蛋白酶是水解蛋白肽键的一类酶的总称，按对底物的作用方式分为内肽酶、外肽酶。内肽酶水解蛋白质多肽链内部的肽键，形成相对分子质量较小的胨和胨，通常称之为蛋白酶。外肽酶从蛋白质分子的游离氨基或羧基的末端逐个将肽键水解，而游离出氨基酸，作用于羧基端肽键的称羧肽酶，作用于氨基端肽键的称氨肽酶。

在微生物的生命活动中，内肽酶的作用是降解大的蛋白质分子，使蛋白质便于进入细胞内，属于胞外酶。外肽酶常存在于细胞内，属胞内酶。目前工业上常用的蛋白酶是胞外酶。按蛋白酶作用的最适pH可分为中性、碱性和酸性蛋白酶。

## 2. 蛋白酶的主要产生菌

产生蛋白酶的菌种很多，细菌、放线菌、霉菌等中均有。生产酸性蛋白酶的微生物有黑曲霉、米曲霉、金黄曲霉、拟青霉、微小毛霉、白假丝酵母、枯草芽孢杆菌等。我国生产酸性蛋白酶的菌株有黑曲霉 A. S3. 301、A. S3. 305 等。生产中性蛋白酶的菌有枯草芽孢杆菌、巨大芽孢杆菌、酱油曲霉、米曲霉和灰色链霉菌等。生产碱性蛋白酶的菌主要是芽孢杆菌属的几个种，如地衣芽孢杆菌、短小芽孢杆菌、嗜碱芽孢杆菌和灰色链球菌等。

## 3. 蛋白酶在食品工业中的应用

在葡萄酒酿造中使用蛋白酶，可以使酒中存在的蛋白质水解，防止出现蛋白质浑浊，可以使酒体澄清透明，以提高产率和产品质量；干酪的生产可以采用乳酸发酵的方法，也可采用凝乳蛋白酶的方法；可用蛋白酶法水解生产明胶。

### 本章小结

食品工业中常用的细菌有乳酸菌、醋酸菌和谷氨酸生产菌；常用的酵母菌有啤酒酵母、葡萄酒酵母、卡尔酵母、产蛋白假丝酵母；常用的霉菌有毛霉、根霉、红霉、曲霉、青霉。用于发酵工业生产乳酸和乳品的乳酸菌包括链球菌属、片球菌属、明串珠菌属、乳杆菌属、双歧杆菌属。细菌在食品工业上主要用于生产发酵乳制品（酸乳、干酪、酸性奶油）、果蔬汁乳酸菌发酵饮料、酸豆乳、泡菜、榨菜、益生菌制剂、食醋、味精；酵母菌在食品工业上主要用于酿造啤酒、果酒、白酒、加工面包、生产单细胞蛋白；霉菌在食品工业上主要用于酿造酱油、酱类、食醋，生产豆豉、腐乳、柠檬酸等。

### 复习思考题

1. 什么是乳酸菌？简述乳杆菌属、链球菌属、明串珠菌属、片球菌属的生物学特性。以番茄汁乳酸菌饮料为例，简述果蔬汁乳酸菌发酵饮料的生产工艺流程。

2. 什么是醋酸菌？醋酸菌的主要种类有哪些？常见的醋酸菌有哪些？

3. 谷氨酸菌在细菌分类中属于哪些属？我国谷氨酸发酵最常见的生产菌种有哪些？各有怎样的生物学特性？

4. 简述葡萄酒酵母的生物学特性，并说明葡萄酒酵母与啤酒酵母的不同之处。

5. 什么叫酒曲？酿造白酒的酒曲有几种？它们在白酒酿造中各起什么作用？白酒的种类如何划分？

6. 面包生产菌种为何？选择菌种的依据是什么？如何制备活性干酵母面包发酵剂？

7. 什么叫单细胞蛋白（SCP）？利用微生物开发 SCP 的优点是什么？

8. 简述毛霉属、根霉属、曲霉属、青霉属的生物学特性。

9. 参与酱油酿造的微生物有哪些？它们在酱油酿造中的作用如何？

10. 食醋酿造的基本原理是什么？其糖化剂（曲）菌种、酒母菌种和醋母菌种各有哪些？

11. 试述食品工业中的酶制剂种类及产生酶的微生物。

# 第十章

# 微生物与食品变质

■ 知识目标

1. 了解微生物污染食品的途径及其控制措施。
2. 理解微生物引起食品腐败变质的基本原理、内在因素和外界条件。
3. 熟悉食品保藏与防腐杀菌的主要方法和基本原理。

■ 技能目标

1. 能够初步识别不同食品变质的症状,判断引起食品变质的微生物类群。
2. 能熟练掌握加热灭菌的操作方法,熟知各种保藏和杀菌措施。

所谓食品变质,通常是由微生物作用引起,使食品感官上发生变化,原有的组成成分被分解,食品失去色、香、味以及组织性状和营养价值,从而使食品质量降低或不能食用。甚至还会因微生物的有毒代谢产物或本身具有致病性,造成食物中毒或疾病传播,危害人体健康。

造成食品变质的原因包括物理、化学和生物三个方面,其中由微生物污染所引起的食品腐败变质最为重要和普遍。食品腐败变质是微生物的污染、食品的性质和环境条件综合作用的结果。

## 第一节

## 食品的微生物污染及其控制

一、污染食品的微生物来源与途径

**(一) 污染食品的微生物来源**

食品中微生物污染的来源概括起来可分为内源性和外源性两大类。

**1. 内源性污染**

凡是作为食品原料的动植物体在生活过程中,由于本身带有的微生物而造成食品的污染称为内源性污染,也称第一次污染。动物体在生活过程中污染的微生物,一般包括以下两个方面。第一方面是非致病性和条件致病性微生物,在正常条件下,这些微生物寄生在动物体的某些部位,如消化道、呼吸道、肠道里的大肠杆菌、梭状芽孢杆菌等,当动物在屠宰前处于不良条件时,比方说,长期、长时间的运输、过劳以及天气过热、过冷,肌体抵抗力下降,这些微生物都会侵入到肌体的组织器官里面,甚至侵入到肌肉、四肢器官当中,造成肉品的污染,在一定条件下,又成为肉品腐败变质和引起食物中毒重要的微生物来源。

内源性污染的第二个方面,主要是致病性微生物,也就是动物在生活过程中,被致病性微生物感染,这些微生物存在于它们的某些组织器官中。比方说,沙门氏菌、炭疽、布氏杆菌、结核杆菌、口蹄疫、禽流感等,这一类的病原微生物感染肌体以后,在其产品当中也可能感染这些相应的微生物。比方说,结核病牛所产的牛奶当中,可能就能检出结核杆菌;还有禽类感染沙门氏菌后,沙门氏菌就可以通过血液侵入到卵巢中,在鸡蛋中就可能出现沙门氏菌的污染。

**2. 外源性污染**

食品在生产加工、运输、贮藏、销售、食用过程中,通过水、空气、人、动物、机械设备及用具等而使食品发生微生物污染称外源性污染,也称第二次污染。

**(二) 微生物污染食品的途径**

**1. 水污染途径**

自然界各种天然的水源,江、河、湖、海等各种淡水与咸水包括地下水中,都生存着相应的微生物。由于不同水域中的有机物和无机物种类和含量、温度、酸碱度、含盐量、含氧量及不同深度光照度等的差异,因而各种水域中的微生物种类和数量呈明显差异。水中微生物的数量主要取决于水中有机物质的含量,有机物质含量越多,其中微生物的数量也就越大。还有像地面水,除了含有自然的水系微生物以外,还会受周围环境的影响,如生活区的污水、医院的污水、厕所、动物圈舍等污染,都可能使水中出现致病性微生物,这样水就成了污染源,水如果被微生物污染以后,便是造成食品污染微生物的主要途径之一。

**2. 空气污染途径**

空气中也含有一定数量的微生物，这些微生物是随风飘扬而悬浮在大气中或附着在飞扬起来的尘埃或液滴上。它们可来自土壤、水、人和动植物体表的脱落物和呼吸道、消化道的排泄物。空气中的微生物污染是不均匀的，是受气候和周围环境影响的，可随着风沙、尘土飞扬，或者是沉降，而附着于食品上。另外人体带有微生物的痰沫、鼻涕，以及唾液形成的飞沫，在讲话、咳嗽和打喷嚏的时候，可以随空气直接和间接地污染食品。

空气中的微生物主要为霉菌、放线菌的孢子和细菌的芽孢及酵母。不同环境空气中微生物的数量和种类有很大差异。公共场所、街道、畜舍、屠宰场及通气不良处的空气中微生物的数量较高。空气中的尘埃越多，所含微生物的数量也就越多。因此，食品受空气中微生物污染的数量，与空气污染的程度是呈正相关的。室内污染严重的空气微生物数量可达 $10^6$ 个/$m^3$，海洋、高山、乡村、森林等空气清新的地方微生物的数量较少。空气中可能会出现一些病原微生物，它们直接来自人或动物呼吸道、皮肤干燥脱落物及排泄物或间接来自土壤，如结核杆菌、金黄色葡萄球菌、沙门氏菌、流感嗜血杆菌和病毒等。患病者口腔喷出的飞沫小滴含有 1 万~2 万个细菌。

**3. 土壤污染途径**

在自然环境当中，土壤是含有微生物最多的场所，1g 表层泥土可以含有微生物 $10^7$ ~ $10^8$ 个。土壤中含有大量的可被微生物利用的碳源和氮源，还含有大量的硫、磷、钾、钙、镁等无机元素及硼、钼、锌、锰等微量元素，加之土壤具有一定的保水性、通气性及适宜的酸碱度（pH3.5 ~ 10.5），土壤温度变化范围通常在 10 ~ 30℃ 之间，而且表面土壤的覆盖有保护微生物免遭太阳紫外线的危害的作用。所以，土壤为微生物的生长繁殖提供了有利的营养条件和环境条件，因此，土壤素有"微生物的天然培养基"和"微生物大本营"之称。土壤中的微生物种类十分庞杂，其中细菌占的比例最大，可达 70% ~ 80%，放线菌占 5% ~ 30%，其次是真菌、藻类和原生动物。土壤中微生物的数量因土壤类型、季节、土层深度与层次等不同而异。一般地说，在土壤表面，由于日光照射及干燥等因素的影响，微生物不易生存，离地表 10 ~ 30cm 的土层中菌数最多，随土层的加深，菌数减少。

土壤中的微生物既有非病原性的，也有病原性的。土壤中的微生物除了自身所带外，分布在空气、水和人及动植物体中的微生物也会不断进入土壤。正常的土壤中含有制氧型的微生物，另外还有致病性的微生物，主要是由于动植物残体以及人和动物的排泄物，以及废弃物、污水等污染了土壤。所以，在食品生产、加工、运输、贮藏、烹调制作的某个环节，直接落地接触土壤，会造成污染，这些沾染上土壤中腐物还有寄生菌群的物品，很容易发生腐败变质，如果污染上了病原性的细菌，则可以对人类的健康造成更加严重的危害。

**4. 人及动物体污染途径**

人体及各种动物，如犬、猫、鼠等的皮肤、毛发、口腔、消化道、呼吸道均带有大量的微生物,如未经清洗的动物被毛、皮肤微生物数量可达 $10^5 \sim 10^6$ 个/$cm^2$。当人或动物感染了病原微生物后,体内会存在有不同数量的病原微生物,其中有些菌种是人畜共患病原微生物,如沙门氏菌、结核杆菌、布氏杆菌。这些微生物可以通过直接接触或通过呼吸道和消化道向体外排出而污染食品。蚊、蝇及蟑螂等各种昆虫也都携带有大量的微生物,其中可能有多种病原微生物,它们接触食品同样会造成微生物的污染。还有工作衣、帽、鞋,如果不清洁,也可能对加工的食品造成污染。

**5. 机械与设备污染途径**

食品加工机械设备本身不含微生物所需的营养物质,但在食品加工过程中,由于食品的汁液或颗粒黏附于内表面,食品生产结束时机械设备没有得到彻底的清洗和消毒,使原本少量的微生物得以在其上大量生长繁殖,成为微生物的污染源。这种机械设备在后续的使用中就会通过与食品接触而造成食品的微生物污染。

**6. 包装材料及原辅材料污染途径**

包装材料如果处理不当也会带有微生物。通常一次性包装材料比循环使用的材料所携带的微生物数量少。塑料包装材料由于带有电荷会吸附灰尘及微生物。

健康的动植物原料不可避免地带有一定数量的微生物,如果在加工过程中处理不当,容易使食品变质,甚至有引起疫病传播的可能。

辅料如各种作料、淀粉、面粉、糖等,通常仅占食品总量的一小部分,但往往带有大量微生物。调料中含菌可高达 $10^8$ 个/g。作料、淀粉、面粉、糖中都含有耐热菌。原辅料中的微生物一是来自于生活在原辅料体表与体内的微生物,二是来自于在原辅料的生长、收获、运输、贮藏、处理过程中的二次污染。

## 二、 控制微生物污染的措施

控制食品因微生物的污染而造成的腐败变质,首先应切断微生物的污染源,其次是抑制微生物的生长繁殖。生产中必须采取综合措施有效地控制食品的微生物污染。

**1. 加强生产环境的卫生管理**

食品生产厂和加工车间必须符合卫生要求,应及时清除废物、垃圾、污水和污物等,对污水、垃圾实行无害化处理。生产车间、加工设备及工具要经常清洗、消毒,严格执行各项卫生制度。操作人员必须定期进行健康检查,患有传染病者不得从事食品生产。工作人员要保持个人卫生及工作服的清洁。生产企业应有符合卫生标准的水源。

**2. 严格控制生产过程中的污染**

在食品加工、贮藏、运输过程中尽可能减少微生物的污染,防止食品腐败变质。原料应选用健康无病的动植物体,不使用腐烂变质的原料,采用科学卫生的处理方法进行分割、清洗。食品原料如不能及时处理需采用冷藏、冷冻等有效方法加以贮藏，避免微生物的大量繁殖。食品加工中的灭菌条件，要能满足商业灭菌的要求。使用过的生产设备、工具要及时清洗、消毒。

**3. 注意贮藏、运输和销售的卫生**

食品在贮藏、运输及销售过程中也应防止微生物的污染，控制微生物的大量生长。应采用合理的贮藏方法，保持贮藏环境符合卫生标准。食品运输车辆应做到专车专用，有防尘装置，车辆应经常清洗消毒。销售前食品应有合理的包装以防止微生物的二次污染。

## 第二节

## 微生物引起食品腐败变质的原理

食品腐败变质的过程实质上是食品中碳水化合物、蛋白质、脂肪在污染微生物的作用下分解变化、产生有害物质的过程。

**（一）食品中碳水化合物的分解**

在我们日常食谱中碳水化合物食品所占的比例较高，主要是粮食、蔬菜、水果、多数糕点等食品。这些食品的基质条件、环境条件虽不相同，但污染的微生物主要是霉菌，少数酵母和细菌。一般以碳水化合物为主要成分而被微生物分解的食品，常出现食品的酸度增高，醇、醛、酮物质含量增加或产气，并带有这些产物特有的气味，从而导致食品形态和质量下降。

**（二）蛋白质的分解**

食品中富含蛋白质的物质主要是由肉、鱼、蛋为原料生产的高蛋白食品，因此以蛋白质分解为其腐败变质特征。一般变化过程可以认为是由分解蛋白微生物，如芽孢杆菌属、梭菌属等细菌和多数霉菌污染在食品上，然后产生蛋白酶和肽链内切酶等，这些酶首先将蛋白质分解成肽，再形成氨基酸，经过氨基酸及其他含氮低分子物质在相应酶作用下再分解产生酸、胺等产物。

不同的氨基酸分解产生的腐败胺类和其他物质各不相同，甘氨酸产生甲胺，鸟氨酸产生腐胺，精氨酸产生色胺进而分解成吲哚，含硫氨基酸分解产生硫化氢和氨、乙硫醇等。胺类物质、$NH_3$ 和 $H_2S$ 等具有特异性的臭味。

以上产物的出现，就表现出食品的腐败特征，使食品的组织性状以及色、香、味发生改变。

**（三）脂肪的分解**

一般来说，分解蛋白质能力强的多数菌种是需氧性细菌，同时也是分解脂肪的菌种；而霉菌往往是分解脂肪的主要菌类；酵母菌仅有少数具有分解脂肪的能力。黄曲霉、青霉、根霉、解脂假丝酵母等产生脂肪酶，将脂肪分解成甘油和脂肪酸。脂肪酸可进而断链形成具有不愉快味道的酮类或酮酸，不饱和脂肪酸的不饱和键处还可形成过氧化物，脂肪酸也可再分解成具有特殊气味的醛类和酮等产物，这些产物就使酸败油脂产生特殊气味，即所谓"哈喇"味。

"哈喇"后的油脂，因所含的维生素 A、维生素 D、维生素 E 被氧化，不仅降低了油脂本身的营养价值，还会破坏人体内的酶，促使细胞早衰。酸败程度较深的油脂有一定的毒性。

**（四）有害物质的生成**

食品经过微生物的作用，可以产生酸、醛、酮、吲哚、氨等有毒有害物质，产生异味，使食品失去营养价值。而某些微生物还会在生活过程中产生毒素释放到环境中，微生物产生的毒素分为细菌毒素和真菌毒素，它们不仅能引起食物中毒，有些毒素还能引起人体器官的病变及癌症。

## 第三节 微生物引起食品腐败变质的环境条件

微生物污染食品后，能否导致食品的腐败变质，以及变质的程度和性质如何，会受多方面因素的影响。主要看是否具备了微生物生长繁殖的条件，还要看食品本身的组成成分和性质。总的来说，食品发生腐败变质，与食品本身的性质、污染微生物的种类和数量以及食品所处的环境等因素有着密切的关系，而它们三者之间又是相互作用、相互影响的。

**（一）食品基质条件**

**1. 营养成分**

食品含有蛋白质、糖类、脂肪、无机盐、维生素和水分等丰富的营养成分，是微生物的良好培养基。因而微生物污染食品后很容易迅速生长繁殖造成食品的变质。但由于不同的食品中，上述各种成分的比例差异很大，而各种微生物分解各类营养物质的能力不同，这就导致了引起不同食品腐败的微生物类群也不同，如肉、鱼等富含蛋白质的食品，容易受到对蛋白质分解能力很强的变形杆菌、青霉等微生物的污染而发生腐败；米饭等含糖类较高的食品，易受到曲霉属、根霉属、乳酸菌、啤酒酵母等对碳水化合物分解能力强的微生物的污染而变质；而脂肪含量较高的食品，易受到黄曲霉和假单胞杆菌等分解脂肪能力很强的微生物的污染而发生酸败变质。

**2. 氢离子浓度**

食品中氢离子浓度对微生物的生命活动有很大的影响。氢离子浓度会影响到菌体细胞膜上的电荷性质。正常细胞膜上的电荷，有利于某些营养物质的吸收。当微生物细胞膜上的电荷性质受到食品氢离子浓度的影响而改变后，微生物对某些物质的吸收机能就发生了改变，从而影响了细胞的正常物质代谢活动。食品中氢离子浓度也影响原生质生长过程和酶的作用。在一定的氢离子浓度下，微生物的酶系统才能发挥最大的催化作用，如果氢离子浓度改变，酶的催化作用就会减弱或消失，必然影响到微生物的正常代谢活动。

微生物在食品基质中生长，由于它们的各种代谢活动，能改变食品的氢离子浓度。食品中含糖与蛋白质时，微生物能利用糖作碳源，糖分解产酸，会使食品的 pH 下降；当糖不足时，蛋白质被分解，pH 又回升。当微生物的活动使食品基质的 pH 发生很大变化，积累一定量的酸或碱时，就会抑制它们的继续活动。

根据食品 pH 范围的特点，可将其划分为两大类：酸性食品和非酸性食品。一般规定 pH 在 4.5 以上者，属于非酸性食品；pH 在 4.5 以下者为酸性食品。例如动物食品的 pH 一般在 5～7 之间，蔬菜 pH 在 5～6 之间，它们一般为非酸性食品；水果的 pH 在 2～5 之间，一般为酸性食品。常见的食品原料的 pH 见表 10－1。

表 10－1　　　　　　　　　　　不同食品原料 pH

| 动物食品 pH | | 蔬菜 pH | | 水果 pH | |
|---|---|---|---|---|---|
| 牛肉 | 5.1～6.2 | 卷心菜 | 5.4～6.0 | 苹果 | 2.9～3.3 |
| 羊肉 | 5.4～6.7 | 花椰菜 | 5.6 | 香蕉 | 4.5～4.7 |
| 猪肉 | 5.3～6.9 | 芹菜 | 5.7～6.0 | 柿子 | 4.6 |
| 鸡肉 | 6.2～6.4 | 茄子 | 4.5 | 葡萄 | 3.4～4.5 |
| 鱼肉 | 6.6～6.8 | 莴苣 | 6.0 | 柠檬 | 1.8～2.0 |
| 蛤肉 | 6.5 | 洋葱（红） | 5.3～5.8 | 橘子 | 3.6～4.3 |
| 蟹肉 | 7.0 | 菠菜 | 5.5～6.0 | 西瓜 | 5.2～5.6 |
| 牡蛎肉 | 4.8～6.3 | 番茄 | 4.2～4.3 | | |
| 小虾肉 | 6.8～7.0 | 萝卜 | 5.2～5.5 | | |
| 牛乳 | 6.5～6.7 | | | | |

在非酸性食品中，细菌生长繁殖的可能性最大，而且能够很好地生长，因为绝大多数的细菌生长适应的 pH 在 7 左右，所以多数非酸性食品是适合于多数细菌繁殖的。在非酸性食品中，除细菌外，酵母和霉菌也都有生长的可能。在酸性食品中，细菌因环境过低的 pH 已受到抑制，能够生长的仅是酵母和霉菌。

食品的 pH 同样会受到微生物的生长繁殖而发生改变，有些微生物能分解食品中的碳水化合物而产酸，使食品 pH 下降。有些微生物则分解蛋白质产碱，使食品的 pH 上升。在食品变质的同时，pH 发生一定的规律性变化：以蛋白质为主要营养成分的食品，变质过程中伴随 pH 升高；以碳水化合物、脂肪为主要营养的食品，变质过程中伴随 pH 升高；蛋白质、碳水化合物等营养均衡的食品，多表现为初期 pH 降低，后期 pH 升高。

**3. 水分**

水分是微生物生命活动的必要条件，微生物细胞组成不可缺少水，细胞内所进行的各种生物化学反应，均以水分为溶媒。在缺水的环境中，微生物的新陈代谢发生障碍，甚至死亡。但各类微生物生长繁殖所要求的水分含量不同，因此，食品中的水分含量决定了生长微生物的种类。一般来说，含水分较多的食品，细菌容易繁殖；含水分少的食品，霉菌和酵母菌则容易繁殖。

食品中水分以游离水和结合水两种形式存在。微生物在食品上生长繁殖，能利用的水是游离水，因而微生物在食品中的生长繁殖所需水不是取决于总含水量（％），而是取决于水分活度 $A_w$。因为一部分水是与蛋白质、碳水化合物及一些可溶性物质，如氨基酸、糖、盐等结合，这种结合水对微生物是无用的。因而通常使用水分活度来表示食品中可被微生物利用的水。

新鲜的食品原料，例如鱼、肉、水果、蔬菜等含有较多的水分，$A_w$ 值一般在 0.98~0.99，适合多数微生物的生长。若食品的 $A_w$ 值为 0.7 以下，食品就可保存较长时间，几个月到几年。因此，根据水活度的概念来研究微生物在食品中与水分有关的生命活动问题，在食品保藏上更为重要。

$A_w$ 值对微生物的死亡有较大的影响，一般随食品的水分减少，微生物的抗热性就会增加。据报道，对鱼粉中的沙门氏菌，$A_w$ 值在 0.58 以上时，沙门氏菌的抗热性变化不大；可是 $A_w$ 值在 0.58 以下，即水分很少时，沙门氏菌就很难死亡。看来，贮藏的鱼粉越干，环境温度越低，其中的沙门氏菌存活时间越长。

$A_w$ 值与食物中毒细菌的产毒性亦有一定的关系。$A_w$ 值的降低，可促使细菌生长的缓慢期延长，细胞分裂速度下降。例如，金黄色葡萄球菌在较低的 $A_w$ 值下也能发育，$A_w$ 从 0.99 到 0.87 都能发育，但当 $A_w$ 值从 0.99 下降到 0.98 时，肠毒素的产生就会减少，下降到 0.96 时，肠毒素的产生即完全停止。

利用干燥、冷冻、糖渍、盐腌等方法来保藏食品，这些方法都是使食品的 $A_w$ 值降低，以防止微生物繁殖，提高耐贮藏性。

**4. 渗透压**

渗透压与微生物的生命活动有一定的关系。如将微生物置于低渗溶液中，菌体吸收水分发生膨胀，甚至破裂；若置于高渗溶液中，菌体则发生脱水，甚至死亡。一般来讲，微生物在低渗透压的食品中有一定的抵抗力，较易生长；而在高渗食品中，微生物常因脱水而死亡。当然不同微生物种类对渗透压的耐受能力大不相同。

多数微生物对低渗均有一定的抵抗力，而在高渗透压的环境中情况就不一样了。大多数霉菌和少数酵母菌能耐受较高的渗透压，它们在高渗透压食品中，可以继续生长繁殖。而绝大多数细菌则不能在高渗透压食品上生长，仅能生存一个时期，或很快死亡。仅有少数细菌，如嗜盐杆菌能耐受较高的渗透压。

各种微生物对渗透压的要求有一定适应范围，一般微生物适宜在 0.85%~

0.9%的食盐溶液中生存。凡是在2%以上食盐溶液中能生长的称嗜盐高渗微生物,这种嗜盐微生物除在海洋中生活的以外,还有引起含糖分高的糖浆、果酱、浓缩果汁等变质的酵母菌。霉菌嗜高渗透压的能力更强,一般在20%~25%浓度的盐水中才能被抑制,它们能引起很多糖分高的食品、腌制食品、干果类及低水分粮食霉变。总体上看,高渗溶液对微生物具有抑制和杀伤作用。食盐和糖是形成不同渗透压的主要物质。在食品中加入不同量的糖或盐,可以形成不同的渗透压。所加的糖或盐越多,则浓度越高,渗透压越大,食品的水分活度值就越小。通常为了防止食品腐败变质,人们利用盐腌和糖渍食品,是保存食品的有效方法。

### (二) 食品的外界环境条件

微生物广泛存在于自然界中,不断经受周围环境中各种因素的影响,微生物通过其新陈代谢与外界环境相互作用。当环境条件适宜时,微生物进行正常的新陈代谢,生长繁殖。而有些条件使微生物在形态和生理上发生改变,甚至引起微生物的死亡。因此,掌握微生物与周围环境的相互关系,在食品工业生产中,可创造有利条件,促进有益微生物的生长繁殖,开发新的产品。也可利用对微生物的不利因素,抑制或杀灭病原微生物,达到食品消毒灭菌的目的。

**1. 环境温度条件**

微生物的生长繁殖受到各种因素的影响,温度起着极重要的作用。适宜的温度可以促进微生物正常的生命活动,加快生长繁殖的速度;而不适宜的温度可以减弱微生物的生命活动或导致微生物在形态、生理特性上的改变,甚至可促使微生物死亡。

温度是影响食品腐败作用的重要因素。在自然界中各类微生物都有它一定的适宜生长温度,这种温度是长期自然选择的结果。根据适宜生长的温度,可将微生物分为嗜冷性、嗜温性和嗜热性三个生理类群。与腐败有密切关系的是嗜温性微生物。

(1) 低温食品中生长的微生物  低温下可以减弱和抑制微生物的生命活动,使其生长繁殖速度减慢,增加数量少。不仅如此,在一定的低温范围内也可抑制生物体内酶的活性。因此低温贮藏是食品保存的一项有效措施;在食品贮藏方法中,低温是食品品质下降最少的一种贮藏方法。

从表10-2中可以看出,温度下降至-5~-1℃时,微生物的生长基本可以控制。但其中少数的细菌、酵母和霉菌适应性较大,还不能被抑制。

表10-2　　　　　　　　食品中微生物生长的最低温度

| 食品 | 微生物 | 生长最低温度/℃ |
| --- | --- | --- |
| 猪肉 | 细菌 | -4 |
| 牛肉 | 霉菌、酵母菌、细菌 | -1~1.6 |
| 羊肉 | 霉菌、酵母菌、细菌 | -5~-1 |

续表

| 食 品 | 微 生 物 | 生长最低温度/℃ |
|---|---|---|
| 火腿 | 细菌 | 1～2 |
| 腊肠 | 细菌 | 5 |
| 熏肋肉 | 细菌 | -10～-5 |
| 鱼贝类 | 细菌 | -7～-4 |
| 乳 | 细菌 | -1～0 |
| 大豆 | 霉菌 | -6.7 |
| 豌豆 | 霉菌、酵母菌 | -4～6.7 |
| 苹果 | 霉菌 | 0 |
| 冰淇淋 | 细菌 | -10～-3 |
| 葡萄汁 | 酵母菌 | 0 |
| 浓橘汁 | 酵母菌 | -10 |
| 草莓 | 霉菌、酵母菌、细菌 | -6.5～-0.3 |

低温下可以贮藏一些物质，但绝不能忽视一部分嗜冷性微生物在低温下还可以生长繁殖，造成食品变质。如红色酵母菌中的一个种，在-34℃时仍能生长发育。在细菌和霉菌中也有在-12℃以下可以发育者。所以食品的低温贮藏不宜过长，否则也会引起食物的败坏。

能在低温食品中生长的微生物，多数属于细菌类中的革兰氏阴性无芽孢杆菌，如假单胞菌属、无色杆菌属、黄色杆菌属、变形杆菌属、弧菌属等。革兰氏阳性细菌有芽孢杆菌属、梭状芽孢杆菌属、链球菌属、八叠球菌属等。酵母有假丝酵母属、酵母属、圆酵母属等。霉菌有青霉属、毛霉属、芽枝霉属等。

（2）食品中生长的高温微生物　微生物对高温比较敏感，如果超过了其所适应的最高生长温度，一般较敏感的微生物就会立即死亡。所以应用高温进行灭菌是最常用的方法。不同的微生物对热的敏感程度不同，部分微生物对热的抵抗力较强，在较高的温度下尚能生存一段时间。与食品有关的一些耐热微生物主要是芽孢杆菌、梭状芽孢杆菌属，其次是链球菌属和乳杆菌属。

凡是能在45℃的温度中进行代谢活动的微生物，称为高温嗜热微生物（Thermo philes）。在高温环境中，引起嗜热微生物的生长繁殖而造成食品的变质，其变质的过程，从时间上来比较，比嗜温微生物所发生的变质过程要短，嗜热微生物在食品中经过旺盛的生长繁殖后，很容易死亡。因嗜热性微生物造成食品变质，如不及时进行分离培养，就会失去检出的机会。

**2. 环境气体状况**

微生物像其他生物一样，在维持其生命和生长繁殖的过程中必须利用能量。

微生物借助菌体的酶类从物质的氧化过程中获得它需要的能量。不同种类的微生物具有各自的呼吸酶，因此它们在氧化过程中对氧的要求也不同，主要可分为需氧微生物、厌氧微生物、兼性厌氧微生物三大类。

食品在生产、加工、运输、贮藏过程中，由于接触环境中含有气体的情况不一样，因而引起食品变质的微生物类群和食品变质的过程也都不相同。

食品在有氧的环境中，因微生物的繁殖而引起的变质，速度较快。在有氧环境中生长的微生物有芽孢杆菌属、链球菌属、乳杆菌属、醋酸杆菌属、无色杆菌属、产膜酵母和霉菌。食品在缺氧环境中由厌氧微生物引起的变质，速度较缓慢。在缺氧环境中生长的微生物有梭状芽孢杆菌属、拟杆菌属。兼性厌氧微生物在食品中繁殖的速度，在有氧时也比缺氧时要快得多。因此引起食品变质的时间决定于氧气的存在。在有氧和无氧环境中都能生长的微生物有葡萄球菌属、埃希氏菌属、沙门氏菌属、变形杆菌属、志贺氏菌属、芽孢杆菌属中的部分菌种及大多数酵母和霉菌。

通常由食品的表面开始腐败时，大多数是需氧菌的作用；而在空气少的地方，如罐头中发生腐败，大多数是厌氧菌的作用。

食品如果贮存在含有高浓度 $CO_2$ 的环境中，可防止需氧性细菌和霉菌引起的变质。但乳酸菌和酵母菌，对 $CO_2$ 有较大的耐受力。

微生物与 $O_2$ 有着十分密切的关系。一般来讲，在有氧的环境中，微生物进行有氧呼吸，生长、代谢速度快，食品变质速度也快；缺乏 $O_2$ 条件下，由厌氧性微生物引起的食品变质速度较慢。$O_2$ 存在与否决定着兼性厌氧微生物是否生长和生长速度的快慢。

## 第四节

## 食品腐败变质的症状、判断及引起变质的微生物类群

食品从原料到加工产品，随时都有被微生物污染的可能。这些污染的微生物在适宜条件下即可生长繁殖，分解食品中的营养成分，使食品失去原有的营养价值，成为不符合卫生要求的食品。由于各类食品的基质条件不同，因而引起各类食品腐败变质的微生物类群及腐败变质症状也不完全相同。下面就各类主要食品的腐败变质作一介绍。

一、罐藏食品的变质

罐藏食品是一种特殊形式保存食品的方法。食品原料经过一系列处理后装入容器，经密封、杀菌而制成的食品，通常称之为罐头。罐藏食品依据 pH 的高低可分为低酸性、中酸性、酸性和高酸性罐头四大类（见表 10 - 3）。低酸性罐头是以

动物性食品原料为主要成分,富含大量的蛋白质。因此引起这类罐藏食品腐败变质的微生物,主要是能分解蛋白质的微生物类群;而中酸性、酸性和高酸性罐头是以植物性食品原料为主要成分,碳水化合物含量高。因此引起这类罐藏食品腐败变质的微生物,是能分解碳水化合物和具有耐酸性的微生物类群。

表 10-3　　　　　　　　　罐头食品的分类

| 罐头类型 | pH | 主要原料 |
| --- | --- | --- |
| 低酸性罐头 | 5.3 以上 | 肉、禽、蛋、乳、鱼、谷类、豆类 |
| 中酸性罐头 | 4.5~5.3 | 多数蔬菜、瓜类 |
| 酸性罐头 | 3.7~4.5 | 多数水果及果汁 |
| 高酸性罐头 | 3.7 以下 | 酸菜、果酱、部分水果及果汁 |

有些蔬菜和水果的 pH 可能介于上述分类之间。南瓜、胡萝卜、菠菜、龙须菜、青豆以及甜菜可能在第一类或第二类内;什锦水果、桃子、杏子以及薄片菠萝可能在第三类或第四类里面。某些食品在装罐前可被人工酸化,例如洋葱、洋蓟等,可使 pH 下降。

### (一) 罐装食品腐败变质的原因

罐藏食品的密封可防止内容物溢出和外界微生物的侵入,而加热杀菌则是要杀灭存在于罐内的微生物。罐藏食品经过杀菌可在室温下保存很长时间。但由于某些原因,如生物因素,杀菌不彻底或者密封不良,遭受微生物污染会出现腐败变质现象;化学因素,如中酸性罐头容器的马口铁与内容物相互作用引起氢膨胀;物理因素,如贮存温度过高、排气不良、金属容器腐蚀造成穿孔等。罐藏食品的微生物来源有两种情况。

**1. 杀菌后罐内残留有微生物**

这是由于杀菌不彻底引起的。罐头杀菌需要考虑罐内食品的营养性质,称为商业灭菌,只强调杀死病原菌和产毒菌,并没有达到完全无菌的程度。因此罐内可能有一些非致病的微生物存在。当罐头杀菌操作不当、罐内留有空气等情况下,有些耐热的芽孢杆菌不能彻底杀灭。这些微生物在保存期内遇到合适条件就会生长繁殖而导致罐头的腐败变质。

**2. 杀菌后发生漏罐**

罐头经过杀菌后,由于密封不好,杀菌后发生漏罐而遭受外界的微生物污染。其主要的污染源是冷却水,冷却水中的微生物通过漏罐处进入罐内。空气也是一个微生物污染源,通过漏罐污染的微生物既有耐热菌也有不耐热菌。

### (二) 罐装食品变质外形及微生物种类

合格的罐头,因罐内保持一定的真空度,罐盖或罐底应是平的或稍向内凹陷,软罐头的包装袋与内容物接合紧密。而腐败变质罐头的外观有两种类型,即平听和胀罐。

**1. 平听（Flat tin）**

平听是以不产生气体为特征，因而罐头外观正常，主要是由细菌和霉菌引起。有以下几种原因造成。

（1）平酸腐败（flat sour spoilage） 又称平盖酸败。罐头内容物由于微生物的生长繁殖而变质，呈现浑浊和不同酸味，pH 下降至 0.1~0.3，但外观仍与正常罐头一样不出现膨胀现象。导致罐头平酸腐败的微生物习惯上称之为平酸菌。主要的平酸菌有：嗜热脂肪芽孢杆菌（*Bacillus stearothermophilus*）、蜡状芽孢杆菌、巨大芽孢杆菌、枯草芽孢杆菌等，这些芽孢杆菌多数情况是由于杀菌不彻底引起的。此外在杀菌后。由于罐头密封不严，可引起二次污染。

（2）TA 腐败（TA spoilage） TA 是不产硫化氢的嗜热厌氧菌（Thermoanaerobion）的缩写。TA 菌是一类能分解糖、专性嗜热、产芽孢的厌氧菌，它们在中酸或低酸罐头中生长繁殖后，产生酸和气体。气体主要有二氧化碳和氢气，如果这种罐头在高温中放置时间太长，气体积累较多，就会使罐头膨胀最后引起破裂。变质的罐头通常有酸味。这类菌中常见的有嗜热解糖梭状芽孢杆菌（*Clostridium thermosaccharolyticum*），它的适宜生长温度是 55℃，温度低于 32℃ 时生长缓慢。由于 TA 菌在琼脂培养基上不易生成菌落，所以通常只采用液体培养法来检查它。例如用肝、玉米、麦芽汁、肝块肉汤或乙醇盐酸肉汤等液体培养基，培养温度采用 55℃，检查产气和产酸的情况。

（3）硫化物腐败（Sulfide spoilage） 这是由致黑梭状芽孢杆菌（*Cl. nigrificans*）引起的腐败。罐头内产生大量黑色的硫化物，沉积于罐头的内壁和食品上，致使罐内食品变黑并产生臭味，罐头外观一般保持正常或出现隐胀或轻胀。该菌为厌氧性嗜热芽孢杆菌，生长温度在 35~70℃ 之间，适温为 55℃，分解糖的能力较弱，但能较快地分解含硫氨基酸而产生硫化氢气体。此菌在豆类、玉米、谷类和鱼类罐头中常见。

**2. 胀罐（Swell can）**

胀罐也称胖听，常发生于酸性和高酸性食品中。引起罐头胀罐现象的原因可分为两种：一种是由化学或物理原因造成的，如罐头内的酸性食品与罐头本身的金属发生化学反应产生氢气，罐内装的食品量过多时，也可压迫罐头形成胀罐，加热后更加明显。排气不充分，有过多的气体残存，受热后也可胀罐。另一种是由于微生物生长繁殖而造成的，它是绝大多数罐藏食品胀罐的原因。

总之，罐头的种类不同，导致腐败变质的原因菌也就不同，而且这些原因菌时常混在一起产生作用。因此，对每一种罐头的腐败变质都要做具体的分析，根据罐头的种类、成分、pH、灭菌情况和密封状况综合分析，必要时还要进行微生物学检验，开罐镜检及分离培养才能确定。

## 二、果蔬制品的腐败变质

水果与蔬菜中一般都含有大量的水分、碳水化合物、较丰富的维生素和一定量的蛋白质。水果的 pH 大多数在 4.5 以下，而蔬菜的 pH 一般在 5.0~7.0 之间。

### （一）微生物的来源

在一般情况下，健康果蔬的内部组织应是无菌的，但有时外观看上去是正常的果蔬，其内部组织中也可能有微生物存在，例如有人从苹果、樱桃等组织内部分离出酵母菌，从番茄组织中分离出酵母菌和假单胞菌属的细菌。这些微生物是在果蔬开花期侵入并生存于果实内部的。此外，植物病原微生物可在果蔬的生长过程中通过根、茎、叶、花、果实等不同途径侵入组织内部，或在收获后的贮藏期间侵入组织内部。

果蔬表面直接接触外界环境，因而污染有大量的微生物，其中除大量的腐生微生物外，还有植物病原菌，还可能有来自人畜粪便的肠道致病菌和寄生虫卵。在果蔬的运输和加工过程中也会造成污染。

### （二）果蔬的腐败变质

新鲜的果蔬表皮及表皮外覆盖的蜡质层可防止微生物侵入，使果蔬在相当长的一段时间内免遭微生物的侵染。当这层防护屏障受到机械损伤或昆虫的刺伤时，微生物便会从伤口侵入其内进行生长繁殖，使果蔬腐烂变质。这些微生物主要是霉菌、酵母菌和少数的细菌。霉菌或酵母菌首先在果蔬表皮损伤处，或由霉菌在表面有污染物粘附的部位生长繁殖。霉菌侵入果蔬组织后，细胞壁的纤维素首先被破坏，进一步分解细胞的果胶质、蛋白质、淀粉、有机酸、糖类等成为简单的物质，随后酵母菌和细菌开始大量生长繁殖，使果蔬内的营养物质进一步被分解、破坏。新鲜果蔬组织内的酶仍然活动，在贮藏期间，这些酶以及其他环境因素对微生物所造成的果蔬变质有一定的协同作用。

果蔬经微生物作用后外观会出现深色斑点、组织变软、变形、凹陷，并逐渐变成浆液状乃至水液状，产生各种不同的酸味、芳香味、酒味等导致食用。

引起果蔬腐烂变质的微生物以霉菌最多，也最为重要，其中相当一部分是果蔬的病原菌，而且它们各自有一定的易感范围。现将一些引起果蔬变质的微生物列于表 10-4 中。

表 10-4　　　　　　　　　引起果蔬变质的主要微生物

| 微生物种类 | 感染的果蔬 |
| --- | --- |
| 白边青霉（*Pen. italicum*） | 柑橘 |
| 扩张青霉（*Pen. expansum*） | 苹果、番薯 |
| 绿青霉（*Pen. digitatum*） | 柑橘 |
| 甘薯长喙壳菌（*Ceratocystis fimbrizta* Ell. et Halst.） | 番薯 |

续表

| 微生物种类 | 感染的果蔬 |
|---|---|
| 马铃薯疫霉（*Phytophthora infestans*） | 马铃薯、番茄、茄子 |
| 梨轮纹病菌（*Physalospora piricola*） | 梨 |
| 茄绵疫霉（*Phytophthora meongenae*） | 茄子、番茄 |
| 黑曲霉 | 苹果、柑橘 |
| 苹果褐腐病核盘霉（*Sclertinia fructigena*） | 桃、樱桃 |
| 交链孢霉 | 柑橘、苹果 |
| 镰刀霉属 | 苹果、番茄、黄瓜、甜瓜、洋葱、马铃薯 |
| 苹果枯腐病霉（*Glomerella eingulata*） | 葡萄、梨、苹果 |
| 蓖麻疫霉（*Phytiphra parasitica*） | 番茄 |
| 灰绿葡萄孢霉（*Botrytis cinerae*） | 梨、葡萄、苹果、草莓、甘蓝 |
| 洋葱炭疽病毛盘孢霉（*Colletotrichum circinans*） | 洋葱 |
| 番茄交链孢霉（*Alternaria tomato*） | 番茄 |
| 黑根霉 | 桃、梨、番茄、草莓、番薯 |
| 串珠镰刀霉（*Fusarium moniliforme*） | 香蕉 |
| 软腐病欧氏杆菌（*Erwinia aroideae*） | 马铃薯、洋葱 |
| 柑橘褐色蒂腐病菌（*Disporthe citri*） | 柑橘 |
| 柑橘茎点霉（*Phoma citricarpa*） | 柑橘 |
| 胡萝卜软腐病欧氏杆菌（*Erwinia carotovora*） | 胡萝卜、白菜、番茄 |

果蔬在低温（0~10℃）的环境中贮藏，可有效地减缓酶的作用，对微生物活动也有一定的抑制作用，可有效地延长果蔬的贮藏时间。但此温度只能减缓微生物的生长速度，并不能完全控制微生物。贮藏期的长短受温度、微生物的污染程度、表皮损伤的情况、成熟度等因素影响。

**（三）果汁的腐败变质**

以新鲜水果为原料，经压榨后加工制成的饮品即果汁。果汁中含有不等量的酸，因此pH较低。由于水果原料本身带有微生物，而且在加工过程中还会受到再污染，所以制成的果汁中必然存在许多微生物。微生物在果汁中能否繁殖，主要取决于果汁的pH和糖分含量。果汁的pH一般在2.4~4.2之间，糖度较高，可达60~70°Bx，因而在果汁中生长的微生物主要是酵母菌、其次是霉菌和极少数细菌。

苹果汁中的主要酵母菌有假丝酵母属、圆酵母属、隐球酵母属和红酵母属。葡萄汁中的酵母菌主要是柠檬形克勒克氏酵母、葡萄酒酵母、卵形酵母、路氏酵母等。柑橘汁中常见越南酵母、葡萄酒酵母和圆酵母属等。浓缩果汁由于糖度高，细菌的生长受到抑制，只有一些耐渗酵母和霉菌生长，如鲁氏酵母和蜂蜜酵母等。

这些酵母生长的最低 $A_w$ 值为 0.65~0.70，比一般酵母的 $A_w$ 值要低得多。由于这些酵母细胞相对密度小于它所生活的浓糖液，所以往往浮于浓糖液的表层，当果汁中糖被酵母转化后，相对密度下降，酵母就开始沉至下面。当浓缩果汁置于 4℃ 条件下保藏，酵母的发酵作用减弱甚至停止，可以防止浓缩果汁变质。

刚榨制的果汁中可检出交链孢霉属、芽枝霉属、粉孢霉属和镰刀霉属中的一些霉菌。但在贮藏的果汁中发现的霉菌以青霉属最为常见，如扩张青霉和皮壳青霉。另一种常见的霉菌是曲霉属，如构巢曲霉、烟曲霉等。充有 $CO_2$ 的果汁可抑制霉菌的活动。

果汁中生长的细菌主要是乳酸菌，如乳明串珠菌、植物乳杆菌等。其他细菌一般不容易在果汁中生长。

微生物引起果汁变质的表现主要有以下几种。

**1. 混浊**

除化学因素造成果汁混浊外，多数是由酵母菌酒精发酵造成的，常见的是酵母菌中的圆酵母属的某些种。也可因霉菌生长造成。造成混浊的霉菌如雪白丝衣霉（*Byssochlamys nivea*）、宛氏拟青霉等（*Paecilomyces varioti*），当它们少量生长时，由于产生果胶酶，对果汁有澄清作用，但可使果汁风味变坏，当大量生长时就会使果汁混浊。

**2. 产生酒精**

酵母菌能发酵果汁产生酒精。此外有少数细菌和霉菌也能发酵果汁产生酒精。如甘露醇杆菌（*Bacterium mannitopoem*）可使 40% 的果糖转化为酒精，有些明串珠菌属可使葡萄糖转变成酒精。毛霉、镰刀霉、曲霉中的部分菌种在一定条件下也能利用果汁产生酒精。

**3. 有机酸的变化**

果汁中主要含有酒石酸、柠檬酸和苹果酸等有机酸，当微生物分解了这些有机酸或改变了它们的含量及比例，果汁的原有风味便会遭到破坏，甚至产生不愉快的异味。酒石酸一般只有极少数的细菌和个别的霉菌能分解，如解酒石酸杆菌（*Bacterium tartarophorum*）、琥珀酸杆菌（*Bacterium succinicum*）等，葡萄孢霉等能分解柠檬酸产生 $CO_2$ 和醋酸，乳酸杆菌、明串珠菌等能分解苹果酸产生乳酸和丁二酸等，个别霉菌如灰绿葡萄孢霉也能分解苹果酸。与此相反，有些霉菌如黑根霉在代谢过程中可以合成苹果酸，柠檬酸霉属（*Citromyces*）、曲霉属、青霉属、毛霉属、葡萄孢霉属、丛霉属（*Dematium*）和镰刀霉属等可以合成柠檬酸。

另外，在含糖量较高的果汁中，由于明串珠菌的生长会导致果汁发生黏稠状变质。

## 三、乳及乳制品的腐败变质

各种不同的乳，如牛乳、羊乳、马乳等，其成分虽各有差异，但都含有丰富的营养成分，容易消化吸收，是微生物生长繁殖的良好培养基。乳及其制品一旦处理不当被污染，在适宜条件下，微生物就会迅速繁殖引起乳及其制品腐败变质而失去食用价值，甚至可能引起食物中毒或其他传染病的传播。

（一）微生物的来源及种类

刚生产出来的鲜乳，总是会含有一定数量的微生物，而且在运输和贮存过程中还会受到微生物的污染，使乳中的微生物数量增多。

**1. 乳房内**

即使是健康的乳畜的乳房内也可能有一些细菌，严格无菌操作挤出乳汁，在1mL 中也有数百个细菌。乳房中的正常菌群主要是小球菌属和链球菌属。由于这些细菌能适应乳房的环境而生存，称为乳房细菌。乳畜感染后，体内的致病微生物可通过乳房进入乳汁而引起人类的传染。常见的引起人畜共患疾病的致病微生物主要有：结核分枝杆菌、布氏杆菌、炭疽杆菌、葡萄球菌、溶血性链球菌、沙门氏菌等。

**2. 挤乳过程中环境、器具及操作人员**

污染的微生物的种类、数量直接受畜体表面卫生状况、畜舍的空气、挤奶用具、容器和挤奶工人的个人卫生情况的影响。另外，挤出的奶在处理过程中，如不及时加工或冷藏不仅会增加新的污染机会，而且会使原来存在于鲜乳内的微生物数量增多，这样很容易导致鲜乳变质。所以挤奶后要尽快进行过滤、冷却。

**3. 鲜牛乳中微生物的种类**

自然界中多种微生物可以通过不同途径进入乳液中，一般鲜乳的菌数在$10^3$ ～$10^6$ 个/mL 范围内。但在鲜乳中占优势的微生物，主要是一些细菌、酵母菌和少数霉菌。

（1）乳酸菌　乳酸菌在鲜乳中普遍存在，包括乳酸杆菌和链球菌两大类，约占鲜乳微生物的80%，它们能利用乳中的碳水化合物进行乳酸发酵，产生乳酸使鲜乳均匀凝固。其种类很多，有些同时还具有一定的分解蛋白质的能力。常见的有乳酸链球菌、乳脂链球菌、粪链球菌、液化链球菌、嗜热链球菌、嗜酸乳杆菌。此外，鲜乳中经常还可分离到干酪乳杆菌、乳酸乳杆菌、发酵乳杆菌（*Lactobacillus fermentati*）、乳短杆菌（*L. brevis*）等。

（2）胨化细菌　胨化细菌是一类分解蛋白质的细菌，可使不溶解状态的蛋白质变成溶解状态。乳液由于乳酸菌产酸使蛋白质凝固或由细菌的凝乳酶作用使乳中酪蛋白凝固。而胨化细菌能产生蛋白酶，使凝固的蛋白质消化成为溶解状态。乳中常见的胨化细菌有枯草芽孢杆菌、地衣芽孢杆菌、蜡状芽孢杆菌、荧光假单胞菌、腐败假单胞菌等。

（3）脂肪分解菌　主要是一些革兰氏阴性无芽孢杆菌，如假单胞菌属和无色杆菌属等分解脂肪的能力很强。

（4）酪酸菌　这是一类能分解碳水化合物产生酪酸、$CO_2$ 和 $H_2$ 的细菌。牛乳中的魏氏杆菌即是厌氧性的革兰氏阳性梭状芽孢菌。

（5）产气菌　这是一类能分解碳水化合物而产酸和产气的细菌。例如：大肠杆菌和产气肠杆菌，为革兰氏阴性肠道杆菌，兼具厌氧性，在人体和动物的肠道内都有存在，在自然界被粪便污染的地方均能检出，能分解乳糖而产酸（乳酸、醋酸）并产生气体（$CO_2$ 和 $H_2$）。

（6）产碱菌　有些细菌能使牛乳中所含的有机盐（柠檬酸盐）分解而形成碳酸盐，从而使牛乳转变为碱性。例如，粪产碱杆菌（*Alcaligenes faecalis*），为革兰氏阴性需氧性菌。这种菌在人及动物肠道内存在，它随着粪便而使牛乳污染。这种菌的适宜生长温度在 25~37℃。又如：稠乳产碱杆菌（*Al. viscolactis*）常在水中存在，为革兰氏阴性菌，需氧性，适宜生长温度是 10~26℃，除能产碱外，并能使牛乳变得黏稠。

（7）病原菌　患乳房炎的乳牛的乳中会有金黄色葡萄球菌和病原性大肠杆菌，有时，还可以出现人畜共有的病原菌。患结核或布氏杆菌病的牛分泌的乳中会产生布鲁氏杆菌（*Brucella abortus*）、结核杆菌、病原性大肠菌、沙门氏菌、溶血链球菌等。

（8）酵母和霉菌　在牛乳中经常见到的酵母主要有：脆壁酵母（*Saccharomyces fragilis*）、洪氏球拟酵母（*Torulopsis hulmii*）、高加索乳酒球拟酵母（*T. kefir*）、球拟酵母（*T. globosa*）等。常见的霉菌有乳粉孢霉、乳酪粉孢霉（*Oospora casei*）、黑念珠霉（*Monilia nigra*）、变异念珠霉（*M. variabilis*）、腊叶芽枝霉（*Cladosporium herbarum*）、乳酪青霉（*Penicillium casei*）、灰绿青霉、灰绿曲霉（*Aspergillus glaucus*）和黑曲霉等。

## （二）鲜乳的腐败变质

乳中含有溶菌酶等抑菌物质，使乳汁本身具有抗菌特性。但这种特性延续时间的长短，随乳汁温度高低和细菌的污染程度而不同。通常新挤出的乳，迅速冷却到 0℃ 可保持 48h，5℃ 可保持 36h，10℃ 可保持 24h，25℃ 可保持 6h，30℃ 仅可保持 2h。在这段时间内，乳内细菌是受到抑制的。鲜乳的保存温度与鲜乳自身杀菌作用的关系见表 10-5。

表 10-5　　　　　　　　　鲜乳保存温度与杀菌作用的关系

| 鲜乳保存温度/℃ | 鲜乳自身杀菌持续时间/h | 鲜乳保存温度/℃ | 鲜乳自身杀菌持续时间/h |
| --- | --- | --- | --- |
| 30 | <3 | 0 | <48 |
| 25 | <6 | -10 | <240 |
| 10 | <24 | -25 | <720 |
| 5 | <36 | | |

当乳的自身杀菌作用消失后，将其静置于室温下，可发生一系列微生物学变

化，即乳所特有的菌群交替生长现象。这种有规律的交替生长现象分为以下几个阶段（见图10-1）。

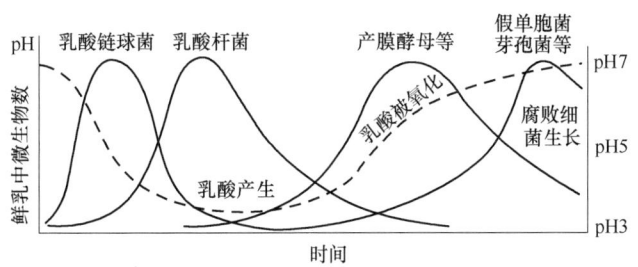

图10-1 鲜乳中微生物活动曲线

**1. 抑制期**

在新鲜的乳液中含有溶菌酶等抗菌物质，对乳中存在的微生物具有杀灭或抑制作用。在自身杀菌作用终止后，乳中各种细菌均发育繁殖，由于营养物质丰富，暂时不发生互联或拮抗现象。这个时期约持续12h。

**2. 乳酸链球菌期**

鲜乳中的抗菌物质减少或消失后，存在于乳中的微生物，如乳酸链球菌、乳酸杆菌、大肠杆菌和一些蛋白质分解菌等迅速繁殖，其中以乳酸链球菌生长繁殖居优势，分解乳糖产生乳酸，使乳中的酸性物质含量不断增高。由于酸度的增高，抑制了腐败菌、产碱菌的生长。以后随着产酸增多乳酸链球菌本身的生长也受到抑制，数量开始减少。

**3. 乳酸杆菌期**

当乳酸链球菌在乳液中繁殖，乳液的pH下降至4.5以下时，由于乳酸杆菌耐酸力较强，尚能继续繁殖并产酸。在此时期，乳中可出现大量乳凝块，并有大量乳清析出，这个时期约有2d。

**4. 真菌期**

当酸度继续下降至pH3.0～3.5时，绝大多数的细菌生长受到抑制或死亡。而霉菌和酵母菌尚能适应高酸环境，并利用乳酸作为营养来源而开始大量生长繁殖。由于酸被利用，乳液的pH回升，逐渐接近中性。

**5. 腐败期（胨化期）**

经过以上几个阶段，乳中的乳糖已基本上消耗掉，而蛋白质和脂肪含量相对较高，因此，此时能分解蛋白质和脂肪的细菌开始活跃，凝乳块逐渐被消化，乳的pH不断上升，向碱性转化，同时并伴随有芽孢杆菌属、假单胞杆菌属、变形杆菌属等腐败细菌的生长繁殖，于是牛奶出现腐败臭味。

鲜乳的腐败变质还会出现产气、发黏和变色的现象。气体主要是由细菌及少数酵母菌产生，主要有大肠杆菌群，其次有梭状芽孢杆菌属、芽孢杆菌属、异型发酵的乳酸菌类、丙酸细菌及酵母菌。这些微生物分解乳中糖类产酸并产 $CO_2$ 或 $H_2$。发黏现象是具有荚膜的细菌生长造成的,主要是产碱杆菌属、肠杆菌属和乳酸菌中的某些种。变色主要是由假单胞菌属、黄色杆菌属和酵母菌等的一些菌种造成的。

### (三) 鲜乳消毒和灭菌

从上述的鲜乳中微生物变化可以看出鲜乳要延长贮存期必须消毒,鲜乳消毒和灭菌是杀灭致病菌和一切生长型的微生物。消毒的效果与鲜乳被污染的程度有关。鲜乳的消毒可采用巴氏消毒法、瓶装笼蒸消毒法和煮沸法。在实际中选择何种方法,除了要考虑杀灭病原菌外,还须注意减少高温对鲜乳营养成分的破坏。一般以巴氏消毒法最为常用。巴氏消毒法操作方法有多种,其设备、温度和时间各不相同,但都能达到消毒目的,比较常用的有两种:低温长时间消毒法和高温短时间消毒法,现在超高温瞬时消毒法也被广泛应用。

(1) 低温长时间消毒法（LTLT 杀菌法） 将牛乳置于 62~65℃下保持 30min。在最初 20min 内已可杀灭繁殖型的细菌 99% 以上,后 10min 是保证消毒效果。

(2) 高温短时间消毒法（HTST 杀菌法） 将牛乳置于 72~75℃加热 15~16s, 或 80~85℃加热 10~15s。这种消毒方式可以适应大量的鲜乳连续消毒,但对污染严重的鲜乳,难以保证消毒效果。

(3) 超高温瞬时消毒法（UHT 杀菌法） 控制条件为 130~150℃加热 2~3s, 其消毒效果比前两者好。但由于温度高对营养成分有部分影响。

牛乳经过巴氏杀菌后,并未达到完全灭菌,在乳中还残留有耐热型细菌。因此,消毒后的牛乳应及时冷藏,并采用最快的传送方式供应给用户。

### 四、肉及肉制品的腐败变质

各种肉及肉制品中均含有丰富的蛋白质、脂肪、水、无机盐和维生素。因此肉及肉制品不仅是营养丰富的食品,也是微生物良好的天然培养基。

#### (一) 肉及肉制品中微生物的来源

**1. 宰前的微生物来源**

屠宰前健康的畜禽具有健全而完整的免疫系统,能有效地防御和阻止微生物的侵入和在肌肉组织内扩散,所以它们的正常机体组织内部(包括肌肉、脂肪、心、肝、肾等)一般是无菌的,而畜禽体表、被毛、消化道、上呼吸道等器官中总是有微生物存在,如未经清洗的动物被毛、皮肤微生物数量可达 $10^5$~$10^6$ 个/$cm^2$。如果被毛和皮肤污染了粪便,微生物的数量会更多。刚排出的家畜粪便中微生物数量可多达 $10^7$ 个/g、瘤胃成分中微生物的数量可达 $10^9$ 个/g。

患病的畜禽,其器官及组织内部可能有微生物存在,如病牛体内可能带有结核杆菌、口蹄疫病毒等。这些微生物能够冲破机体的防御系统,扩散至机体的其他部位,此多为致病菌。动物皮肤发生刺伤、咬伤或化脓感染时,淋巴结中会有细菌存在。其中一部分细菌会被机体的防御系统吞噬或消除掉，而另一部分细菌可能存留下来导致机体病变。畜禽感染病原菌后有的呈现临床症状，但也有相当一部分为无症状带菌者，这部分畜禽在运输和圈养过程中，由于拥挤、疲劳、饥饿、惊恐等刺激，机体免疫力下降而呈现临床症状，并向外界扩散病原菌，造成畜禽相互感染。

**2. 宰后的微生物来源**

屠宰后的畜禽即丧失了先天的防御机能，微生物侵入组织后迅速繁殖。屠宰过程卫生管理不当将造成微生物广泛污染的机会。最初污染微生物是在使用非灭菌的刀具放血时，将微生物引入血液中的，随着血液短暂的微弱循环而扩散至胴体的各部位。在屠宰、分割、加工、贮存和肉的配销过程中的每一个环节，微生物的污染都可能发生。

肉类一旦被微生物污染，其生长繁殖是很难完全抑制的。因此限制微生物污染的最好方法是在严格卫生管理条件下进行屠宰、加工和运输，这也是获得高品质肉类及其制品的重要措施。对已遭受微生物污染的胴体，抑制微生物生长的最有效方法则是进行迅速冷却和及时冷藏。

### （二）肉及肉制品中微生物的类型及特征

参与肉类腐败过程的微生物是多种多样的，一般常见的有：腐生微生物和病原微生物。腐生微生物包括有细菌、酵母菌和霉菌，它们污染肉品，使肉品发生腐败变质。它们都有较强的分解蛋白质的能力。

细菌主要是需氧的革兰氏阳性菌，如蜡样芽孢杆菌、枯草芽孢杆菌和巨大芽孢杆菌等；需氧的革兰氏阴性菌有假单胞杆菌属、无色杆菌属、黄色杆菌属、产碱杆菌属、埃希氏杆菌属、变形杆菌属等；此外还有腐败梭菌、溶组织梭菌和产气荚膜梭菌等厌氧梭状芽孢杆菌。

酵母菌和霉菌主要包括假丝酵母菌属、丝孢酵母属、交链孢霉属、曲霉属、芽枝霉属、毛霉属、根霉属和青霉属。

病畜、禽肉类可能带有各种病原菌，如沙门氏菌、金黄色葡萄球菌、结核分枝杆菌、炭疽杆菌和布氏杆菌等。它们对肉的主要影响并不在于使肉腐败变质，严重的是传播疾病，造成食物中毒。

### （三）鲜肉的腐败变质及现象

通常鲜肉保藏在 0℃ 左右的低温环境中，可存放 10d 左右而不变质。当保藏温度上升时，表面的微生物就能迅速繁殖，其中以细菌的繁殖速度最为显著。细菌吸附于鲜肉表面的过程可分为两个阶段：首先是可逆吸附阶段，即细菌与鲜肉表面微弱结合，此时用水洗可将其除掉；第二个阶段为不可逆吸附阶段，细菌紧密地吸附在鲜肉表面，而不能被水洗掉，吸附的细菌数量随着时间的延长而增加，它沿着结缔组织、血管周围或骨与肌肉的间隙蔓延到组织的深部，最后使整个肉变质。宰后畜禽的肉体由于有酶的存在，使肉组织产生自溶作用，结果使蛋白质分解产生蛋白胨和氨基酸,这样更有利于微生物的生长。

**1. 有氧条件下的腐败**

在有氧条件下,需氧和兼性厌氧菌引起肉类的腐败表现如下。

(1) 表面发黏　微生物在肉表面大量繁殖后,使肉体表面有黏状物质产生,这是微生物繁殖后所形成的菌落,以及微生物分解蛋白质的产物。这主要是由革兰氏阴性细菌、乳酸菌和酵母菌所产生。当肉的表面有发黏、拉丝现象时,其表面含菌数一般为 $10^7$ 个$/cm^2$。

(2) 变色　肉类腐败变质,常在肉的表面出现各种颜色变化。最常见的是绿色,这是由于蛋白质分解产生的硫化氢与肉质中的血红蛋白结合后形成的硫化氢血红蛋白(HS-Hb)造成的,这种化合物积蓄在肌肉和脂肪表面,即显示暗绿色。另外,黏质赛氏杆菌在肉表面能产生红色斑点,深蓝色假单胞杆菌能产生蓝色,黄杆菌能产生黄色。有些酵母菌能产生白色、粉红色、灰色等斑点。一些发磷光的细菌,如发磷光杆菌的许多种能产生磷光。

(3) 霉斑　肉体表面有霉菌生长时,往往形成霉斑。特别是一些干腌肉制品,更为多见。如美丽枝霉和刺枝霉在肉表面产生羽毛状菌丝;白色侧孢霉和白地霉产生白色霉斑;草酸青霉产生绿色霉斑;蜡叶芽枝霉在冷冻肉上产生黑色斑点。

(4) 产生异味　肉体腐烂变质,除上述肉眼观察到的变化外,通常还伴随一些不正常或难闻的气味,如微生物分解蛋白质产生恶臭味;乳酸菌和酵母菌作用产生挥发性有机酸的酸味;霉菌生长繁殖产生霉味;放线菌产生泥土味等。

**2. 无氧条件下的腐败**

在室温条件下,一些不需要严格厌氧条件的梭状芽孢杆菌首先在肉上生长繁殖,随后其他一些严格厌氧的梭状芽孢杆菌,如双酶梭状芽孢杆菌、生孢梭状芽孢杆菌、溶组织梭状芽孢杆菌等开始生长繁殖,分解蛋白质产生恶臭味。牛、猪、羊的臀部肌肉很容易出现深部变质现象,有时鲜肉表面正常,切开时有酸臭味,股骨周围的肌肉为褐色,骨膜下有黏液出现,这种变质称为骨腐败。

塑料袋真空包装并贮于低温条件时可延长保存期,此时如塑料袋透气性很差,袋内氧气不足,将会抑制需氧菌的生长,而以乳杆菌和其他厌氧菌生长为主。

在厌氧条件下,兼性厌氧菌和专性厌氧菌的生长繁殖引起肉类腐败变质的表现如下。

(1) 产生异味　由于梭状芽孢杆菌、大肠杆菌以及乳酸菌等作用,产生甲酸、乙酸、丁酸、乳酸和脂肪酸而形成酸味,蛋白质被微生物分解产生硫化氢、硫醇、吲哚、粪臭素、氨和胺类等异味化合物而呈现异臭味,同时还可产生毒素。

(2) 腐烂　腐烂主要是由梭状芽孢杆菌属中的某些种引起的,假单胞菌属、产碱杆菌属和变形杆菌属中的某些兼性厌氧菌也能引起肉类的腐烂。

鲜肉末在搅拌过程中微生物可均匀地分布到碎肉中,所以绞碎的肉比整块肉含菌数量高得多。绞碎肉中的菌数为 $10^8$ 个$/g$ 时,在室温条件下,24h 就可能出现异味。

值得注意的是肉腐败变质与保藏温度有关，当肉的保藏温度较高时，杆菌的繁殖速度较球菌快。

### 五、禽蛋的腐败变质

禽蛋具有很高的营养价值，含有较多的蛋白质、脂肪、B族维生素及无机盐类，如保藏不当，易受微生物污染而引起腐败。

**1. 禽蛋微生物的来源**

健康禽类所产的鲜蛋内部应是无菌的。在一定条件下鲜蛋的无菌状态可保持一段时间，这是由于鲜蛋本身具有一套防御系统。

（1）刚产下的蛋壳表面有一层胶状物。这种胶状物质与蛋壳及壳内膜构成一道屏障，可以阻挡微生物侵入。

（2）蛋白内含有某些杀菌或抑菌物质，在一定时间内可抵抗或杀灭侵入到蛋内的微生物。例如蛋白内含的溶菌酶可破坏细菌的细胞壁，具有较强的杀菌作用。较低的温度可使溶菌酶的杀菌作用保持较长的时间。

（3）刚排出的蛋内蛋白的 pH 为 7.4~7.6，一周内会上升到 9.4~9.7，如此高的 pH 环境不适于一般微生物的生存。

以上所述乃是鲜蛋保持无菌的重要因素。但在鲜蛋中经常可以发现有微生物存在，即使刚产下的鲜蛋中也有带菌现象。鲜蛋中有微生物存在，与下列的原因有关：

① 卵巢内：在禽的卵巢内形成蛋黄时，细菌可以侵入蛋黄。禽类吃了含有病原菌的饲料而感染了传染病，病原菌通过血液循环而侵入卵巢。在蛋黄形成时，即被病原菌污染。

② 泄殖腔：禽类泄殖腔内含有一定数量的微生物，在形成蛋壳之前，泄殖腔内的细菌向上污染至输卵管，导致蛋的污染。当蛋从泄殖腔排出体外时，由于在外界空气的自然冷却的条件下引起蛋内遇冷收缩，在空气中的或附在蛋壳上的微生物便可穿过蛋壳进入蛋内。

③ 环境：蛋在收购、运输、贮藏过程中被污染。蛋壳表面的微生物很多，据调查，一个蛋壳的表面，可有 400 万~500 万个细菌；污染严重的蛋壳，细菌数可高达 1.4 亿~9 亿个。鲜蛋蛋壳的屏障作用有限，蛋壳上有许多大小为 4~40μm 的气孔，外界的各种微生物都有可能经蛋壳上的小孔进入，特别是贮存期长或经过洗涤的蛋，在高温、潮湿的条件下，环境中的微生物更容易借水的渗透作用侵入蛋内。因此，当蛋壳稍有损伤时，蛋白首先遭到污染。

**2. 禽蛋的腐败变质过程和现象**

禽蛋被微生物污染后，在适宜的条件下，微生物首先使蛋白分解。蛋白带被分解断裂，使蛋黄不能固定而发生位移，随后蛋黄膜被分解而使蛋黄散乱，并与蛋白逐渐混在一起。这种现象是变质的初期现象，称为散黄蛋。散黄蛋进一步被微生物分解，产生硫化氢、氨、粪臭素等蛋白分解产物，蛋液变成灰绿色的稀薄液并伴有大量恶臭气味，称为泻黄蛋。有时蛋液变质不产生硫化氢而产生酸臭，蛋液不呈绿色或黑色而呈红色，蛋液变稠呈浆状或有凝块出现，这是微生物分解糖的腐败现象，称为酸败蛋。外界的霉菌可在蛋壳表面或进入内侧生长，形成大小不同的深色霉斑，造成蛋液黏着，称为黏壳蛋。

### 3. 禽蛋中的微生物类群

（1）引起腐败变质的微生物

① 细菌以枯草芽孢杆菌、马铃薯杆菌、无色杆菌、变形杆菌、大肠菌群、产碱杆菌、荧光杆菌、绿脓杆菌和某些球菌较为常见。

② 霉菌有芽枝霉、分枝孢霉、侧孢霉、毛霉、枝霉、葡萄孢霉、交链孢霉和青霉等。

（2）鲜蛋中的病原菌　禽类带沙门氏菌现象比较多见，经调查证明，禽类带有沙门氏菌，以禽体内的卵巢最为多见，这就是鲜蛋内污染沙门氏菌的主要原因。金黄色葡萄球菌和变形杆菌等与食物中毒有关的病原菌在蛋中也占有较高的检出率。

## 六、糕点的腐败变质

糕点是一种营养丰富的食品，是微生物的良好培养基，极易被污染而发生霉变现象，特别是含水分较多的糕点，在高温下更易发霉。

### 1. 糕点变质现象和微生物类群

糕点类食品由于含水量较高，糖、油脂含量较多，在阳光、空气和较高温度等因素的作用下，易引起霉变和酸败。引起糕点变质的微生物类群主要是细菌和霉菌，如沙门氏菌、金黄色葡萄球菌、粪肠球菌、大肠杆菌、变形杆菌、黄曲霉、毛霉、青霉、镰刀霉等。

### 2. 糕点变质的原因分析

糕点变质主要是由于生产原料不符合质量标准、制作过程中灭菌不彻底和糕点包装贮藏不当而造成的。

（1）生产原料不符合质量标准　糕点食品的原料有糖、乳、蛋、油脂、面粉、食用色素、香料等，市售糕点往往不再加热而直接入口。因此，对糕点原料选择、加工、贮存、运输、销售等都应有严格的卫生要求。糕点食品发生变质原因之一是原料的质量问题，如作为糕点原料的奶及奶油未经过巴氏消毒，奶中污染有较高数量的细菌及其毒素；蛋类在打蛋前未洗涤蛋壳，不能有效地去除微生物。为了防止糕点的霉变以及油脂和糖的酸败，应对生产糕点的原料进行消毒和灭菌。对所使用的花生仁、芝麻、核桃仁和果仁等已有霉变和酸败迹象的不能采用。

（2）制作过程中灭菌不彻底　各种糕点食品生产时，都要经过高温处理，既是食品熟制又是杀菌过程，在这个过程中大部分的微生物都被杀死，但抵抗力较强的细菌芽孢和霉菌孢子往往残留在食品中，遇到适宜的条件仍能生长繁殖，引起糕点食品变质。

（3）糕点包装贮藏不当　糕点的生产过程中，由于包装及环境等方面的原因会使其污染许多微生物。烘烤后的糕点，必须冷却后才能包装。所使用的包装材料应无毒、无味，生产和销售部门应具备冷藏设备。

### 七、食品腐败变质的鉴定

食品受到微生物的污染后，容易发生变质。那么如何鉴别食品的腐败变质？一般是从感官、物理、化学和微生物四个方面来进行食品腐败变质的鉴定。

**（一）感官鉴定**

感官鉴定是以人的视觉、嗅觉、触觉、味觉来查验食品初期腐败变质的一种简单而灵敏的方法。食品初期腐败时会产生腐败臭味，发生颜色的变化（褪色、变色、着色、失去光泽等），出现组织变软、变黏等现象。这些都可以通过感官分辨出来。

**1. 色泽**

食品无论在加工前或加工后，本身均呈现一定的色泽，如有微生物繁殖引起食品变质时，色泽就会发生改变。有些微生物产生色素，分泌至细胞外，色素不断累积就会造成食品原有色泽的改变，如食品腐败变质时常出现黄色、紫色、褐色、橙色、红色和黑色的片状斑点或全部变色。另外由于微生物代谢产物的作用促使食品发生化学变化时也可引起食品色泽的变化。例如肉及肉制品的绿变就是由于硫化氢与血红蛋白结合形成硫化氢血红蛋白所引起的。腊肠由于乳酸菌增殖过程中产生了过氧化氢促使肉色素褪色或绿变。

**2. 气味**

食品本身有一定的气味，动植物原料及其制品因微生物的繁殖而产生极轻微的变质时，人的嗅觉就能敏感地觉察到有不正常的气味产生。如氨、三甲胺、乙酸、硫化氢、乙硫醇、粪臭素等具有腐败臭味，这些物质在空气中浓度为$10^{-11} \sim 10^{-8}$ mol/m$^3$时，人们的嗅觉就可以觉察到。此外，食品变质时，其他胺类物质、甲酸、乙酸、酮、醛、醇类、酚类、靛基质化合物等也可觉察到。

食品中产生的腐败臭味，常是多种臭味混合而成的。有时也能分辨出比较突出的不良气味，例如：霉味臭、醋酸臭、胺臭、粪臭、硫化氢臭、酯臭等。但有时产生的有机酸、水果变坏产生的芳香味，人的嗅觉习惯不认为是臭味。因此评定食品质量不是以香、臭味来划分，而是应该按照正常气味与异常气味来评定。

**3. 口味**

微生物造成食品腐败变质时也常引起食品口味的变化。而口味改变中比较容易分辨的是酸味和苦味。一般碳水化合物含量多的低酸食品，变质初期产生酸是其主要的特征。但对于原来酸味就高的食品，如番茄制品来讲，微生物造成酸败时，酸味稍有增高，辨别起来就不那么容易。另外，某些假单胞菌污染消毒乳后可产生苦味，蛋白质被大肠杆菌、小球菌等微生物作用也会产生苦味。

当然，口味的评定从卫生角度看是不符合卫生要求的，而且不同人评定的结果往往意见分歧较多，只能作大概的比较，为此口味的评定应借助仪器来测试。

**4. 组织状态**

固体食品变质时，动植物性组织因微生物酶的作用，可使组织细胞破坏，造成细胞内容物外溢，食品的性状即出现变形、软化；鱼肉类食品则呈现肌肉松弛、弹性差，有时组织体表出现发黏等现象；粉碎后加工制成的食品，如鱼糕、乳粉、果酱等变质后常引起黏稠、结块等表面变形、湿润或发黏现象。

液态食品变质后即会出现浑浊、沉淀，表面出现浮膜、变稠等现象，鲜乳因微生物作用引起变质可出现凝块、乳清析出、变稠等现象，有时还会产气。

**（二）化学鉴定**

微生物的代谢，可引起食品化学组成的变化，并产生多种腐败性产物，因此，直接测定这些腐败产物就可作为判断食品质量的依据。

一般氨基酸、蛋白质类等含氮高的食品，如鱼、虾、贝类及肉类，在需氧性败坏时，常以测定挥发性盐基氮含量的多少作为评定的化学指标；对于含氮量少而含碳水化合物丰富的食品，在缺氧条件下腐败则经常测定有机酸的含量或 pH 的变化作为指标。

**1. 挥发性盐基总氮**

挥发性盐基总氮系指肉、鱼类样品浸液在弱碱性下能与水蒸气一起蒸馏出来的总氮量，主要是氨和胺类（三甲胺和二甲胺），常用蒸馏法或 Conway 微量扩散法定量。该指标现已列入我国食品安全标准。例如一般在低温有氧条件下，鱼类挥发性盐基氮的量达到 30mg/100g 时，即认为是变质的标志。

**2. 三甲胺**

因为在挥发性盐基总氮构成的胺类中，主要的是三甲胺，是季胺类含氮物经微生物还原产生的。可用气相色谱法进行定量，或者三甲胺制成碘的复盐，用二氯乙烯抽取测定。新鲜鱼、虾等水产品、肉中没有三甲胺，初期腐败时，其量可达 4~6mg/100g。

**3. 组胺**

鱼贝类可通过细菌分泌的组氨酸脱羧酶使组氨酸脱羧生成组胺而发生腐败变质。当鱼肉中的组胺量达到 4~10mg/100g，就会发生变态反应样的食物中毒。通常用圆形滤纸色谱法（卢塔-宫木法）进行定量。

**（三）物理鉴定**

食品的物理鉴定，主要是根据蛋白质分解时低分子物质增多这一现象，来先后研究食品浸出物量、浸出液电导率、折光率、冰点下降、黏度上升等指标。其中肉浸液的黏度测定尤为敏感,能反映腐败变质的程度。

**(四) 微生物鉴定**

对食品进行微生物菌数测定,可以反映食品被微生物污染的程度及是否发生变质,同时它是判定食品生产的一般卫生状况以及食品卫生质量的一项重要依据。在国家卫生标准中常用细菌总菌落数和大肠菌群的近似值来评定食品卫生质量。一般食品中的活菌数达到 $10^8$ 个/g 时,则可认为处于初期腐败阶段。

腐败变质的食品首先是带有使人们难以接受的感官性状,如刺激气味、异常颜色、酸臭味道和组织溃烂、黏液污秽感等。其次是营养成分分解,营养价值严重降低。腐败变质食品一般由于微生物污染严重,菌相复杂和菌量增多,因而增加了致病菌和产毒霉菌等存在的机会;由于菌量增多,可以使某些致病性微弱的细菌,引起人体的不良反应,甚至中毒;致病菌引起的食物中毒,几乎都有菌量异常增大这个必要条件;至于腐败变质分解产物对人体的直接毒害,至今研究仍不够充分。然而这方面的报告与中毒事件却越来越多,如某些鱼类腐败产生的组胺使人体中毒,脂肪酸败产物引起人的不良反应及中毒,以及腐败产生的亚硝胺类、有机胺类和硫化氢等都具有一定的毒性。

因此,对食品的腐败变质要及时准确鉴定,并严加控制,但这类食品的处理还必须充分考虑具体情况。如轻度腐败的肉、鱼类,通过煮沸可以消除异常气味,部分腐烂的水果、蔬菜可拣选分类处理等。然而人体虽有足够的解毒功能,但在短时间内摄入量不可过大。因此应强调指出,一切处理的前提,都必须以确保人体健康为原则。

## 第五节 食品保藏中的防腐与杀菌措施

食品保藏是从生产到消费过程的重要环节,如果保藏不当就会腐败变质,造成重大的经济损失,还会危及消费者的健康和生命安全。另外食品保藏也是调节不同地区、不同季节以及各种环境条件下都能吃到营养可口的食物的重要手段和措施。

食品保藏的原理就是围绕着防止微生物污染、杀灭微生物或抑制微生物生长繁殖以及延缓食品自身组织酶的分解作用,采用物理学、化学和生物学方法,使食品在尽可能长的时间内保持其原有的营养价值、色、香、味及良好的感官性状。

防止微生物的污染,就需要对食品进行必要的包装,使食品与外界环境隔绝,并在贮藏中始终保持其完整和密封性。因此食品的保藏与食品的包装也是紧密联系的。

## 一、食品的低温抑菌保藏

食品在低温下，酶活力及化学反应得到延缓，食品中残存微生物生长繁殖速度大大降低或完全被抑制，因此食品的低温保藏可以防止或减缓食品的变质，在一定的期限内，可较好地保持食品的品质。

目前在食品制造、贮藏和运输系统中，都普遍采用人工制冷的方式来保持食品的质量。使食品原料或制品从生产到消费的全过程中，始终保持低温，这种保持低温的方式或工具称为冷链。其中包括制冷系统、冷却或冷冻系统、冷库、冷藏车船以及冷冻销售系统等。

另外，冷却和冷冻不仅可以延长食品货架期，也和某些食品的制造过程结合起来，达到改变食品性能和功能的目的。例如，冻结浓缩、冻结干燥、冻结粉碎等，都已普遍得到应用。近年来，冷冻方便食品也日渐普及。

低温保藏一般可分为冷藏和冷冻两种方式。前者无冻结过程，新鲜果蔬类和短期贮藏的食品常用此法。后者要将保藏物降温到冰点以下，使水部分或全部呈冻结状态，动物性食品常用此法。

## 二、食品加热灭菌保藏

微生物具有一定的耐热性。细菌的营养细胞及酵母菌的耐热性，因菌种不同而有较大的差异。一般病原菌（梭状芽孢杆菌属除外）的耐热性差，通过低温杀菌（例如63℃，经30min）就可以将其杀死。细菌的芽孢一般具有较高的耐热性，食品中肉毒梭状芽孢杆菌是非酸性罐头的主要杀菌目标，该菌孢子的耐热性较强，必须特别注意。一般霉菌及其孢子在有水分的状态下，加热至60℃，保持5～10min即可以被杀死，但在干燥状态下，其孢子的耐热性非常强。

然而许多因素影响微生物的加热杀菌效果。首先食品中的微生物密度（原始带菌量）与抗热力有明显关系。带菌量越多，则抗热力越强。因为菌体细胞能分泌对菌体有保护作用的蛋白类物质，故菌体细胞增多，这种保护性物质的量也就增加。其次，微生物的抗热力随水分的减少而增大，即使是同一种微生物，它们在干热环境中的抗热性最大。此外，基质向酸性或碱性变化，杀菌效果则显著增大。

基质中的脂肪、蛋白质、糖及其他胶体物质，对细菌、酵母、霉菌及其孢子起着显著的保护作用。这可能是细胞质的部分脱水作用，阻止蛋白质凝固的缘故。因此对高脂肪及高蛋白食品的加热杀菌需加以注意。多数香辛料，如芥子、丁香、洋葱、胡椒、蒜、香精等，对微生物孢子的耐热性有显著的降低作用。

食品的腐败常常是由于微生物和酶所致。食品通过加热杀菌和使酶失活，可久贮不坏，但必须不重复染菌，因此要在装罐装瓶密封以后灭菌，或者灭菌后在无菌条件下充填装罐。食品加热杀菌的方法很多。主要有巴氏消毒法、高温灭菌法、超高温瞬时杀菌、微波杀菌、远红外线加热杀菌等。

## 三、食品的高渗透压保藏

提高食品的渗透压可防止食品腐败变质。常用的有盐腌法和糖渍法。在高渗透压溶液中。微生物细胞内的水分大量外渗,导致质壁分离,出现生理干燥。同时,随着盐浓度增高,微生物可利用的游离水含量减少,高浓度的 $Na^+$ 和 $Cl^-$ 也可对微生物产生毒害作用,高浓度盐溶液对微生物的酶活力有破坏作用,还可使氧难溶于盐水中,形成缺氧环境。因此可抑制微生物生长或使之死亡,防止食品腐败变质。

## 四、食品的防腐保藏

在食品中添加食品防腐剂可防止食品腐败变质。食品防腐剂是一类具有抑制或杀死微生物的作用,并可用于食品防腐保藏的化学物质。

**1. 山梨酸及其盐类**

山梨酸类防腐剂的抑菌作用随基质 pH 下降而增强,其抑菌作用的强弱取决于未解离分子的多少。山梨酸类防腐剂在 pH6.0 左右仍然有效,可以用于其他防腐剂无法使用的 pH 较低的食品中。山梨酸类防腐剂对酵母和霉菌有很强的抑制作用,对许多细菌也有抑制作用。其抑菌机制概括起来有对酶系统的作用、对细胞膜的作用及对芽孢萌发的抑制作用。山梨酸盐对肉毒梭菌及蜡状芽孢杆菌芽孢萌发有抑制作用。

**2. 丙酸**

丙酸的抑菌作用没有山梨酸类和苯甲酸类强,其主要对霉菌有抑制作用,对引起面包"黏丝病"的枯草芽孢杆菌也有很强的抑制作用,对其他细菌和酵母菌基本没作用。在 pH5.8 的面团中加 0.188% 或在 pH5.6 的面团中加 0.156% 的丙酸钙可防止发生"黏丝病"。丙酸类防腐剂主要用于面包防止霉变和发生"黏丝病",并可避免对酵母菌的正常发酵产生影响。

**3. 硝酸盐和亚硝酸盐**

硝酸盐和亚硝酸盐用于腌肉生产中,可作为发色剂,并可抑制某些腐败菌和产毒菌,还有助于形成特有的风味。其中起作用的是亚硝酸。硝酸盐在食品中可转化为亚硝酸盐。由于亚硝酸盐可在人体内转化成致癌的亚硝胺,因而在食品中应严格限制其用量。

亚硝酸盐在低 pH、高浓度下对金黄色葡萄球菌有抑制作用。对肠道细菌包括沙门氏菌、乳酸菌基本无效。对肉毒梭状芽孢杆菌及其产毒的抑制作用也要在基质高压灭菌或热处理前加入才有效,否则要多 10 倍的亚硝酸盐量才有抑制作用。

**4. 乳酸链球菌素**

乳酸链球菌素是由 29~34 个不同氨基酸组成的多肽,其抗菌谱较窄,对 $G^+$ 细菌（主要为产芽孢菌）有效，而对真菌和 $G^-$ 细菌无效，$G^+$ 细菌中的粪链球菌是抗性最强的菌之一。

乳酸链球菌素具有辅助热处理的作用。一般低酸罐头食品要杀灭肉毒梭菌及其他细菌的芽孢，需进行严格的热处理，若加入乳酸链球菌素则可明显缩短热处理时间，对热处理中未杀死的芽孢，乳酸链球菌素可以抑制其萌发。

**5. 苯甲酸、苯甲酸钠和对羟基苯甲酸酯**

苯甲酸抑菌机理是，它的分子能抑制微生物细胞呼吸酶系统的活性，特别是对乙酰辅酶缩合反应有很强的抑制作用。在高酸性食品中杀菌效力为微碱性食品的 100 倍。苯甲酸以未被解离的分子态才有防腐效果。苯甲酸对酵母菌的影响大于霉菌，而对细菌效力较弱。

**6. 溶菌酶**

溶菌酶能溶解多种细菌的细胞壁而达到抑菌、杀菌之目的，但对酵母和霉菌几乎无效。溶菌作用的最适 pH 为 6~7，温度为 50℃。食品中的羧基和硫酸能影响溶菌酶的活性，因此将其与其他抗菌物如乙醇、植酸、聚磷酸盐等配合使用，效果更好。目前溶菌酶已用于面食类、水产熟食品、冰淇淋、色拉和鱼子酱等食品的防腐保鲜。

### 五、食品的辐射保藏

对食品的辐射保藏是指利用电离辐射照射食品，延长食品保藏期的方法。

电离辐射对微生物有很强的致死作用，它是通过辐射引起环境中水分子和细胞内水分子吸收辐射能量后电离产生的自由基起作用的，这些游离基能与细胞中的敏感大分子反应并使之失活。此外，电离辐射还有杀虫、抑制马铃薯等发芽和延迟后熟的作用。在电离辐射中由于 γ 射线穿透力和杀菌作用都强，且较易发生，所以目前主要是利用放射性同位素产生的 γ 射线进行照射处理。

食品辐射保藏有许多优点：①照射过程中食品的温度几乎不上升，对于食品的色、香、味、营养及质地无明显影响。②射线的穿透力强，在不拆包装和不解冻的条件下，可杀灭深藏于食品（谷物、果实和肉类等）内部的害虫、寄生虫和微生物。③可处理各种不同的食品，从袋装的面粉到装箱的果蔬，从大块的烤肉、火腿到肉、鱼制成的其他食品均可应用。④照射处理食品不会留下残留，可避免污染。⑤可改进某些食品的品质和工艺质量。⑥节约能源。⑦效率高，可连续作业。

### 本章小结

食品腐败变质的过程是其中蛋白质、碳水化合物、脂肪等被污染微生物分解代谢或自身组织酶进行的某些生化过程造成的，是微生物与环境综合作用的结果；

土壤、空气、水、人及动物携带、加工机械设备、包装材料、原料及辅料等因素是引起微生物污染的重要环境条件；引起各种食品变质的微生物不同，是由于食品的性状和组成成分的差异适应于不同微生物生长的缘故。本章还总结观察了各种食品变质的症状、分析了每种食品变质的原因和引起不同食品变质微生物的种类及其特性。食品保藏是采用物理学、化学和生物学方法，防止微生物污染、杀灭或抑制微生物生长繁殖以及延缓食品自身组织酶的分解作用，使食品在尽可能长的时间内保持其原有的营养价值、色、香、味及良好的感官性状所采用的各种措施。

### 复习思考题

1. 简述微生物污染食品的途径及其控制措施。
2. 什么叫内源性污染和外源性污染？
3. 什么叫食品的腐败变质？微生物引起食品腐败变质的基本原理是什么？简述食品中蛋白质、脂肪、碳水化合物分解变质的主要化学过程。
4. 微生物引起食品腐败变质的内在因素和外界条件各有哪些？研究这些有何意义？
5. 乳及乳制品中有哪些微生物类群？乳变质过程中有什么菌群交替现象？
6. 影响鲜肉微生物区系组成的主要因素是什么？引起鲜肉腐败变质的微生物种类有哪些？
7. 说明罐头食品腐败变质的现象和产生的原因。
8. 鲜蛋变质的特征有哪些？
9. 为什么低温保藏食品是一项有效措施？
10. 食品保藏应用了哪些物理化学方法？

# 第十一章 微生物与食品安全

### 知识目标

1. 了解食物中毒的概念、类型和机理。
2. 了解病原菌种类和生物学特性。
3. 熟悉食品卫生标准中微生物学指标及其食品卫生学意义。

### 技能目标

1. 掌握食品中基本的微生物学卫生指标的检测原理与方法。
2. 能判断食物中毒的类型及常见食物中毒的表现。

## 第一节 食物中毒性微生物及其引起的食物中毒

微生物在食品上大量生长繁殖，不仅会引起食品的腐败变质，造成巨大的经济损失，而且还可危及食用者的身体健康。细菌在食品上生长和产生毒素，人们食用后会发生食物中毒。有些真菌在食品上生长可产生真菌毒素，如黄曲霉毒素等，人们大量食用后会发生急性中毒，长期食用会引起癌症。

### 一、食物中毒的概念及类型

食物中毒一般是指人体因食用了含有有害微生物或微生物毒素、化学性有害物质而出现的非传染性的中毒。食物中毒潜伏期短，来势急剧，常集体性暴发，短时间内有很多人同时发病,且有相同的临床表现;一般人和人之间不直接传染。

食物中毒有多种多样,按病因分为:微生物性食物中毒、动植物性毒素中毒、化学性食物中毒等。

根据引起食物中毒的微生物类群不同,微生物性食物中毒又分为细菌性食物中毒和真菌性食物中毒。细菌性食物中毒是最常见的一种。肉类、蛋类、奶类、水产品、海产品、家庭自制的发酵食物等均可引起细菌性食物中毒;真菌性食物中毒是指食用被有毒真菌及其毒素污染的食物而引起的中毒,像霉变甘蔗中毒等。

动植物性中毒是指误食有毒动植物或摄入因加工、烹调方法不当,未除去有毒成分的动植物食物引起的中毒,像河豚鱼中毒、毒蕈(毒蘑菇)中毒、发芽马铃薯中毒、豆角中毒、生豆浆中毒等。

化学性食物中毒是指误食有毒化学物质或食入被其污染的食物而引起的中毒,像农药中毒、亚硝酸盐中毒等。

## 二、细菌性食物中毒

细菌性食物中毒是指食进含有大量病原菌、条件致病菌或食进某些细菌的毒素而引起的中毒。这是食物中毒中最常见的一种类型,在公共卫生上占有重要的地位。细菌性食物中毒一般分为感染型和毒素型两种。

感染型食物中毒是由沙门氏菌、变形杆菌、链球菌及一些条件致病菌而引起的。病原细菌污染食物后,在食物中大量繁殖,这种含有大量活菌的食物被摄入人体,会引起人体消化道的感染而造成的中毒,即称为感染型食物中毒。其特点是食物中含有大量的活着的繁殖体。

毒素型食物中毒是指食物中污染了某些细菌以后,在适宜的条件下,这些细菌在食物中繁殖和产生毒素,含有毒素的食物被人食用后而引起的中毒,即称为毒素型食物中毒。毒素型食物中毒常由肉毒梭菌引起。

此外还有以上两种情况并存的混合型食物中毒。

在各类食物中毒中,细菌性食物中毒最多见,占食物中毒总数的一半左右。细菌性食物中毒具有明显的季节性,多发生在气候炎热的季节。这是由于气温高,适合于微生物生长繁殖;另一方面人体肠道的防御机能下降,易感性增强。细菌性食物中毒发病率高,病死率低,其中毒食物多为动物性食品。其主要原因是:食物在宰杀或收割、运输、贮存、销售等过程中受到病菌的污染;被致病菌污染的食物在较高的温度下存放,食品中充足的水分、适宜的pH及营养条件使致病菌大量繁殖或产生毒素;食品在食用前未烧熟煮透或熟食受到生食交叉污染或食品从业人员中带菌者的污染。

目前,我国发生较多的细菌性食物中毒多见于沙门氏菌、变形杆菌、副溶血性弧菌、金黄色葡萄球菌、致病性大肠杆菌、肉毒梭菌等引起的,近年来蜡样芽孢杆菌和李斯特氏菌中毒也有增加。现将不同的几种细菌性食物中毒分述如下。

### （一）沙门氏菌食物中毒

沙门氏菌是肠道杆菌科的一个大属，包括近 2000 个血清型，它们是在形态结构、培养性状、生化特征和抗原构造等方面极相似的一群革兰氏阴性杆菌。

沙门氏菌属致病范围是不同的，按其传染范围可分为三个群：第一群专门对人致病，如伤寒沙门氏菌，甲、乙、丙副伤寒沙门氏菌，它们是人类伤寒、副伤寒的病原菌，可引起肠热症。第二群针对哺乳动物及鸟类致病，如鼠伤寒沙门氏菌、肠类沙门氏菌、猪霍乱沙门氏菌。第三群是仅对动物致病，很少传染给人。如马、牛、羊流产沙门氏菌、鸡伤寒沙门氏菌、雏白痢沙门氏菌等。

**1. 病原菌生物特征**

沙门氏菌（*Salmonella*）属于肠道病原菌，革兰氏阴性，无芽孢、无荚膜，是两端钝圆的短杆菌。除鸡伤寒沙门氏菌外，均周生鞭毛，能运动，多数具有菌毛。最适生长温度为 37℃，最适生长 pH 为 6.8～7.8。在普通琼脂培养基上培养 24h，菌落圆形、表面光滑、无色、半透明、边缘整齐。该菌对热、消毒药水及外界环境的抵抗力不强，60℃、15～20min 即可死亡。在牛乳及肉类中能存活数月。在含有 10%～15% 食盐的肉腌制品中可存活 2～3 个月。当水煮或油炸大块肉、鱼、香肠时，若食品内部达不到足以使细菌杀死和毒素破坏的情况，就会有细菌残留或有毒素存在，由此常引起食物中毒。该菌具有耐低温的能力，在 -25℃ 低温环境中能存活 10 个月左右，即冷冻保藏食品对本菌无杀伤作用。

有些沙门氏菌产生内毒素，有些产生肠毒素。如肠炎沙门氏菌在适合的条件下，可在牛奶或肉类中产生达到危险水平的肠毒素。此肠毒素为蛋白质，在 50～60℃ 时可耐受 8h，不被胰蛋白酶和其他水解酶所破坏，并对酸碱有抵抗力。

**2. 食物中毒原因及症状**

沙门氏菌引起感染型食物中毒。大多数的沙门氏菌食物中毒是沙门氏活菌对肠黏膜的侵袭导致全身性的感染型中毒。当沙门氏菌进入消化道后，可以在小肠和结肠内繁殖，引起组织感染，并可经淋巴系统进入血液，引起全身感染，这一过程有两种菌体毒素参与作用：一种是菌体代谢分泌的肠毒素，另一种是菌体细胞裂解释放出的菌体内毒素。由于中毒主要是摄食一定量的活菌并在人体内增殖所引起的，因此，沙门氏菌引起的食物中毒可主要属于感染型食物中毒。如沙门氏菌的鼠伤寒沙门氏菌、肠炎沙门氏菌除活菌菌体内毒素外，所产生的肠毒素在导致食物中毒中也起重要的作用。

沙门氏菌引起的食物中毒有多种多样的中毒表现，一般可分为胃肠炎型、类伤寒型、类霍乱型、类感冒型和败血症型五种类型。其中胃肠炎型最为多见，潜伏期一般为 12～36h，短者 6h，长者为 48～72h，大多集中在 48h 内，超过 72h 的不多。潜伏期短者，病情较严重。

沙门氏菌食物中毒的临床症状一般在进食 12～24h 后出现。主要表现为急性肠胃炎症状。发病初期表现为寒战、头痛、恶心、食欲不振等，以后出现腹痛、呕吐、腹泻甚至发热等，严重的会出现抽搐及昏迷等症状。病程一般为 3~7d，愈后良好。但老人、儿童和体弱者可能出现面色苍白、四肢发凉、血压下降甚至休克等症状，如不及时救治也可能导致死亡。

**3. 病菌来源及预防措施**

沙门氏菌多由动物性食品引起，特别是肉类，也可以是鱼类、禽类、乳类、蛋及其制品引起。豆制品和糕点有时也会引起沙门氏菌食物中毒，但非常少见。

沙门氏菌的宿主主要是家畜、家禽和野生动物。它们可以在这些动物的胃肠道内繁殖。沙门氏菌污染肉类，可分为生前感染和宰后污染两个方面。生前感染指家畜、家禽在宰杀前已感染沙门氏菌。宰后污染是家畜、家禽在屠宰过程中被带沙门氏菌的粪便、容器、污水等污染。健康家畜带菌率为2%~15%，患病家畜的带菌率较高，检出率为70%以上。

蛋类及制品感染或污染沙门氏菌的机会较多，一般为30%~40%。如家禽的卵巢带菌，可使卵黄带菌，因而产的蛋也是带菌的。另外，蛋壳表面可在肛门腔里被污染，沙门氏菌可以通过蛋壳气孔侵入蛋内。各种肉制品及蛋制品等亦可在加工过程的各个环节受到污染。

沙门氏菌食物中毒预防措施除加强食品卫生监测外，应注意如下方面。

（1）防止沙门氏菌污染　加强家畜、家禽等宰前、宰后的卫生检验，容器及用具严防生肉和胃肠物污染，严禁食用和采用病死畜禽。

严格执行生、熟食分开制度，并对食品加工、销售及食品行业的从业人员定期进行健康检查，防止交叉感染。严禁家畜、家禽进入厨房和食品加工车间。

（2）控制食品中沙门氏菌的繁殖　沙门氏菌的最适繁殖温度为37℃，但在20℃以上就能大量繁殖。因此，低温贮藏食品是预防食物中毒的一项措施。必须按照食品低温保藏的卫生要求贮藏食品。

（3）彻底杀死沙门氏菌　对沙门氏菌污染的食品进行彻底的加热灭菌，是预防沙门氏菌食物中毒的关键。各种的肉类、蛋类食用前应煮沸10min，剩饭菜等必须充分加热后再食用。为彻底杀灭肉类中可能存在的沙门氏菌、消灭活毒素，畜肉类应蒸煮至肉深部中心呈灰白硬固的熟肉状态。如尚有残存的活菌，在适宜的条件下繁殖，仍可以引起食物中毒。

**（二）金黄色葡萄球菌食物中毒**

金黄色葡萄球菌食物中毒系毒素型食物中毒。该食物中毒是由于进食了含有一种或多种含葡萄球菌肠毒素的食物所引起。虽然目前已经知道许多既不产生凝固酶也不产生耐热性核酸酶的葡萄球菌也能产生肠毒素，但一般认为引起食物中毒的肠毒素的产生与产生凝固酶和耐热性核酸酶的金黄色葡萄球菌有关。

**1. 病原菌生物特征**

金黄色葡萄球菌（*Staphylococcus aureus*）为革兰氏阳性球菌。无芽孢，无鞭毛，不能运动，呈葡萄状排列。为兼性厌氧菌，对营养要求不高，在普通琼脂培养基上培养24h，菌落圆形、边缘整齐、光滑湿润不透明，颜色呈金黄色。最适生长温度为 35～37℃，最适 pH 为 7.4。此菌对外界的抵抗力是不产芽孢细菌中最强的一种，加热80℃、30min 至 1h 才能杀死。

金黄色葡萄球菌能产生多种毒素和酶，故致病性极强。致病菌株产生的毒素和酶主要有溶血毒素、杀白血球毒素、肠毒素、凝固酶、溶纤维蛋白酶、透明质酸酶、DNA 酶等。与食物中毒关系密切的主要是肠毒素。近年来的报告表明，50% 以上的金黄色葡萄球菌菌株在实验室条件下能够产生肠毒素，并且一种菌株能产生两种或两种以上的肠毒素。

**2. 中毒原因及症状**

金黄色葡萄球菌食物中毒的原因是产生肠毒素的葡萄球菌污染了食品，在较高的温度下大量繁殖，适宜的 pH 和合适的食品条件下产生了肠毒素。吃了这样的食品就可以发生中毒现象。

当金黄色葡萄球菌肠毒素进入人体消化系统后被吸收进入血液。毒素刺激中枢神经系统而引起中毒反应。潜伏期一般为 1～5h，最短为 15min 左右，最长不超过 8h。中毒症状有恶心、反复呕吐，多者可达 10 余次，并伴有腹痛、头晕、腹泻、发冷等。儿童对肠毒素比成人敏感，因此儿童发病率较高，病情也比成人重。但金黄色葡萄球菌肠毒素中毒病程较短，1～2d 内即可恢复，愈后良好，一般不导致死亡。

**3. 病菌来源及预防措施**

肠毒素的形成与食品污染程度、食品存入温度、食品种类和性质密切相关。一般来说，食品污染越严重，细菌繁殖就越快，越易形成肠毒素，且温度越高，产生肠毒素时间越短；含蛋白质丰富、含水分较多，同时含一定淀粉的食品受葡萄球菌污染后，易产生肠毒素。所以引起金黄色葡萄球菌食物中毒的食品以乳、鱼、肉及其制品、淀粉类食品、剩大米饭等最为常见。近年来由熟鸡、鸭制品引起的食物中毒增多。

主要污染来源包括原料和生产操作人员，如原料中的污染有患有乳房炎的奶牛、生产操作人员患病等。由于金黄色葡萄球菌耐热性强，一旦食品污染了金黄色葡萄球菌并产生了肠毒素，食用前重新加热处理不能完全消除引起中毒的可能性。

预防金黄色葡萄球菌食物中毒包括防止葡萄球菌污染和防止其肠毒素形成两个方面。应从以下几方面采取措施。

（1）防止带菌人群对食品的污染　定期对食品生产人员、饮食从业人员及保育员等有关人员进行健康检查，患有化脓性感染的人不适于任何与食品有关的工作。

（2）防止葡萄球菌对食品原料的污染　定期对健康奶牛的乳房进行检查，患有乳房炎的奶不能使用。同时为了防止葡萄球菌污染，健康奶牛的奶挤出后，应立即冷却至10℃以下，防止在较高的温度下该菌的繁殖和肠毒素的形成。

（3）防止肠毒素的形成　在低温、通风良好的条件下贮藏食物，在气温较高季节，食品放置时间不得超过6h，食用前还必须彻底加热。

### （三）大肠埃希氏菌食物中毒

**1. 病原菌生物特征**

大肠埃希氏菌属（*Escherichia*）也称大肠杆菌属。大肠杆菌是人和动物肠道的正常寄生菌，一般不致病。但有些菌株可以引起人的食物中毒，是一类条件性致病菌。如肠道致病性大肠埃希氏菌（EPEC）、肠道毒素性大肠埃希氏菌（ETEC）、肠道侵袭性大肠埃希氏菌（EIEC）和肠道出血性大肠埃希氏菌（EHEC）等。

大肠杆菌均为革兰氏阴性菌，为两端钝圆的短杆菌，大多数菌株有周生鞭毛，能运动，有菌毛，无芽孢。某些菌株有荚膜，大多为需氧或兼性厌氧菌。生长温度范围为 10~50℃，最适生长温度为40℃，最适 pH 为 6.0~8.0。在普通琼脂平板培养基上培养24h后呈圆形、光滑、湿润、半透明近无色的中等大菌落，其菌落与沙门氏菌的菌落很相似。但大肠杆菌菌落对光观察可见荧光，部分菌落可溶血（$\beta$型）。

大肠杆菌有中等强度的抵抗力，且各菌型之间有差异。巴氏消毒法可杀死大多数的菌，但耐热菌株可存活，煮沸数分钟即被杀灭，对一般消毒药水较敏感。

**2. 食物中毒原因及症状**

致病性大肠埃希氏菌的食物中毒与人体摄入的菌量有关。当一定量的致病性大肠埃希氏菌进入人体消化道后，可在小肠内继续繁殖并产生肠毒素。肠毒素吸附在小肠上皮细胞膜上，激活上皮细胞内腺分泌，导致肠液分泌增加，超过小肠管的再吸收能力，出现腹泻。其症状表现为腹痛、腹泻、呕吐、发热、大便呈水样或呈米泔水样，有的伴有脓血样或黏液等。一般轻者可在短时间内治愈，不会危及生命。最为严重的是肠道出血性大肠埃希氏菌（EHEC）引起的食物中毒，其症状不仅表现为腹痛、腹泻、呕吐、发热、大便呈水样、严重脱水，而且大便大量出血，还极易引发出血性尿毒症、肾衰竭等并发症，患者死亡率达3%~5%。

**3. 病菌来源与预防措施**

致病性大肠埃希氏菌存在于人和动物的肠道中，随粪便排出而污染水源、土壤。受污染的水、土壤及带菌者的手均可污染食品，或被污染的器具等再污染食品，如肉及肉制品、乳及乳制品、水产品、生蔬菜水果等。健康人肠道致病性大肠埃希氏菌带菌率为2%~8%，成人肠炎和婴儿腹泻患者的致病性大肠埃希氏菌带菌率为29%~52%。器具、餐具污染的带菌率高达50%左右，其中致病性大肠埃希氏菌检出率为0.5%~1.6%。

预防措施和沙门氏菌食物中毒基本相同。

（1）预防第二次污染　防止动植物性食品被人类带菌者、带菌动物以及污染的水、用具等的第二次污染。

(2) 预防交叉污染　熟食品低温保藏，防止生熟食品交叉感染。

(3) 控制食源性感染　在屠宰和加工动物时，避免粪便污染，动物性食品必须充分加热以杀死致病性大肠埃希氏菌。避免吃生或半生的肉、禽类，不喝未经巴氏消毒的牛乳或果汁等。

### (四) 肉毒梭菌食物中毒

**1. 病原菌生物特征**

肉毒梭菌（*C. Botulinum*），又称肉毒杆菌和肉毒梭状芽孢杆菌，为革兰氏阳性粗大杆菌。两端钝圆，无荚膜，周生鞭毛，能运动。为严格的厌氧菌，对营养要求不高，最适生长温度 28~37℃，生长最适 pH7.8~8.2，20~25℃在菌体次末端形成芽孢。当环境温度低于 15℃ 或高于 55℃ 时，肉毒梭菌芽孢不能生长繁殖，也不产生毒素。肉毒梭菌加热至 80℃时 30min 或 100℃时 10min 即可杀死，但芽孢耐热能力强，需经高压蒸汽 121℃、30min 才能将其杀死。

**2. 食物中毒原因及症状**

肉毒梭菌食物中毒是由肉毒梭菌产生的外毒素即肉毒素引起的，它属于毒素型食物中毒。肉毒素是一种强烈的神经毒素，经肠道吸收后进入血液，然后作用于人体的中枢神经系统，主要作用于神经和肌肉的连接处及植物神经末梢，阻碍神经末梢的乙酰基胆碱的释放，导致肌肉收缩和神经功能的不全或丧失。肉毒梭菌食物中毒的潜伏期比其他细菌性食物中毒潜伏期长。潜伏期的长短因摄入毒素量的多少而不同。潜伏期越短，病死率越高。

早期的症状为头痛、头晕，然后出现视力模糊、张目困难等症状，还有的声音嘶哑、具语言障碍、吞咽困难等，严重的可引起呼吸和心脏功能的衰竭而死亡。由于肉毒素对知觉神经和交感神经无影响，因而病人从开始发病到死亡，始终保持神志清楚，处于知觉正常状态。

根据肉毒素抗原性，肉毒梭菌已有 A、B、C、D、E、F、G 型。各型的肉毒梭菌分别产生相应型的毒素，其中 A、B、E、F 四型对人体有不同程度的致病性而引起食物中毒。我国肉毒梭菌食物中毒，大多数是 A 型引起的，B 型和 E 型较少见。

**3. 病菌来源与预防措施**

食物中的肉毒梭菌主要来源于带菌的土壤、尘埃及粪便，尤其是带菌土壤污染食品加工原料，如家庭自制的发酵食品、罐头食品或其他加工食品，加热的温度及压力都不能杀死肉毒梭菌的芽孢，一旦条件适宜，肉毒梭菌的芽孢便生长繁殖，并产生毒素。此外，生吃污染肉毒梭菌及其毒素的肉类，极易引起中毒。

为了预防肉毒梭菌中毒的发生，除加强食品卫生措施外，还应注意：

① 在食品加工过程中，应使用新鲜的原料，避免泥土的污染。

② 生产罐头食品及真空食品必须严格无菌操作，装罐后要彻底灭菌。

③ 加工后的食品应避免再次污染和较高温度或缺氧条件下存放。

## 三、霉菌毒素及其引起的食物中毒

真菌是微生物中的高级生物,在自然界广泛存在。真菌形态结构比细菌复杂,有的为单细胞,有的为多细胞。有些真菌能通过食物引起食物中毒。真菌性食物中毒是指人或动物吃了含有由真菌产生的真菌毒素(mycitoxin)的食物或饲料而引起的中毒现象。真菌主要是通过产生毒素而引起食物中毒,其中最常见的真菌性食物中毒是毒蘑菇和霉菌毒素引起的。尤其是从20世纪60年代初,人类发现了强致癌性的黄曲霉毒素以来,霉菌毒素对食品的污染日益引起了人们的重视。霉菌在自然界分布很广,种类繁多。由于霉菌能形成极小的孢子,因而很容易通过空气及其他途径污染食品,不仅造成食品腐败,而且有些霉菌能产毒素,造成人、畜误食引起霉菌毒素性食物中毒。霉菌引起的食物中毒是真菌性食物中毒的典型代表,霉菌毒素是霉菌产生的有毒的次级代谢产物。目前发现能引起人畜中毒的霉菌毒素有150种以上。

### (一) 主要霉菌毒素

不少霉菌都可以产生毒素,但以曲霉、青霉、镰刀菌属产生的较多,且一种霉菌并非所有的菌株都能产生毒素。所以确切地说,产毒霉菌是指已经发现具有产毒能力的一些霉菌菌株,它们主要包括以下几个属。

曲霉属:黄曲霉、寄生曲霉、杂色曲霉、岛青霉、烟曲霉、构巢曲霉等。

青霉属:橘青霉、黄绿青霉、红色青霉、扩展青霉等。

镰刀菌属:禾谷镰刀菌、玉米赤霉、梨孢镰刀菌、无孢镰刀菌、粉红镰刀菌等。

其他菌属:粉红单端孢霉、木霉属、漆斑菌属、黑色葡萄穗状霉等。

**1. 黄曲霉毒素 (Aflatoxins,简称 AT)**

1960年,英国发生了十万只以上的火鸡食用了发霉的花生粉而引起的中毒死亡事件,随后从霉变的花生粉中分离出了黄曲霉,以后就把由此霉菌分泌出的毒素定为黄曲霉毒素。能产生黄曲霉毒素的霉菌有黄曲霉($A.\ flavus$)和寄生曲霉。此外,温特曲霉也能产生少量的黄曲霉毒素。

黄曲霉和寄生曲霉:寄生曲霉所有的菌株都能产生黄曲霉毒素,但我国很少有报道。黄曲霉是我国粮食和饲料中常见的真菌,菌落生长较快,需10~14d。菌落最初带有黄色,然后变成黄绿色,老后颜色变暗。但并非所有的黄曲霉都是产毒株,即使是产毒株也必须在一定的环境条件下才能产毒,非产毒株在一定的情况下,也会出现产毒能力。黄曲霉产毒条件为,温度11~37℃,最适产毒温度为35℃,因而,南方及沿海潮湿地区更有利于霉菌毒素的产生。黄曲霉毒素污染可以在多种食品中发生,如粮食、玉米、油料、水果、干果、肉制品、调味品及乳制品等。其中在花生、玉米及棉子油中污染最严重,其次为粮食、小麦、大麦、豆类等。

黄曲霉毒素基本结构为二呋喃环和香豆素,已分离出10余种。黄曲霉毒素具有耐热的特点,裂解温度为280℃,所以一般的烹调方法不能将其消除。它在水中的溶解度很低,溶于油脂和多种有机溶剂。

黄曲霉毒素是一种强烈的肝脏毒,强烈抑制肝脏细胞中 RNA 的合成,阻止和影响蛋白质、脂肪、线粒体、酶等的合成和代谢,干扰人与动物的肝脏功能,导致突变、癌症及肝细胞坏死。因而,饲料中的毒素可以累积在动物的肝脏、肾脏和肌肉组织中,人食用了污染黄曲霉毒素的食品可引起慢性中毒。

黄曲霉毒素中毒按其临床症状分为三型如下所述。

(1) 急性和亚急性中毒　短时间内摄入量较大,从而迅速造成肝细胞变性、坏死、出血及胆管增生,在几天或几十天内死亡。

(2) 慢性中毒　持续摄入一定量的黄曲霉毒素,使肝脏出现慢性损伤。生长缓慢,体重减轻,肝功能降低,出现肝硬化,在几周内或几十周后死亡。

(3) 致癌性　黄曲霉毒素是目前已知的最强烈的化学致癌物质。动物实验证明,动物小剂量地反复摄入或大剂量的一次性摄入都能引起癌症的发生。也有研究表明,凡是食物中黄曲霉毒素污染严重的地区,肝癌的发病率也高。

**2. 棕曲霉毒素 A**

棕曲霉毒素 A 又称赭曲霉毒素 A,它主要是棕曲霉菌在玉米、高粱等贮藏谷物上生长而产生的毒素,该毒素可积累残留在动物体内,主要是侵害肾脏,在肝、肌肉和脂肪中也有残留。

该毒素中毒的特征是引起肾萎缩。该毒素中毒死亡者可见其肾小管的严重坏死。另外棕曲霉毒素还有致胎儿畸形的作用。

**3. 杂色曲霉毒素**

杂色曲霉是一种广泛分布于大米、玉米、花生和面粉等食物上的霉菌,该菌在含水15%左右的贮藏粮食上易生长繁殖产生杂色曲霉毒素。该毒素具有急性、慢性毒性和致癌性,主要是侵害肝和肾。

**4. 黄绿青霉毒素**

黄绿青霉毒素是由黄绿青霉产生的一种毒素,可使大米变黄,并引起食物中毒。该毒素是一种很强的神经毒素,食物中毒时,可引起中枢神经麻痹、肝肿瘤和贫血症。

**5. 橘青霉毒素**

该毒素是由桔青霉生长繁殖过程中产生的毒素。橘青霉是腐生性的不对称青霉,常常存在于粮食中,最初在黄变米中发现,后来在许多被青霉污染的粮食和饲料中都有发现。

**6. 岛青霉毒素**

该毒素是由岛青霉产生的一类有毒代谢产物,包括有黄米毒素(黄天精)、环氯素、岛青霉素与红米毒素(红天精)等,该毒素主要是引起肝脏病变,对肾、心肌和血管也有影响。

**7. 镰刀菌毒素**

该毒素主要由镰刀菌属引起。本属菌种类很多，其中产毒菌株包括禾谷镰刀菌、梨孢镰刀菌和拟子孢镰刀菌。镰刀菌毒素种类很多，可分为四类，即单端孢霉素类、玉米赤霉烯酮、丁烯酸内酯及串珠镰刀菌素。它们是由镰刀霉菌产生，均可以引起人类的急性食物中毒。

除以上霉菌毒素中毒外，还有霉变甘蔗中毒、赤霉病麦中毒等。

### (二) 霉菌产毒的特点

(1) 霉菌产毒仅限于少数的产毒霉菌，而产毒菌种中也只有一部分菌株产毒。

(2) 产毒菌株的产毒能力具有可变性和易变性，即产毒株经过几代培养可以完全失去产毒能力，而非产毒菌株在一定情况下，可以出现产毒能力。

(3) 产毒霉菌并不具有一定的严格性，即一种菌种或菌株可以产生几种不同的毒素，而同一霉菌毒素也可由几种霉菌产生。

(4) 产毒霉菌产生毒素需要一定的条件，主要是与基质、水分、温度、湿度及空气流通情况等有关。

### (三) 霉菌性食物中毒的预防措施

**1. 防霉**

在自然条件下，要做到完全杜绝霉菌污染是非常困难的，主要是防止和减少霉菌污染的机会。常采用的防霉措施有：降低食品中的水分和控制空气相对湿度；气调防霉，即减少食品表面环境的氧浓度；低温防霉，即降低食品的贮藏温度；化学防霉，即采用防霉剂，如二氯乙烷、环氧乙烷、溴甲烷等。食品中加入少量的山梨酸防霉效果很好。

**2. 去霉**

利用物理、化学、生物的方法除去原料或食品中的霉菌毒素。常用的方法如下。

(1) 人工或机械拣出霉（毒）粒  用于花生、玉米等颗粒较大的原料效果好。毒素多数都集中在霉烂、破损或变色的粒仁中。拣出霉粒后黄曲霉毒素 $B_1$ 可达允许量标准以下。

(2) 吸附去毒素  用活性炭、酸性白土等吸附处理含有黄曲霉毒素的油品效果非常好。如加入1%的酸性白土，同时搅拌30min，然后澄清分离去毒效果可达96%~98%。

(3) 加热灭毒处理  干热或湿热都可以除去部分毒素。花生在150℃以下炒30min，可除去70%黄曲霉毒素，0.01MPa高压蒸汽煮2h可除去大部分的黄曲霉毒素。

(4) 溶剂提取  用80%的异丙酮和90%丙酮可将花生中的黄曲霉毒素全部抽提出来。按玉米量4倍的甲醇去除黄曲霉毒素效果较理想。

(5) 微生物去毒  对污染黄曲霉毒素的高水分玉米进行微生物乳酸发酵，在酸催化下高毒性的黄曲霉毒素 $B_1$ 可转变为黄曲霉毒素 $B_2$，此法常用于饲料的去毒处理。其他微生物如假丝酵母、根霉等也能降解粮食中的黄曲霉毒素，甚至能完全去毒。

## 第二节 常见致病微生物

当食品经营管理不善，特别是对原料的卫生检查不严格时；食用了严重污染病原菌的畜禽肉类；或是由于加工、贮藏、运输等卫生条件差，致使食品再次污染病原菌，都可能造成人类患病。

污染食品中引起人畜患病的微生物很多，下面介绍几种引起常见疫病的病原微生物。

### 一、炭疽杆菌

**1. 病原菌**

炭疽杆菌（*Bacillus anthracis*）是引起人和动物炭疽病的病原菌。该病是人畜共患的急性传染病。误食由于炭疽杆菌而死亡的动物肉，就有可能引起人类患炭疽病。

本菌是粗大的、不运动的革兰氏阳性大肠杆菌，一般染料着色良好。菌体长 $4\sim8\mu m$，宽 $1.0\sim1.5\mu m$。在涂片标本中，呈单在或链状排列，杆菌的末端直截或稍凹陷，以致菌体连接颇似竹节状。炭疽杆菌在动物体内形成荚膜，在动物体外形成芽孢。在有氧条件下发育最好，在一般培养基上即可生长。最适生长温度为 37℃，pH 为 7.2~7.6。营养琼脂：培养 18~24h，形成直径 2~3mm，大而扁平、粗糙、灰白色、不透明、边缘不整齐的火焰状菌落。用低倍显微镜观察，菌落呈卷发状。

炭疽杆菌繁殖体的抵抗力与一般细菌相似，但芽孢抵抗力甚强。在干燥土壤中，如不以阳光直接照射，可保持生活力达数十年之久。牧场一旦被污染，传染性可保持 20~30 年。对热抵抗力强，煮沸 10min 或干热 140℃、3h 才能杀死芽孢。对化学消毒剂的抵抗力表现不一，对碘及氧化剂较敏感，1:25000 碘液经 10min、3% 双氧水经 1h、40g/L 的高锰酸钾经 15min、0.5% 过氧乙酸经 10min 就可杀死芽孢，而对常用消毒剂如石炭酸、酒精等抵抗力甚强，50g/L 的石炭酸经 40d、75% 酒精经 110d 才能杀死芽孢。

**2. 传染途径及症状**

人多为接触性传染。人感染本病也多半表现为局限型，分为皮肤炭疽、肠炭疽和肺炭疽。人的感染途径主要是：病畜肉或其加工制品中带有炭疽芽孢，如处理不当人体通过食用，引起肠型炭疽，有剧烈腹痛、呕吐、腹胀、大便血样等症状，如不及时治疗很容易死亡。如吸入含炭疽芽孢的尘埃，发生肺炭疽。通过破损的皮肤和外表黏膜接触感染的皮肤炭疽表现为斑疹、丘疹、水泡。水疱周围水肿，水疱破溃后形成溃疡，结成黑色痂皮，黑色痂皮为本病的特征，故称炭疽。

**3. 防治措施**

（1）给牲畜定期注射炭疽疫苗。在发生炭疽的疫区可用抗炭疽血清作治疗或紧急预防注射。人类患此病，采用抗生素治疗。

（2）死亡患畜一旦确诊即或怀疑本病，严禁尸体解剖诊断，并按畜产品、食品卫生保健有关规定处理。与病畜或畜肉接触过的人员，必须受到卫生上的护理。彻底焚烧深埋畜尸，对屠宰场只有确保消灭传染源的一切措施实行之后，方能恢复屠宰，否则不能继续屠宰。

（3）加强饮食卫生工作，熟食品加热后再食用。

## 二、布鲁氏菌

**1. 病原菌**

布鲁氏菌病是一种人畜共患病。引起羊、牛、猪等家畜传染性流产症的一属病原菌，由 D. Bruce（1887）发现。是直径约 $0.6\mu m$ 的球菌或长度在 $1\mu m$ 以上的杆菌。革兰氏染色阴性，不运动，好氧性，仅可利用少量的碳水化合物，不形成酸。可在肝浸出物等动物性培养基中生长，产生大量氨和硫化氢。最显著的特征是培养中需要二氧化碳，在10%的 $CO_2$ 中能进行良好的发育。典型种是马耳他热布鲁氏菌（*Brucella melitensis*）、牛流产布鲁氏菌（*B. abortus*）、猪布鲁氏病菌（*B. suis*）。

本菌对热非常敏感，湿热60℃、6min即杀灭，煮沸立即死亡。对干燥的抵抗力很强，经干燥后还能生存数月之久。能耐受低温，在冷藏的奶油中可生存一至两个月，对一般消毒剂较敏感。

**2. 症状**

人类感染布鲁氏菌后，发病缓慢，症状之特点为波状热。致病的原因是由于本菌侵入血液、肝、脾、淋巴腺、肾和肺等组织，有内毒素产生。潜伏期为14~30d。

**3. 传染源和传染途径**

本菌主要侵犯山羊、牛、猪，有时马、绵羊、骡、狗、兔、小鸡也感染。母畜因受本菌感染后可引起流产。在病畜的大小便中，乳液和流产物中，可有病菌存在，因此病畜是主要的传染源。人类的被传染，主要是因饮用有病菌污染的乳液、食用了病畜的肉或食用了被污染的饮水及其他一些被污染的食品而引起的。

## 三、结核分枝杆菌

结核分枝杆菌简称结核杆菌，列入分枝杆菌属，是家畜、野生动物、禽类及人类结核病的病原菌。

**1. 病原菌**

在病灶内菌体正直或微弯曲，有时菌体末端具有不同的分枝，有的两端钝圆，无鞭毛，无荚膜和无芽孢，没有运动性。为革兰氏阳性菌，一般苯胺染料难以着色，若用加热或媒染剂处理使之染色后，可以抵抗盐酸、酒精的脱色作用。结核杆菌为需氧菌，最适生长温度为37~37.5℃。本菌生长速度很慢。结核杆菌对营养要求极高，必须在含有血清、鸡蛋、甘油等的特殊培养基上才能良好地生长。菌落呈灰黄白色、干燥颗粒状、显著隆起，表面粗糙皱缩、菜花状的菌落。本菌含有大量的脂类，抵抗力较强，对于干燥的抵抗力特别强大。它在干燥状态下可存活2~3个月，在腐败物和水中可存活5个月，在土壤中可存活7个月到1年。低温菌体不死，而且在零下190℃时还保持活力。在乳中加热到85℃，经过30min，煮沸经过3~5min死亡。

**2. 传染源、传染途径及症状**

结核杆菌来自病人和病畜的病灶。病菌随着痰液、尿液、粪便、乳液或其他分泌物排出体外而传播。病菌除通过呼吸道侵入人体外，也可以由污染的食品和饮用水感染。牛对结核杆菌有较高的易感性。患有结核病的乳牛，其乳中含有结核菌，人吃了消毒不彻底的这种乳，就会得结核病。结核杆菌几乎可侵犯人和动物的所有器官组织，引起周围和全身病变。

**3. 防治措施**

（1）搞好乳牛的卫生管理，其中包括定期进行牛体检查；另一方面牛乳要彻底消毒。

（2）结核病治疗药物有异烟肼、链霉素、对氨水杨酸、利福平等。

### 四、单核细胞增生李氏杆菌

**1. 病原菌**

单核细胞增生李斯特氏菌（*Listeria monocytogenes*）为较小的球杆菌，大小为 $(1~3)\mu m \times 0.5\mu m$。无芽孢，无荚膜，周生鞭毛，能运动。在涂片中细菌单个分散或呈V形、Y形，有时也呈丝状或短链状。幼龄培养物活泼，呈革兰氏阳性，48h后呈革兰氏阴性。

该菌兼性厌氧，营养要求不高，在含有肝浸汁、腹水、血液或葡萄糖的培养基中生长更好。菌落初期极小，37℃培养数天后，直径可达2mm。初期光滑、透明，后期变成灰暗。

该菌耐碱不耐酸，在pH9.6的10%食盐溶液中仍能生长，但在pH5.6时，仅可生长2~3d。它在4℃温度条件下也能缓慢生长。

**2. 中毒原因和临床表现**

该菌引起食物中毒的机理还不甚清楚。其临床症状初期一般为脑膜炎、流产或产期败血症。如不及时治疗，常会造成母体死亡、死胎或婴儿健康严重不良。即使是活胎，婴儿也常在分娩后几分钟或几小时内死亡。如果能够幸存，也易患脑膜炎而导致智力缺陷，很快死亡。据调查，最易发生该菌感染的人是孕妇和婴儿，最为危险的人是有潜在疾病，如恶性肿瘤、肝硬化、酒精中毒和免疫缺陷症的患者。

**3. 单核细胞增生李斯特氏菌的来源和传播途径**

该菌广泛存在于自然界，从动物的粪便中，从牛奶中，从发酵不好的青贮饲料中，从土壤中都可分离到。在自然情况下，它可侵染多种动物和人类。它在污水、污泥、土壤、饲料和粪便中的存活率比其他的食物中毒病原菌长得多。此外，在1%正常人的粪便中也能检出该菌。

目前一般认为动物可能是本病的重要贮存宿主，人可能是主要的污染源。粪便污染食品经口传播可能是该菌的主要传播途径。胎儿或婴儿的感染多半来自母体中的细菌或带菌的乳制品。

**4. 预防和控制措施**

（1）搞好环境卫生，努力切断污染途径，使该菌不至于成为严重的污染源。

（2）利用温度杀灭病原菌。该菌对热敏感，一般85℃ 40s、60℃ 10min 或55℃ 30min 即可被杀死。因此，多数食品只要经过适当烹调（煮沸即可），完全可以杀灭食品中的活菌。

## 第三节

# 食品卫生标准中的微生物指标

## 一、主要检测指标及其卫生学意义

食品微生物学标准是根据食品卫生的要求，从微生物学的角度，对不同食品提出具体的指标要求。我国食品安全标准中的微生物指标一般分为菌落总数、大肠菌群、致病菌、霉菌和酵母菌等。

**1. 菌落总数**

食品安全国家标准中的菌落总数（aerobic plate count）是指食品检样经过处理，在一定条件下（如在平板计数琼脂培养基、36℃±1℃、48h±2h）培养后，所得每1g或每1mL检样中形成的微生物菌落总数，以菌落形成单位（colony - forming units，CFU）表示。

食品中有可能被多种细菌污染，每种细菌的生理特性和所要求的生活条件不尽相同，培养时所用的营养条件及其他生理条件如温度、培养时间、pH、需氧性质等都不尽相同。因此要得到食品中较为全面的细菌菌落总数，应将检样接种到几种不同的基础培养基上，并选择不同的培养条件，如温度、氧气供应等进行培养,这样工作量将是很大的。而从实践可知,尽管食品中细菌种类繁多,但中温、好氧菌占绝大多数,这些细菌基本代表了造成食品污染的主要细菌种类。因此在实际工作中,就将检样和平板计数琼脂培养基混合后,于36℃±1℃进行有氧培养(空气中含氧约为20%),培养48h±2h,所得到的菌落总数作为食品样品中细菌菌落总数的测定方法。这种方法所得的结果,只包括一群能在普通营养琼脂上生长、嗜中温的需氧菌菌落数。目前,我国食品安全标准中的菌落总数检测按GB4789.2—2016执行。

食品中菌落总数检测的卫生学意义有两方面。第一,菌落总数可以作为判定食品被污染程度的标志,即食品的清洁状态的标志。一般来讲,食品中细菌总数越多表明食品被污染程度越重。第二,检测食品中的菌落总数可以观察食品中细菌的性质、细菌在食品中繁殖的动态,从而确定食品的保存期。实验结果表明,食品中的细菌总数可以作为判定食品新鲜程度、是否变质及生产环境的卫生状况的很重要指标之一。

**2. 大肠菌群**

大肠菌群并非细菌学分类命名,而是卫生细菌领域的用语,它不代表某一个或某一属细菌,而指的是具有某些特性的一组与粪便污染有关的细菌,这些细菌在生化及血清学方面并非完全一致。大肠菌群系指在一定培养条件(通常36℃±1℃培养48h±2h)下能发酵乳糖、产酸产气的需氧和兼性厌氧革兰氏阴性无芽孢杆菌。大肠菌群主要包括肠杆菌科中的埃希氏菌属、柠檬酸杆菌属、克雷伯氏菌属和肠杆菌属,这些属的细菌均来自于人和温血动物的肠道,其中以埃希菌属为主。大肠菌群都是直接或间接地来自人和动物的粪便,通常作为食品是否受粪便污染的指示菌。目前,我国食品安全标准中的大肠菌群检测按GB 4789.2—2016执行。

大肠菌群检测的食品卫生学意义在于:可以作为粪便污染食品的指标菌。大肠菌群普遍存在于肠道内,若在食品中检测,则表明该食品曾直接或间接受到人畜粪便的污染;可以作为肠道致病菌污染食品的指标菌。食品安全性的主要威胁是肠道致病菌,如沙门氏菌属等,若对食品逐批或经常进行肠道致病菌检验有一定困难,而大肠菌群容易检测,与肠道致病菌有来源也相同,且一般条件下,在外界环境中生存时间也与主要的肠道致病菌相近,所以常用大肠菌群作为肠道致病菌污染食品的指示菌。当食品中检出大肠菌群数量越多,表明肠道致病菌存在的可能性越大。

该菌主要来源于人畜粪便,故以此作为粪便污染指标来评价食品的卫生质量,具有广泛的卫生学意义。它反映了食品是否与粪便接触及被粪便污染的程度,同时也间接地反映食品受肠道致病菌污染的可能性。

**3. 致病菌**

致病菌是常见的致病性微生物,能够引起人或动物疾病。食品中的致病菌主要有金黄色葡萄球菌、沙门氏菌、副溶血性弧菌等。《GB 29921—2013 食品安全国

家标准 食品中致病菌限量》提出了沙门氏菌、金黄色葡萄球菌、副溶血性弧菌、单核细胞增生李斯特氏菌、大肠埃希氏菌等几种主要致病菌在各类不同食品中的限量要求,其中较之以往对于致病菌不得检出的规定,变化最大的是某些种类食品中,金黄色葡萄球菌的最高安全限量值为 1000CFU/g。

病原菌种类繁多,且食品加工、贮藏条件不尽相同,因此被致病菌污染的情况也不同。只有根据不同食品可能污染的情况来进行针对性的检查。如对于低温冷藏食品中金黄色葡萄球菌及单核细胞增生李斯特氏菌的检查,酸度不高的罐头中对肉毒梭菌的检查,肉、禽、蛋类食品中沙门氏菌的检查。发生食物中毒时,必须根据当时当地传染病的流行情况,对食品进行有关病原菌的检查。

**4. 霉菌和酵母菌**

霉菌和酵母也可造成食品的腐败变质。由于它们生长缓慢和竞争能力不强,故常常在不适于细菌生长的食品中出现,这些食品是 pH 低、湿度低、含盐和含糖高的食品、低温贮藏的食品,含有抗菌素的食品等。由于霉菌和酵母能抵抗热、冷冻,以及抗菌素和辐照等贮藏及保藏技术,它们能转换某些不利于细菌的物质,而促进致病细菌的生长;有些霉菌能够合成有毒代谢产物 – 霉菌毒素。霉菌和酵母往往使食品表面失去色、香、味。例如,酵母在新鲜的和加工的食品中繁殖,可使食品发生难闻的异味,它还可以使液体发生混浊,产生气泡,形成薄膜,改变颜色及散发不正常的气味等。因此霉菌和酵母也作为评价食品安全质量的指示菌,并以霉菌和酵母计数来制定食品被污染的程度。目前已有若干个国家制订了某些食品的霉菌和酵母限量标准。我国已制订了一些食品中霉菌和酵母的限量标准。

## 二、常见食品的微生物标准

**1. 包装饮用水的微生物指标(GB 19298—2014)**

包装饮用水是指密封于符合食品安全标准和相关规定的包装容器中,可供直接饮用的水。包装饮用水的微生物限量应符合表 11 – 1 的规定。

表 11 – 1　　包装饮用水的微生物限量

| 项目 | 采样方案[a]限量 | | | 检验方法 |
|---|---|---|---|---|
| | n | c | m | |
| 大肠菌群/(CFU/mL) | 5 | 0 | 0 | GB 4789.3—2016 平板计数法 |
| 铜绿假单胞菌(CFU/250mL) | 5 | 0 | 0 | GB/T 8538—2008 |

[a] 样品的采样及处理按 GB 4789.1—2016 执行。

**2. 发酵酒及其配制酒微生物指标(GB 2785—2012)**

发酵酒是指以粮谷、水果、乳类等为主要原料,经发酵或部分发酵酿制而成的饮料酒。

发酵酒的配制酒是指以发酵酒为酒基,加入可食用的辅料或食品添加剂,进行调配、混合或加工制成的,已改变了其原酒基风格的饮料酒。

发酵酒及其配制酒的微生物限量应符合表11-2的规定。

表11-2　　　　　　　　发酵酒及其配制酒的微生物限量

| 项目 | 采样方案[a]及限量 | | | 检验方法 |
|---|---|---|---|---|
| | n | c | m | |
| 沙门氏菌 | 5 | 0 | 0/25mL | GB/T 4789.25—2003 |
| 金黄色葡萄球菌 | 5 | 0 | 0/25mL | |

[a] 样品的采样及处理按 GB 4789.1—2016 执行。

### 3. 发酵乳微生物指标（GB 19302—2010）

发酵乳是以生牛（羊）乳或乳粉为原料,经杀菌、发酵后制成的 pH 值降低的产品。

发酵乳的微生物限量应符合表11-3的规定,乳酸菌应符合表11-4的规定。

表11-3　　　　　　　　发酵乳的微生物限量

| 项 目 | 采样方案[a]限量（若非指定,均以 CFU/g 或 CFU/mL 表示） | | | | 检验方法 |
|---|---|---|---|---|---|
| | n | c | m | M | |
| 大肠菌群 | 5 | 2 | 1 | 5 | GB 4789.3—2016 平板计数法 |
| 金黄色葡萄球菌 | 5 | 0 | 0/25g（mL） | — | GB 4789.1—2016 定性检验 |
| 沙门氏菌 | 5 | 0 | 0/25g（mL） | — | GB 4789.4—2016 |
| 酵母 | ≤100 | | | | GB 4789.15—2016 |
| 霉菌 | ≤30 | | | | |

[a] 样品的采样及处理按 GB 4789.1 和 GB 4789.18 执行。

表11-4　　　　　　　　发酵乳的乳酸菌数指标

| 项 目 | 限量 [CFU/g（mL）] | 检验方法 |
|---|---|---|
| 乳酸菌数[a] | ≥1×10$^6$ | GB 47899.35—2014 |

[a] 发酵后经热处理的产品对乳酸菌数不作要求。

### 4. 干酪微生物指标（GB 5420—2010）

干酪是成熟或未成熟的软质、半硬质、硬质或特硬质、可有涂层的乳制品,其中乳清蛋白/酪蛋白的比例不超过牛乳中的相应比例。

干酪的微生物限量应符合表11-5的规定。

表 11-5　　　　　　　　　　干酪的微生物限量

| 项　目 | 采样方案[a]及限量（若非指定，均以 CFU/g 表示） | | | | 检验方法 |
|---|---|---|---|---|---|
| | n | c | m | M | |
| 大肠菌群 | 5 | 2 | 100 | 1000 | GB 4789.3—2016 平板计数法 |
| 金黄色葡萄球菌 | 5 | 2 | 100 | 1000 | GB 4789.10—2016 平板计数法 |
| 沙门氏菌 | 5 | 0 | 0/25g | — | GB 4789.4—2016 |
| 单核细胞增生李斯特氏菌 | 5 | 0 | 0/25g | — | GB 4789.30—2016 |
| 酵母[b] | ≤50 | | | | GB 4789.15—2016 |
| 霉菌[b] | ≤50 | | | | |

[a] 样品的采样及处理按 GB4789.1 和 GB 4789.18 执行。
[b] 不适用于霉菌成熟干酪。

## 本章小结

　　食物中毒一般是指人体因食用了含有有害微生物或微生物毒素、化学性有害物质而出现的非传染性的中毒。食物中毒潜伏期短，来势急剧，常集体性暴发，短时间内有很多人同时发病，且有相同的临床表现；一般人和人之间不直接传染；食物中毒有多种多样，按病因分为微生物性食物中毒、动植物性毒素中毒和化学性食物中毒等。细菌性食物中毒是指食进含有大量病原菌、条件致病菌或食进某些细菌的毒素引起的中毒，这是食物中毒中最常见的一种类型。细菌性食物中毒一般分为感染型和毒素型两种。食品卫生标准中的微生物指标一般分为细菌菌落总数、大肠菌群含量、病原菌数量。细菌菌落总数反映食品受微生物污染的程度；大肠菌群含量说明食品可能被肠道菌污染的情况，致病菌直接危害人体健康，有些致病菌在食品中生长繁殖能产生毒素，所以食品中不允许有任何致病菌存在。

## 复习思考题

　　1. 什么是食物中毒？根据引起食物中毒的微生物类群不同，微生物性食物中毒分哪几类？
　　2. 黄曲霉毒素的简称是什么？性质及毒性如何？
　　3. 如何预防金黄色葡萄球菌污染？
　　4. 致病性大肠埃希氏菌的食物中毒原因如何？
　　5. 大肠埃希氏菌属又名什么？其有何生理、生活习性？
　　6. 什么是大肠菌群？试述细菌总数、大肠菌群检验的卫生学意义。

# 第十二章

# 食品微生物实验实训

## 实验实训一

## 常用玻璃器皿的清洗及包扎技术

一、目的要求

1. 理解微生物实验中常用玻璃器皿的清洗和包扎的重要性。
2. 掌握微生物实验中常用玻璃器皿的清洗和包扎技术。
3. 掌握常用洗涤剂的配制方法。

二、基本原理

微生物实验中常用的玻璃器皿使用前后的清洗、干燥、包装和灭菌，是微生物实验得到正确结果的先决条件。微生物实验中常用的玻璃器皿很多，如培养皿、试管、三角瓶、吸管、载玻片和烧杯等。新购置的玻璃器皿因含游离碱，使用前必须洗涤。使用过的玻璃器皿根据其盛装过的物质不同采取相应的处理方法。而且，常根据实验目的不同，采取的洗涤方法不同，清洗程度的要求不同。有的玻璃器皿清洗后要进行干燥，有的需通过灭菌达到无菌状态，甚至有的需包扎后再进行灭菌。

水只能洗去可溶于水的沾污物，对于不溶于水的沾污物必须用其他方法处理后再用水清洗。肥皂、洗衣粉、去污粉、铬酸洗涤液是常用的洗涤剂。

## 三、 材料与仪器

（1）试剂　浓硫酸、重铬酸钠或重铬酸钾（工业用）、盐酸、95%乙醇、苏打、氢氧化钠、煤酚皂液、新洁尔灭、石炭酸、来苏儿、二甲苯、洗衣粉、去污粉、肥皂等。

（2）仪器和用具　高压蒸汽灭菌器、干热灭菌器、各种常用的玻璃器皿、洗涤工具、试管架、报纸或牛皮纸、普通棉花等。

## 四、 方法与步骤

### （一）新购置的玻璃器皿的洗涤

新玻璃器皿常附有游离碱质，不能直接使用。处理方法：先用1%～2%的盐酸溶液或洗涤液浸泡24h，以中和碱质，然后用清水冲洗至中性；或先放在热水中浸泡，用瓶刷或试管刷蘸洗衣粉或去污粉等刷洗，然后用热水洗刷，再用清水冲洗。

新载玻片也可在1%洗衣粉水中煮沸15～20min，然后再用清水冲洗至中性，注意煮沸液一定要浸没玻片，否则会使玻片钙化变质。新盖玻片可放在1%洗衣粉水中煮沸1min后，待沸点平下后，再煮沸1min，如此2～3次，冷却后用清水冲洗干净，注意煮沸时间过长会使盖玻片钙化变白而且变脆易碎。新的载玻片和盖玻片也可先浸入肥皂水（或2%盐酸）内1h，再用水洗净，用软布擦干后浸入滴有少量盐酸的95%乙醇中，保存备用。

### （二）使用过的玻璃器皿的洗涤

**1. 试管、培养皿、烧杯和三角瓶的洗涤**

使用过的试管、培养皿、烧杯和三角瓶，可用瓶刷或试管刷蘸洗衣粉或去污粉等刷洗，然后用清水冲洗干净即可。对沾有油污的玻璃器皿，或经清水冲洗后仍有油迹未洗干净，可将玻璃器皿置于1%～5%苏打溶液或5%肥皂水中煮沸30min，或用10%氢氧化钠（粗制品）浸泡30min，再用洗涤剂及热水刷洗，最后用清水冲洗干净。

**2. 吸管和滴管的洗涤**

吸管先去掉棉塞，滴管先拔去橡皮头。将吸管和滴管放在2%的煤酚皂溶液或0.5%新洁尔灭中浸泡数小时，然后用清水冲洗干净。曾吸过琼脂的吸管，使用后立即用热水将琼脂洗净后再进行处理。浸泡吸管时，要在玻璃缸底部垫以棉花、纱布或其他软质材料，以防放入吸管时管尖破裂。

**3. 载玻片和盖玻片的洗涤**

载玻片上如有香柏油，先用二甲苯溶解油垢。将载玻片和盖玻片置于5%的肥皂水中煮沸10min，取出清水冲洗干净，然后放在稀洗涤液中浸泡1～2h，取出用清水冲洗至无色为止；或在1%洗衣粉水中煮沸30min，然后再用清水冲洗至中性,最后用蒸馏水淋洗。待玻片干燥后,置于95%乙醇中保存,用时取出载玻片在火焰上烧去乙醇即可。

**4. 盛有固体培养基或油脂(如液体石蜡、凡士林)等的玻璃器皿的洗涤**

先用小刀或铁丝将器皿中的固体培养基取出,或将此器皿放在水中蒸煮,使固体培养基融化后趁热倒出,然后用温水洗涤,必要时可沾肥皂水刷洗,最后用清水冲洗。注意固体培养基切勿直接倒入下水道,以免堵塞下水道。

**5. 污染病原菌的玻璃器皿**

被病原菌污染过的玻璃器皿,在洗涤前必须进行严格的灭菌。盛装血液或血清的玻璃器皿,先将血液或血清倒出后再进行灭菌。

(1)一般玻璃器皿(如试管、烧杯、培养皿等)均可在高压蒸汽灭菌器内进行灭菌,温度121℃,压力0.103MPa,时间20~30min。

(2)载玻片、盖玻片和吸管等器皿可在5%石炭酸或2%来苏儿中浸泡48h。

玻璃器皿最后用清水冲洗后,必要时还需用蒸馏水淋洗。洗涤后的玻璃器皿,要求内壁的水均匀分布成一薄层,表示油垢完全洗净;如果内壁还挂有水珠,则需用洗涤液浸泡数小时,然后再用清水冲洗干净。

洗涤后的玻璃器皿,放在70~80℃烘箱内烘干或晾干。试管倒置在试管架上,三角瓶倒置在洗涤架上,培养皿的皿盖和皿底分开,按顺序压着皿边倒扣排列在桌上或铁丝筐内。

### (三)玻璃器皿的包扎

灭菌前玻璃器皿必须妥善包扎,以免灭菌后又被环境中的杂菌污染。

**1. 培养皿的包扎**

洗净的培养皿烘干后,可直接放入灭菌专用的铁盒(或铝盒)内,否则需用报纸或牛皮纸将培养皿单套或数套包成一包,再进行灭菌。一般以5~10套培养皿为一包。

**2. 吸管的包扎**

先在洗净并烘干的吸管粗头(距管口1~2mm处)塞入少许棉花(长1~1.5cm),以免使用时将杂菌吹入其中,或不慎将微生物吸出管外。棉花要塞得松紧适宜,过紧,吹吸液体太费力;过松,吹气时棉花会下滑。每支吸管用一条宽4~5cm的纸条,将吸管尖端斜放在纸条的近左端,与纸条约呈30°~45°角,并将左端多余的一段纸覆折在吸管上,再将整根吸管螺旋卷入纸条内,右端多余的纸条折叠打一小结,以防纸条散开(图12-1)。如此包好的吸管每10支用一张大报纸包好再进行灭菌。如果有灭菌专用的铁筒,也可将分别包好的吸管一起放入筒内再进行灭菌。使用时,每支吸管从中间拧断纸条,抽出吸管。

**3. 三角瓶、试管的包扎**

三角瓶和试管包扎前要用棉塞将管口或瓶口塞好,棉塞的2/3塞入口内,1/3露在口外(图12-2)。加棉塞后,三角瓶单个用牛皮纸或两层报纸及线绳将瓶口

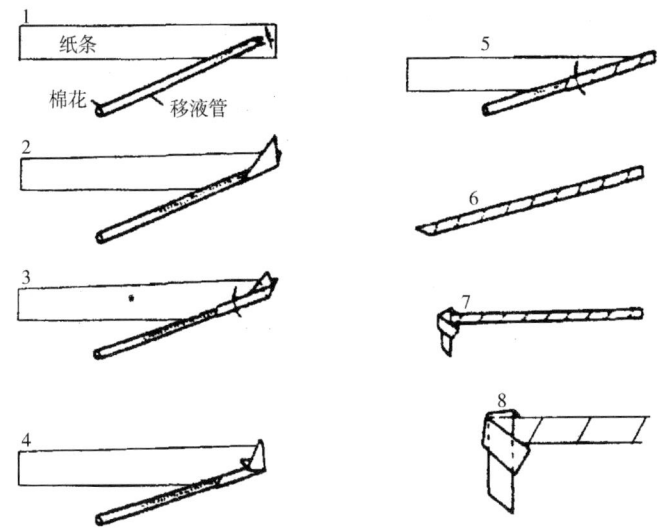

图 12-1 吸管的包扎
(张青，葛菁萍. 微生物学. 2004)

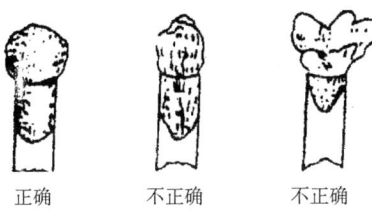

图 12-2 塞棉塞的方法
(张青，葛菁萍. 微生物学. 2004)

包扎好。试管数支先用线绳捆扎，再用牛皮纸或两层报纸及线绳将管口包扎好。试管塞好棉塞后也可一起装在铁丝篓中，用大张报纸将一篓试管口做一次包扎。

棉塞外包纸的作用：①保存期避免灰尘进入棉塞，造成棉塞的污染。②避免湿热灭菌时蒸汽打湿棉塞。

棉塞的作用：①过滤作用，防止空气中的微生物进入容器。②通气作用，保证通气良好。③减缓培养基水分蒸发。

棉塞的质量要求：正确棉塞的形状、大小、松紧应与试管口或三角瓶口完全适合。棉塞形状应为锤头状。棉塞的长度以不小于管口直径的2倍为宜。棉塞应紧贴玻璃壁，没有皱褶和缝隙，松紧适宜。棉塞过紧会妨碍空气流通，而且操作不便；棉塞过松易掉落，从而引起污染。棉塞的松紧以手提棉塞时试管或三角瓶不脱落，棉塞又易转动，拔出棉塞时有轻微响声为宜。

制作棉塞的主要材料：要求选用纤维较长的普通棉花，一般不用脱脂棉制作棉塞。因为普通棉花纤维长，通气性好；脱脂棉纤维间的孔隙大，过滤除菌的效果不好，容易吸水变湿，既有碍空气进入，又易招致杂菌污染，而且价格贵。

棉塞的种类：①一次性棉塞。每个棉塞只能用一次。②永久性棉塞。每个棉塞外包裹纱布，可反复使用多次。

棉塞的制作方法一：选择大小、厚薄适中的棉花一块，铺展于左手拇指和食指扣成的圆孔中，用右手食指将棉花从中央压入圆孔中制成棉塞。方法二（折叠卷塞法制作棉塞）：根据需要量取正方形的棉花数层，互相重叠，将一角沿对角线的1/3处对折，再从相邻一角开始卷曲，最终卷成锤头状（图12-3）。

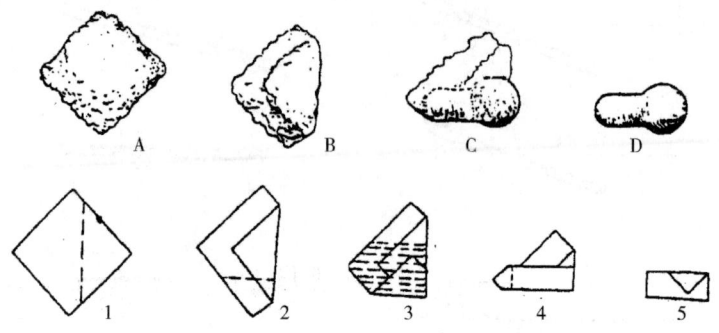

图12-3 棉塞的制作方法
（张青，葛菁萍. 微生物学. 2004）

另外，也可采用塑料、铝质或不锈钢的试管帽代替棉塞，直接盖在试管口上，但操作过程中手感不如棉塞舒服，其通气效果也稍差。有时，为了进行液体振荡培养加大通气量，可用8层纱布或在两层纱布中间均匀铺一层棉花代替棉塞包在三角瓶口上。目前更多的是采用既通气又能高压灭菌的塑料封口膜直接包在三角瓶口上，这种封口既保证通气良好，过滤除菌，操作又简便。

## 五、结果报告

1. 记录玻璃器皿洗涤过程。
2. 检查玻璃器皿洗涤效果、棉塞制作的质量、玻璃器皿包扎的质量。

## 六、复习思考题

1. 微生物实验室常用的洗涤剂有哪些？
2. 如何清洗载玻片和盖玻片？
3. 灭菌前如何包扎培养皿和吸管？
4. 为什么不能使用脱脂棉制作棉塞？

## 实验实训二

# 普通光学显微镜的使用技术

### 一、目的要求

1. 了解普通光学显微镜的构造。
2. 掌握普通光学显微镜的使用方法及维护。
3. 能够正确使用普通光学显微镜观察微生物的形态。

### 二、基本原理

**（一）普通光学显微镜的构造**

显微镜是观察及研究微生物不可缺少的工具。由于微生物个体微小，很难用肉眼观察其形态结构，需借助显微镜，才能对微生物进行观察和研究。显微镜的种类很多，有普通光学显微镜、暗视野显微镜、相差显微镜、荧光显微镜、电子显微镜等。一般对微生物的形态结构的观察，以普通光学显微镜最为常用，其构造包括机械部分和光学部分（图12-4）。

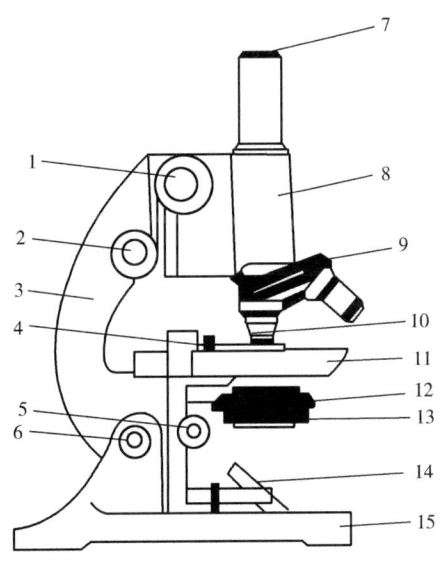

图12-4 普通光学显微镜的构造

1—粗调节螺旋 2—细调节螺旋 3—镜臂 4—推进器 5—聚光器升降螺旋
6—倾斜关节 7—接目镜 8—镜筒 9—物镜转换器 10—接物镜
11—载物台 12—聚光器 13—虹彩光圈 14—反光镜 15—镜座

**1. 机械部分**

机械部分包括镜座、镜臂、载物台、镜筒、物镜转换器、粗调节螺旋、细调节螺旋、推进器、聚光器升降螺旋等部件。

（1）镜座　镜座是显微镜的基座，呈马蹄形、长方形、三角形等，用以支撑整个显微镜。电光源显微镜的镜座上装有电源开关、照明光源等。

（2）镜臂　镜臂是移动显微镜的把手，上连镜筒，下连镜座，用以支撑镜筒、载物台、聚光器、调焦装置等。与镜座连接处有倾斜关节，可使镜身倾斜，有的镜臂是固定的。

（3）镜筒　镜筒上接目镜，下接物镜，形成目镜与物镜间的暗室，光线从镜筒中通过。国际上将显微镜的标准镜筒长定为160mm。因为物镜的放大率是对一定的镜筒长度而言的，所以镜筒长度的变化，不仅影响放大率，也影响成像质量。

（4）物镜转换器　物镜转换器由两个金属圆盘叠合而成，可安装3~4个物镜。转动转换器，可以按需要将其中的任何一个物镜和镜筒接通，与镜筒上面的目镜构成一个放大系统。在转换器上面圆盘的后方装有一个弹簧舌片，下面圆盘的侧面与每个物镜相对应的位置各有一个小凹缝。转换物镜时，必须使弹簧舌片嵌入凹缝中，才能达到正确位置，并得以固定。转换物镜时，用手指捏住转换器下的金属盘，使之旋转，不得用手捏物镜转动。

（5）载物台　载物台位于镜筒下方，呈长方形，中间有一较大圆孔，用于透光。台上装有弹簧夹和推进器，用以固定和移动标本片的观察位置。有的显微镜载物台可上下移动，由粗调节螺旋和细调节螺旋调节。

（6）粗调节螺旋和细调节螺旋　调节螺旋位于镜筒的两旁，用以调节镜筒（或载物台）的升降，以改变物镜与观察物之间的距离。要使镜筒大幅度升降时用粗调节螺旋。细调节螺旋只能使镜筒作细微升降（100μm），当旋转到极限时，不能再用力旋转，应调节粗调节螺旋，然后再反方向调节细调节螺旋。

（7）聚光器升降螺旋　聚光器升降螺旋位于载物台下面，可使聚光器升降。

**2. 光学部分**

光学部分包括物镜、目镜、照明光源、聚光器、虹彩光圈、反光镜（电光源显微镜无反光镜）。

（1）接物镜　简称物镜，是显微镜中最重要的部分，安装在转换器的螺口上，其作用是将被检物像进行第一次放大，形成一个倒立的实像，具有辨析性能，它决定着显微镜的性能。物镜的性能取决于物镜的数值孔径。数值孔径是指光线投射到物镜上的最大角度的一半正弦与介质折射率的乘积。数值孔径越大，物镜的性能越好，油镜的数值孔径最大。

每台显微镜有3~4个接物镜，分为低倍物镜（5×~24×）、高倍物镜（40×~105×），其中90×~105×倍的物镜又称为油浸物镜，简称油镜。使用时通过镜头侧面标注的放大倍数来辨认。而且放大倍数越大的接物镜，工作距离越小，油镜的工作距离只有 0.198mm（图 12-5）。

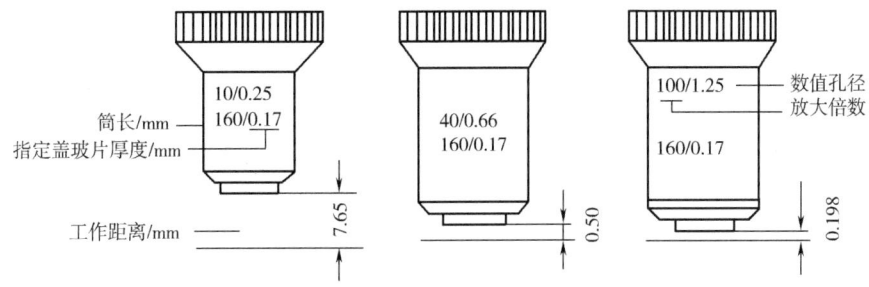

图 12-5　显微镜物镜参数示意图
（黄秀梨. 微生物学实验指导. 1999 年）

（2）接目镜　简称目镜，安装在镜筒上方，由两块透镜组成，它只能将物镜所造成的实像，进一步放大形成虚像，不具有辨析性能。每台显微镜上配有几种放大倍数的目镜（5×、10×、16× 等），可供选择使用。为便于指示物像，有的目镜中装有黑色细丝作为指针。

（3）聚光器　位于载物台下方，由一组透镜组成，其作用是将光源反射来的光线聚为一束强的光锥于标本上。可根据需要，将聚光器上下调整。一般用低倍镜时降低聚光器，用高倍镜时将聚光器升起。

（4）虹彩光圈　位于聚光器下方，由十几张金属薄片组成，中心部分形成圆孔，推动光圈把手，可开大或缩小光圈，用以调节射入聚光器光线的多少。使用时，一般将虹彩光圈开启到视场周缘的外切处，使不在视场内的物像得不到任何光线的照明，以避免散射光的干扰。

（5）反光镜　外光源显微镜具有反光镜。其位于镜座上，分平、凹两面，可自由旋转方向，其作用是将投射到它上面的光线反射到聚光器透镜中央，穿过透镜照明标本。当光线较强时使用平面镜，光线较弱时使用凹面镜。

**（二）油镜的使用原理**

细菌等原核细胞微生物个体微小，一般需要用油镜观察其形态与结构。油镜是放大倍数最大的物镜，油镜镜片极小，进入镜中光线少，造成视野较暗；当油镜头与标本片之间为空气层所隔时，因为空气的折光率与玻璃的折光率不同（空气折光率为 1.00、玻璃折光率为 1.52），使一部分光线被折射而不能进入油镜内，使视野更暗；如果在油镜头与标本片之间滴加香柏油（香柏油折光率为 1.515，与玻璃折光率相近），就能减少因折射所造成光线的损失，使视野被充分照明，提高物镜的分辨力，使物像明亮清晰（图 12-6）。

## 三、材料与仪器

（1）菌种　霉菌、酵母菌、细菌和放线菌玻片标本。

（2）试剂　香柏油、二甲苯。

（3）仪器和用具　普通光学显微镜、擦镜纸等。

## 四、方法与步骤

**1. 取镜**

从镜箱中取镜时，一只手握着镜臂，另一只手托着镜座，保持镜体直立，以防目镜、反光镜等部件脱落被摔坏。将显微镜平稳地放在实验台上，镜座距实验台边约3cm。

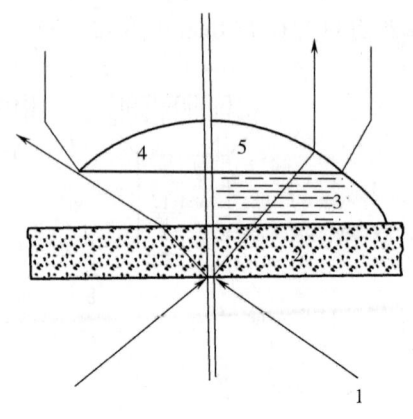

图12-6　油浸的作用
1—光线　2—载玻片　3—香柏油　4—空气　5—油镜

**2. 姿势**

镜检者坐姿端正，要求用两眼同时通过目镜观察，也可用左眼通过目镜观察，右眼绘图或记录。

**3. 调光**

接通电源，打开显微镜的开关。转动转换器，将低倍物镜接通镜筒。打开光圈，调节显微镜的亮度按钮以调节光的强弱，使整个视野亮度适宜。外光源显微镜通过反光镜调节光亮的强弱。

**4. 低倍镜观察**

将低倍物镜接通镜筒。将标本片放在载物台上，使标本位于物镜正下方。转动粗调节螺旋（下降镜筒或提升载物台），使物镜距离标本约0.5cm，然后缓慢拉大物镜与标本间的距离，当出现物像时，转动细调节螺旋，直至物像清晰，再通过推进器找到理想的观察部位。使用低倍物镜可初步观察霉菌、酵母菌等，对于细菌必需进一步用油镜观察。

**5. 高倍镜观察**

用高倍镜可更清晰地观察霉菌和酵母菌。通过低倍物镜初步观察到霉菌和酵母菌后，拉大物镜与标本之间的距离，将高倍物镜（40×或45×）接通镜筒，提升聚光镜，提高视野的亮度，慢慢缩小物镜与标本间的距离，直至二者几乎接触为止，然后通过目镜观察，转动粗调节螺旋缓慢升起镜筒（或下降载物台），即拉大物镜与标本间的距离，当出现物像时，转动细调节螺旋，直至物像清晰，用推进器将标本调到最适观察的位置，再进行观察。

观察细菌和放线菌必须使用油镜。通过低倍镜找到理想的观察部位后，拉大物镜与标本之间的距离，将油镜（100×）接通镜筒，提升聚光镜，提高视野的亮度，在标本片上加1滴香柏油，从侧面注视，转动粗调节螺旋，使油镜头慢慢浸入香柏油中，直到与标本片几乎接触为止，然后通过目镜观察，转动粗调节螺旋缓慢拉大物镜与标本之间的距离，当出现物像时，转动细调节螺旋，直到物像清晰，用推进器将标本调到最适观察的位置，再进行观察。

**6. 镜检后显微镜的保养**

（1）取下标本片。

（2）先用擦镜纸擦去油镜头上的香柏油，再另取一张擦镜纸滴上少量二甲苯将油镜头上的香柏油擦净，最后再用一张擦镜纸将油镜头上残留的二甲苯擦净。

（3）下降聚光器。

（4）用擦镜布（或绸布）将显微镜各部位擦净，除去灰尘、油污、水汽，以免生霉长锈。

（5）转动转换器，使物镜呈"八"字形叉开置于载物台上（或将载物台下降到最低点），盖好镜罩，将显微镜送回箱内。

## 五、结果报告

画出你所观察到的霉菌、酵母菌、细菌和放线菌的形态图，并注明各种菌的名称以及放大倍数。

## 六、复习思考题

1. 使用显微镜为什么要求双眼同时睁着？
2. 观察细菌时，为什么要滴加香柏油？
3. 使用显微镜需要注意哪些问题？

---

实验实训三

# 细菌的简单染色技术

## 一、目的要求

1. 掌握细菌的简单染色技术。
2. 学习无菌操作技术。
3. 初步认识细菌的形态。

## 二、基本原理

细菌个体小，比较透明，在普通光学显微镜下不易识别，必须对其进行染色，染色的目的是使细菌细胞吸附染料而带有颜色，使菌体与背景形成明显的色差，易于观察菌体形态。

细菌的简单染色法，就是用一种染料对细菌进行染色的一种方法。用于染色的染料主要有碱性染料、酸性染料和中性染料。碱性染料电离后，染料带正电荷；酸性染料电离后，染料带负电荷；中性染料电离后，染料兼带正、负电荷。细菌蛋白质等电点较低，在中性、碱性或弱酸性溶液中，细菌细胞通常带负电荷，所以，常用碱性染料使其着色。常用的碱性染料有：美蓝、结晶紫、碱性复红、番红、孔雀绿等。当细菌分解糖类产酸使培养基 pH 值下降时，细菌所带正电荷增加，则应用酸性染料使其着色。常用的酸性染料有：伊红、酸性复红、刚果红等。

### 三、材料与仪器

（1）菌种　培养24h的金黄色葡萄球菌和大肠杆菌及培养12～18h的枯草杆菌的斜面培养物。

（2）染色液和试剂　草酸铵结晶紫染色液、香柏油、二甲苯。

（3）仪器和用具　普通光学显微镜、接种环、酒精灯、火柴、载玻片、擦镜纸等。

### 四、方法与步骤

**1. 涂片**

取一块载玻片，在载玻片中央滴1小滴无菌水，用接种环按无菌操作方法从斜面培养物上挑取少许菌种，在水滴中涂成均匀的薄膜，涂抹直径约为1cm（图12-7）。注意将接种环在火焰上彻底灭菌（图12-8）。

**2. 干燥**

将涂片放在室温下自然干燥，也可将涂面朝上在酒精灯火焰高处微火烤干。

**3. 固定**

让涂面朝上，将涂片在酒精灯火焰中以钟摆的速度来回移动3～4次，涂片温度以手背触及涂片背面微烫手为宜（不超过60℃），温度过高易破坏细胞形态。

固定的目的：杀死细菌，固定细胞结构；将细菌固定在载玻片上，以免冲洗时被冲掉；使菌体蛋白质变性，增大细胞的通透性，容易着色。

**4. 染色**

将草酸铵结晶紫染液1～2滴加到涂面上，以染液刚好覆盖涂面为宜，染色0.5～1min。

**5. 水洗**

倾去染液，斜置玻片，用细小的水流从载玻片上端缓缓流下，直至流下的水无色为止。水洗时，不要直接冲洗涂面，水流不宜过急、过大，以免涂面薄膜脱落（图12-9）。

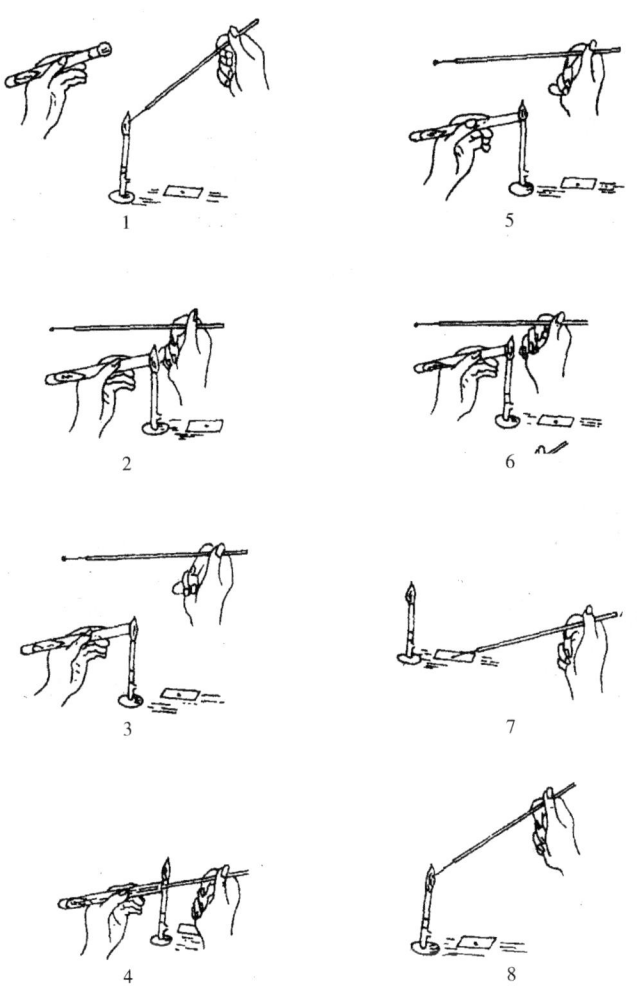

图 12-7 无菌操作取菌过程
1—灼烧接种环 2—拔去棉塞 3—烘烤试管口 4—挑取少量菌体
5—烘烤试管口 6—将棉塞塞好 7—做涂片 8—烧去残留菌体
（刘慧．现代食品微生物学实验技术．2006）

**6. 干燥**

甩去玻片上的水珠后自然晾干；或用吸水纸轻轻吸去水分（不可摩擦）（图12-10）；或在酒精灯火焰高处微火烤干。涂片必须充分干燥。

**7. 镜检**

先用低倍物镜找到物像，再用高倍物镜找到适当视野，将高倍物镜转出，在涂面上加1滴香柏油，最后用油镜观察。金黄色葡萄球菌、大肠杆菌、枯草杆菌都呈紫色。

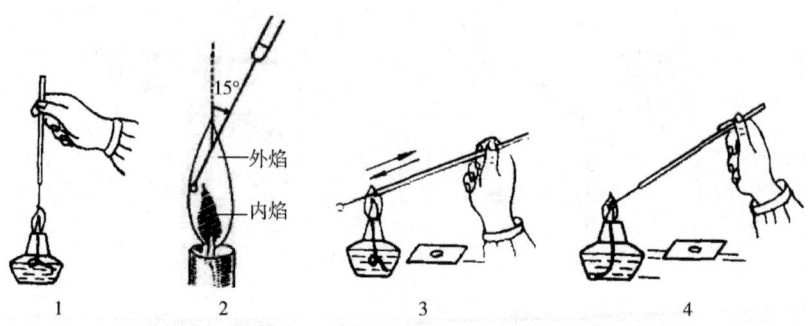

图 12-8　接种环在火焰上灭菌方法

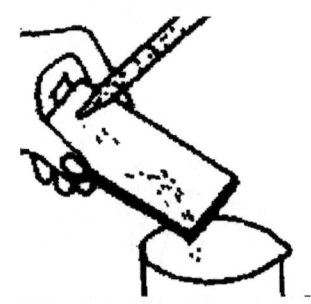

图 12-9　水洗涂片
（诸葛健，李华钟．微生物学（第二版）．2009）

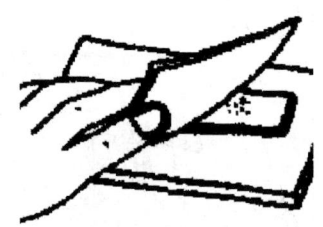

图 12-10　干燥涂片
（诸葛健，李华钟．微生物学（第二版）．2009）

### 五、结果报告

绘出你所观察到的金黄色葡萄球菌、大肠杆菌和枯草杆菌的形态图，并注明菌体名称和放大倍数。

### 六、复习思考题

1. 为什么要进行火焰固定？
2. 为什么要求涂片充分干燥后才能用油镜观察？
3. 细菌简单染色制片应该注意什么问题？
4. 通过镜检，你能正确描述金黄色葡萄球菌、大肠杆菌和枯草杆菌的个体形态及其排列情况吗？

## 实验实训四

# 细菌的革兰氏染色技术

## 一、目的要求

1. 了解革兰氏染色原理及其在细菌分类鉴定中的重要性。
2. 掌握革兰氏染色技术。

## 二、基本原理

革兰氏染色法是1884年由丹麦病理学家格拉姆（C. Gram）创立的。革兰氏染色法是细菌学中最重要的鉴别染色法。通过革兰氏染色，可将所有细菌区分为两大类，即革兰氏阳性细菌（用$G^+$表示）和革兰氏阴性细菌（用$G^-$表示）。

革兰氏染色法之所以能将细菌区分为$G^+$菌和$G^-$菌，是由于这两类细菌细胞壁的结构和化学组成不同所决定的。当细菌用结晶紫初染后，所有细菌都被染成初染剂的蓝紫色。碘作为媒染剂，它能与结晶紫结合形成结晶紫—碘复合物，从而增强了染料与细菌的结合力。当用95%乙醇脱色时，两类细菌的脱色效果是不同的，$G^+$菌的细胞壁主要由肽聚糖组成，其形成的网状结构致密，壁厚，脂类物质含量低，用乙醇脱色处理时细胞壁脱水，使肽聚糖层的网状结构孔径缩小，通透性降低，从而使结晶紫—碘复合物不易被洗脱而保留在细胞内，经复染后仍保留初染剂的蓝紫色；$G^-$菌的细胞壁肽聚糖含量低且结构疏松，而脂类物质含量高，当用乙醇脱色处理时，脂类物质被乙醇溶解，细胞壁通透性增大，使结晶紫－碘复合物被洗脱出来（此时细胞暂时无色），再用复染剂复染后，细胞被染上复染剂的红色。

## 三、材料与仪器

（1）菌种　培养24h的金黄色葡萄球菌和大肠杆菌的斜面培养物。
（2）染色液和试剂　草酸铵结晶紫染色液、路哥氏碘液、0.5%番红染色液、95%乙醇、香柏油、二甲苯。
（3）仪器和用具　普通光学显微镜、接种环、酒精灯、火柴、载玻片、擦镜纸等。

## 四、方法与步骤

**1. 制作涂片标本**
涂片、干燥、固定方法同细菌的简单染色。
**2. 初染**
将草酸铵结晶紫染液1～2滴加到涂面上，以染液刚好覆盖涂面为宜，染色 1min。

**3. 水洗**

倾去染液，斜置玻片，用细小的水流从载玻片上端缓缓流下，直至流下的水无色为止。水洗时，不要直接冲洗涂面，水流不宜过急、过大，以免涂面薄膜脱落。

**4. 媒染**

用路哥氏碘液冲去残水，再将路哥氏碘液1~2滴加到涂面上，以染液刚好覆盖涂面为宜，染色1min。

**5. 水洗**

倾去染液，斜置玻片，用细小的水流从载玻片上端缓缓流下，直至流下的水无色为止。

**6. 脱色**

倾斜玻片，连续滴加95%乙醇冲洗脱色，直至流出的乙醇无明显的紫色（一般20~30s）。乙醇的浓度、用量及涂片厚度都会影响脱色速度。脱色是革兰氏染色中关键的一步，脱色不足，阴性菌会被误染成阳性菌，脱色过度，阳性菌会被误染成阴性菌。

**7. 水洗**

倾斜玻片，用细小的水流从载玻片上端缓缓流下。

**8. 复染**

将番红染色液1~2滴加到涂面上，以染液刚好覆盖涂面为宜，染色1~2min。

**9. 水洗**

倾去染液，斜置玻片，用细小的水流从载玻片上端缓缓流下，直至流下的水无色为止。

**10. 干燥**

甩去玻片上的水珠后自然晾干；或用吸水纸轻轻吸去水分（不可摩擦）；或在酒精灯火焰高处微火烤干。涂片必须充分干燥。

**11. 镜检**

先用低倍物镜找到物像，再用高倍物镜找到适当视野，将高倍物镜转出，在涂面上加1滴香柏油，最后用油镜观察。

结果：金黄色葡萄球菌呈紫色，大肠杆菌呈红色。

### 五、结果报告

绘出你所观察到的金黄色葡萄球菌和大肠杆菌的形态图，并注明革兰氏染色反应类型。

### 六、复习思考题

1. 革兰氏染色操作过程中应注意哪些问题？哪些环节会影响染色结果的正确

性？其中最关键的步骤是什么？

2. 乙醇脱色后复染之前，革兰氏阳性菌和革兰氏阴性菌应分别是什么颜色？

### 实验实训五

## 细菌的芽孢染色技术

一、目的要求

1. 了解细菌的芽孢染色原理。
2. 掌握细菌的芽孢染色方法。

二、基本原理

芽孢具有厚而致密的壁，透性低，不易着色，如果用一般的染色法只能使菌体着色而芽孢不着色（芽孢呈无色透明状）。芽孢染色法就是根据细菌的芽孢和营养细胞对染料的亲和力不同，用不同的染料进行染色，使芽孢和菌体呈现不同的颜色而便于区别。芽孢虽难以染色，但是，芽孢一旦染上色后又难以脱色，因此，所有芽孢染色法都是基于这个原则设计的。先用着色力强的染色剂（如孔雀绿或石炭酸复红），在加热条件下进行染色，使菌体和芽孢均着色，再用水冲洗，则菌体已脱色，而芽孢一经着色就难以被水洗脱。然后，用另一种与初染色剂对比度大的复染剂（如沙黄或美蓝）染色后，芽孢仍保留初染色剂的颜色，而菌体和芽孢囊被染成复染剂的颜色，使芽孢和菌体更易于区分。

三、材料与仪器

（1）菌种  枯草芽孢杆菌（培养24～48h营养琼脂斜面培养物，菌龄以大部分芽孢仍保留在菌体内为宜）。

（2）染色液和试剂  5%孔雀绿水溶液、0.5%番红水溶液、香柏油、二甲苯、生理盐水。

（3）仪器和用具  普通光学显微镜、接种环、酒精灯、火柴、载玻片、木夹、小试管、烧杯等。

四、方法与步骤

**（一）常规的舍夫勒—富尔顿（Schaeffer – Fulton）氏染色法**

**1. 涂片**

取洁净的载玻片1块，加1滴生理盐水，用接种环挑取少量枯草芽孢杆菌在水滴中涂成均匀的薄膜，涂抹直径约为1cm。

**2. 晾干固定**

将涂片放在空气中晾干后，让涂面朝上，将涂片在酒精灯火焰中以钟摆的速度来回移动3~4次，涂片温度以手背触及涂片背面微烫手为宜（不超过60℃）。

**3. 孔雀绿染液染色**

在涂面上滴加孔雀绿水溶液3~5滴（染料以铺满涂片为度），用木夹夹住载玻片一端，在酒精灯上微火加热至染液冒蒸汽时开始计时5min。注意：染液需产生蒸汽但不沸腾；加热过程中随时补加染液保持涂片不干。

**4. 脱色**

待载玻片冷却后，倾去染液，斜置玻片，用自来水从载玻片上端缓缓流下，直至流下的水无色为止。脱色时，水流不要直接冲在涂面处，水流不宜过急、过大，以免涂面薄膜脱落。

**5. 复染**

将番红水溶液1~2滴加到涂面上，以染液刚好覆盖涂面为宜，染色1~2min。

**6. 水洗、干燥**

倾去染液，斜置玻片，用自来水从载玻片上端缓缓流下，直至流下的水无色为止。然后晾干或用滤纸吸干。

**7. 镜检**

先用低倍物镜找到物像，再用油镜观察。

结果：芽孢呈绿色，菌体和芽孢囊呈红色。

（二）改良的 Schaeffer – Fulton 氏染色法

**1. 制备菌悬液**

取1~2滴生理盐水于小试管中，用接种环挑取枯草芽孢杆菌斜面培养物2~3环于试管中搅拌均匀，制成浓稠的菌悬液。

**2. 孔雀绿染液染色**

滴加2~3滴孔雀绿水溶液于已接菌的小试管中，用接种环搅拌使染料与菌液混合均匀。

**3. 加热**

将染色后的菌液试管置于沸水浴的烧杯中，加热15~20min。

**4. 涂片**

用接种环从试管底部取菌液数环于洁净的载玻片上，涂成薄膜，晾干。

**5. 固定**

让涂面朝上，将涂片在酒精灯火焰中以钟摆的速度来回移动3~4次，涂片温度以手背触及涂片背面微烫手为宜（不超过60℃）。

**6. 脱色**

斜置玻片，用自来水从载玻片上端缓缓流下，直至流下的水无色为止。脱色时，水流不要直接冲在涂面处，水流不宜过急、过大，以免涂面薄膜脱落。

**7. 复染**

将番红水溶液 1~2 滴加到涂面上，以染液刚好覆盖涂面为宜，染色 2~3min。倾去染色液，不用水洗，直接用吸水纸吸干。

**8. 镜检**

先用低倍物镜找到物像，再用油镜观察。

结果：芽孢呈绿色，菌体和芽孢囊呈红色。

## 五、结果报告

绘出你所观察到的枯草芽孢杆菌的形态图，并注明芽孢及菌体。

## 六、复习思考题

1. 用一般染色法能否观察到芽孢？
2. 芽孢染色用的菌种为什么要控制菌龄？

---

### 实验实训六

# 细菌的鞭毛染色技术

## 一、目的要求

1. 了解细菌鞭毛染色的原理，掌握鞭毛染色的方法。
2. 观察细菌鞭毛的形态特征。
3. 学习用压滴法和悬滴法观察细菌的运动性。

## 二、基本原理

鞭毛是细菌的运动器官。细菌是否具有鞭毛，以及鞭毛着生的位置和数目是细菌的重要特征。细菌的鞭毛极细，直径一般为 10~20nm，除了很少数能形成鞭毛束（由许多根鞭毛构成）的细菌可以用相差显微镜直接观察到鞭毛束的存在外，一般细菌的鞭毛均不能用普通光学显微镜直接观察到，而只能用电子显微镜才能观察到。要用普通光学显微镜观察细菌的鞭毛，必须用特殊的染色法，即鞭毛染色法。鞭毛染色的方法很多，但其基本原理相同，即在染色前先用媒染剂处理，让媒染剂沉积在鞭毛上，使鞭毛直径加粗，然后再进行染色。

采用鞭毛染色法虽能观察到鞭毛的形态、着生位置和数目，但此法既费时又麻烦。如果仅须了解某菌是否有鞭毛，可采用悬滴法或水封片法（即压滴法）直接在光学显微镜下检查活细菌是否具有运动能力，以此来判断细菌是否具有鞭毛。此法较快速、简便。

悬滴法就是将菌液滴加在洁净的盖玻片中央，在其周边涂上凡士林，然后将它倒盖在有凹槽的载玻片中央，然后放置在普通光学显微镜下观察。水封片法是将菌液滴在普通载玻片上，然后盖上盖玻片，放置在普通光学显微镜下观察。

大多数球菌不生鞭毛，杆菌中有的种类有鞭毛有的无鞭毛，弧菌和螺菌几乎都有鞭毛。有鞭毛的细菌在幼龄时具有较强的运动力，衰老的细胞鞭毛易脱落，故观察时宜选用幼龄菌体。

### 三、材料与仪器

（1）菌种　将保存的枯草杆菌在新制备的普通牛肉膏蛋白胨斜面培养基上连续移种 2~3 次，每次将菌种培养 7~16h，菌种活化后备用。

（2）染色液和试剂　镀银法鞭毛染色液（A 液、B 液）、0.01% 的美蓝水溶液、凡士林、香柏油、二甲苯、蒸馏水、无菌水。

（3）仪器和用具　普通光学显微镜、接种环、酒精灯、火柴、载玻片、盖玻片、凹玻片、镊子、记号笔、吸水纸、擦镜纸等。

### 四、方法与步骤

**（一）细菌鞭毛染色**

**1. 制片**

取高度洁净、无油渍、无划痕的载玻片，在其一端加 1 滴蒸馏水，用接种环从活化菌种中取少许菌苔（注意不要带培养基），在载玻片的水滴中轻沾几下。将载玻片稍倾斜，使菌液随水滴缓缓流到另一端，以使水滴摊薄，用吸水纸吸去多余的菌液，然后平放载玻片。

**2. 干燥**

将涂片放在空气中自然干燥。

**3. 镀银法染色**

（1）滴加鞭毛染色液 A 液，染色 3~5min。

（2）用蒸馏水充分洗净 A 液，使背景清洁。

（3）将残水沥干或用 B 液冲去残水。

（4）滴加鞭毛染色液 B 液，在酒精灯火焰上用微火加热至微冒蒸汽，约维持 0.5~1min，加热时应随时补充蒸发掉的染液，不可使玻片出现干涸区。待冷却后，用蒸馏水轻轻冲洗干净，自然干燥。

**4. 镜检**

先用低倍物镜找到物像，再用油镜观察。注意观察鞭毛着生位置，镜检时多找几个视野观察，因为有时只在部分涂片上染出鞭毛。

结果：菌体呈深褐色，鞭毛呈浅褐色。

**5. 注意事项**

（1）镀银法染色比较容易掌握，但染色液必须每次现配现用，不能存放。

(2) 细菌鞭毛极细,很易脱落,在整个操作过程中,必须仔细小心,以防鞭毛脱落。

(3) 染色用的玻片干净无油污是鞭毛染色成功的先决条件。

(4) 染色时一定要充分洗净 A 液后再加 B 液,否则背景不清晰。

### (二) 细菌的运动性观察

**1. 水封片法**

(1) 制备菌液　从幼龄枯草杆菌斜面上,挑取数环菌放入装有 1~2mL 无菌水的试管中,制成轻度混浊的菌悬液。

(2) 滴加菌液　取 1 块洁净无油污的载玻片,取 2~3 环稀释菌液于载玻片中央,再滴加 1 环 0.01% 的美蓝水溶液,混匀。

(3) 加盖玻片　用镊子夹 1 洁净无油污的盖玻片,先使其一边接触菌液,然后慢慢地放下盖玻片,避免产生气泡(图 12-11)。

 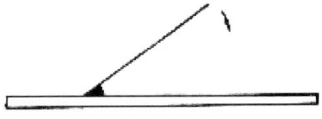

图 12-11　加盖玻片方法

(黄秀梨. 微生物学实验指导. 1999;钱爱东. 食品微生物学(第二版). 2008)

(4) 镜检　将显微镜光线适当调暗,先用低倍物镜找到观察部位,再用高倍物镜观察。镜检时要仔细辨别是细菌的运动还是分子运动(即布朗运动),前者在视野下可见细菌有明显位移,而后者仅在原处左右摆动。

**2. 悬滴法**

(1) 制备菌液　在幼龄枯草杆菌斜面上,加入 3~4mL 无菌水,制成轻度混浊的菌悬液。

(2) 涂凡士林　取洁净无油污的盖玻片 1 块,在其四周涂少许凡士林。

(3) 滴加菌液　在盖玻片中央滴 1 小滴菌液,并用记号笔在菌液的边缘做画一记号圈,以便在用显微镜观察时,易于寻找菌液的位置。

(4) 盖凹玻片　将凹玻片的凹窝向下,使凹窝中心对准盖玻片中央的菌液,轻轻地盖在盖玻片上,使凹玻片与盖玻片粘在一起(注意菌液不得与凹玻片接触)。然后小心地翻转凹玻片,使菌液正好悬在凹窝的中央,再用铅笔或火柴棒轻压盖玻片四周使其封闭,以防菌液干燥。

(5) 镜检　先用低倍物镜找到记号圈,再稍微移动凹玻片即可找到菌液的边缘,然后将菌液移到视野中央,再换高倍物镜观察。由于菌体是透明的,镜检时可适当缩小光圈或降低聚光器以增大反差。如图 12-12 所示。

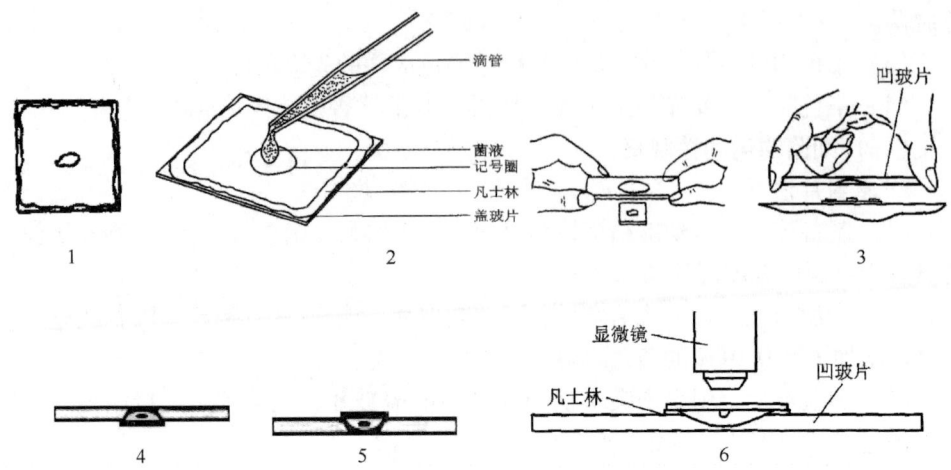

图 12 – 12  悬滴标本的制备

（周德庆. 微生物学实验教程. 2006；黄秀梨. 微生物学实验指导. 1999）

**3. 注意事项**

（1）检查细菌运动性所用的载玻片和盖玻片都要洁净无油污，否则会影响细菌的运动。

（2）制水封片时菌液不可加得太多，过多的菌液会在盖玻片下流动，因而在视野内只见大量的细菌朝一个方向运动，从而影响了对细菌正常运动的观察。

（3）若使用油镜观察，应在盖玻片上滴加香柏油。

（4）有些细菌，温度太低时不能运动。

## 五、结果报告

1. 绘出你所观察到的细菌的形态及鞭毛着生情况，并用箭头表示其运动方向。
2. 描述你所观察的细菌有无运动性，是如何运动的。

## 六、复习思考题

1. 鞭毛染色需要注意什么问题？为什么要求玻片干净无油污？
2. 如何盖好盖玻片？

## 实验实训七

# 细菌的荚膜染色技术

## 一、目的要求

1. 了解荚膜染色的原理。
2. 掌握荚膜染色的方法。

## 二、基本原理

荚膜是包绕在细菌细胞壁外的一层黏液性物质，其化学成分为多糖、多肽或糖蛋白。由于荚膜与染料间的亲和力弱，不易着色，通常采用负染色法，使菌体和背景着色而荚膜不着色，从而使荚膜在菌体周围呈一透明圈。由于荚膜含水量在90%以上，所以染色时一般不通过加热固定，以免荚膜皱缩变形。

## 三、材料与仪器

（1）菌种　胶质芽孢杆菌斜面培养物（培养 3~5d），该菌在甘露醇作碳源的培养基上生长时，产生丰厚的荚膜。

（2）染色液和试剂　石炭酸复红染色液、黑素溶液、6%葡萄糖水溶液、甲醇、1%甲基紫水溶液、用滤纸过滤后的墨水、香柏油、二甲苯、蒸馏水。

（3）仪器和用具　普通光学显微镜、接种环、酒精灯、火柴、载玻片、盖玻片、滤纸等。

## 四、方法与步骤

### （一）负染色法

**1. 制片**

取洁净的载玻片1块，加1滴蒸馏水，用接种环按无菌操作方法从斜面培养物上挑取少许菌种，在水滴中涂成均匀的薄膜，涂抹直径约为1cm。

**2. 干燥**

将涂片放在空气中晾干或用电吹风冷风吹干。

**3. 染色**

将石炭酸复红染色液1~2滴加在涂面上，以染液刚好覆盖涂面为宜，染色2~3min。

**4. 水洗**

倾去染液，斜置玻片，用细小的水流从载玻片上端缓缓流下，直至流下的水无色为止。水洗时，不要直接冲洗涂面，水流不宜过急、过大，以免涂面薄膜脱落。

**5. 干燥**

将染色片放在空气中晾干或用电吹风冷风吹干。

**6. 涂黑素**

在染色涂面左边加1小滴黑素溶液，取一块边缘光滑的载玻片，让载玻片的边缘轻轻接触黑素溶液左边，使黑素溶液沿玻片接触处散开，然后向右一拖，使黑素溶液在染色涂面上成为一薄层，并迅速风干。注意：此操作的关键是涂抹黑素要薄。

**7. 镜检**

先用低倍物镜找到物像，再用高倍物镜观察。

结果：背景灰色，菌体红色，荚膜无色透明。

### （二）湿墨水法

**1. 制菌液**

在一洁净的载玻片上加1滴墨水，用接种环挑取少量菌体与这滴墨水混合均匀。

**2. 加盖玻片**

用镊子夹一洁净无油污的盖玻片，先使其一边接触菌液，然后慢慢地放下盖玻片，避免产生气泡，否则影响观察结果。然后在盖玻片上放一张滤纸，向下轻压，吸去多余的菌液。

**3. 镜检**

先用低倍物镜找到物像，再用高倍物镜观察。

结果：背景灰色，菌体较暗，在其周围呈现一明亮的透明圈即为荚膜。

### （三）干墨水法

**1. 制菌液**

取1滴6%葡萄糖水溶液于洁净载玻片的一端，用接种环挑取少量菌体与其充分混合，再加入1滴墨水充分混匀。

**2. 制片**

取一块边缘光滑的载玻片，让载玻片的一边与菌液接触，使菌液沿玻片接触处散开，然后以30°角迅速而均匀地将菌液拉向玻片的另一端，将菌液铺成一薄膜（图12-13）。

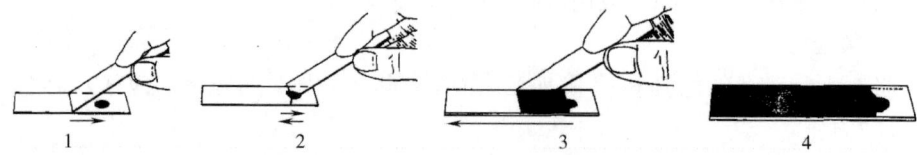

图12-13 荚膜干墨水染色的涂片方法

（刘慧．现代食品微生物学实验技术．2006）

**3. 干燥**

将涂片放在空气中自然干燥。

**4. 固定**

在涂面上滴加甲醇,以浸没涂面为宜,固定 1min,然后立即倾去甲醇。

**5. 干燥**

将涂片放在酒精灯上方(火焰较高处)用文火干燥,勿使玻片发热。

**6. 染色**

将 1% 甲基紫水溶液 1~2 滴加在涂面上,以染液刚好覆盖涂面为宜,染色 1~2min。

**7. 水洗**

倾去染液,斜置玻片,用细小的水流从载玻片上端缓缓流下,直至流下的水无色为止。水洗时,不要直接冲洗涂面,水流不宜过急、过大,以免涂面薄膜脱落。

**8. 干燥**

将涂片放在空气中自然干燥。

**9. 镜检**

先用低倍物镜找到物像,再用高倍物镜观察。

结果:背景灰色,菌体紫色,菌体周围的清晰透明圈即为荚膜。

### 五、结果报告

绘出你所观察到的胶质芽孢杆菌的形态图,并注明各部分的名称。

### 六、复习思考题

1. 荚膜染色为什么要用负染色法?
2. 干墨水法与湿墨水法有何区别?

## 实验实训八

# 放线菌、霉菌插片培养技术及其形态观察

### 一、目的要求

(1)学习放线菌的制片方法,观察放线菌的细胞形态和菌落特征。

(2)学习霉菌的制片方法,观察常见霉菌的细胞形态构造和菌落特征。

### 二、基本原理

放线菌是由菌丝组成的分枝丝状体,以链霉菌属的菌丝体最为发达。菌丝可

分为基内菌丝、气生菌丝和孢子丝。放线菌发育到一定阶段,孢子丝开始形成孢子。孢子丝有直形、波曲形、螺旋形、轮生、单搓分枝等;孢子有球形、椭圆形、柱形或瓜子形、刺形等,常成串排列或单个存在。这些特征是鉴定菌种的重要依据之一。放线菌菌落特征:圆形、较小、干燥、质地紧密,表面粉状或茸毛状,有的呈同心环或辐射状。基内菌丝与培养基结合紧密,难以挑取。菌丝体与孢子常具有不同色素,所以菌落正面与背面可显示相应颜色。

霉菌是丝状真菌的俗称,个体大且构造复杂,菌丝一般无色透明,宽度在 3~10μm,有隔或无隔,在低倍镜或高倍镜下即可看清。菌体分为基内菌丝与气生菌丝,气生菌丝上产生孢子。孢子形状、颜色以及着生部位和排列方式等是霉菌分类的重要依据。霉菌菌落特征:一般较大,多数有固定形状,菌丝体结构疏松,多呈绒毛状、蜘蛛网状或棉絮状;表面粉粒状或粗粒状;孢子颜色多样。

### 三、实验材料

(1) 菌种  斜面培养的灰色链霉菌、细黄链霉菌,根霉、青霉、曲霉、毛霉。

(2) 器材、培养基及试剂  高氏1号培养基、马铃薯蔗糖琼脂培养基;石炭酸复红染色液、载玻片、盖玻片、接种环、吸管、刮铲、镊子、镜检用物等。

### 四、实验步骤

**(一) 放线菌插片培养**

(1) 插片制作  用接种环挑取放线菌斜面培养试管内的少许菌体,制成孢子悬液。用无菌吸管吸取孢子悬液一滴,放入高氏1号平板培养基上并用无菌刮铲涂布均匀,然后将消毒后的盖玻片以倾斜45°角插入培养基内,插片的深度以插入培养基的1/2为宜。

(2) 培养  插片平板放入28℃恒温箱中培养4~5d,观察菌落特征。

(3) 制片  用镊子取插片一张,用吸水纸擦去生长较差一面的菌丝体,然后用镊子夹住盖玻片,菌面朝上,通过火焰2~3次进行加热固定,冷却。

(4) 染色  在盖玻片上滴加石炭酸复红染色液1min,水洗干燥。

(5) 镜检  取干净载玻片一张,将盖玻片染色面向下,放在载玻片中央,在低倍镜、高倍镜、油镜下观察基内菌丝、气生菌丝和孢子丝的形态特征。

**(二) 霉菌载片培养法**

(1) 制片  在装有U形玻璃棒的无菌培养皿中,倒入3~4mL无菌水以保持湿度,按无菌操作法将灭过菌的载玻片放在U形玻璃棒上,用无菌吸管吸取融化并冷却至50℃左右的马铃薯蔗糖琼脂培养基于载玻片上数滴,待凝固后,用接种环接入霉菌孢子于培养基上,再用无菌镊子取灭过菌的盖玻片放在培养基上,并轻压几下,培养皿置于恒温箱内28℃培养24h,观察菌落特征。

(2) 镜检  在低倍镜下观察霉菌个体形态,在高倍镜下观察霉菌菌丝、孢子囊、假根、匍状枝等结构。

五、 实验报告

绘出镜检的放线菌、霉菌的形态构造图，描述放线菌、青霉、根霉、曲霉、毛霉的菌落特征。

六、 思考题

放线菌、霉菌制片法与细菌制片法有何不同？

## 实验实训九

# 酵母菌的形态观察及大小测定技术

一、 目的要求

（1） 观察酵母菌的形态、生殖方式，熟练显微镜使用技术。
（2） 了解测量微生物细胞大小的原理，掌握微生物细胞大小的测定技术。

二、 基本原理

酵母菌是单细胞的真菌，细胞圆形、卵圆形或圆柱形，较细菌细胞大，在高倍镜下可观察其形态。芽殖是主要的无性繁殖方式。

由于微生物细胞较小，只能在显微镜下来测量。测量细胞大小的工具为测微尺，包括目镜测微尺和镜台测微尺两块。镜台测微尺形如载玻片，在中央的圆形盖片下，有一条长为1mm的刻度，精确等分为100格，每格长10μm。目镜测微尺是一块圆形玻片，在玻片中央把5mm长度刻成50等分或把100mm刻成100等分。测量时，将其放在接目镜中的隔板上来测量经显微镜放大后的细胞物像，由于在显微镜不同的接目镜和接物镜系统下，放大倍数不同，目镜测微尺每格所示长度随显微镜放大倍数而变化。所以在使用前，需用镜台测微尺来校正，求出在显微镜某一接目镜和接物镜系统下，目镜测微尺一格所代表的实际长度。

三、 实验材料

（1） 菌种　酵母菌标本片。
（2） 器材及试剂　啤酒酵母菌悬液、目镜测微尺、镜台测微尺、载玻片、盖玻片、试管以及镜检用物。

## 四、实验步骤

**（一）酵母菌的形态观察**

（1）酵母菌水浸标本片的制作　取一干净的载玻片，取菌悬液一滴于中央处，取一盖玻片，小心地将其一端与菌液接触，缓慢地放下，避免气泡的产生。

（2）镜检　在高倍镜下观察酵母菌的细胞形状和芽殖情况。

**（二）目镜测微尺的标定**

（1）取下目镜，小心地装上目镜测微尺，使刻度向下；把镜台测微尺固定在载物台上，使有刻度的一面朝上。

（2）先用低倍镜观察，调节工作距离，看清镜台测微尺的刻度后，转动目镜测微尺，使两个测微尺的刻度线平行。使用推动器，先使两尺一端的"0"刻度完全重合，再寻找两尺的另一重合刻度线，分别数出两者的格数，并计算目镜测微尺每小格代表的实际长度。例如：若在两重合刻度线之间目镜测微尺为50格，镜台测微尺为10格，则此时目镜测微尺每小格代表的实际长度为2$\mu$m。

（3）同法校正在高倍镜下目镜测微尺每小格代表的实际长度。

**（三）酵母菌细胞大小的测定**

将酵母菌水浸片或酵母标本片置于载物台上，在高倍镜下找出物像清晰的酵母，数出酵母菌细胞在目镜测微尺中直径或长和宽各占几个小格，然后计算酵母菌实际大小。为减少误差，应在同一涂片上任意测定10~20个细胞。

## 五、实验报告

（1）图示镜检的酵母菌细胞形态。

（2）列出所测细胞的大小，并求平均值。

## 六、思考题

为什么目镜测微尺必须用镜台测微尺校正？

---

**实验实训十**

# 酵母菌死、活细胞的鉴别及镜检计数

## 一、目的要求

（1）掌握鉴别酵母菌死、活细胞的染色技能。

（2）了解血球计数板的构造、原理和计数方法，掌握显微镜下直接计数的技能。

## 二、基本原理

酵母菌活细胞的还原力较强,使用美蓝染液染色后,美蓝又被还原为无色,而死细胞则染上蓝色。因此,通过美蓝染液染色可以鉴别酵母细胞的死活情况。

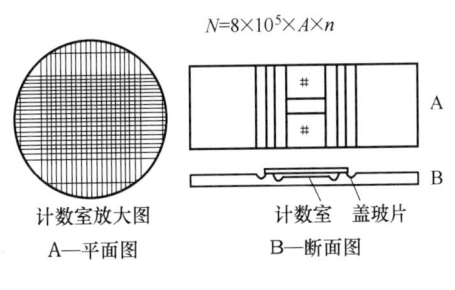

图 12-14 血球计数板

利用血球计数板镜检计数是一种常用的方法,一般适合含菌体较大的单细胞菌悬液,如酵母菌、霉菌孢子等。血球计数板(见图12-14)为一特制的厚形载玻片,其上有四条凹槽,构成三个平台,中间的较宽,其中央又被一短横槽隔成两半,每半边各有一个计数区,其上有9个大方格,只有中央的一个大方格为计数室。一个计数室的长和宽均为1mm,加盖玻片后,盖玻片与载玻片之间的距离为0.1mm,所以,计数室的体积为0.1mm³。另外,一个计数室各边分为20等分,因此一个大方格等分为400个小方格。

计数时,首先把稀释 $n$ 倍后的菌悬液(适当浓度)注入计数室,然后在显微镜下计数。为减少误差,通常每个视野任意计数5个小方格内的细胞总数,并观察5个视野,并求每个视野内的平均值($A$)。位于小方格四边的压线细胞,只计两边,另两边不计;对于出芽的酵母,以芽体与细胞接近大小时,按2个菌体计数。然后求出每1mL菌悬液中的细胞个数($N$),具体计算公式如下。

$$N = 8 \times 10^5 \times A \times n$$

## 三、实验材料

(1)菌种 酵母菌悬液。

(2)器材及试剂 0.1%美蓝染液、血球计数板、盖玻片、无菌滴管、吸水纸、擦镜纸、显微镜等。

## 四、实验步骤

**(一)酵母菌死活细胞的鉴别**

取0.1%美蓝染液一滴于载玻片中央处,再滴加一滴酵母菌悬液并混匀,染色3~5min,加盖玻片进行镜检。未被染色的为活细胞,被染成蓝色的为死细胞。

**(二)酵母菌血球计数板镜检计数**

(1)取一块盖玻片,加盖在血球计数板中央计数室上方。

(2)用无菌滴管吸取菌悬液滴于盖玻片的边缘,通过毛细管作用渗入计数室,注意不能有气泡产生，然后放置于载物台上，静置数分钟，使菌细胞沉积于平面上。

（3）使用高倍镜进行镜检，每个视野任意计数 5 个小方格内的细胞总数，观察 5 个视野。

（4）测数完毕后，取下盖玻片，用清水把血球计数板冲洗干净，用吸水纸轻轻吸去残留水分。注意勿使网格受到磨损，放入盒内保存。

五、实验报告

计算并报告所测样品每毫升的细胞数。

六、思考题

血球计数板的结构和镜检计数的原理是什么？

实验实训十一

# 培养基的制备与灭菌技术

一、目的要求

（1）了解培养基配制的原理，掌握常用培养基的制备过程及方法。
（2）了解灭菌的基本原理，掌握干热灭菌、高压蒸汽灭菌技术。

二、基本原理

经人工配制适合微生物生长发育的营养基质称为培养基。良好的培养基应具备合理比例的各种营养物质，适宜的 pH 和一定的缓冲能力，一定的氧化还原电位和合适的渗透压。培养基按照成分分为天然培养基、合成培养基与半合成培养基。培养基可做成液体、固体和半固体的，在液体培养基中加入琼脂等凝固剂，可制得固体与半固体培养基，其加入量一般分别为 15~20g/L 和 3~20g/L。琼脂一般不能被微生物分解利用。

在微生物实验、生产和研究方面，需要进行微生物的纯培养，不能有任何的杂菌。因此，对所使用的培养皿、培养基等材料需要进行严格的灭菌。灭菌就是应用物理或化学的方法杀死物品上或环境中的所有微生物。最常用的灭菌方法有干热灭菌法和湿热灭菌法。

干热灭菌法有火焰灭菌法和干烤灭菌法。火焰灭菌法是直接利用火焰把微生物灼烧杀死的常用方法，适用于接种环、接种针等金属用具。在接种过程中，试管或三角瓶口也采用火焰达到灭菌目的。干烤灭菌是利用电热烘烤箱内的干热空气进行灭菌，一般需要加热到 160~170℃，维持 1~2h，它适合于能耐高温的物品，比如吸管、培养皿、金属工具等。

湿热灭菌法是利用煮沸或饱和水蒸气杀死微生物的灭菌方法。常用的湿热灭菌法有高压蒸汽灭菌和间歇灭菌。间歇灭菌是对一些不适合高压蒸汽灭菌的物品的灭菌方法，通常操作是先 100℃，维持 30min，然后将物品取出并室温放置 12~18h，此时难以杀死的细菌芽孢将萌发形成营养体，再次进行 100℃、30min 的灭菌，从而达到彻底灭菌的目的。高压蒸汽灭菌是灭菌技术中应用最广、效果最好的湿热灭菌法，它是通过提高灭菌锅内的压力来提高水的沸点和蒸汽的温度达到灭菌的目的。由于菌体蛋白的变性凝固的温度与其含水量有关，含水量越高，凝固温度越低，所以湿热灭菌的温度和灭菌时间都低于干热灭菌。通常高压蒸汽灭菌压力为 0.1MPa，时间 25~30min，此时温度 121.5℃，它主要适用于培养皿、培养基、工作服等的灭菌。在使用高压蒸汽灭菌锅时，灭菌锅内空气是否完全排除极为重要。

三、实验材料

**器材与试剂** 牛肉膏、蛋白胨、氯化钠、琼脂、1mol/L NaOH 等；天平、电炉、高压蒸汽灭菌锅、电热干燥箱、精密 pH 试纸（5.5~9.0）、试管、三角瓶、烧杯、漏斗、玻璃棒等。

四、实验步骤

**（一）液体培养基（牛肉膏蛋白胨培养基）的制备**

（1）按照培养基配方（见表 5-13），称量药品、试剂。

（2）在小铝锅中加入所需水量，在锅内壁上贴湿纸条一个，使纸条下端与液面相接，即为液面高度的标记，在电炉上加热。

（3）往锅内加入称量好的药品与试剂，并溶解完全，同时补足因蒸发而失去的水分。

（4）用玻璃棒蘸取培养基少许，以 pH 试纸测定酸碱度，使用 1mol/L NaOH 调 pH 至 7.0~7.2。

（5）趁热用漏斗分装于 15mm×150mm 试管中（见图 12-15），每管 4~5mL，剩余培养基装入三角瓶中。

（6）分装完毕后，塞上棉塞，用牛皮纸包扎。注明培养基名称、时间等信息，然后立即进行高压蒸汽灭菌。棉塞的作用是一方面阻止外界微生物进入培养基内，另一方面保证有良好的通气性能，使微生物能不断地获得无菌空气。

**（二）固体培养基（牛肉膏蛋白胨琼脂培养基）的制备**

（1）在小铝锅中加入所需水量，在锅内壁上贴湿纸条一个，使纸条下端与液面相接，即为液面高度的标记，在电炉上加热。

(2)按照配方(牛肉膏 3g,蛋白胨 10g,氯化钠 5g,琼脂 20g,自来水 1000mL,pH7.0~7.2)称取琼脂,放入锅内煮沸,用玻璃棒不断搅拌以免糊底烧焦,并防止溢出锅外,加热至琼脂完全溶化。

(3)加入配方中的其他药品和试剂,使其完全溶解,同时补足因蒸发而失去的水分。

(4)调节pH,趁热分装于试管和三角瓶中,塞棉塞并包扎。在操作中,速度要快,以免培养基凝固;同时勿使培养基沾污瓶口、试管口、棉塞,以免造成污染。

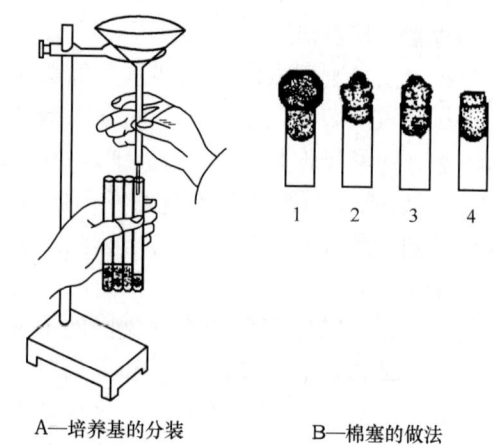

A—培养基的分装　　B—棉塞的做法

图 12-15　培养基分装
1—正确　2—管内太短,外部太松　3—整个棉塞太松
4—管内太紧,外部太短松

**(三)高压蒸汽灭菌**

(1)往灭菌锅内加入适量的水,然后把要灭菌的物品放入,盖上锅盖,拧紧螺栓。

(2)调节压力和时间控制旋钮,调整至合适参数(通常为 0.1MPa、30min)。

(3)打开电源开关进行加热,当压力表上升到 0.05MPa 时,打开放气阀,排尽空气后关闭,并继续加热。

(4)当压力表上升到 0.1MPa 时,灭菌锅自动开始计时,维持 30min 后,灭菌锅自动停止加热。如果灭菌锅没有自动计时功能,就需要灭菌人员在压力达到要求后开始计时,时间结束后,关闭电源。

(5)待压力表降至零时,方可打开锅盖,取出灭菌物品。如需进行摆放斜面或倒平板,应趁热将试管倾斜摆成斜面或待培养基冷却至 50~60℃进行倒平板。

(6)将灭菌后的培养基置于 37℃ 恒温箱中培养 2~3d,如无菌生长,证明灭菌合格。

五、实验报告

总结配制培养基的全部工作过程。

六、思考题

(1)为什么干热灭菌比湿热灭菌要求温度高、时间长?

(2)在高压蒸汽灭菌时,为什么排尽空气至关重要?

## 实验实训十二

## 微生物的分离与纯化和接种技术

### 一、目的要求

(1) 学习用无菌操作技术从土壤中分离微生物的方法。
(2) 学习用稀释法分离细菌、放线菌和霉菌。
(3) 学习用平板划线方法分离微生物。
(4) 学习斜面接种及穿刺接种等无菌操作技术。

### 二、实验材料

(1) 菌种 大肠杆菌（*Escherichia coli*）、金黄色葡萄球菌（*Staphylococcus aureus*）。

(2) 器材、培养基及试剂 淀粉琼脂培养基（高氏Ⅰ号培养基）、牛肉膏蛋白胨琼脂培养基、马丁氏琼脂培养基、查氏琼脂培养基、半固体牛肉膏蛋白胨柱状培养基；10%酚液、链霉素、盛9mL无菌水的试管、盛90mL无菌水并带有玻璃珠的三角烧瓶、无菌玻璃涂棒、无菌吸管、接种环、无菌培养皿、土样、酒精灯、玻璃铅笔、火柴、试管架、接种针、滴管。

### 三、操作步骤

#### （一）土壤稀释分离和纯化

**1. 稀释涂布平板法**

(1) 倒平板 将牛肉膏蛋白胨琼脂培养基、高氏Ⅰ号琼脂培养基、马丁氏琼脂培养基加热熔化，待冷却至55~60℃时，高氏Ⅰ号琼脂培养基中加入10%酚液数滴，马丁氏培养基中加入链霉素溶液（终浓度为30μg/mL），混合均匀后分别倒平板，每种培养基倒三皿。

倒平板的方法：右手持盛培养基的试管或三角瓶置火焰旁边，用左手将试管塞或瓶塞轻轻地拔出，试管或瓶口保持对着火焰；然后左手拿培养皿并将皿盖在火焰附近打开一缝，迅速倒入培养基约15mL，加盖后轻轻摇动培养皿，使培养基均匀分布在培养皿底部，然后平置于桌面上，待凝后即为平板。

(2) 制备土壤稀释液 称取土样10g，放入盛90mL无菌水并带有玻璃珠的三角烧瓶中，振摇约20min，使土样与水充分混合，将细胞分散。用一支1mL无菌吸管从中吸取1mL土壤悬液加入盛有9mL无菌水的大试管中充分混匀，然后用无菌吸管从此试管中吸取1mL，加入另一盛有9mL无菌水的试管中，混合均匀，以此类推制成 $10^{-1}$、$10^{-2}$、$10^{-3}$、$10^{-4}$、$10^{-5}$、$10^{-6}$ 不同稀释度的土壤溶液，注意：操作时管尖不能接触液面,每一个稀释度换一支试管。

(3)涂布　将上述每种培养基的三个平板底面分别用记号笔写上$10^{-4}$、$10^{-5}$和$10^{-6}$三种稀释度,然后用无菌吸管分别由$10^{-4}$、$10^{-5}$、$10^{-6}$三管土壤稀释液中各吸取0.1或0.2mL,小心地滴在对应平板培养基表面中央位置。

用右手拿无菌玻璃涂棒平放在平板培养基表面上,将菌悬液先沿同心圆方向轻轻地向外扩展,使之分布均匀。室温下静置5~10min,使菌液浸入培养基。

(4)培养　将高氏Ⅰ号培养基平板和马丁氏培养基平板倒置于28℃温室中培养3~5d,牛肉膏蛋白胨平板倒置于37℃温室中培养2~3d。

(5)挑菌落　将培养后长出的单个菌落分别挑取少许细胞接种到上述三种培养基斜面上,分别置28℃和37℃温室培养。若发现有杂菌,需再一次进行分离、纯化,直到获得纯培养。

**2. 平板划线分离法**

(1)倒平板　按稀释涂布平板法倒平板,并用记号笔标明培养基名称、土样编号和实验日期。

(2)划线　在近火焰处,左手拿皿底,右手拿接种环,挑取上述$10^{-1}$的土壤悬液一环在平板上划线(见图12-16)。划线的方法很多,但无论采用哪种方法,其目的都是通过划线将样品在平板上进行稀释,使之形成单个菌落。常用的划线方法有下列两种(见图12-17)。

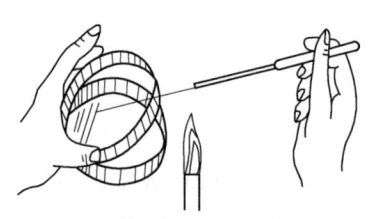

图12-16　平板划线操作

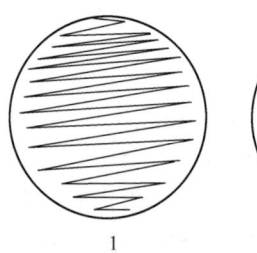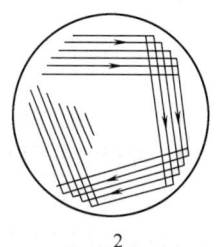

图12-17　划线分离图

连续划线分离法:先将一环土壤悬液在琼脂平板上$\frac{1}{5}$处轻轻涂抹,然后再用接种环在平板表面曲线连续划线接种,直至划满琼脂平板表面[图12-17(1)]。此法常用于含菌量不多的标本。

分区划线分离法:用接种环以无菌操作挑取土壤悬液一环,先在平板培养基的一边做第一次平行划线3~4条,再转动培养皿约70°角,并将接种环上剩余物烧掉,待冷却后通过第一次划线部分做第二次平行划线,再用同样的方法通过第二次划线部分做第三次划线和通过第三次平行划线部分做第四次平行划线[见图12-17(2)]。划线完毕后,盖上培养皿盖,倒置于温室中培养。此法适用于杂菌量较多的标本。

（3）挑菌落　同稀释涂布平板法，一直到认为分离的微生物纯化为止。

**（二）斜面接种和穿刺接种**

**1. 斜面接种法**

（1）取新鲜固体斜面培养基，分别做好标记（写上菌名、接种日期、接种人等），然后用无菌操作方法把待接菌种接入以上新鲜培养基斜面上。

（2）接种的方法是，用接种环蘸取少量待接菌种，然后在新鲜斜面上"之"字形划线，方向是从下部开始，一直划至上部。注意划线要轻，不可把培养基划破。

（3）接种后30℃恒温培养，细菌培养48h，放线菌、霉菌培养至孢子成熟方可取出保存。

**2. 穿刺接种法**

（1）取两支新鲜半固体牛肉膏蛋白胨柱状培养基，做好标记（写上菌名、接种日期、接种人等）。

（2）接种的方法是，用接种针沾取少量待接菌种，然后从柱状培养基的中心穿入其底部（但不要穿透），然后沿原刺入路线抽出接种针，注意勿使接种针在培养基内左右移动，以保持穿刺线整齐，便于观察生长结果。

四、注意事项

（1）一般土壤中细菌最多，放线菌及霉菌次之，而酵母菌主要见于果园及菜园土壤中，故从土壤中分离细菌时要取较高的稀释度，否则菌落连成一片不能计数。

（2）在土壤稀释分离操作中，每稀释10倍，最好更换一次移液管，使计数准确。

五、实验报告

（1）记录土壤稀释分离结果，并计算出每1g土壤中的细菌、放线菌和霉菌的数量。

计算方法：选择长出菌落数30~300之间的培养皿进行计数，计算公式如下。

$$总菌数/g = 同一稀释度几次重复的菌落平均数 \times 稀释倍数 \times 5$$
（最后吸取0.2mL）[或×10（最后吸取0.1mL）]

（2）分别记录平板划线、斜面接种的结果，并自我评价。

（3）比较两种细菌穿刺接种的结果，并进行分析。

六、思考题

（1）如何确定平板上某单个菌落是否为纯培养？请写出实验的主要步骤。

（2）为什么高氏Ⅰ号培养基和马丁氏培养基中要分别加入酚液和链霉素？如果用牛肉膏蛋白胨培养基分离一种对青霉素具有抗性的细菌，你认为应如何做？

（3）试设计一个实验，从土壤中分离酵母菌并进行计数。

## 实验实训十三

## 菌种保藏技术

### 一、目的要求

（1）了解并掌握菌种保藏的常用方法及其优缺点。
（2）学习斜面传代保藏技术。
（3）学习液体石蜡保藏技术。
（4）学习沙土管保藏技术。
（5）学习冷冻干燥保藏技术。

### 二、实验材料

（1）菌种　细菌、酵母菌、放线菌和霉菌斜面菌。

（2）器材、培养基及试剂　牛肉膏蛋白胨培养基斜面（培养细菌）、麦芽汁培养基斜面（培养酵母菌）、高氏Ⅰ号培养基斜面（培养放线菌）、马铃薯蔗糖培养基斜面（培养丝状真菌）；无菌水、液体石蜡、$P_2O_5$、脱脂乳粉、10% HCl、干冰、95%乙醇、食盐、河沙、瘦黄土（有机物含量少的黄土）；无菌试管、无菌吸管（1mL及5mL）、无菌滴管、接种环、40目及100目筛子、干燥器、安瓿管、冰箱、冷冻真空干燥装置、酒精喷灯、三角烧瓶（250mL）。

### 三、操作步骤

下列各方法可根据实验室具体条件与需要选做。

**（一）斜面传代保藏法**

（1）贴标签　取各种无菌斜面试管数支，将注有菌株名称和接种日期的标签贴在试管斜面的正上方，距试管口2～3cm处。

（2）斜面接种　将待保藏的菌种用接种环以无菌操作法移接至相应的试管斜面上，细菌和酵母菌宜采用对数生长期的细胞，而放线菌和丝状真菌宜采用成熟的孢子。

（3）培养　细菌37℃恒温培养18～24h，酵母菌于28～30℃培养36～60h，放线菌和丝状真菌置于28℃培养4～7d。

（4）保藏　斜面长好后，可直接放入4℃冰箱中保藏，为防止棉塞受潮长杂菌，管口棉花应用牛皮纸包扎，或换上无菌胶塞，亦可用熔化的固体石蜡熔封棉塞或胶塞。

保藏时间依微生物种类而不同，酵母菌、霉菌、放线菌及有芽孢的细菌可保存 2~6 个月移种一次，而不产芽孢的细菌最好每月移种一次。此法的缺点是容易变异，污染杂菌的机会较多。

**（二）液体石蜡保藏法**

（1）液体石蜡灭菌　在 250mL 三角烧瓶中装入 100mL 液体石蜡，塞上棉塞，并用牛皮纸包扎，121℃ 湿热灭菌 30min，然后于 40℃ 温箱中放置 14d（或置于 105~110℃ 烘箱中 1h），以除去石蜡中的水分，备用。

（2）接种培养　同斜面传代保藏法。

（3）加液体石蜡　用无菌滴管吸取液体石蜡，以无菌操作加到已长好的菌种斜面上，加入量以高出斜面顶端约 1cm 为宜。

（4）保藏　棉塞外包牛皮纸，将试管直立放置于 4℃ 冰箱中保存，利用这种保藏方法，霉菌、放线菌、有芽孢细菌可保藏 2 年左右，酵母菌可保藏 1~2 年，一般无芽孢细菌也可保藏 1 年左右。

（5）恢复培养　用接种环从液体石蜡下挑取少量菌种，在试管壁上轻靠几下，尽量使油滴净，再接种于新鲜培养基中培养。由于菌体表面粘有液体石蜡，生长较慢且有黏性，故一般需转接 2 次才能获得良好菌种。

**（三）沙土管保藏法**

（1）沙土处理

① 沙处理：取河沙经 40 目过筛，去除大颗粒，加 10% HCl 浸泡（用量以浸没沙面为宜）2~4h（或煮沸 30min），以除去有机杂质，然后倒去盐酸，用清水冲洗至中性，烘干或晒干，备用。

② 土处理：取非耕作层瘦黄土（不含有机质），加自来水浸泡洗涤数次，直至中性，然后烘干，粉碎，用 100 目过筛，去除粗颗粒后备用。

（2）装沙土管　将沙与土按 2:1、3:1 或 4:1（质量比）比例混合均匀装入试管中（10mm×100mm），装置约 7cm 高，加棉塞，并外包牛皮纸，121℃ 湿热灭菌 30min，然后烘干。

（3）无菌试验　每 10 支沙土管任抽一支，取少许沙土接入牛肉膏蛋白胨或麦芽汁培养液中，在最适的温度下培养 2~4d，确定无菌生长时才可使用。若发现有杂菌，经重新灭菌后再做无菌试验，直到合格。

（4）制备菌液　用 5mL 无菌吸管分别吸取 3mL 无菌水至待保藏的菌种斜面上，用接种环轻轻搅动，制成悬液。

（5）加样　用 1mL 吸管吸取上述菌悬液 0.1~0.5mL 加入沙土管中，用接种环拌匀。加入菌液量以湿润沙土达 2/3 高度为宜。

（6）干燥　将含菌的沙土管放入干燥器中，干燥器内用培养皿盛 $P_2O_5$ 作为干燥剂,可再用真空泵连续抽气 3~4h 加速干燥,将沙土管轻轻一拍,沙土呈分散状即达到充分干燥。

(7) 保藏　沙土管可选择下列方法之一来保藏:
① 保存于干燥器中;
② 用石蜡封住棉花塞后放入冰箱保存;
③ 将沙土管取出,管口用火焰熔封后放入冰箱保存;
④ 将沙土管装入有 $CaCl_2$ 等干燥剂的大试管中,塞上橡皮塞或木塞,再用蜡封口,放入冰箱中或室温下保存。

(8) 恢复培养　使用时挑取少量混有孢子的沙土,接种于斜面培养基上或液体培养基内培养即可,原沙土管仍可继续保藏。此法适用于保藏能产生芽孢的细菌及形成孢子的霉菌和放线菌,可保存 2 年左右,但不能用于保藏营养细胞。

### (四) 冷冻干燥保藏法

(1) 准备安瓿管　选用内径 5mm、长 10.5cm 的硬质玻璃试管,用 10% HCl 浸泡 8~10h 后用自来水冲洗多次,最后用去离子水洗 1~2 次,烘干,将印有菌名和接种日期的标签放入安瓿管内,有字的一面朝向管壁。管口加棉塞 121℃ 灭菌 30min。

(2) 制备脱脂牛乳　将脱脂乳粉配成 20% 的乳液,然后分装,121℃ 灭菌 30min,并做无菌试验。

(3) 准备菌种　选用无污染的纯菌种,培养时间一般细菌为 24~48h,酵母菌为 3d,放线菌与丝状真菌 7~10d。

(4) 制备菌液及分装　吸取 3mL 无菌牛奶直接加入斜面菌种管中,用接种环轻轻搅动菌落,再用手摇动试管,制成均匀的细胞或孢子悬液。用无菌长滴管将菌液分装至安瓿管底部,每管装 0.2mL。

(5) 预冻　将安瓿管外的棉花剪去并将棉塞向里推至离管口约 15mm 处,再通过乳胶管把安瓿管连接于总管的侧管上,总管则通过厚壁橡皮管及三通短管与真空表及干燥瓶、真空泵相连接,并将所有安瓿管浸入装有干冰和 95% 乙醇的预冷槽中(此时槽内温度可达 -50~-40℃),只需冷冻 1h 左右,即可使悬液冻结成固体。

(6) 真空干燥　完成预冻后,升高总管使安瓿管仅底部与冰面接触(此处温度约 -10℃),以保持安瓿管内的悬液仍呈固体状态。开启真空泵后,应在 5~15min 内使真空度达 66.7Pa 以下,使被冻结的悬液开始升华,当真空度达到 26.7~13.3Pa 时,冻结样品逐渐被干燥成白色片状,此时使安瓿管脱离冰浴,在室温下(25~30℃)继续干燥(管内温度不超过 30℃),升温可加速样品中残余水分的蒸发。总干燥时间应根据安瓿管的数量、悬浮液装量及保持剂性质来定,一般 3~4h 即可。

(7) 封口样品　干燥后继续抽真空达 1.33Pa 时,在安瓿管棉塞的稍下部位用酒精喷灯火焰灼烧，拉成细颈并熔封，然后置4℃冰箱内保藏。

（8）恢复培养　用75%乙醇消毒安瓿管外壁后，在火焰上烧热安瓿管上部，然后将无菌水滴在烧热处，使管壁出现裂缝，放置片刻，让空气从裂缝中缓慢进入管内后，将裂口端敲断，再用无菌的长颈滴管吸取菌液至合适培养基中，放置在最适温度下培养。冷冻干燥保藏法综合利用了各种有利于菌种保藏的因素（低温、干燥和缺氧等），是目前最有效的菌种保藏方法之一，保存时间可长达10年以上。

四、注意事项

（1）从液体石蜡封藏的菌种管中挑菌后，接种环上带有油和菌，故接种环在火焰上灭菌时要先在火焰边烤干再直接灼烧，以免菌液四溅引起污染。

（2）在真空干燥过程中安瓿管内样品应保持冻结状态，以防止抽真空时样品产生泡沫而外溢。

（3）熔封安瓿管时注意火焰大小要适中，封口处灼烧要均匀，若火焰过大，封口处易弯斜，冷却后易出现裂缝而造成漏气。

五、实验报告

（1）按表12-1记录菌种保藏方法和结果。

表12-1　　　　　　　　菌种保藏方法和结果

| | 菌种名称1 | 菌种名称2 | 菌种名称3 | 菌种名称4 |
| --- | --- | --- | --- | --- |
| 保藏方法 | | | | |
| 接种日期 | | | | |
| 培养条件 | | | | |
| 培养基 | | | | |
| 培养温度 | | | | |
| 操作要点 | | | | |
| 保藏温度 | | | | |

（2）试述各种菌种保藏方法的优、缺点。

六、思考题

（1）如何防止菌种管棉塞受潮和杂菌污染？
（2）冷冻干燥装置包括哪几个部件？各个部件起什么作用？
（3）现有一个纤维素酶的高产霉菌菌株，你选用什么方法保存？试设计一个实验方案。

## 实验实训十四

## 食品中菌落总数的测定

### 一、目的要求

（1）学习活菌计数的方法。
（2）掌握食品中菌落总数测定结果的报告方式。

### 二、基本原理

食品中细菌污染的程度，反映了食品的一般卫生质量，以及食品在产、贮、运、销过程中的卫生措施及管理情况。食品检样经过处理，在一定条件下培养后（如培养基成分、培养温度和时间、pH、需氧性质等），所得1mL（或1g）检样中形成菌落的总数，称为菌落总数。

### 三、实验材料

器材、培养基及试剂：平板计数琼脂、磷酸盐缓冲液、无菌生理盐水；恒温培养箱、恒温水浴箱、天平、均质器、吸管、培养皿、锥形瓶等。

### 四、实验步骤

**（一）菌落总数的检验程序**
菌落总数的检验程序见图12-18。

**（二）操作步骤**

**1. 样品的稀释**

（1）称取固体和半固体检样25g置放于含有225mL生理盐水或磷酸盐缓冲溶液的无菌均质杯内，8000~10000r/min均质1~2min，制成1∶10样品匀液。如果是液体样品，以无菌吸管吸取24mL样品置放于含有225mL生理盐水或磷酸盐缓冲液的无菌锥形瓶中（瓶内预置适当数量的无菌玻璃珠），充分混匀，制成1∶10样品匀液。

（2）用1mL无菌吸管吸取1∶10样品

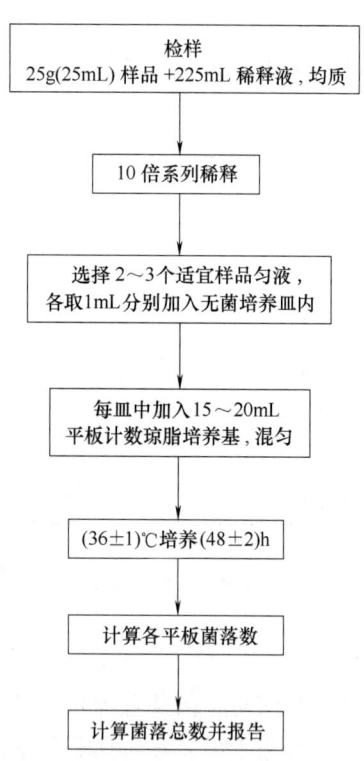

图12-18 菌落总数的检验程序

匀液 1mL，沿管壁缓慢注于盛有 9mL 稀释液的无菌试管中，振摇试管使其混合均匀，制成 1:100 的样品匀液。

（3）按照上述程序，制备 10 倍系列稀释样品匀液。每递增稀释一次，换用一次 1mL 无菌吸管。

（4）根据对样品污染状况的估计，选择 2~3 个适宜稀释度的样品匀液，在进行 10 倍递增稀释时，每个稀释度分别取 1mL 样品匀液加入两个无菌平皿内。同时分别取 1mL 稀释液加入两个无菌平皿做空白对照。

（5）及时将 15~20mL 冷却至 46℃ 的平板计数琼脂培养基 [可放置于 (46±1)℃恒温水浴箱中保温] 倾注平皿，并转动平皿使其混合均匀。

**2. 培养**

琼脂凝固后，将平板翻转，(36±1)℃培养 (48±2)h。水产品 (30±1)℃培养 (72±3)h。

**3. 菌落计数**

可用肉眼观察，必要时用放大镜或菌落计数器，记录稀释倍数和相应的菌落数量。菌落计数以菌落形成单位（colony – forming units，CFU）表示。

（1）选取菌落数在 30~300CFU 之间、无蔓延菌落生长的平板计数菌落总数。低于 30CFU 的平板记录具体菌落数，大于 300 的可记录为多不可计。每个稀释度的菌落数应采用两个平板的平均数。

（2）其中一个平板有较大片状菌落生长时，则不宜采用，而应以无片状菌落生长的平板作为该稀释度的菌落数；若片状菌落不到平板的一半，而另一半中菌落分布又很均匀，即可计算半个平板后乘以 2 来代表一个平板菌落数。

（3）当平板上出现菌落间无明显界线的链状生长时，则将每条单链作为一个菌落计数。

**4. 结果表述**

（1）菌落总数的计算方法

① 若只有一个稀释度平板上的菌落数在适宜计数范围内，计算两个平板菌落数的平均值，再将平均值乘以相应稀释倍数，作为每 1g（或 1mL）中菌落总数结果。

② 若有两个连续稀释度的平板菌落数在适宜计数范围内时，计算公式如下所示。

$$N = \sum C / (n_1 + 0.1 n_2) d$$

式中　$N$——样品中菌落数；

$\sum C$——平板（含适宜范围菌落数的平板）菌落数之和；

$n_1$——第一个适宜稀释度平板上的菌落数；

$n_2$——第二个适宜稀释度平板上的菌落数；

$d$——稀释因子（第一稀释度）。

例如：

| 稀释度 | 1:100（第一稀释度） | 1:1000（第二稀释度） |
|---|---|---|
| 菌落数 | 232，244 | 33，35 |

$$N = \sum C/(n_1 + 0.1n_2)d$$

$$N = \frac{232 + 244 + 33 + 35}{[2 + (0.1 \times 2)] \times 10^{-2}} = \frac{544}{0.022} = 24727$$

上述数据经四舍五入后，表示为25000或$2.5 \times 10^4$。

③ 若所有稀释度的平板上菌落数均大于300，则对稀释度最高的平板进行计数，其他平板可记录为多不可计，结果按平均菌落数乘以最高稀释倍数计算。

④ 若所有稀释度的平板菌落数均小于30，则应按稀释度最低的平均菌落数乘以稀释倍数计算。

⑤ 若所有稀释度（包括液体样品原液）均无菌落生长，则以小于1乘以最低稀释倍数计算。

⑥ 若所有稀释度的平板菌落数均不在30~300之间，其中一部分大于300或小于30时，则以最接近30或300的平均数乘以稀释倍数计算。

（2）菌落总数的报告

① 菌落数在100以内时，按四舍五入原则修约，采用两位有效数字报告。

② 大于或等于100时，第三位数字采用四舍五入原则修约后，取前两位数字，后面用0代替位数；也可用10的指数形式来表示，按四舍五入原则修约后，采用两位有效数字。

③ 若所有平板上为蔓延菌落而无法计数时，则报告菌落蔓延。

④ 若空白对照上有菌落生长，则此检测结果无效。

⑤ 称重取样以CFU/g为单位报告，体积取样以CFU/mL为单位报告。

五、 实验报告

阐述菌落总数检测过程，详细记录检测数据并正确计算和报告检测结果。

六、 思考题

菌落总数的检测过程中应该注意哪些问题？

## 实验实训十五

# 食品中大肠菌群的测定

一、 目的要求

（1）学习食品中大肠菌群的检测程序和方法。

(2) 掌握食品中大肠菌群检测结果的报告方式。

## 二、基本原理

大肠菌群指一群在36℃条件下培养48h能发酵乳糖，产酸产气的需氧和兼性厌氧的革兰氏阴性无芽孢杆菌。该菌群主要来源于人畜粪便，作为粪便污染指标评价食品的卫生状况，推断食品中肠道致病菌污染的可能。

## 三、实验材料

器材、培养基及试剂：月桂基硫酸盐胰蛋白胨肉汤发酵管、煌绿乳糖胆盐肉汤发酵管、磷酸盐缓冲液；无菌生理盐水、恒温培养箱、恒温水浴箱、天平、均质器、锥形瓶、吸管等。

## 四、实验步骤

### (一) 大肠菌群 MPN 计数的检验程序

大肠菌群 MPN 计数的检验程序见图 12 - 19。

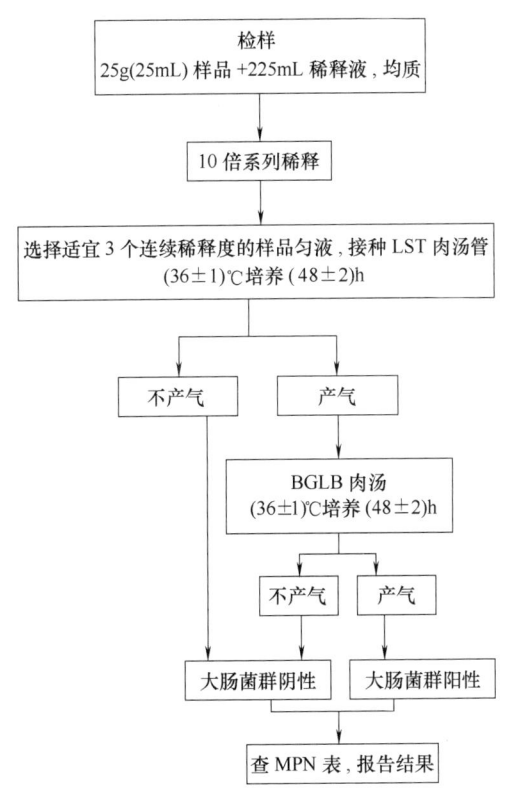

图 12 - 19  大肠菌群 MPN 计数检验程序

### (二) 操作步骤

**1. 样品的稀释**

(1) 称取固体和半固体检样25g置放于含有225mL生理盐水或磷酸盐缓冲溶液的无菌均质杯内，8000~10000r/min均质1~2min，制成1:10样品匀液。如果是液体样品，以无菌吸管吸取25mL样品置放于含有225mL生理盐水或磷酸盐缓冲溶液的无菌锥形瓶中（瓶内预置适当数量的无菌玻璃珠），充分混匀，制成1:10样品匀液。

(2) 样品匀液的pH应在6.5~7.5之间，必要时分别用1mol/L NaOH 或 1mol/L HCl 调节。

(3) 用1mL无菌吸管吸取1:10样品匀液1mL，沿管壁缓慢注于9mL磷酸盐缓冲液或生理盐水的无菌试管中，振摇试管使其混合均匀，制成1:100的样品匀液。

（4）根据对样品污染状况的估计，按上述操作，依次制成10倍递增系列稀释样品匀液。每递增稀释一次，换用一次1mL无菌吸管。从制备样品匀液至样品接种完毕，全过程不得超过15min。

**2. 初发酵试验**

每个样品，选择3个适宜的连续稀释度的样品匀液（液体样品可以选择原液），每个稀释度接种3管月桂基硫酸盐胰蛋白胨（LST）肉汤，每管接种1mL（如果接种量超过1mL，则用双料LST肉汤），（36±1）℃培养（24±2）h，观察倒管内是否有气泡产生，如未产气则继续培养至（48±2）h。记录在24h和48h内产气的LST肉汤管数。未产气者为大肠杆菌阴性，产气者进行复发酵试验。

**3. 复发酵试验**

用接种环从所有（48±2）h内发酵产气的LST肉汤管中分别取培养物1环，移种于煌绿乳糖胆盐（BGLB）肉汤管中，（36±1）℃培养（48±2）h，观察产气情况。产气者，计为大肠杆菌阳性管。

**4. 大肠杆菌最可能数（MPN）的报告**

根据大肠杆菌阳性管数，检索MPN表（见表12-2），报告每1g（或1mL）样品中大肠菌群的MPN值。

表12-2 每1g（或1mL）检样中大肠菌群最可能数（MPN）的检索表

| 阳性管数 | | | MPN | 95%可信限 | | 阳性管数 | | | MPN | 95%可信限 | |
| --- | --- | --- | --- | --- | --- | --- | --- | --- | --- | --- | --- |
| 0.10 | 0.01 | 0.001 | | 下限 | 上限 | 0.10 | 0.01 | 0.001 | | 下限 | 上限 |
| 0 | 0 | 0 | <3.0 | — | 9.5 | 2 | 2 | 0 | 21 | 4.5 | 42 |
| 0 | 0 | 1 | 3.0 | 0.15 | 9.6 | 2 | 2 | 1 | 28 | 8.7 | 94 |
| 0 | 1 | 0 | 3.0 | 0.15 | 11 | 2 | 2 | 2 | 35 | 8.7 | 94 |
| 0 | 1 | 1 | 6.1 | 1.2 | 18 | 2 | 3 | 0 | 29 | 8.7 | 94 |
| 0 | 2 | 0 | 6.2 | 1.2 | 18 | 2 | 3 | 1 | 36 | 8.7 | 94 |
| 0 | 3 | 0 | 9.4 | 3.6 | 38 | 3 | 0 | 0 | 23 | 4.6 | 94 |
| 1 | 0 | 0 | 3.6 | 0.17 | 18 | 3 | 0 | 1 | 38 | 8.7 | 110 |
| 1 | 0 | 1 | 7.2 | 1.3 | 18 | 3 | 0 | 2 | 64 | 17 | 180 |
| 1 | 0 | 2 | 11 | 3.6 | 38 | 3 | 1 | 0 | 43 | 9 | 180 |
| 1 | 1 | 0 | 7.4 | 1.3 | 20 | 3 | 1 | 1 | 75 | 17 | 200 |
| 1 | 1 | 1 | 11 | 3.6 | 38 | 3 | 1 | 2 | 120 | 37 | 420 |
| 1 | 2 | 0 | 11 | 3.6 | 42 | 3 | 1 | 3 | 160 | 40 | 420 |
| 1 | 2 | 1 | 15 | 4.5 | 42 | 3 | 2 | 0 | 93 | 18 | 420 |
| 1 | 3 | 0 | 16 | 4.5 | 42 | 3 | 2 | 1 | 150 | 37 | 420 |

续表

| 阳性管数 | | | MPN | 95%可信限 | | 阳性管数 | | | MPN | 95%可信限 | |
|---|---|---|---|---|---|---|---|---|---|---|---|
| 0.10 | 0.01 | 0.001 | | 下限 | 上限 | 0.10 | 0.01 | 0.001 | | 下限 | 上限 |
| 2 | 0 | 0 | 9.2 | 1.4 | 38 | 3 | 2 | 2 | 210 | 40 | 430 |
| 2 | 0 | 1 | 14 | 3.6 | 42 | 3 | 2 | 3 | 290 | 90 | 1000 |
| 2 | 0 | 2 | 20 | 4.5 | 42 | 3 | 3 | 0 | 240 | 42 | 1000 |
| 2 | 1 | 0 | 15 | 3.7 | 42 | 3 | 3 | 1 | 460 | 90 | 2000 |
| 2 | 1 | 1 | 20 | 4.5 | 42 | 3 | 3 | 2 | 1100 | 180 | 4100 |
| 2 | 1 | 2 | 27 | 8.7 | 94 | 3 | 3 | 3 | >1100 | 420 | — |

注（1）本表采用3个稀释度[0.1g（或0.1mL）、0.01g（或0.01mL）和0.001g（或0.001mL）]，每个稀释度接种3管。

（2）表内所列检样量如改用1g（或mL）、0.1g（或0.1mL）和0.01g（或0.01mL）时，表内数字应相应降低10倍；如改用0.01g（或0.01mL）、0.001g（或0.001mL）和0.0001g（或0.0001mL）时，则表内数字应相应增高10倍，其余类推。

## 五、实验报告

阐述大肠菌群 MPN 计数检测过程，详细记录检测数据并正确报告检测结果。

## 六、思考题

（1）从制备样品匀液至样品接种完毕，全过程不得超过15min，为什么？
（2）大肠菌群 MPN 计数检测过程注意事项有哪些？

---

## 实验实训十六

# 发酵乳实验

## 一、目的要求

（1）了解酸奶制作原理和常用的发酵菌种。
（2）掌握酸奶的简易加工技术。

## 二、基本原理

酸奶是经乳酸菌发酵的乳制品。它是以鲜乳为原料，经杀菌后接种乳酸菌类发酵而成。由于乳酸菌利用了乳中的乳糖生产乳酸，升高了乳的酸度，当酸度达到蛋白质等电点时，酪蛋白因酸而凝固成形即成酸奶。

### 三、实验材料

（1）菌种　保加利亚乳杆菌、嗜热链球菌。
（2）器材及试剂　鲜乳、蔗糖、铝锅及加热装置、发酵瓶、恒温箱、冰箱等。

### 四、实验步骤

（1）准备原料乳　选择新鲜品质好的奶作原料，不得含有抗生素、防腐剂等药品和其他有害物质。
（2）加糖　按原料奶的8%~10%加入蔗糖。
（3）杀菌　将盛有加糖鲜奶的容器直接在火上加热至90~95℃，维持10~15min，加热时要充分搅拌，使温度均匀而不至于沸腾。
（4）添加发酵剂　将奶冷却至45℃左右，添加乳杆菌和链球菌混合发酵剂2%，充分混匀。
（5）分装　接种后的杀菌乳尽快分装到预先经蒸汽灭菌的发酵瓶中，然后用纸封口，以防杂菌污染。
（6）发酵　置于42℃温箱中培养2~3h，当pH为4.5时，即可终止发酵。
（7）冷却后熟　将发酵好的酸奶轻轻置于4℃冰箱内贮藏过夜。
（8）成品　酸奶呈乳白色，具有纯净的芳香酸味，凝块均匀细腻、结实。无气泡，允许表面有少量乳清析出。

### 五、实验报告

简述酸奶的生产工艺流程，指明生产的关键步骤。

### 六、思考题

发酵剂中为何配制两种以上的乳酸菌进行接种发酵？

## 实验实训十七

# 甜酒曲中根霉的分离技术

### 一、目的要求

1. 学会用涂布法从甜酒曲中分离纯化优良根霉糖化菌株。
2. 了解甜酒曲中主要微生物及其在发酵过程中的作用。

## 二、基本原理

甜酒曲最主要的用途是用于制作甜酒酿，在甜酒酿制作过程中，甜酒曲是主要的发酵制剂。甜酒曲是糖化菌及酵母制剂，其所含的微生物主要有根霉、毛霉及少量酵母。甜酒曲中起主要作用的是根霉，在发酵过程中，根霉能产生糖化型淀粉酶，将糯米中的淀粉分解成葡萄糖，然后少量的酵母又将葡糖糖经糖酵解途径转化成酒精，这样就制成了香甜可口、营养丰富的甜酒酿。根霉在糖化过程中还产生少量的有机酸，如乳酸、琥珀酸、延胡索酸等，降低基质pH而抑制杂菌生长。

本实验采用平板划线（或涂布）法从甜酒曲中分离纯化优良的根霉糖化菌株，为纯种制备甜酒曲提供优良的生产菌种。根霉菌株的分离采用透明圈法，即先用含淀粉的琼脂培养基培养根霉菌株，由于根霉菌株分泌糖化淀粉酶，使菌落周围的淀粉被水解，遇碘后呈无色透明圈，而平板的其他处呈蓝色。透明圈越大，表明该根霉菌株的糖化力越高，因此，可通过透明圈的大小筛选出糖化力高的菌株。

## 三、材料与仪器

（1）菌种 甜酒曲。

（2）培养基 马铃薯葡萄糖琼脂培养基（PDA）。

（3）染色液和试剂 无菌生理盐水（9mL/试管；10mL/100mL三角瓶，内带玻璃珠）、乳酸石炭酸棉蓝染色液、碘液。

（4）仪器和用具 普通光学显微镜、无菌培养皿、1mL无菌吸管、无菌试管、无菌涂布棒、无菌纱布、镊子、研钵、接种环、载玻片、盖玻片等。

## 四、方法与步骤

**1. 制平板培养基**

将融化并冷却至50℃左右的马铃薯葡萄糖琼脂培养基（PDA）倒入无菌培养皿内，每皿约15mL，待凝固，制成平板培养基。

**2. 制备孢子悬液**

取甜酒曲少许，先在研钵中磨细，再加入10mL无菌生理盐水的三角瓶（带玻璃珠）中，用力振荡打散孢子团粒，使之形成均匀的孢子悬浮液，然后将其用无菌纱布过滤到无菌试管中。

**3. 稀释涂布平板培养**

将上述孢子悬浮液以10倍稀释法稀释到一定浓度，取其中2~3个适当稀释度的孢子悬液各0.2mL，加到上述平板培养基上，再用无菌涂布棒涂布均匀，倒置于28~30℃恒温箱中培养2d后观察形态特征。

**4. 观察形态特征**

（1）菌落特征 根霉为扩散性生长的菌落，菌落蜘蛛网状，菌丝发达为白色，孢子黑色。

（2）个体形态　取一块载玻片，在其上加 1 滴乳酸石炭酸棉蓝染色液，取少许菌丝涂于染液中，盖上盖玻片，镜检，观察根霉的假根、孢子囊、孢囊孢子等形态特征。

**5. 纯培养**

当菌落刚形成而孢囊孢子未生成时，在菌落周围滴加碘液数滴，测量菌落周围出现的透明圈的直径。最后选择分离效果好、透明圈较大的根霉单菌落接种于新鲜马铃薯葡萄糖琼脂培养基（PDA）斜面上，于 28~30℃培养 2~3d。

## 五、结果报告

1. 描述你所分离的根霉菌落形态特征，并绘出其个体形态图。
2. 列表比较分离到的各根霉菌落用碘液初步鉴定的透明圈大小。

## 六、复习思考题

1. 透明圈直径大小与菌株糖化型淀粉酶产量有何关系？
2. 设计一个从甜酒曲中分离纯化啤酒酵母的简明实验方案。

# 实验实训十八

# 毛霉分离与豆腐乳制作技术

## 一、目的要求

1. 学习毛霉的分离和纯化方法。
2. 熟悉豆腐乳发酵的工艺过程。
3. 观察豆腐乳发酵过程中的变化。

## 二、基本原理

豆腐乳是我国传统的发酵食品，具有品种多样、风味独特、滋味鲜美、营养丰富等特点，是豆腐经过毛霉前期发酵及盐腌后期发酵而制成的。民间老法生产豆腐乳均为自然发酵，现代酿造厂多采用蛋白酶活性高的鲁氏毛霉或根霉发酵。毛霉在豆腐坯上生长，洁白的菌丝可以包裹豆腐坯使其不易破碎，同时分泌出一定数量的蛋白酶、脂肪酶、淀粉酶等水解酶系，对豆腐坯中的大分子成分进行初步的降解。发酵后的豆腐毛坯经过加盐腌制后，有大量嗜盐菌、嗜温菌生长，由于这些微生物和毛霉所分泌的各种酶类的共同作用，大豆蛋白逐步水解，生成各种多肽类化合物如降血压肽和抗氧化活性肽，并可进一步生成部分游离氨基酸，大豆脂肪经降解后生成小分子脂肪酸并与添加的酒类中的醇合成各种芳香酯，大分子糖类在淀粉酶的催化下生成低聚糖和单糖，形成细腻、鲜香的豆腐乳特色。

### 三、材料与仪器

（1）菌种　毛霉斜面菌种。
（2）培养基（料）　马铃薯葡萄糖琼脂培养基（PDA）、豆腐坯、红曲米、面曲、甜酒酿、白酒、黄酒。
（3）试剂　无菌水、食盐。
（4）仪器和用具　培养皿、500mL 三角瓶、接种针、小笼格、喷枪、小刀、带盖广口玻瓶、显微镜、恒温培养箱。

### 四、方法与步骤

**（一）流程**

**1. 毛霉的分离**

配制培养基→毛霉分离→观察菌落→显微镜检。

**2. 豆腐乳的制备**

悬液制备→接种孢子→培养与晾花→装瓶与压坯→装坛发酵→感官鉴定。

**（二）操作方法**

**1. 毛霉的分离**

（1）配制培养基　马铃薯葡萄糖琼脂培养基（PDA），经配制、灭菌后倒平板备用。

（2）毛霉的分离　从长满毛霉菌丝的豆腐坯上取小块于5mL无菌水中，振摇，制成孢子悬液，用接种环取该孢子悬液在PDA平板表面作划线分离，于20℃培养 1~2d，以获取单菌落。

（3）菌落鉴定

①菌落观察：菌落呈白色棉絮状，菌丝发达。

②显微镜检：于载玻片上加1滴石碳酸液，用解剖针从菌落边缘挑取少量菌丝于载玻片上，轻轻将菌丝体分开，加盖玻片，于显微镜下观察孢子囊、孢囊梗的着生情况。若无假根和匍匐菌丝、或菌丝不发达，孢囊梗直接由菌丝长出，单生或分枝，则可初步确定为毛霉。

**2. 豆腐乳的制备**

（1）悬液制备

①毛霉菌种的扩大培养：将平板分离得到的毛霉单菌落接入斜面培养基，于25℃培养2d；再将斜面菌种转接到三角瓶种子培养基中，于同样温度下培养至菌丝和孢子生长旺盛，备用。

②孢子悬液制备：于上述三角瓶种子培养基中加入无菌水200mL，用玻璃棒搅

碎菌丝，用无菌双层纱布过滤，滤渣倒还三角瓶，再加 200mL 无菌水洗涤 1 次，合并滤于第一次滤液中，装入喷枪贮液瓶中供接种使用。

（2）接种孢子　用刀将豆腐坯划成 4.1cm×4.1cm×1.6cm 的块，将笼格经蒸汽消毒、冷却，将孢子悬液喷洒笼格内壁，然后把划块的豆腐坯均一竖放在笼格内，块与块之间间隔 2cm。再用喷枪向豆腐块上喷洒孢子悬液，使每块豆腐周身沾上孢子悬液。

（3）培养与晾花　将放有接种豆腐坯的笼格放入培养箱中，于 20℃ 左右培养，培养 20h 后，每隔 6h 上下层调换一次，以更换新鲜空气，并观察毛霉生长情况。培养 44~48h 后，菌丝顶端已长出孢子囊，腐乳坯上毛霉呈棉花絮状，菌丝下垂，白色菌丝已包围住豆腐坯，此时将笼格取出，使热量和水分散失，坯迅速冷却，其目的是增加酶的作用，并使霉味散发，此操作在工艺上称为晾花。

（4）装瓶与压坯　将冷至 20℃ 以下的坯块上互相依连的菌丝分开，用手指轻轻在每块表面揩涂一遍，使豆腐坯上形成一层皮衣，装入玻璃瓶内，边揩涂边沿瓶壁呈同心圆方式一层一层向内侧放，摆满一层稍用手压平，撒一层食盐，每 100 块豆腐坯用盐约 400g，使平均含盐量约为 16%，如此一层层铺满瓶。下层食盐用量少，向上食盐逐层增多，腌制中盐分渗入毛坯，水分析出，为使上下层含盐均匀，腌坯 3~4d 时需加盐水淹没坯面，称之为压坯。腌坯周期冬季 13d，夏季 8d。

（5）装坛发酵

①红方：按每 100 块坯用红曲米 32g、面曲 28g、甜酒酿 1kg 的比例配制染坯红曲卤和装瓶红曲卤。先用 200g 甜酒酿浸泡红米和面曲 2d，研磨细，再加 200g 甜酒酿调匀即为染坯红曲卤。将腌坯沥干，待坯块稍有收缩后，放在染坯红曲卤内，六面染红，装入经预先消毒的玻瓶中。再将剩余的红曲卤用剩余的 600g 甜酒酿兑稀，灌入瓶内，淹没腐乳，并加适量盐和 50 度白酒，加盖密封，在常温下贮藏 6 个月成熟。

②白方：将腌坯沥干，待坯块稍有收缩后，将按甜酒酿 0.5kg、黄酒 1kg、白酒 0.75kg、盐 0.25kg 的配方配制的汤料注入瓶中，淹没腐乳，加盖密封，在常温下贮藏 2~4 个月成熟。

（6）质量鉴定：将成熟的腐乳开瓶，进行感官质量鉴定、评价。

## 五、结果报告

1. 从腐乳的表面及断面色泽、组织形态（块形、质地）、滋味及气味、有无杂质等方面综合评价腐乳质量。

2. 试分析腌坯时所用食盐含量对腐乳质量有何影响？

## 六、复习思考题

1. 腐乳生产主要采用何种微生物？
2. 腐乳生产发酵原理是什么？

# 参 考 文 献

1. 陈建军.微生物学基础[M].南京:江苏科学技术出版社,2007
2. 贾英民.食品微生物学[M].北京:中国轻工业出版社,2007
3. 刘海春,藏玉红.环境微生物学[M].北京:高等教育出版社,2008
4. 杨洁彬.食品微生物学(第二版)[M].北京:北京农业大学出版社,1999
5. 翁连海.食品微生物基础与应用[M].北京:高等教育出版社,2005
6. 薛泉宏.微生物学[M].西安:世界图书出版公司,2000
7. 周德庆.微生物学教程[M].北京:高等教育出版社,2002
8. 张文治.食品微生物学[M].北京:中国轻工业出版社,1995
9. 朱乐敏.食品微生物[M].北京:化学工业出版社,2006
10. 江汉湖.食品微生物学[M].第二版.北京:中国农业出版社,2005
11. 沈萍.微生物学[M].北京:高等教育出版社,2000
12. 于淑萍.微生物基础[M].北京:化学工业出版社,2005
13. 何国庆,贾英民.食品微生物学[M].北京:中国农业大学出版社,2005
14. 郑晓冬.食品微生物学[M].杭州:浙江大学出版社,2000
15. 蔡信之,黄君红.微生物学[M].北京:高等教育出版社,2002
16. 谢梅英.食品微生物学[M].北京:中国轻工业出版社,2000
17. 田兴山,张玲华等.空间诱变在微生物菌种选育上的研究进展[J].生物技术通讯,2005,16(1):105
18. 陈玮.微生物及实验实训技术[M].北京:化学工业出版社,2007
19. 孙俊良.发酵工艺[M].北京:中国农业出版社,2008
20. 王福.生物工艺技术[M].北京:中国轻工业出版社,2006
21. 程丽娟,袁静.发酵食品工艺学[M].咸阳:西北农林科技大学出版社,2002
22. 朱乐敏.食品微生物[M].北京:化学工业出版社,2008
23. 金志华.工业微生物遗传育种学原理与应用[M].北京:化学工业出版社,2006
24. 犹联莲,王志勇.工业微生物育种技术[M].武汉:华中师范大学出版社,2009
25. 陈宁.氨基酸工艺学[M].北京:中国轻工业出版社,2007
26. 丁立孝.酿造酒技术[M].北京:化学工业出版社,2008
27. 顾国贤.酿造酒工艺学[M].北京:中国轻工业出版社,2007
28. 黄亚东.啤酒生产技术[M].北京:中国轻工业出版社,2010

29. 周广田. 现代啤酒工艺技术[M]. 北京:化学工业出版社,2007
30. 李华,王华等. 葡萄酒化学[M]. 北京:科学出版社,2005
31. 李华,王华等. 葡萄酒工艺学[M]. 北京:科学出版社,2007
32. 肖冬光. 白酒生产技术[M]. 北京:化学工业出版社,2005
33. 陆寿鹏,张安宁. 白酒生产技术[M]. 北京:科学出版社,2006
34. 郑宝东. 食品酶学[M]. 南京:东南大学出版社,2006
35. 杨昌鹏. 酶制剂生产与应用[M]. 北京:中国环境科学出版社,2006
36. 孙俊良. 酶制剂生产技术[M]. 北京:科学出版社,2006
37. 杜金华,金玉红. 果酒生产技术[M]. 北京:化学工业出版社,2010
38. 杨天英,赵金海. 果酒生产技术[M]. 北京:科学出版社,2010
39. 马兆瑞,秦立虎. 现代乳制品加工技术[M]. 北京:中国轻工业出版社,2010
40. 王建. 乳制品加工技术[M]. 北京:中国社会出版社,2009
41. 蔡长霞. 绿色乳制品加工技术[M]. 北京:中国环境科学出版社,2006
42. 王传荣. 发酵食品生产技术[M]. 北京:科学出版社,2010
43. 王淑欣. 发酵食品生产技术[M]. 北京:中国轻工业出版社,2009
44. 张惟广. 发酵食品工艺学[M]. 北京:中国轻工业出版社,2004
45. 邢来君,李明春等. 普通真菌学[M]. 北京:高等教育出版社,2010
46. 董胜利,徐开生. 酿造调味品生产技术[M]. 北京:化学工业出版社,2003
47. 宋安东. 调味品发酵工艺学[M]. 北京:化学工业出版社,2009
48. 陈红霞. 食品微生物学及实验技术[M]. 北京:化学工业出版社,2008
49. 柳增善. 食品病原微生物学[M]. 北京:中国轻工业出版社,2007
50. 初峰,黄莉. 食品保藏技术[M]. 北京:化学工业出版社,2010
51. 钟秋平. 食品保藏原理[M]. 北京:中国计量出版社,2010
52. 张妍,姜淑荣. 食品卫生与安全[M]. 北京:化学工业出版社,2010
53. 程丽娟. 微生物学实验技术[M]. 西安:世界图书出版公司,2000
54. 樊明涛. 食品微生物学. 郑州:郑州大学出版社,2011.
55. 李平兰. 食品微生物学教程 北京:中国林业出版社,2011
56. 食品安全国家标准 食品微生物学检验总则 GB4789.1
57. 食品安全国家标准 食品微生物学检验 菌落总数测定 GB4789.2
58. 食品安全国家标准 食品微生物学检验 大肠菌群计数 GB4789.3
59. 食品安全国家标准 食品微生物学检验 沙门氏菌检验 GB4789.4
60. 食品安全国家标准 食品微生物学检验 金黄色葡萄球菌检验 GB4789.10
61. 食品安全国家标准 食品微生物学检验 霉菌和酵母菌计数 GB4789.15
62. 食品安全国家标准 食品微生物学检验 乳酸菌检验 GB4789.35